村庄安全

——青岛滨海典型乡村规划设计

2018

城乡规划、建筑学与风景园林专业

四校乡村联合毕业设计

青岛理工大学建筑与城乡规划学院
华中科技大学建筑与城市规划学院
西安建筑科技大学建筑学院
昆明理工大学建筑与城市规划学院
联合编著

中国建筑工业出版社

图书在版编目（CIP）数据

村庄安全：青岛滨海典型乡村规划设计：2018城乡规划、建筑学与风景园林专业四校乡村联合毕业设计/青岛理工大学建筑与城乡规划学院等编著.—北京：中国建筑工业出版社，2018.9
ISBN 978-7-112-22584-2

Ⅰ.①村… Ⅱ.①青… Ⅲ.①乡村规划-建筑设计-青岛 Ⅳ.①TU982.29

中国版本图书馆CIP数据核字（2018）第198324号

责任编辑：杨　虹　周　觅
责任校对：王　瑞

村庄安全——青岛滨海典型乡村规划设计
2018城乡规划、建筑学与风景园林专业四校乡村联合毕业设计
青岛理工大学建筑与城乡规划学院
华中科技大学建筑与城市规划学院
西安建筑科技大学建筑学院
昆明理工大学建筑与城市规划学院
联合编著
*
中国建筑工业出版社出版、发行（北京海淀三里河路9号）
各地新华书店、建筑书店经销
北京雅盈中佳图文设计公司制版
天津图文方嘉印刷有限公司印刷
*
开本：880×1230毫米　1/16　印张：$11\frac{3}{4}$　字数：346千字
2018年9月第一版　2018年9月第一次印刷
定价：**105.00**元
ISBN 978-7-112-22584-2
（32647）

编委会

参与院校

Participating University

青岛理工大学

Qingdao University of Technology

华中科技大学

Huazhong University of Science and Technology

西安建筑科技大学

Xi'an University of Architecture and Technology

昆明理工大学

Kunming University of Science and Technology

目录 Contents

序言

Preface

乡村的梦想与希望

在美丽的青岛崂山、在山海一色的崂山乡村，我有缘与四所全国建筑规划类知名高校的师生相识、相聚，开展四校乡村联合毕业设计。尤其在国家乡村振兴战略日益深入人心，乡村建设正蓬勃开展的当下，本次四校乡村联合毕业设计扎根于乡村，将为乡村服务，以提升农民生活和生产环境为主要目标，其在探索乡村规划和发展的新模式，培育乡村规划师等方面具有重要的理论意义和实践意义。

当前，我们国家正在开启新一轮大国崛起的历史进程，这个进程中，需要包括建筑规划文化在内的各种优秀传统文化和艺术的全面复兴。而在经济社会文化发展相对滞后的乡村，这种文化复兴的意义尤为重要。习近平总书记在党的十九大报告中强调，农业农村农民问题是关系国计民生的根本性问题，提出坚持农业农村优先发展，实施乡村振兴战略。乡村振兴战略是今后解决“三农”问题、全面激活农村发展新活力的重大行动。乡村振兴是我们国家现代化进程中艰苦的一仗，高水平完成乡村振兴任务，重现文明大国的荣耀，应当成为你我的历史使命和担当。

以国际化视野看乡村，在城乡规划师、建筑师和风景园林师的推动下，英国、瑞士等发达国家的乡村无不成为优质生活方式的重要场景，成为承载国人高尚灵魂和血脉的重要空间载体，成为体现国家厚重文化的重要文化遗产。在中华大地上重构一个个生态、古朴、传统的乡村，重新复活弥漫着浓厚乡土气息的乡村文化，深度保护乡村文化遗产，全面提升和改善村民生活，成为我们实现中国梦的重要组成部分。

2018 年四校乡村联合毕业设计的主题为“村庄安全”，把安全作为乡村规划中的重点，引导教师和学生在设计中返璞归真，回到人的基本需求“安全”上。当前，我国城市化迅速发展，大量的资金和人口涌向城市，乡村“老龄化”、“空心化”严重。乡村居民以留守老人和儿童为主，“安全”不仅需要为他们提供一个安全的物质空间，还包括安全的精神空间，满足村民的心理需求和文化需求，做好传统文化的传承和发扬。

在这次四校乡村联合毕业设计中，我见证了师生们在寒风中、在山海间、在旷野与乡村的艰苦跋涉与付出，见证了青岛理工大学、华中科技大学、西安建筑科技大学、昆明理工大学的实力与风采，也见证了建筑规划界的精英参与国家乡村振兴战略的实际行动。

在漫漫的历史长河中，于短暂的生命而言，我们都是一粒粒微不足道的尘埃。唯有把我们的青春和才华融入国家文化复兴的历史进程中，融入大国崛起、乡村振兴的具体事业中，生命才更有意义。

中国乡村的梦想在你们手里一定会实现，希望寄托在你们身上！

梁 光

青岛市崂山区乡村振兴暨农村工作领导小组办公室

青岛市崂山区城乡建设局

2018 年 7 月 2 日

前言

Foreword

习近平总书记关于建设社会主义新农村、建设美丽乡村、把实施乡村振兴战略摆在优先位置的新理念、新论断、新要求，为青岛理工大学的人才培养、课题研究、服务乡村振兴战略，指明了方向，提供了根本遵循。

学校建筑与城乡规划学院，以专业优势服务齐鲁乡村建设，实现了“义务编制村庄规划”社会实践活动规范化建设；以“走进乡村、共建家园”为活动理念，完善基地联系、项目管理、经费保障等制度建设，制定了导师负责、团队传承、多专业融合的良性机制。莘莘学子走遍了山东17个地市，薪火相传，推动美丽乡村的建设与发展、传承乡土文明、培育乡村规划师；乡村规划从暑期实践活动逐步融入专业课程中，从特色教学扩展到科学研究中。2016年有缘加入四校乡村联合毕业设计团队，从齐鲁大地走向四海九州的乡村，在广阔的土地上探寻乡村文明之根，在地域的差异中发现乡村之美，在城乡统筹下探索乡村发展之路，在百家争鸣里凝练乡建之技。服务乡村、以时代的现实需求为方向，丰盈自我，担当历史的重任，青理师生一直在路上。

在崂山区乡村振兴办公室和崂山区城乡建设局的大力支持下，2018年四校乡村联合毕业设计选题选址在美丽的滨海城市青岛，碧海蓝天、红瓦绿树、诗意栖居的乡村。以“村庄安全”为主题，首先是希望四校师生共同思考当下乡村共性的突出问题——安全，底线视角下的乡村规划应对，从物质空间到精神空间，乡村的粮食安全、生态安全、社会稳定直接决定了我国的国家安全；其次，正确理解“安全”的深刻内涵与在地表现，轻轨村庙石、景区村黄山、半岛村港东所面对的主要安全矛盾各不相同，在安全底线思维下寻求村庄发展机遇更显得弥足珍贵；第三，与以往联合毕业设计的内陆乡村不同，理解滨海乡村所依赖的独特生存资源，土地相对海洋有更为明确的权属与边界，与农民失地比较，渔民失海的几率更高，在超常非稳定的资源依赖下，渔村社会更容易解体；最后，也是契合青岛上合峰会，对城市安全运动背景下的乡村安全展开再思考。

四所学校的师生秉承严谨、务实的专业态度，从城乡规划学、建筑学、风景园林学多学科、多视角，积极探索青岛滨海典型乡村的振兴之路，为当下及愿景而规划和设计，不仅是对我国乡村振兴战略的积极响应，还在滨海乡村这一典型空间的规划设计领域率先探索，以国家和社会发展中的现实需要为题，训练技能，锻炼自我，实现提升和飞跃，这不仅仅是一次专业课程的学习与实践，更是青岛理工大学践行全程、全员、全方位“三全”育人的生动体现。

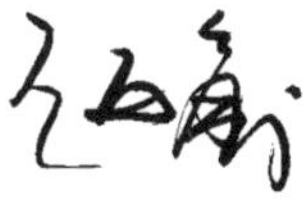

党委书记、教授
青岛理工大学
2018 年 7 月 2 日

教学任务书

青岛滨海典型乡村规划设计

村庄安全视角下的村庄规划

青岛滨海典型乡村

2013 年党的十八届三中全会决定，设立中国共产党中央国家安全委员会，“安全”成为我国国家战略中的重要一环。新时代背景下，传统单一的安全观已无法满足城市和乡村建设发展的需要。国土安全、生态安全、文化安全、信息安全等安全问题成为关注重点。城乡关系、乡村文化、乡村生态环境等均与总体国家安全观有不同程度的联系，乡村社会已成为国家安全的重要组成部分之一。

十九大报告最新提出，实施乡村振兴战略。要坚持农业农村优先发展，按照“产业兴旺、生态宜居、乡风文明、治理有效、生活富裕”的总要求，建立健全城乡融合发展体制机制和政策体系，加快推进农业农村现代化。将乡村安全与乡村振兴相结合，成为此次乡村规划的重点。

毕业设计选题

一、释题

1. 什么是村庄安全?

（1）生态环境安全

过去几十年的时间里，我国经济凭借工业化建设取得了飞速发展，但随之付出的代价是生态环境恶化等一系列问题。根据 2014 年国家环境保护部和国土资源部公布的调查结果，全国土壤环境状况总体不容乐观，耕地土壤环境质量堪忧。我国土壤污染总超标率 16.1%，耕地污染总超标率 19.4%，其中重度和中度污染点位超标率近 3%，属于不宜耕种范畴。“绿水青山就是金山银山”，保持人、乡村和自然环境的和谐发展，是乡村规划与建设中的重点。

（2）经济安全

计划生育政策、城市化、城镇化和升学、招工等影响下，大量的农村人口转化为非农人口，农村人口增长速度放慢，甚至出现了负增长。农村老龄化和空心化成为突出问题。此外，受产业转型等问题影响，乡村产业类型和产业人口等都受到了极大的冲击，从而衍生出农业经济风险。

（3）社会安全

乡村发展过程中，受新自由主义全球化的影响，工业化、城市化成为乡村发展的导向。超负荷的社会成本和经济成本被转移到农村地区，由此引发了一系列社会问题，如土地拆迁、农民失地、劳资纠纷等，不利于乡村地区的稳定发展。

（4）文化安全

目前，我国乡村的文化安全尚未引起足够的重视，缺乏广泛深入研究。受历史因素影响，乡村地区往往保留大量具有历史价值的物质遗产和非物质遗产，是中国传统民俗文化的聚集地。乡村的文化安全在突出乡村特色方面具有重要作用。

2. 规划重点

面对错综复杂的当代社会以及无可避免的城镇化进程，乡村面临着种种安全问题。“空心化”、“空巢老人”、“留守儿童”等当下时代热词均指向乡村。过去 10 年，中国共有大约 90 万个自然村消失，平均每天有 80-100 个村庄在地球上被抹去，中国正在以前所未有的速度推进城镇化。城镇化是区域大背景！在这场波涛汹涌的“大革命”中，我们应该为中国乡村做点什么？从宏观角度出发，村庄安全无外乎两大类：物质空间安全和精神空间安全。

（1）物质空间安全

物质空间安全主要指基于乡土社会的空间与防卫安全、建筑质量安全、景观生态安全等。此外，还应考虑乡村自身的环境与历史特色，将现代乡村发展模式与传统乡村空间结合发展，为乡村的发展注入新的活力，提升村民的生活水平与生活质量，建设美丽乡村。

（2）精神空间安全

受城市化和城市文化影响，传统封闭内向型村落逐步向开放外向型发展。转型过程中，做到物质空间转变和精神空间转变的同步性，保障现代乡土社会的心理安全，成为村庄规划设计的重要环节。

基于以上种种问题，身为乡村规划师、设计师的我们应以安全问题为出发点，将设计带入乡村，为乡村发展进一步提供观念、技术上的支持。本次规划从乡村安全的视角出发，聚焦青岛滨海典型乡村，四校师生将真正走入乡村，吃住在村民家中，深入了解村民生活与生产环境，明确村民的生活习惯与传统习俗，抓住当前乡村生活的主要矛盾以及切实了解村民需求，通过走访以及座谈会等形式与村民进行现场交流。基于深度的乡村体验、村民意愿调查做落地的乡村规划设计；同时，提升村民参与的主动性以及其本身的安全意识，积极解决村庄发展的实际问题，共同为村庄未来的产业发展、人居环境营建出谋划策。

二、问题挖掘

当前乡村面临的问题

（1）文化安全问题——乡村无人可知

随着农村经济的发展和城市化浪潮的兴起与推进，愈来愈多的现代设施进入农村，电视、通信、网络等得到普及，各种信息纷纷涌进一向平静的山村水寨，所有这些在给乡镇村落带来惊喜和勃勃生机的同时，也引起当地居民缺乏理性地模仿和追求。往往是“外来的和尚会念经”，人们对外来的东西觉得特新鲜，以至于把原来的东西给扔掉了，就连集体记忆也逐渐在脑海中被淡忘。如果任其发展下去，恐怕再过几年或数十年，我们传统的东西就会逐渐消失。

（2）产业安全问题——乡村无业可置

农民以单一种植业为生存之源，以家庭为基本经营方式，聚村而居，以自然方式自己生产、自己消费。由于土地无法流动，使得人们世世代代被束缚在土地上，生于斯，长于斯，老于斯，维持一种长久的家庭人口与家庭物质资料的简单再生产过程。直至农业机械化时代的到来，大量招商引资发展集体经济，但同时对传统农业带来一定冲击。

（3）社会安全问题——乡村无人可依

留守儿童、空巢老人等数量的持续增加，传统的以血缘和地缘为重心的乡村社会关系网络已经发生了微妙的变化，一方有难八方支援、乡规民约等约定俗成的秩序无形中维护着乡村社会的和谐，现如今这种社会治理体系趋于无力，大多数情况是老年人孤独蜗居家中，儿童日夜盼望父母早日归来。

（4）空间安全问题——乡村无处可寻

窑洞、四合院等农耕时代的产物，是村民生存智慧的集中体现。现如今，一座座花园洋房拔地而起，传统的居住空间模式不能很好满足现代功能的需求，以至于乱搭建现象严重，一定程度上对传统院落形式、乡村整体风貌产生影响。宽马路、大广场、排排屋等现象屡见不鲜。

三、对象认知

1. 港东村

港东村位于王哥庄街道办事处驻地东 2 公里、文武港东侧，东临黄海，南邻峰山西社区，西邻港西社区。2017 年，人口 1097 户，2876 人，居民以刘姓为主，占总人口的 90%，还有张、王、周、于、董、杜、闫等姓氏。

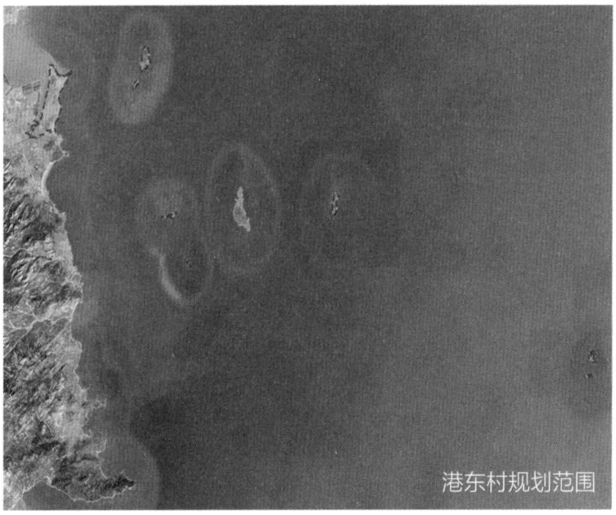
港东村规划范围

港东村总面积 2.7 平方公里，境内有兔子岛、马儿岛、狮子岛、女儿岛、长门岩、小管岛等岛屿。本次规划范围包括小管岛、兔子岛、狮子岛、女儿岛、马儿岛、长门岩在内。总面积约为 3.5 平方公里，海岛面积约为 0.8 平方公里。

崂山区政府正在以王哥庄街道驻地为中心打造全国最大的生态健康城，港东村也位于该城东侧，规划设计如何既保持与生态健康的联系又不失自己的特色，通过提升村庄的协同服务质量，创建更加宜人、更具活力的人居环境，是本村庄规划设计的主要内容。

• 村庄特色

（1）特色文化——妈祖

妈祖文化为 21 世纪海上丝绸之路沿线国家共属的精神财富。妈祖祭典位列“中华三大祭典”之一。现港东村有一座妈祖庙，2017 年 5 月 3 日，举办首届妈祖文化节。海上陆上绕境迎妈祖仪式，来自海内外各大宫庙的妈祖被请上青岛本地的渔船，渔船相继出港，队伍浩浩荡荡，开始了妈祖海上绕境仪式。

（2）特色产业——渔业

港东村作为典型小渔村，秉承着典型的“男渔女茶”的协作方式，上茶山、下渔海的生产方式已传承百年。目前，港东产业经过三个阶段优化发展形成以第一产业为主，以渔业为主导，渔农结合的产业现状。2012 年全村渔船 73 只，渔业从业人员占全村青年男性的 80%，全年渔业总收入 1140 万元，形成以渔业为主所引发的捕鱼、晒鱼、渔产品加工等一系列特色产业。

（3）特色建筑——海石房

早期盖房石料多是从东海岸采来的海石，再用黄坚泥充当灰浆垒墙，墙厚约 50 厘米，冬天保温性能好。村内建设年代久远的海石房集中成片布局，均为石基础砌墙的结构。海石房算是港东村内居民点一大特色。现有一些年代久远的海石房已经划入保护范围，禁止拆建。

• 村庄现存问题

（1）据村志记载，村内有 36 景，但随着村庄建设，目前特色历史空间节点已所剩不多。与此同时，对于妈祖文化保护力度不足，缺乏相关传承发扬。

（2）目前来看，村庄发展的主导产业为渔业，但渔业产业链缺失，渔业发展进入瓶颈。服务业业态较为单一，均为渔业所引发带动的码头渔家宴。岸线的利用率低，现状养殖岸线高达 47.07%。同时，养殖技术又较为落后，对岸线资源造成严重的浪费。

（3）村内居民点中心从整体布局来看，居住空间识别性差，公共空间占比少，生产空间布局散。乱搭乱建现象严重，建筑立面材料混杂，一定程度上破坏了乡村传统院落的肌理。

2. 庙石村

庙石村位于王哥庄整个版图的西北方，坐落于王哥庄街道西北山地的石人河上游西北岸，崂山东北支脉的大标山下，虎龙山前山谷的低丘上，滨海大道庙石高架桥西侧，距王哥庄街道办事处驻地 3.5 公里，东与常家社区隔路相邻，南与黄泥崖社区接壤，东北部紧邻唐家庄社区。社区西面、西北面就是崂山山脉东北支脉的大标山和虎龙山。村庄处在四面环山的怀抱中，景色幽雅宜人。

本次规划的主题在村庄安全方面，应着重考虑由于地铁站点开通对村庄风貌保护和村庄建设发展的冲击。

• 村庄特色

（1）凝真观：凝真观又名迎真观、迎真宫。位于崂山区王哥庄镇庙石村东。创建于元代元统年间（1333-1335 年）。该建筑于明代弘治二年重修，清代康熙初年道士刘信常又重修，更名为凝真观，中祀真武。1950 年该观曾为小学使用。某一阶段，观内神像、文物、庙碑全部被捣毁焚烧。

（2）玉皇大帝庙：在庙石村西北部，半山腰上村民自发建造的庙。

（3）崂山茶：崂山地理环境优越，属于温带海洋性气候，温暖湿润，光照时间较长，加上富含矿物质的崂山泉水，适宜发展茶叶种植。20 世纪 90 年代中后期，在村委倡导下，村民陆续扩展种植茶树，到 2010 年，茶园达到 300 多亩，茶叶成为村民的重要收入，现在已形成炒销一条龙的经营模式。

（4）地铁 11 号线庙石站点：新开通地铁 11 号线，成为村庄发展的契机。

• 村庄现存问题

（1）进村无醒目的标志物。

（2）有庙石特色的设计不突出。

（3）石头房屋要进行保留，目前未打造成为特色。

（4）屋顶杂乱，未统一进行规划引导。

（5）无相应的茶园观光体验的路线设计。

（6）大水漫灌，无统一规划的灌溉系统。

（7）无配备公厕。

（8）无消防车道。

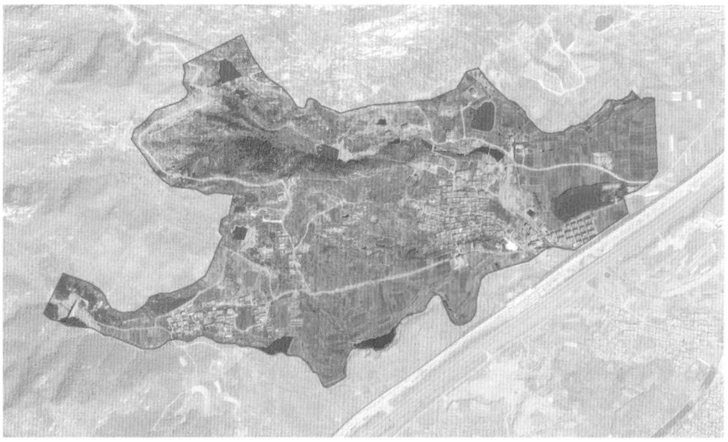

庙石村村庄规划范围

（9）监控系统不成体系，不够完备。

（10）休闲凉亭、提供茶叶买卖及品鉴的地方未设置。

（11）建议借鉴海绵城市发展的案例，道路、水库等用透水性较好的材料。

（12）河道截留雨水较少，不利于利用雨水灌溉。

3. 黄山村

（1）地处崂山，风景优美

黄山村坐落于崂山东麓，东面崂山湾，西依黄山崮，南邻黄山口村，北邻长岭村。

（2）临界水而居，林氏迁居

现有村民330户，林姓约占全村总人口的70%。相传，明朝林氏先祖因水源不足，于永乐四年迁此定居。

（3）避世高地，因山得名

隋氏先祖选择了这一涧水潺潺、山岭环绕的僻静高地安身立业。后林、张、刘姓先祖先后由青山村、王哥庄村来到这里。

（4）康养世外，亲子茶园

改革开放后该村开辟茶园140亩，建起了青岛茗绿茶厂等茶厂。

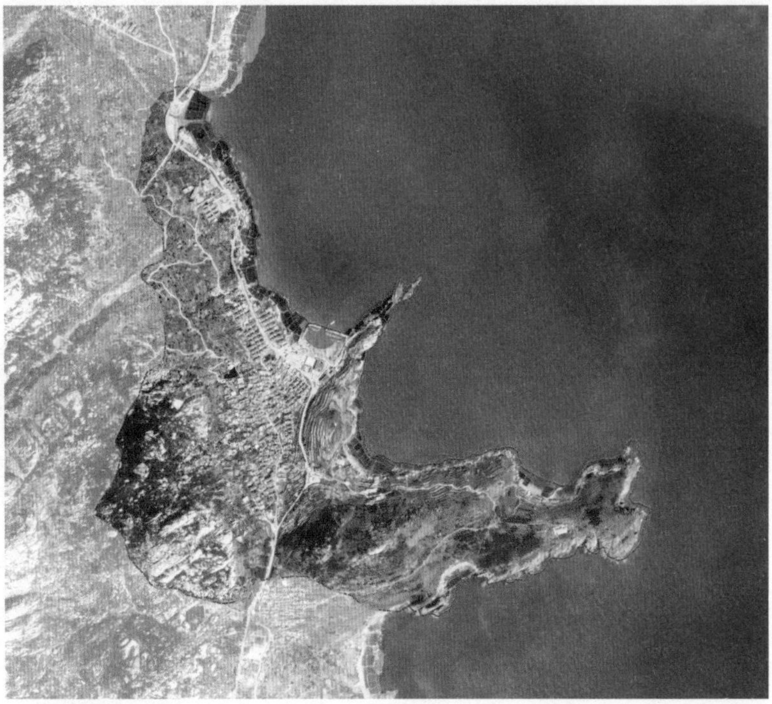

黄山村村庄规划范围

• 黄山村发展建设现状

（1）政府政策支持：针对青岛市山地滨海村落发展需求，深入挖掘乡村地方环境生态资源优势，国家最新政策以乡村安全为规划重点，强调规划与建设的可实施性。

（2）社会经济安全：通过对农村生产、生活、生态等要素的统筹规划与布局，考虑村庄的整体发展导向，引导土地集约利用与空间集聚发展。最主要的问题是农村“空心化”。具体表现为人口“空心化”、土地“空心化”、农业产业“空心化”。

（3）物质空间安全：根据2014年国家环境保护部和国土资源部公布的结果，全国土壤环境状况总体不容乐观，耕地土壤环境质量堪忧。

黄山村建设现状图

• 黄山村规划难点解析

（1）民居整治：村庄的历史文脉难以沿承。

（2）环境整治：着重于凸显村庄特有风貌。

（3）空间整治：街巷与广场缺乏梳理。

（4）主导产业：需结合村庄的现状特点提出适合的主导产业。

（5）功能分区：难以结合村庄实际情况提出合理的功能分区。

（6）规划系统：村庄道路交通等规划系统不完整。

（7）三产建设："生产、生活、生态"的融合存在难点。

（8）节点建设：难以打造富有本村特色的村庄节点。

（9）规划方法：面对村庄需改变传统的规划方法，建立有针对性的规划目标，充分体现与农民的互动和问题导向。

（10）参与平台：缺乏以微信群等为载体打造的参与平台。

（11）专家参与：缺乏熟悉乡村经济、社会等领域的专业人员进村培训村民。

（12）公众参与：规划前期难以收集农户个体需求和村集体共同需求，在共识基础上制定村庄发展目标、战略与策略。

黄山村茶园现状图

四、规划设计要求

1. 总体设计原则

针对青岛市山地滨海村落发展需求，深入挖掘乡村地方环境生态资源优势，结合国家最新政策，以乡村安全为规划重点，突出乡村特色，强调规划与建设的可实施性。

（1）尊重自然，有机更新

尊重既有村庄格局，尊重村庄与自然环境及农业生产之间的依存关系，尊重乡村原有的建筑与空间特色，避免大拆大建，重点改善和提升乡村人居环境和生产条件。

（2）尊重农民，以人为本

将传统的城乡规划方法与乡村深入调研相结合，做到进村入户，深入了解农民、农村问题，并在此基础上开展规划编制，建立有针对性、符合乡村特色的规划目标。充分尊重村民意愿，积极鼓励村民参与，发挥村民主观能动性，引导村民积极参与规划编制全过程。

（3）整体协调，统筹规划

整体协调乡村与周边环境、村落和城区的关系，将村庄置于区域大环境中进行综合思考，考虑村庄的整体发展导向，通过对农村生产、生活、生态等要素的统筹规划与布局，引导土地集约利用与空间集聚发展。

2. 规划设计要求

本次联合设计重在激发毕业生的创新思维，提出乡村安全发展的创意策划，因此规划内容包括但不限于以下部分。

（1）调研分析

对于规划对象，从区域和本地等多个层面，以及经济、社会、生态、建设等多个维度，进行较为深入的调研，挖掘发展资源，剖析主要安全问题。

（2）发展策划

根据地方发展资源和所面临的主要问题，提出较具可行性的规划对策。

（3）村域规划

根据地形图或卫星影像图，对于村域现状及发展规划绘制必要图纸，并重点从村域发展和安全的角度提出有关空间规划方案，至少包括用地、交通、景观风貌等主要图纸。允许根据发展策划创新图文编制的形式及方法。

（4）居民点设计及节点设计

根据上述有关发展策划和规划，选择重要居民点或重要节点，探索乡村意象设计思路，编制乡村设计等能够体现乡村设计意图的规划设计方案。原则上设计深度应达到1：1000-1：2000,成果包括反映乡村意象的入口、界面、节点、区域、路径等设计方案和必要的文字说明。

3. 不同专业要求

根据不同专业的专业特点提出建议性要求，可根据实际情况进行调整。

3.1　城乡规划学专业

（1）研究报告（6000字左右）。

（2）设计内容：村庄总体规划、土地利用规划、规划相关分析、基础设施规划、重要节点设计等。

3.2　建筑学专业

结合村庄总体布局、地域特色和建筑特色对村庄新建、改造建筑提出具体的方案设计，对住宅、公共设施等不同功能建筑进行分类设计。

（1）研究报告（6000字左右）。

（2）设计内容：村庄重要节点详细设计、村庄公共建筑设计、老旧村宅改造设计、建筑构造大样设计等相关图纸。

3.3　风景园林学专业

（1）研究报告（6000字左右）。

（2）设计内容：三生空间规划设计、村庄道路景观设计、村庄重要节点设计、绿色基础设施设计、村庄宅前景观设计、景观构造大样设计。

4. 成果形式（新增）

为便于规划设计成果参加全国范围的村庄规划竞赛活动，参照有关文件对最终的成果形式特做以下要求。

（1）每个村每校提交一份图版文件 4 幅（图幅设定为 A0 图纸，分辨率不低于 300dpi，无边无框），为 PSD、JPG 等格式的电子文件；并提供用于结集出版的 Indd 打包文件夹。

（2）每个村每校还应另行按照统一规格，制作 2 幅竖版展板，提供 PSD、JPG 格式电子文件，或者 Indd 打包文件夹。该成果将统一打印，以便用于展览。

（3）每个村每校提供一份能够展示主要成果内容的 PPT 等演示文件，30 张页面左右。

五、教学安排

1. 分组要求

（1）共分 3 个大的联合组，分别选择不同的村庄。每组 20 名学生左右，由四校学生联合组成，其中各校学生人数为 6 名左右（三个专业学生搭配）。

（2）为了便于组织与管理，每个大的联合组分为 4 个小组，每个小组成员均来自一个学校。

2. 教学安排

本次联合毕业设计共组织 3 次联合教学交流活动，包括前期调研、中期检查和联合毕业设计答辩，要求参与同学必须参加（具体详见日程安排表）。

阶段一：开题及调研（2018.3.5-2018.3.9）

2018 年 3 月 5 日上午在青岛理工大学举行开题启动仪式和乡村专题学术报告交流；

2018 年 3 月 5 日下午在王哥庄镇政府进行相关介绍，并与各村相关负责人交流；

2018 年 3 月 6 日 -3 月 9 日吃住在村中，展开现场调研、资料收集、访谈整理，进行调研成果汇报交流。

阶段二：中期成果交流（2018.4.26-2018.4.27）

4 月 26 日 -27 日中期成果汇报交流、提问与点评，入村征询意见、补充调研。

阶段三：最终答辩（2018.6.7-2018.6.8）

6 月在华中科技大学进行毕业设计成果答辩。

成果展示

壹 港东村

贰 庙石村

叁 黄山村

gǎng dōng

港東

港东村位于王哥庄街道办事处驻地东2公里、文武港东侧，东临黄海，南邻峰山西社区，西邻港西社区。2017年，人口1097户，2876人，居民以刘姓为主，占总人口的90%，还有张、王、周、于、董、杜、闫等姓氏。

港东村总面积2.7平方公里，境内有兔子岛、马儿岛、狮子岛、女儿岛、长门岩、小管岛等岛屿。港东村的经济原以渔业为主，从事近海和远洋捕捞；农业为副，主要出产小麦、玉米、地瓜、花生等，工业以机件加工为主。改革开放以来，先后建起了冷藏、橡胶、水产食品、五金制品等企业。

修边活界，叙事港东

青岛理工大学 Qingdao University of Technology

参与学生：苏佳耀　高丹琳　卢梦霞　王　婷　李博涵　张　瑶
指导教师：祁丽艳　王润生　田　华　王　琳

教师释题：

海陆交界、城区之边的半岛渔村港东，以丰富的自然景观、久远的渔家文化、脆弱的生态环境、稀缺的生存资源、流失的人力资本、冲突的别墅与村舍风貌，以及超常稳定的氏族社会为典型特征。农民失地、渔民失海，港东在城镇化进程中是在安全底线上构筑乡村振兴，抑或是湮没于鳞次栉比的城市楼宇中？生态修复、文化传承，港东发展权下的正外部性如何实现，如何与经济发展相平衡？我们的小小乡村规划师如何在"集体失语"的个体化时代，探索出港东振兴的有效路径，不仅是规划设计的大胆尝试，也是本科阶段最后一次价值观的再考验与洗礼。

理念阐释：

港东村位于城村边界、海陆边界、人工与自然的边界，其边界上具有独特的海陆景观、巨大的产业活力，以及富有特色的妈祖文化，可知"边界"这一概念对于村庄而言既是生态重塑的核心地带，又是促进村庄重焕活力的潜力区域。因此，对于村庄外围边界空间的打造，我们以"修边活界"为理念，旨在提高村庄韧性、充分发挥经济潜力。而村庄内部的空间形态、社会组织结构不同于城市，有其独特的自发性、亲缘性，因此，我们把贴近村民的日常行为活动作为切入点进行研究，以叙事的方式将不同的活动融入建筑、街道以及片区，将村庄打造为一篇值得人们细细咀嚼的篇章。

面对全球化时代错综复杂的国内外形势，我国国家安全战略已从传统的单一安全观转向总体安全观，全面涵盖领土、经济、文化、技术、信息、生态、社会、粮食和资源等领域。除军事与核安全外，国家综合安全的诸多领域与乡土社会均有不同程度的关联，尤其是乡村社会关系、乡土文化、乡村生态环境、乡村经济可持续等方面，乡村社会已成为国家综合安全的主阵地之一。乡村安全正在成为国家综合安全战略的重要阵地。

十九大报告最新提出，实施乡村振兴战略。要坚持农业农村优先发展，按照产业兴旺、生态宜居、乡风文明、治理有效、生活富裕的总要求，建立健全城乡融合发展体制机制和政策体系，加快推进农业农村现代化。将乡村安全与乡村振兴相结合，成为今后乡村规划的重点。

港东村是青岛市域中产业特色突出，地理区位独特的村庄，具有三面临海的半岛式格局。崂山区政府正在以王哥庄街道驻地为中心打造全国最大的生态健康城，港东村位于该城的东侧，规划设计如何既保持与生态健康的联系又不失自己的特色，通过提升村庄的协同服务质量，创建更加宜人更具活力的人居环境，是本村规划设计的主要内容。

在这样的前提下，我们以村庄安全的视角走进港东，认知港东，发现本村不仅是行政辖区的边缘村，也是地处海陆边界的典型渔村，“边界”的重要性由此显现。本次规划意在探讨村庄未来发展建设走向，在边界认知的基础上，明确海陆边界空间作为设计重点，强调边界修复与活化；村庄聚落空间为提升重点，注重人居整治与改善。同时，优先村庄资源禀赋利用，挖掘与整合村庄本体。

背景研究 Background Study
现状认知 Site Study
核心问题 Core Problems
目标建立 Aims Establishment
总体策略 Overall Strategy
分项对策 Itemized Measures

研究框架

项目区位　上位规划　历史沿革　任务解读

自然环境　历史人文　土地与人口　产业与经济　村庄建设

问题分析 资源利用

生态边界亟需修复 人居环境引力不足

强化村庄生态本底　提升村落人居环境

优化产业发展机制，有机更新村庄空间

产业：优化港东原有产业，完善港东旅游产业链，构建协作发展机制
文化：活化历史文化资源，打造村庄文化名片
生态：构建生态格局，优化生态本底，提升村庄韧性
村庄建设：构建道路交通网络，完善基础服务设施，
优化公共活动空间，构建和谐宜居社区

背景研究

区位分析

青岛——地处山东半岛东南部沿海，濒临黄海；辖7个区，代管3个县级市。
崂山区——位于青岛市东南隅，黄海之滨，辖5个街道。
港东村——位于王哥庄镇东部，距青岛市区50公里，北邻文武港，南靠峰山后，东至码头，西至镇区。

上位规划

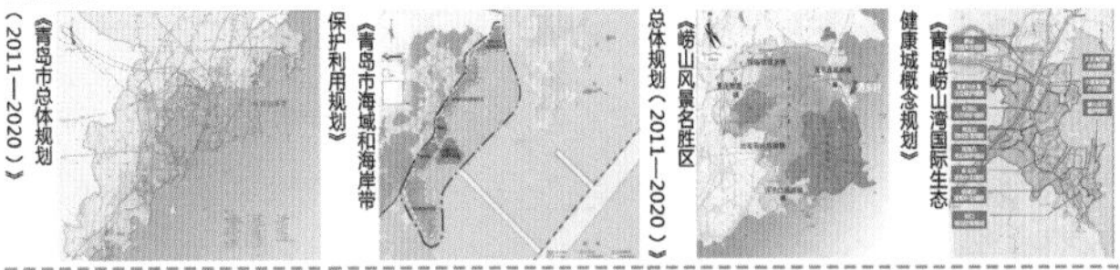

■王哥庄街道功能定位——旅游服务

■加强海域增殖放流和底播养殖功能；
■沿岸线规划滨海公共开放空间；
■形成连续贯通的滨海休闲观光线路。

■王哥庄街道处于三级保护区；
■重点保护海湾、岬觇、河道、山体等自然资源。

■王哥庄的发展定位：以“山—海—城—岛—湾—河”自然生态为本底的，国际生态健康城。

历史沿革

隶属即墨市海润乡，名为“高家园”
弘治年间，刘氏兄弟迁入定居，接管村庄，更名港东。
顺治十三年，村西建龙王庙，乾隆四十四年，集资建娘娘庙
民国二十七年，沦为日本统治下。
1949年，港东隶属崂东区；1953年，改称青岛市崂山郊区人民政府。
1956年，成立文武港高级渔业合作社。
1964年，港东大队引进海岸带养殖。
1988年，海珍品试验场育港扇贝苗、对虾苗成功。
1996年，港东村民在所属海边滩涂建鲍鱼池16亩，开始围池养鲍。
2010年，建成港东渔码头石牌坊。
面临城镇化

现状认知

自然环境

宏观山水格局

港东村位于王哥庄街道的东部沿海，三面环海，南倚崂山，处于边缘的地理位置使村庄成为了青岛城市生态边界的重要节点。

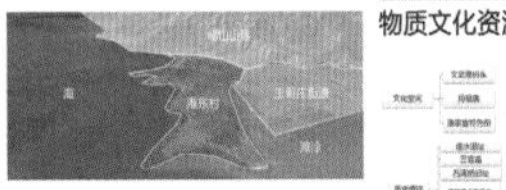

山—海—岸—岛—河

■村庄主要山体及其轮廓线　■山体景观视廊

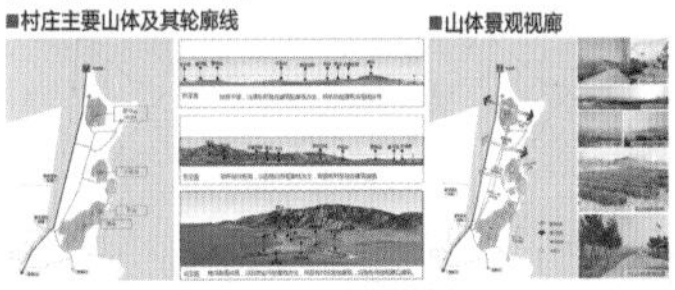

■滨海岸线类型及剖面　■村庄所辖海岛　■晓望河

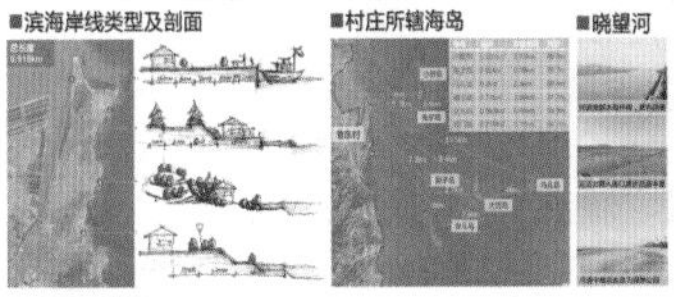

历史人文

物质文化资源

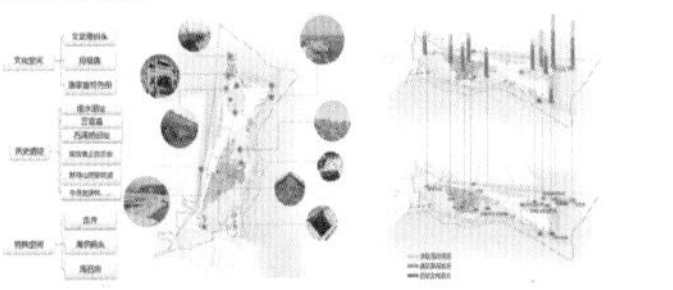

非物质文化资源

土地与人口

土地现状

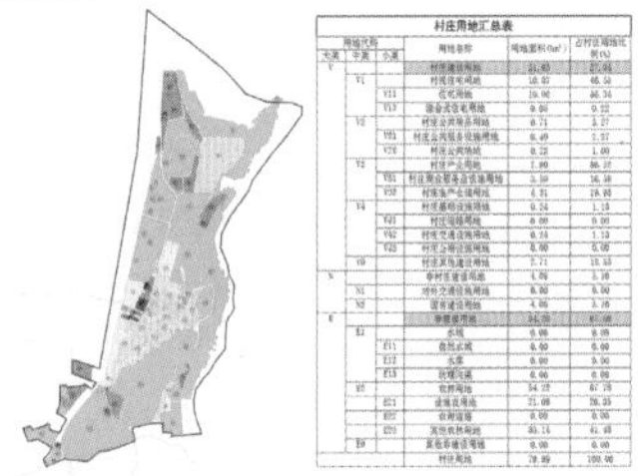

人口结构构成

产业与经济

产业发展历程

“靠山吃山，靠海吃海”——直至解放前村内产业结构十分单一，依靠海上捕捞和农业。

“集体建厂，二产兴盛”——十九世纪六十年代起，村内集体集资建造造船厂、机床厂等

“改革开放，产业多样”——改革开放后村内的产业结构发展较大改变，个体、商业、餐饮服务业蓬勃发展，第三产业产值逐年增加。

经济发展现状

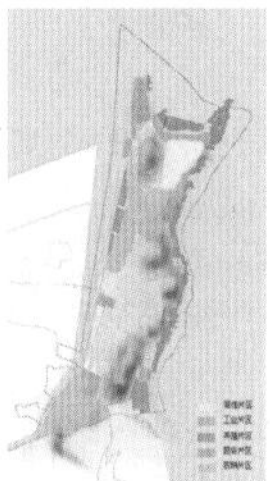

村民从业现状

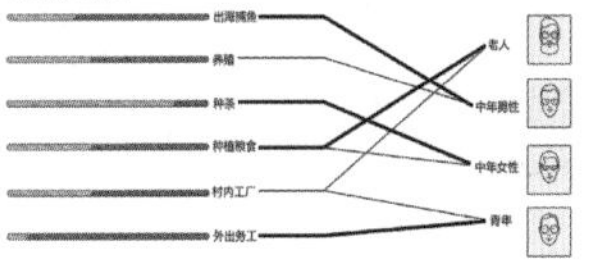

村庄建设

村庄聚落空间演变

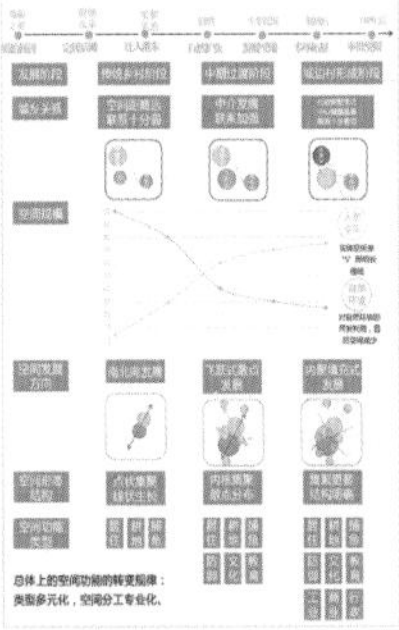

道路交通

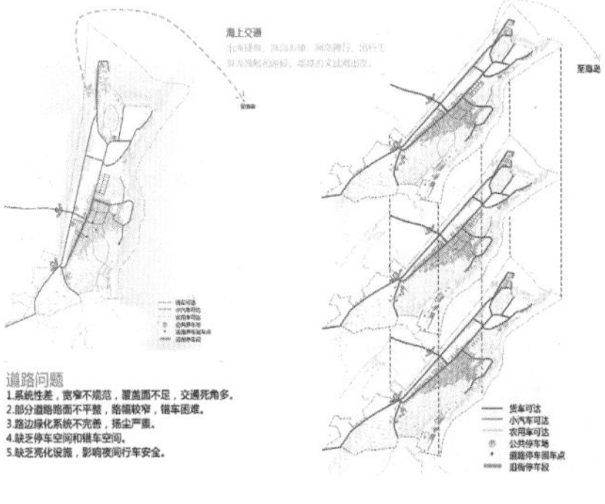

道路问题
1.系统性差，宽窄不规范，覆盖面不足，交通死角多。
2.部分道路路面不平整，路幅较窄，错车困难。
3.路边绿化系统不完善，扬尘严重。
4.缺乏停车空间和错车空间。
5.缺乏亮化设施，影响夜间行车安全。

公共空间

■滨海开放性公共空间
■内部生活性公共空间
■文化祭拜性公共空间

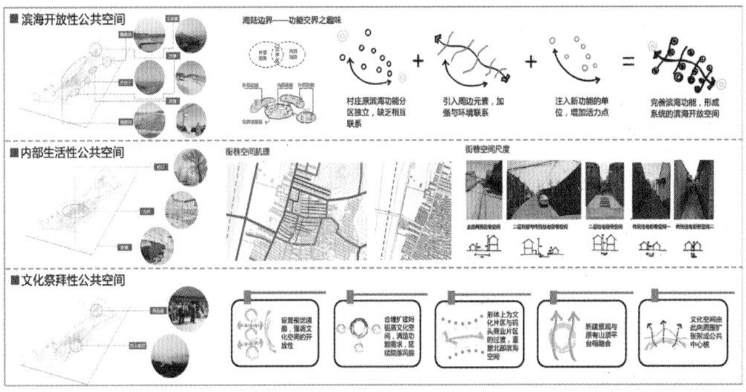

村庄基础与公服设施

建筑院落

■建筑演变过程
■平面形式
■院落形态分析
■建筑材料与细部
■居住条件分析

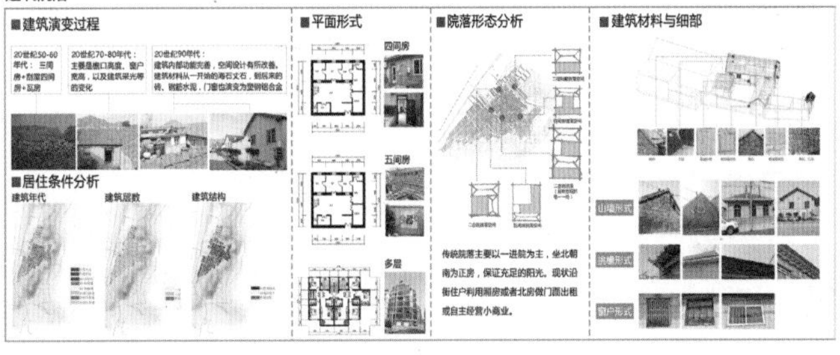

传统院落主要以一进院为主，坐北朝南为正房，保证充足的阳光。现状沿街住户利用厢房或者北房侧门面出租或自主经营小商业。

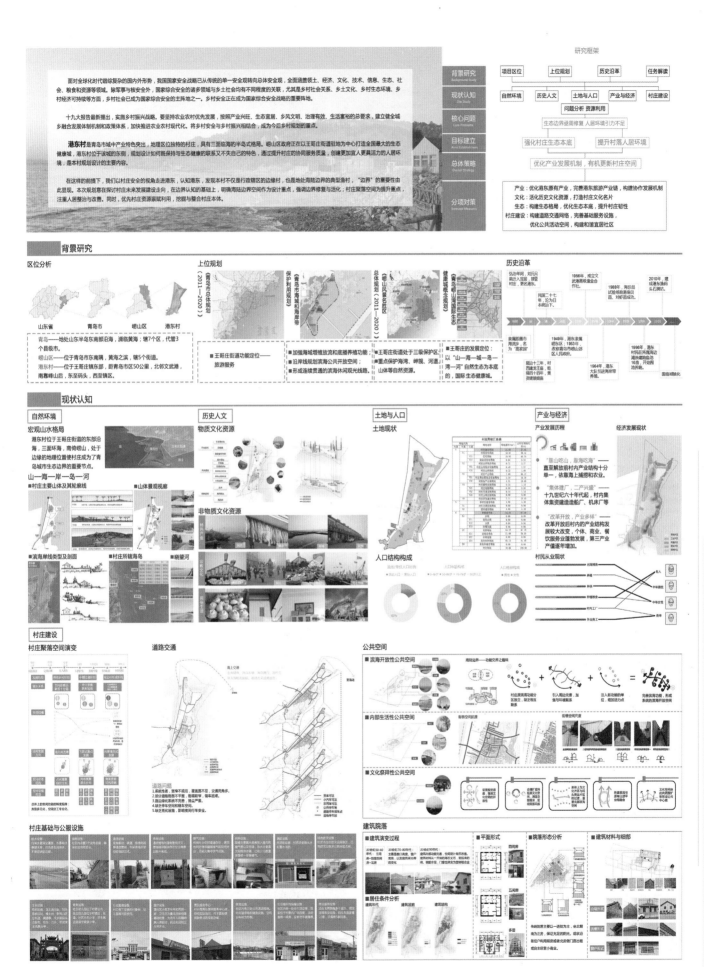

村庄安全
——青岛滨海典型乡村规划设计

规划策略

核心问题

村庄现状发展存在的问题主要为产业发展动力不足、文化品牌缺失、海陆生态边界维护以及聚落空间优化利用四个方面。

产业发展	文化振兴	生态优化	空间整合
1.养殖技术较为落后，渔业产业链缺失，渔业发展进入瓶颈。 2.工厂布局分散，影响海岸景观及海岸生态空间。 3.服务业业态相似，模式单一。	1.妈祖文化保护力度不足，缺乏相关传承发扬。 2.渔业文化传承面临转型。 3.面临外来文化冲击。	1.山体植被覆盖率低，土壤贫瘠；海风、海浪侵袭海陆边界。 2.海岛功能闲置，利用率低。 3.海岸线大部分用于养殖，景观效果差，污染严重。 4.河道滩涂资源缺乏利用，污水排放污染严重。	1.居住空间识别性差，道路系统性弱。 2.排水方式污染大，综合防灾隐患多，废物资源利用少。 3.公服类型单一，教育行政干扰大。 4.人均居住面积少，农具杂物乱堆放，建筑形态差别大。

目标建立

海陆边界破坏
文化品牌缺失
产业分散落后
空间活力不足

基地调研 → 现状分析 → 策略思路
- 强化村庄生态本底
- 提升村落人居环境

总体策略

优化产业发展机制
有机更新村庄空间

村庄安全
宜居港东
设计要素

产业策略 交通策略 公共空间 生态策略 建筑策略

文武港 妈祖庙 滨海集体用地 村内集体用地 村内闲置用地 村民农宅

分项对策

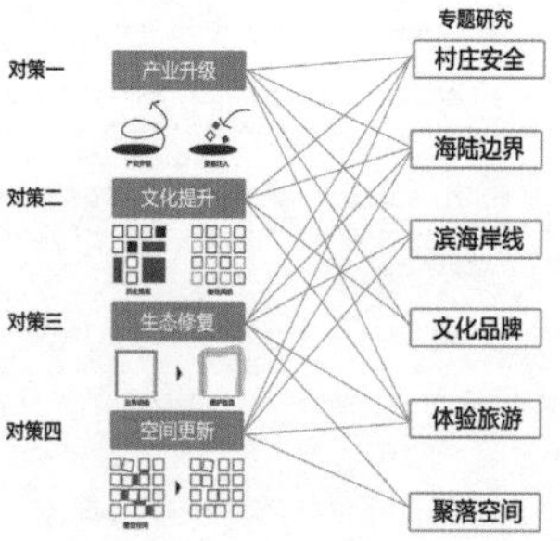

村域土地利用规划

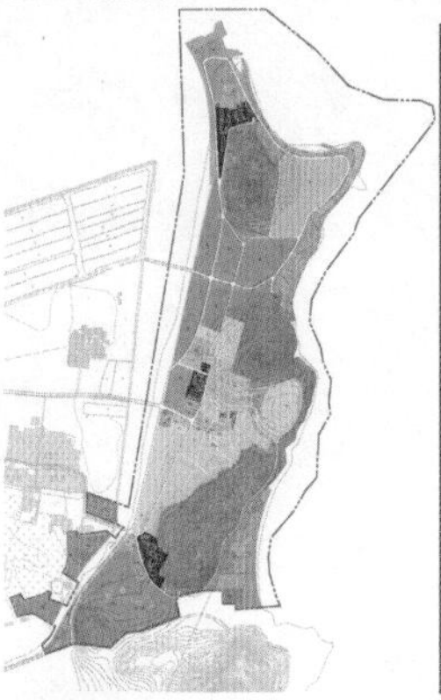

村庄用地汇总表

用地代码			用地名称	用地面积（hm²）	占村庄用地比例（%）
大类	中类	小类			
V			村庄建设用地	70.15	38.93%
	V1		村民住宅用地	24.17	13.41%
		V11	住宅用地	3.03	1.68%
		V12	混合式住宅用地	0.28	0.16%
	V2		村庄公共服务用地	20.86	11.58%
		V21	村庄公共服务设施用地	8.90	4.94%
		V22	村庄公共场地	11.96	6.64%
	V3		村庄产业用地	18.61	10.33%
		V31	村庄商业服务业设施用地	15.00	8.32%
		V32	村庄生产仓储用地	3.61	2.00%
	V4		村庄基础设施用地	7.97	4.42%
		V41	村庄道路用地	7.01	3.89%
		V42	村庄交通设施用地	0.96	0.53%
		V43	村庄公用设施用地	0.00	0.00%
	V9		村庄其他建设用地	5.56	3.09%
N			非村庄建设用地	9.60	5.33%
	N1		对外交通设施用地	0.00	0.00%
	N2		国有建设用地	9.60	5.33%
E			非建设用地	93.44	51.85%
	E1		水域	0.25	0.14%
		E11	自然水域	0.00	0.00%
		E12	水库	0.00	0.00%
		E13	坑塘沟渠	0.25	0.14%
	E2		农林用地	89.11	49.45%
		E21	设施农用地	7.13	3.96%
		E22	农用道路	0.00	0.00%
		E23	其他农林用地	81.98	45.49%
	E9		其他非建设用地	4.09	2.27%
			村庄用地	180.21	100.00

村域规划结构

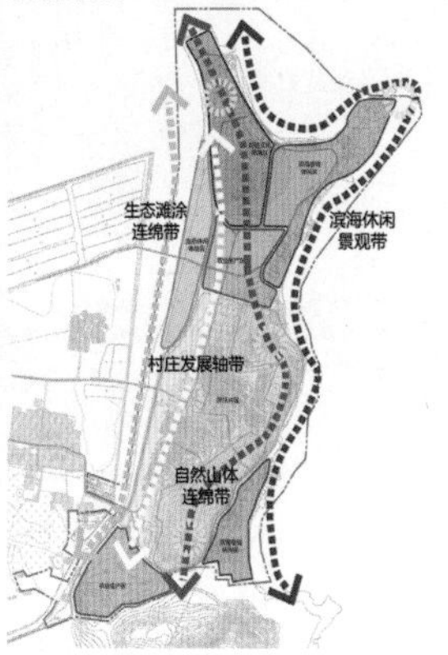

规划形成"一轴三带五片区"

一轴：村庄发展轴

三带：生态滩涂连绵带
自然山体连绵带
滨海休闲景观带

五片区：生态休闲体验区
妈祖文化旅游区
滨海度假休闲区
村庄本体居住区
村庄农业生产区

村域道路交通规划

滨海步行骑行综合道
滨水水步行骑行分行道
滨水人车并行道

产业对策

优化港东原有产业

■ 提升养殖技术，建设海洋牧场

根据青岛海洋功能区划

海岸线退池还礁，近海区修复生态，岛群区建设海洋牧场，发挥蓝色粮仓作用。

设置养殖技术培训中心，引进人才，提高村民养殖技术，降低对生态破坏，增加渔民收入。

加强海防安全管理，设置海上救援路线，降低捕鱼作业风险。

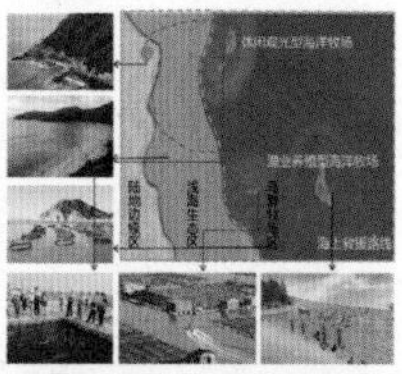

■ 调整种植格局，提高土壤肥力

合理调整农、林用地比例，改善气候条件，恢复生态平衡。

秸秆还田、利用有机肥，改善土壤肥力，提高农作物产量。

■ 整合制造产业，展现港东特色

调整工厂选址，建立统一工业片区，集中规模化经营。

建设传统特色茶厂、开放式养殖中心、海产品加工产业，寻求新的经济增长点。

发展"公司+农户"产业模式，避免小作坊生产，以达到减少污染、更新功能、保留传统的目的。

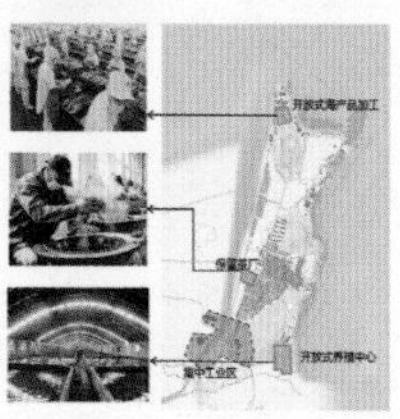

完善港东旅游产业链

■ 村域旅游总体定位

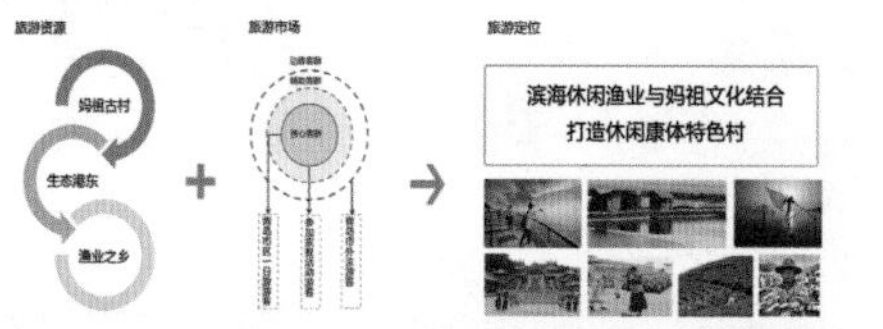

■ 村域旅游空间规划

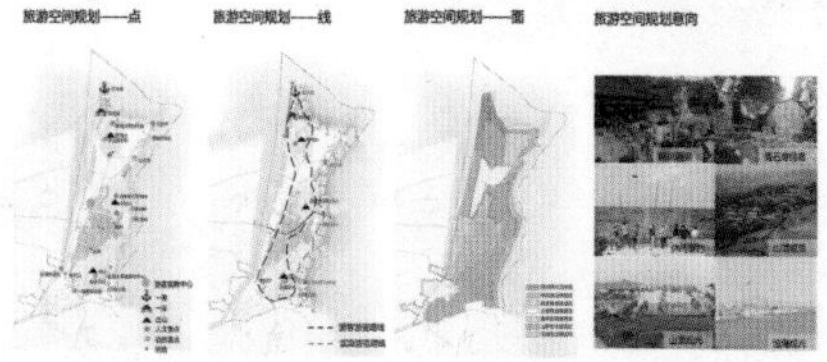

■ 村域旅游时节规划

■ 村域旅游分阶段对策

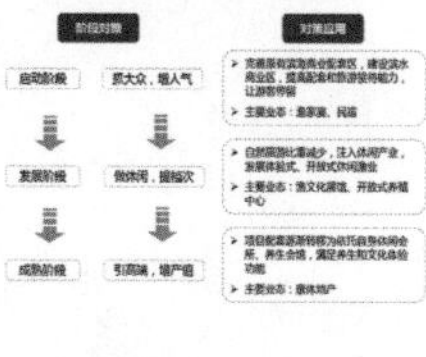

构建协作发展机制

■ 加强村民合作，发展集体经济

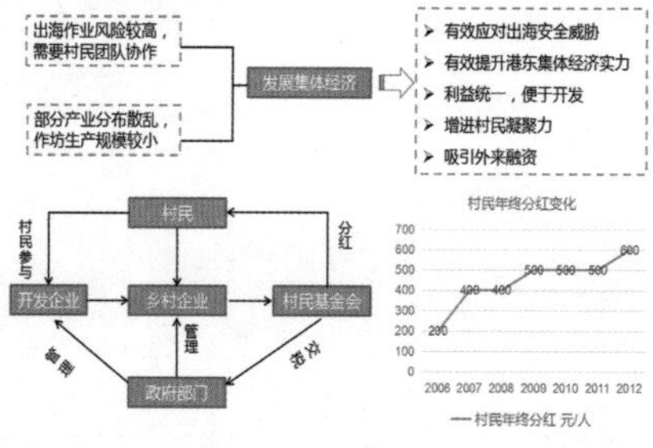

■ 引进外来融资，实行股份制管理

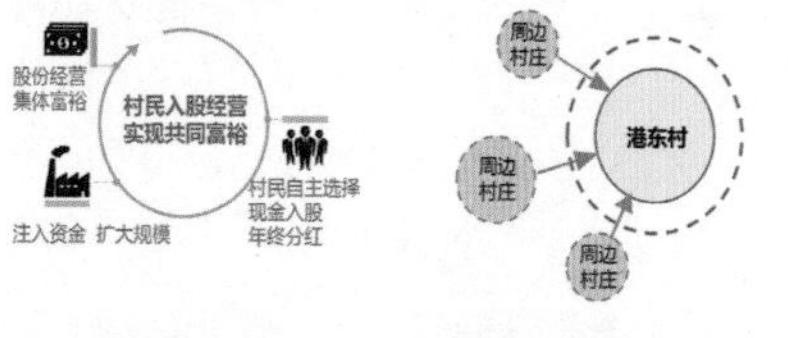

股份制经营，共同富裕：
对未来市场反应较好的休闲渔业、养殖中心等实行股份制村民自主入股，为企业提供资金支持，同时促进村民共同富裕。

形成区域联动模式：
未来带动周边村庄，向港东村产业提供物质资料及劳动力服务，为周边村庄提供工作岗位，形成区域联动发展模式。

文化对策

活化历史文化资源

■ 保护文化资源完整性

保护对象：妈祖庙（区级文物保护单位）

1．法制规范，切实保障妈祖文化的存在环境。

2．加强调研，全面掌握妈祖文化的存在状况。

3．综合利用，完善妈祖文化的存在方式。

依法划定的保护范围和建设控制地带设立标志说明，建立记录档案，明确保护责任主体。

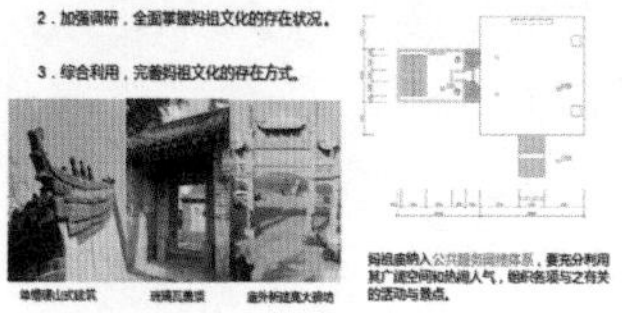

妈祖庙纳入公共服务网络体系，要充分利用其广阔空间和热闹人气，组织各项与之有关的活动与景点。

■ 更新潜力历史文化空间

更新对象：宾奴亲王观景台、石湾桥旧址、村内古井、三官庙等

1．标志已消失的文化空间　　空间重塑/历史标识/改造为其他公共功能

2．唤活无活力的文化空间　　生态改造/设施完善/可达性提升

打造村庄文化名片

■ 空间——传统文化符号强化与弘扬

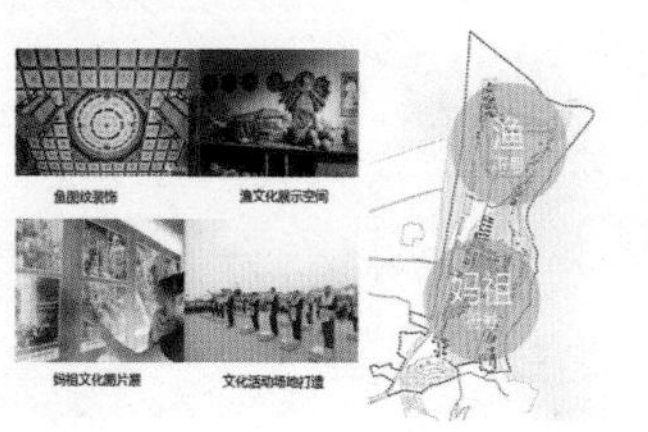

■ 时间——提高传统民俗活动连续性

妈祖文化：一年之中妈祖文化活动的连续与多样。

渔文化：代际之间渔业活动的传承与发展

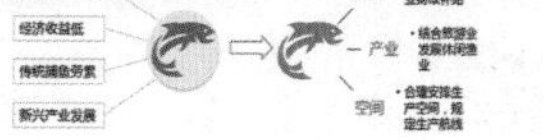

生态对策

构建生态格局

■ 明确底线管控，划定三级保护区

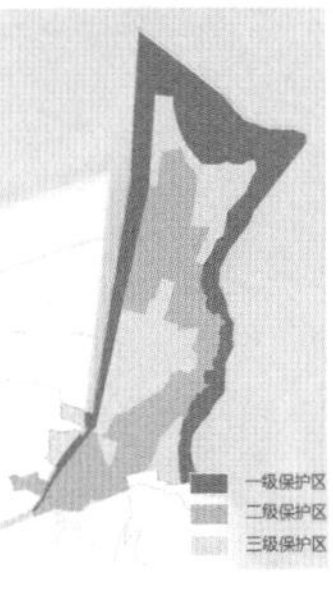

保护生态本底，依据《青岛崂山风景名胜区总体规划》划定三级生态控制线——

一级保护区：严格禁止建设范围

二级保护区：严格限制建设范围

三级保护区：限制建设范围

■ 构建“一带、一河、一岸”的生态格局

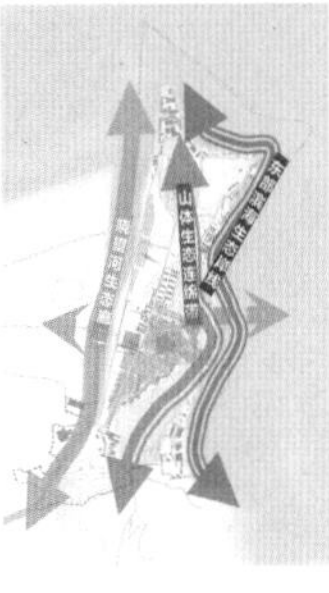

优化生态本底

■ 山体修复

针对贫瘠山体，进行退耕还林、基质改良、山体复绿；因山而异进行山体修复，活化山体功能。

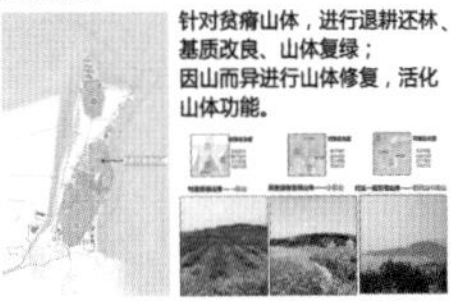

■ 海岸修复

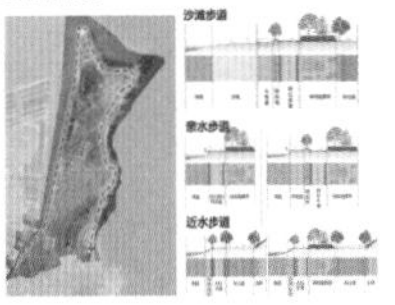

■ 营造多样活动，打造滨水公共活力带

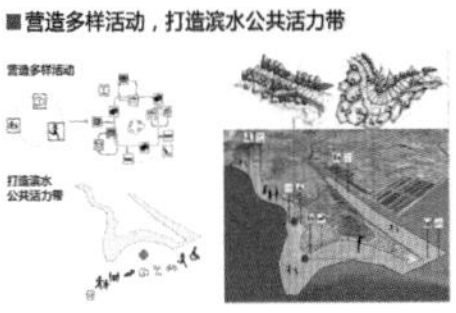

■ 河道修复

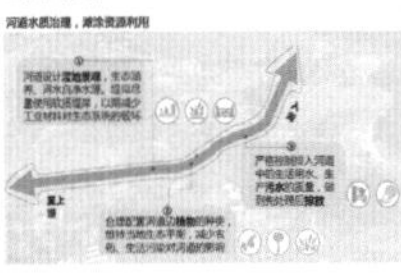

提升村庄韧性

■ 防风林建设

港东村山体植被贫瘠，难以抵御海风侵袭

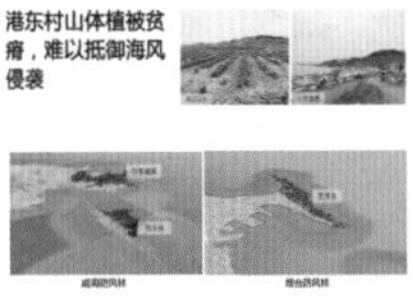

风害较小时可呈“回”字形种植；风害较大时，建议呈菱形结构种植

树种选择抗风性能强、根系发达，结合青岛的气候特征，以黑松、圆柏、龙柏等为宜

■ 堤坝强化

退养还滩，恢复生态岸线

人工筑堤，适当加高堤坝高度

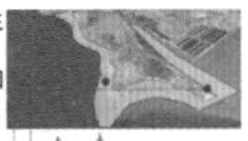

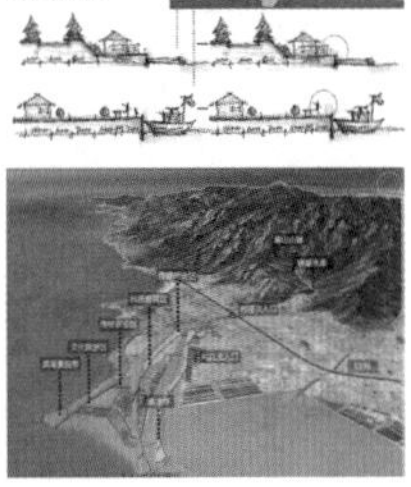

村庄建设对策

构建道路交通网络

■ 疏通道路体系

结构优化，完善路网　　道路升级，路网加密　　人车分流，安全出行

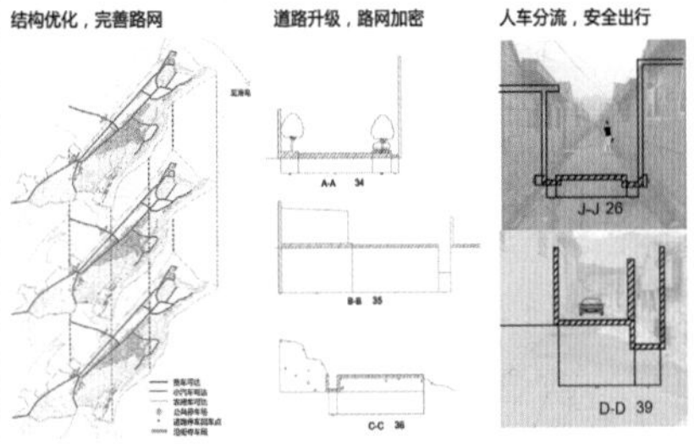

梳理货车、小汽车、农用车能够以一定速度行驶并且可安全错车的道路系统，连接断头路，形成完善路网。

调整建筑退界，统一道路宽度、道路材质，提升街巷品质，完善道路交通结构。

构建人车分行系统，打造共板分行。保证行人与行车安全，提高道路利用率。

■ 优化公共交通

路线规划，站点优化　　增加配套，疏通交通　　完善慢行，绿色出行

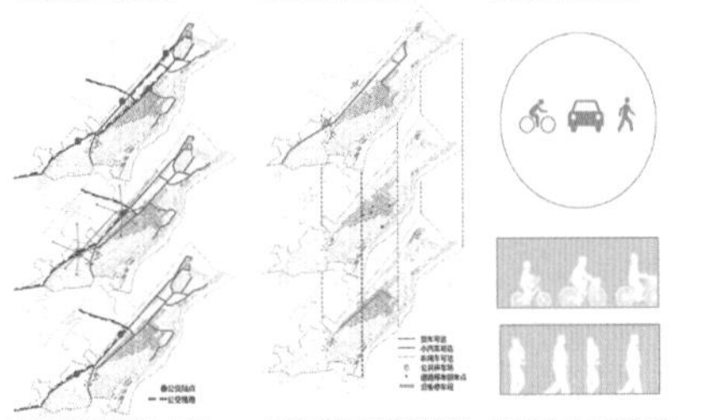

公交路线结合村庄道路可达性，合理设站，减少到站步行距离。

增加停车回车场地，疏通村内交通有序出行。

增设村内共享单车，与游览线路结合。

■ 保障道路安全

理顺排水，路基安全　　亮化系统，夜间出行　　摄像系统，行车安全

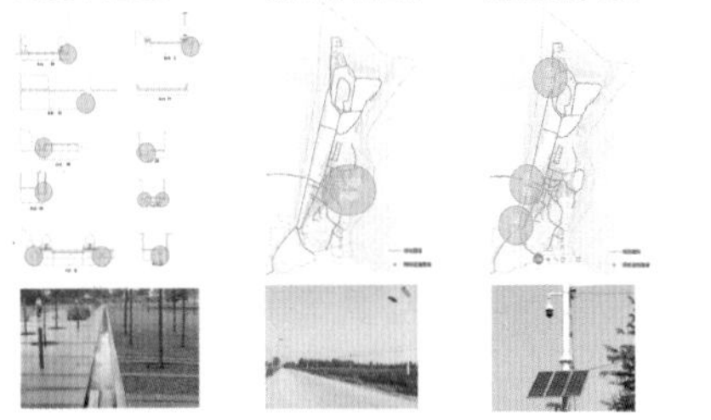

对道路边沟排水方式，结合村落排水系统，进行整治与优化。

增设村内街巷路灯，保证夜间行车步行安全。

加强村内监控系统建设，保证道路安全。

完善基础服务设施

■ 修整排水系统

整治沟渠，清理系统　　改善排水，分类处理　　纳入城镇，系统处理

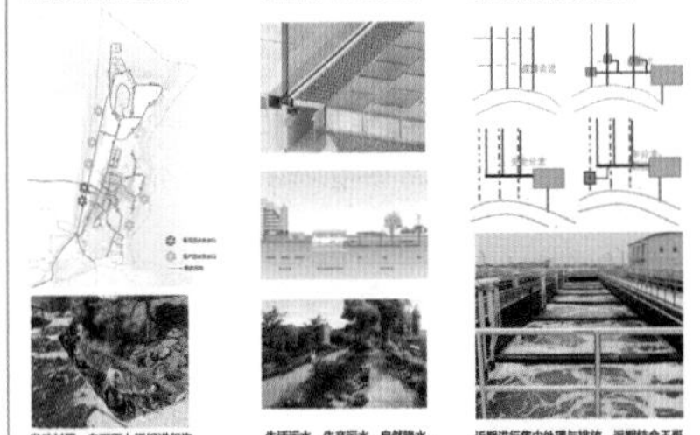

发动村民，自下而上组织进行沟渠清理与维护，增强环保意识。

生活污水、生产污水、自然降水，分类分级进行收集处理。

近期进行集中处理与排放，远期结合王哥庄市政管网，进行集中统一处理。

■ 增设环卫设施

公厕建设，村容维护　　粪便处理，能源利用　　垃圾分类，循环处理

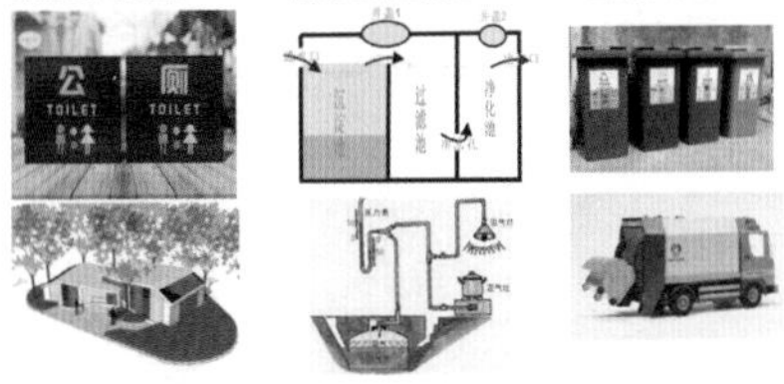

按照美丽村庄建设标准，结合村庄形象，增设村内公共厕所，展示乡村特色。

集中处理粪便，通过生物发酵，利用沼气局部供给村民清洁能源。

进行垃圾分类，集中统一处理。

优化公共活动空间

■ 滨海开放性公共空间规划

岸线改造　　功能更新　　建筑完善　　景观完善

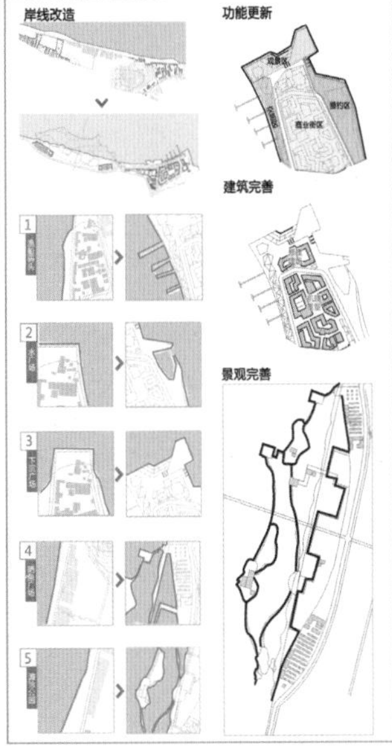

■ 内部生活性公共空间规划

潜力空间挖掘

基于村民活动特征和土地存量情况，发掘和更新碎片空间。

空间类型归纳

空间功能定位

潜力空间结合交通条件、规模、活动类型以及村民需求进行功能定位。

村口　　古井　　入户

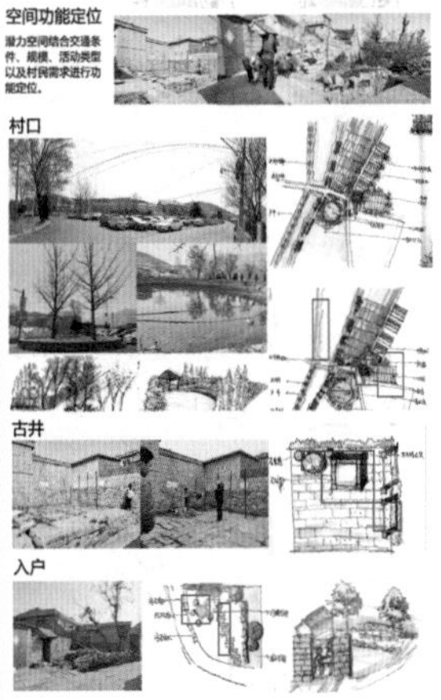

■ 文化祭拜性公共空间规划

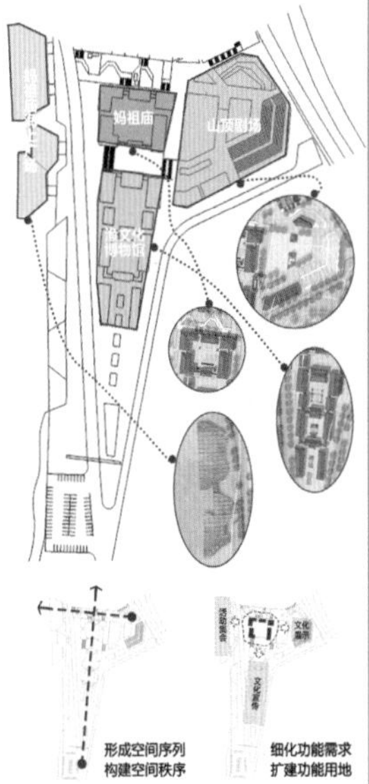

形成空间序列
构建空间秩序

细化功能需求
扩建功能用地

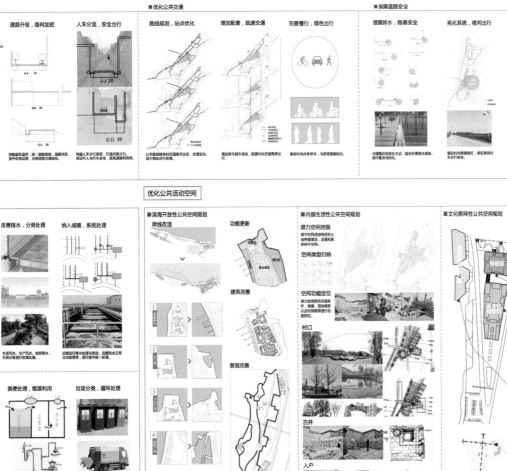

构建和谐宜居社区

■ 提升居住环境品质

控制风貌 改善品质

根据建筑历史演进和现存状态、建筑集聚特征，将村落居民点划分为3个风貌控制区：
20世纪60-70年代海石房为核心的核心保护区
20世纪70-80年代传统住宅为重点保留区
外圈层新建住宅为风貌协调区

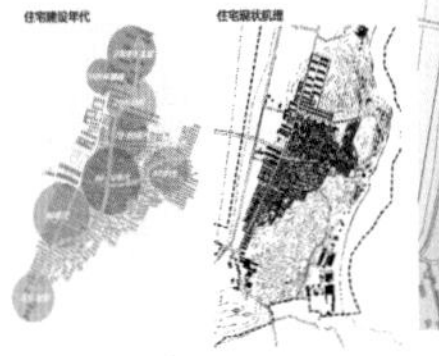

改造建筑 提高人居

针对村庄建设现状和人口结构，未来居住模式大概分为四类：

留守儿童和空巢老人院落

多代同居院落

沿主街的商住混合院落

传统院落改做民宿

□ 留守儿童和空巢老人院落

① 室内外空间无障碍设计
② 孩子生活学习区的设计
③ 通风、采光等物理性能的特殊设计

□ 多代同居院落

① 现状空间的合理分配和设计
② 建筑内部娱乐休闲空间
③ 院落空间的功能再组织

□ 沿主街的商住混合院落

① 建筑对内对外功能的划分与布局
② 沿街建筑立面的打造

□ 传统院落改做民宿

① 特色院落展示
② 公共空间需求量增多

潜力空间挖掘

建筑色彩引导

屋顶色彩青灰色和红褐色为主；墙面以原石色、暖灰色、暗黄色为主；
门窗色与墙面色彩一致，主要采用深褐色，或采用低明度的红色。

建筑材质引导

推荐使用石材、木材、红瓦或青瓦；避免使用混凝土、瓷砖贴面、涂料、有色彩钢瓦。

建筑细部引导

以传统的木质门窗为主；屋顶以双坡屋顶为主，局部可做平屋顶。

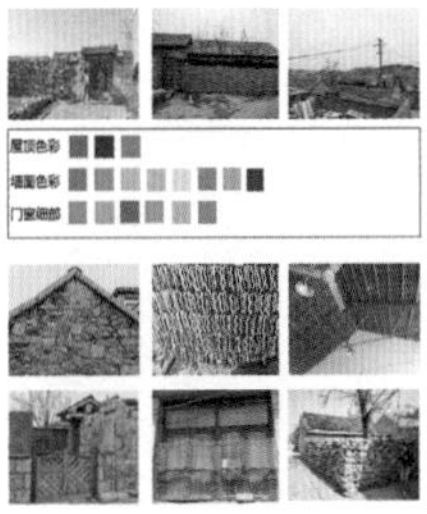

■ 构建和谐社区

确定生活需求

生活方式变迁：
渔业现代化——生产效率提高——闲暇时间增多
农业信息推广——思想解放——寻求其他途径

消费方式变迁：
自给自足——交通不便——集市采购
乡村道路建设——乡村公交车
交通工具多样——外出购物频率增高
村民消费观念改善——教育、医疗保险
电商时代——网购——农产品销售

闲暇生活方式的变迁
乡村活动——节气活动
电视、上网、广场舞、全民健身

眺海观景平台
船台运动水广场
垂钓体验区
鱼交易市场
码头渔家宴一条街
妈祖庙
妈祖庙海上广场
渔文化博物馆
滩涂公园
海产养殖观光区
晒鱼广场
村史展览馆
社区服务中心
游客服务中心
乡村集市
写生基地
茶叶加工展览区
南部旅游服务区
水广场
大台子休闲游憩区
野鸡山团建基地
游船码头
海尔崂山壹号院
海景民宿渔家宴
小后山服务区
北沙窝
宾努亲王观景平台
270°观景平台
民俗博物馆
戏台
手工创意作坊
乡村民宿区
乡村美术馆
海石房展览区
南沙窝海滩服务区
老鹰石
N
0 50 100 200 400m

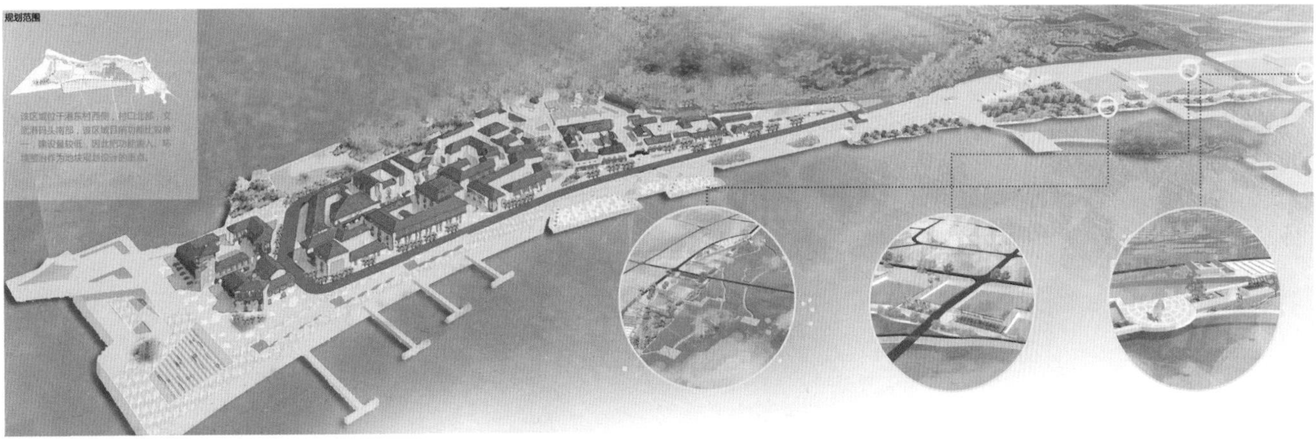

现状分析

现状要素提取

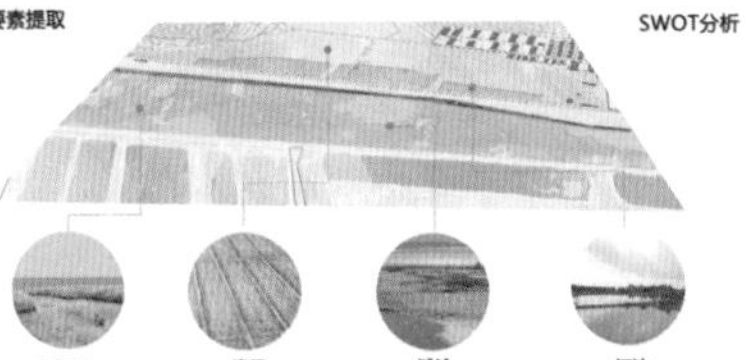

SWOT分析

自然景观，资源丰富 基地内部有丰富的滩涂、农田等自然景观，还有虾养殖池等可供改造的人工景观，环境宜人，视线可达性强。	**公共空间少，步行环境差** 基地作为村庄和码头的连接空间，道路上车辆多，车速快，但缺少对人行步行及游憩的考虑，步行体验性差。
必经之路，门户空间 基地是从村庄到码头过渡的必经之路，同时也位于码头展示的视线通廊上，环境提升至关重要。	**生态保护，持续发展** 利用良好的自然资源挖掘基地特色、协同周边发展乡村旅游的同时，更要注重开发建设与生态培育的协同发展。

设计策略

理论基础

生态美学理论

修复改造被破坏滩涂，提高景观植物观赏性。

景观生态学理论

协调资源开发与生态环境保护的矛盾，实现人与滩涂和谐共生。

可持续发展理论

发展经济同保护环境是相互联系、互为因果。

策略提出

人

提升自然感知

资源循环利用

尊重场地现状

场地转型提升

提升场地吸引力

场地

功能定位

滩涂：滩涂观光湿地风光观赏与游憩；滩涂原生动植物采捕活动；原生植物培育，恢复生态

养殖池：保留经济型，侧重养殖观赏性鱼虾；增添观赏性，改造岸线，连接滩涂步道

农田：保留大部分农田，作为改线道路沿线景观；退耕局部农田，改为晒鱼空间，打造入口景观

场地要素处理

驳岸处理

1.根据地形情况、生物活动、景观分布等情况，选择合适的驳岸边缘处理方式。

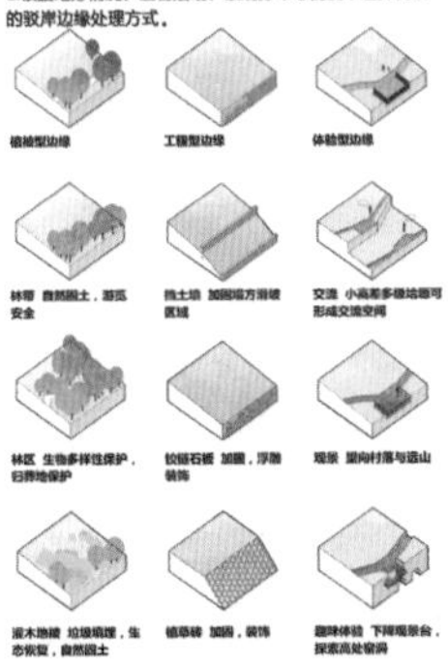

2.在堤外滩涂区域内平行于海堤延伸方向规模化、梯度化进行人工栽植当地滩涂原生植物，为贝类、两栖滩涂节肢类动物提供栖息场所，形成兼具经济效益与生态效益的滩涂种植业。

3.将驳岸内侧养殖池进行功能置换，道路内退，将养殖池与滩涂统一进行景观规划，形成兼具生态涵养、娱乐休闲功能的渔家文化体验区。

滩涂处理

从自然生态因素、人工景观因素两个方面切入，打造滩涂生态景观隔离带。

1）沿堤岸向滩涂方向外延规模化种植原生滩涂植物，减少海滩对堤岸的冲刷作用，保护堤岸并恢复滩涂生态活力与承载力。

2）设计滩涂景观游览步道延伸于生态景观隔离带中，具有较高的景观观赏价值；并有步道下至滩涂之上，进行自由捕捉体验，提高安全系数的同时增强滩涂旅游接待能力。

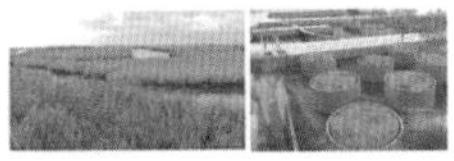

3）根据海水朝夕潮位落差较大的特点，利用菊芋、海蓬子两种滩涂原生植物结合滩涂原生砂质泥滩，对海水中盐碱成分进行充分吸收过滤，设计生态型海水净化装置。

滩涂内阵列摆放的海水淡化装置（涨潮）

滩涂内阵列摆放的海水淡化装置（退潮）

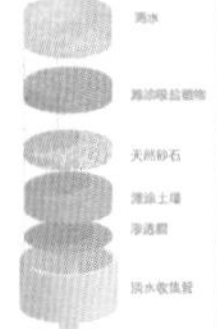

方案分析

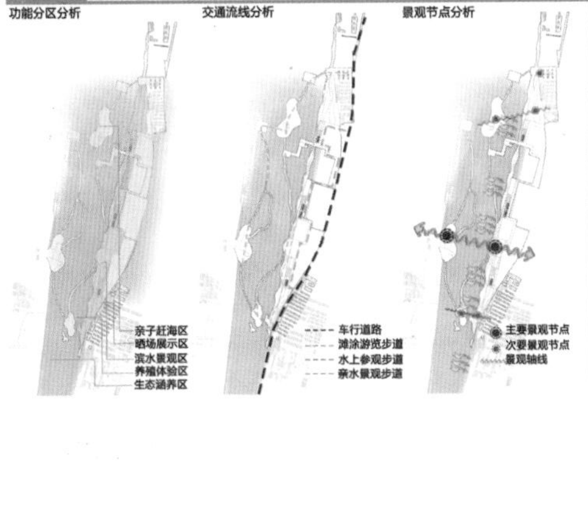

行为活动引导

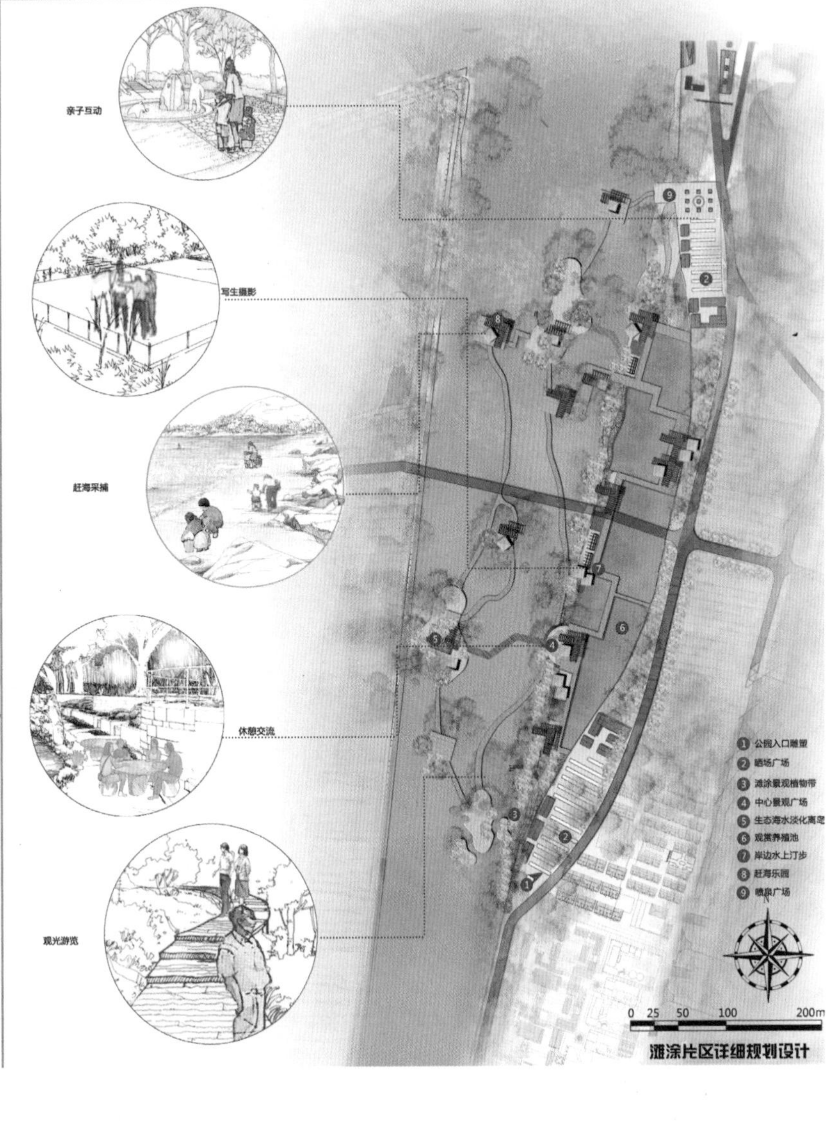

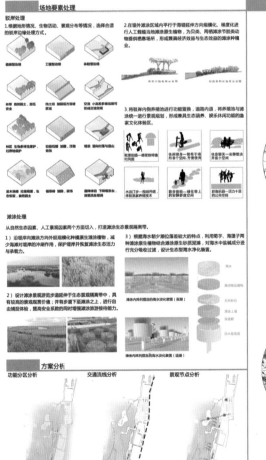

滩涂片区详细规划设计

村庄安全

——青岛滨海典型乡村规划设计

现状研究

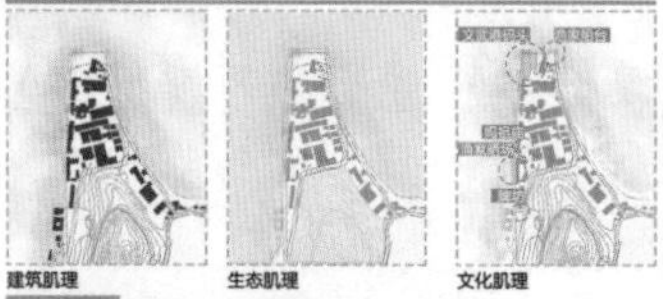

码头片区解读

功能分析

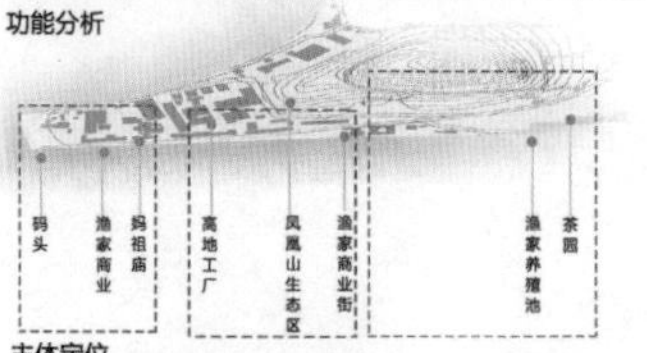

主体定位

区位优势 边界：港东码头地处海陆交界处，拥有丰富的海洋资源及广阔的内陆腹地，极具人群吸引活力及发展前景。

产业优势 渔业：港东码头拥有深厚的渔业发展历史和丰富的海洋资源，渔业捕捞、养殖技术成熟，是村内发展主导产业。

文化优势 妈祖文化：妈祖庙位于港东码头，妈祖文化氛围浓厚，妈祖文化节、重阳祭海活动等举办规模宏大，成为港东村独特文化名片。

妈祖文化 渔人码头

休闲渔业：一、三产结合，打造观光、商业、体验于一体的休闲渔业

妈祖文化：依托现有妈祖文化氛围，打造青岛最大规模妈祖文化节

方案生成

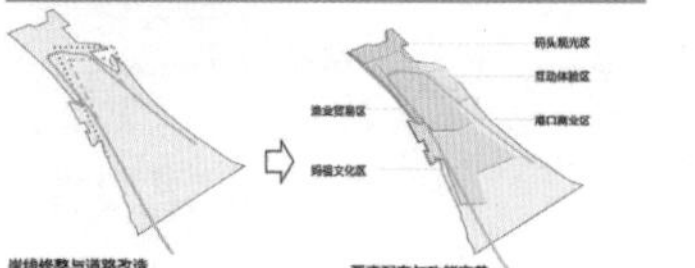

岸线修整与道路改造

岸线整治原因有三：

1.增加村庄经济集体收入。码头作为村庄效益的巨大增长点，通过填海造地扩张土地资源，创造收益。

2.增大码头曲度，增加对船只的保护。

3.丰富岸线形式，满足不同滨海活动。

要素配套与功能完善

提取码头要素与目前人群活动意向，划分码头功能片区。结合妈祖庙扩大妈祖文化区，突出妈祖地位。结合海鲜市场设置渔业贸易区，结合文武港码头设置码头观光区，结合船台设置互动体验区。

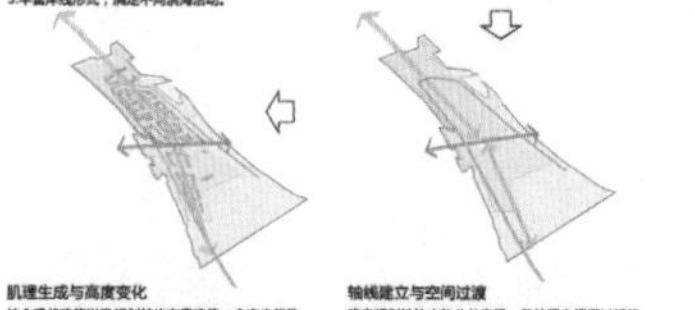

肌理生成与高度变化

结合现状建筑以及规划结构布置建筑，丰富步行路径和公共空间，同时结合地形与观景需求，加以高度上的变化，丰富地块变化。

轴线建立与空间过渡

确定规划地块中的公共空间，各片区之间通过视线轴线与绿地实现功能的结合与转换。南部文化轴线中轴线对称妈祖庙，北部商业轴线指向北部码头，其之间通过绿带通廊实现过渡与联系。

方案解析

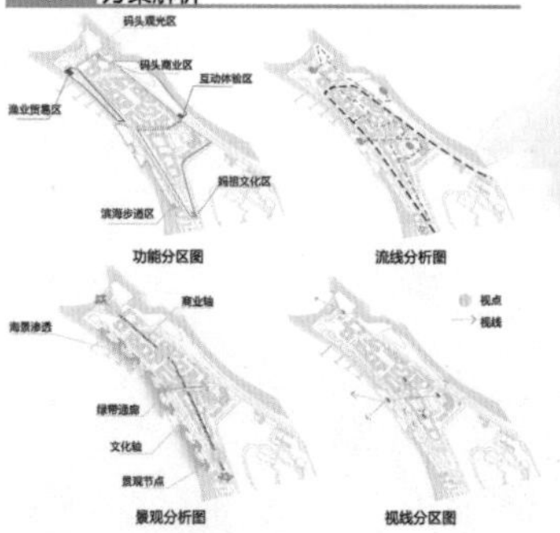

剖面与活动展示

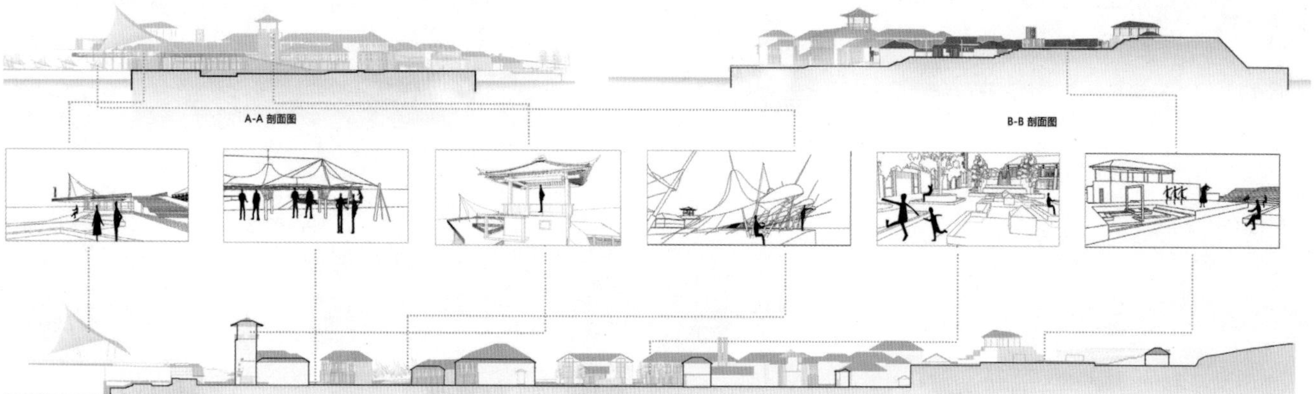

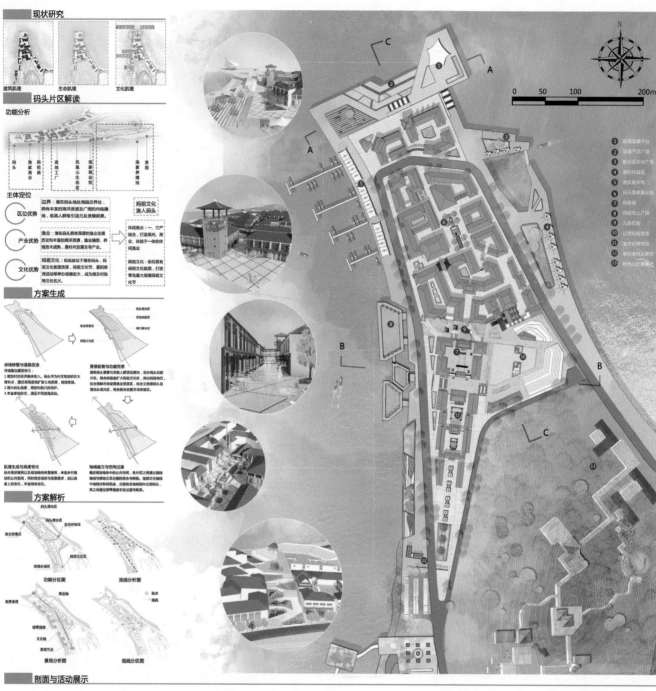

寻源港东

作为三面环海的半岛型渔村，地理位置优越，港东村自明朝建村之初积极发展渔业，捕鱼工艺已流传千百年，港东码头作为村内海上交通的出入口，承载着村民对过往最深刻的记忆。探索历史文脉是地方营造的开始。

云南迁移文化、山东齐鲁文化、胶州妈祖文化……各类文化在此碰撞产生火花。各类文化的融合、妈祖文化的兼容性造就港东独特的背景，蕴含着渔村几百年的尘封历史。追溯港东文化源头，是活态传承的基础，是地方营造的重要载体。

港东村地处海陆交接边界，交通便利，区位优势独特，海洋资源丰富，捕鱼技术、养殖技术成熟，茶园面积广阔，曾享誉“六百年前的原汁原味”的美称，但进入二十世纪后从事渔业的人员逐年减少，渔业发展遇到瓶颈，急需产业转型，寻求新的经济增长点。

文武港码头地区交通便利，资源丰富，文化鼎盛，人口集中，商业发达，生活富余惬意。现有渔家宴一条街，临海观景，坐听海风，茶田悠悠清香，门前人流如织，有着不同于大都市的舒适生活和多样有趣的田园风光。

码头历史认知

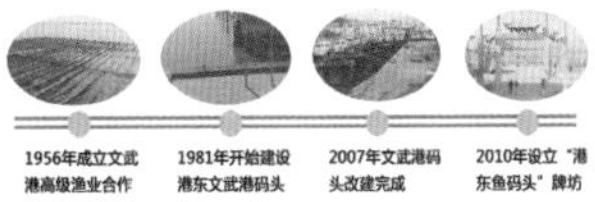

码头文化认知

维信功能
妈祖文化作为从事海上冒险求利事业人群的信仰，能增强信任感，维持社会稳定性的作用
寻祖功能
妈祖文化作为民族传统信仰，包含了海外赤子寻根怀祖的精神寄托
娱乐功能
通过文化寻求精神上的寄托和皈依
经济功能
通过妈祖文化节来带动乡村休闲旅游

码头生产方式认知

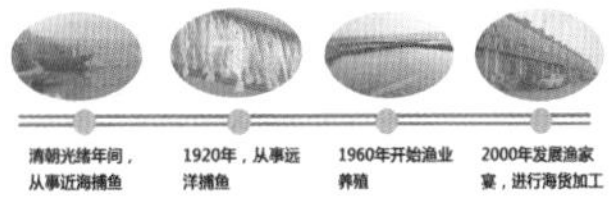

码头生活方式认知

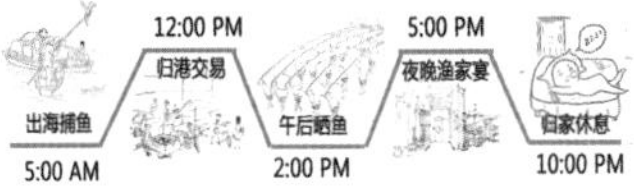

传承港东

历史、产业——渔的传承

“渔”

step1：传统渔业的转向休闲渔业

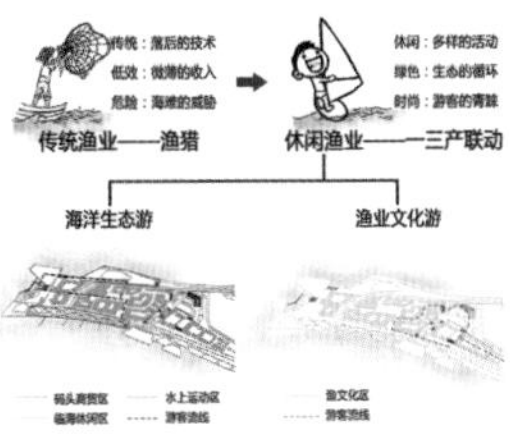

step2：休闲渔业空间的营造

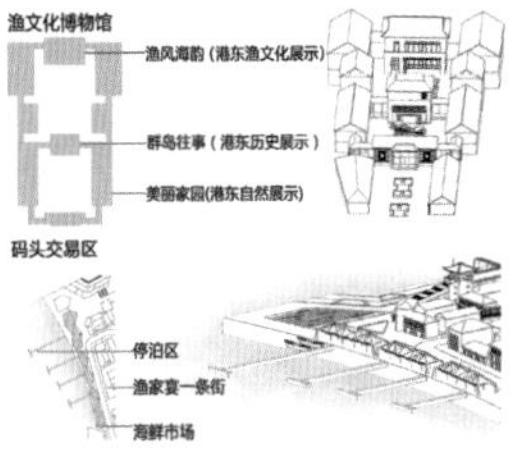

文化——庙的传承

“庙”

step1：妈祖庙的保护整修

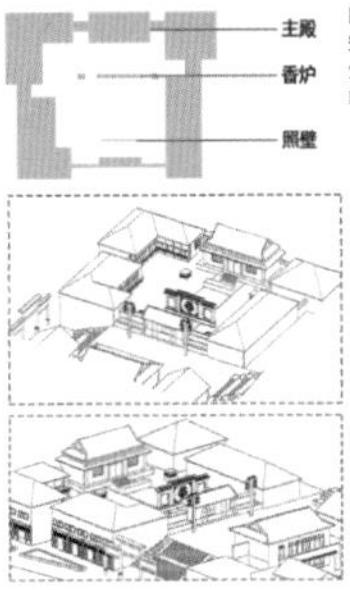

围合方式

以矮墙界定妈祖庙空间，院落式围合，分为院落和广场空间

小品布置

条石铺地，殿前布置香炉，广场布置高灯

空间活动

祭祀、上香、祈福、巡游等文化宗教活动

空间渗透

与渔文化博物馆形成庄严的序列，并与海上广场、山顶剧院等保持通透的视线关系

step2：妈祖文化氛围的营造

山顶剧院

将山顶原有工厂功能置换，土地收归集体所有，建设山顶剧场，近可观赏剧场舞台，远可眺望海上广场实景演出。

将妈祖庙广场向东侧打通连接山顶剧场，由剧场顺势蜿蜒而下至海上广场，做到近中远不同景深的视线设计。

生活——街的传承

“街”

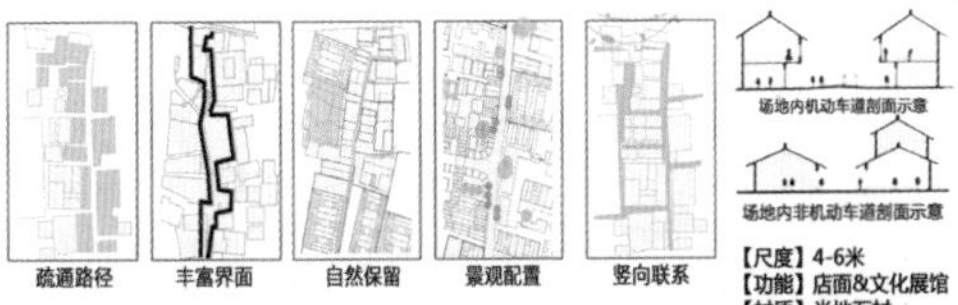

【尺度】4-6米
【功能】店面&文化展馆
【材质】当地石材

营造港东

地方营造

营造主体

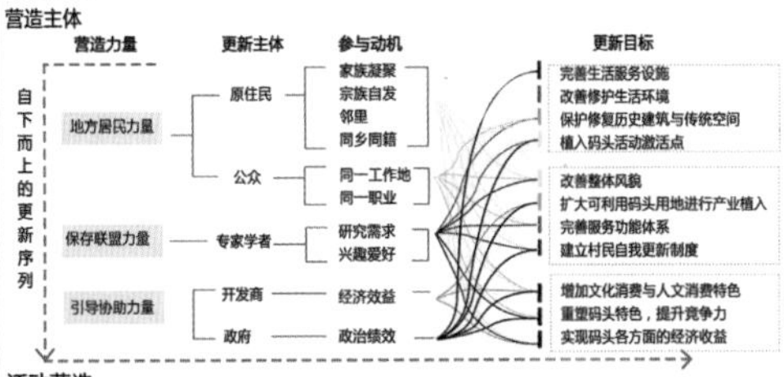

营造内容

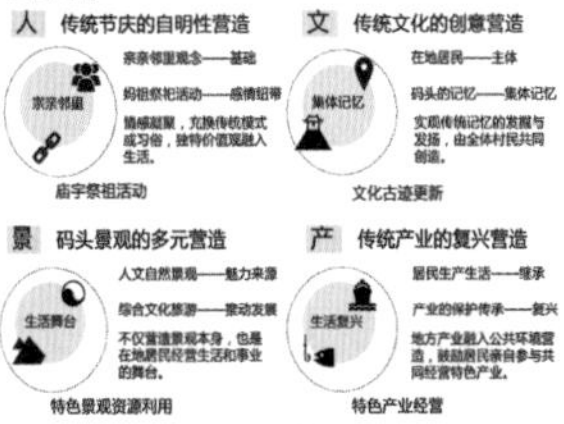

活动营造

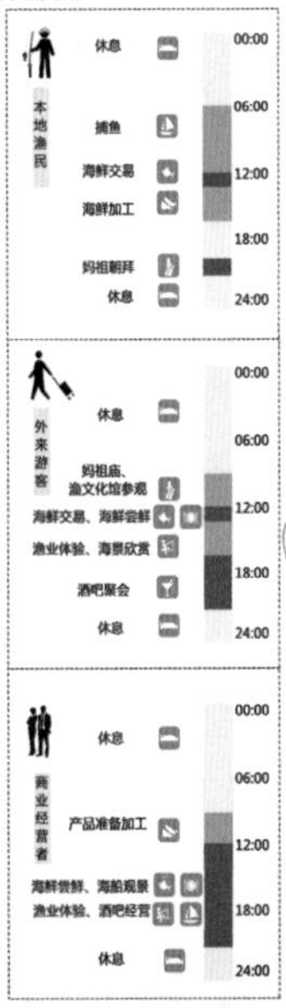

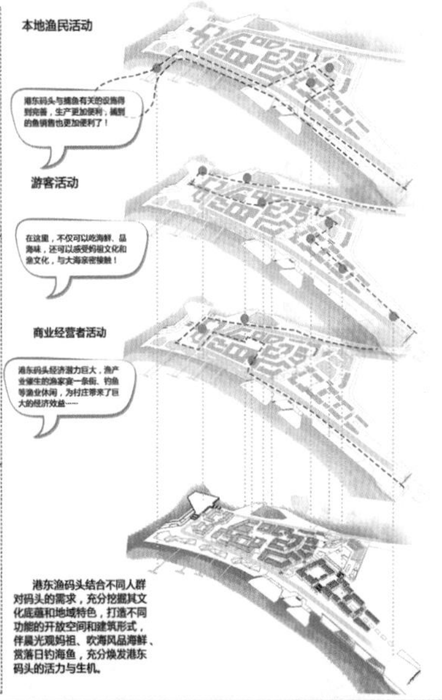

港东渔码头结合不同人群对码头的需求，充分挖掘其文化底蕴和地域特色，打造不同功能的开放空间和建筑形式，伴晨光观妈祖、吹海风品海鲜、赏落日钓海鱼，充分焕发港东码头的活力与生机。

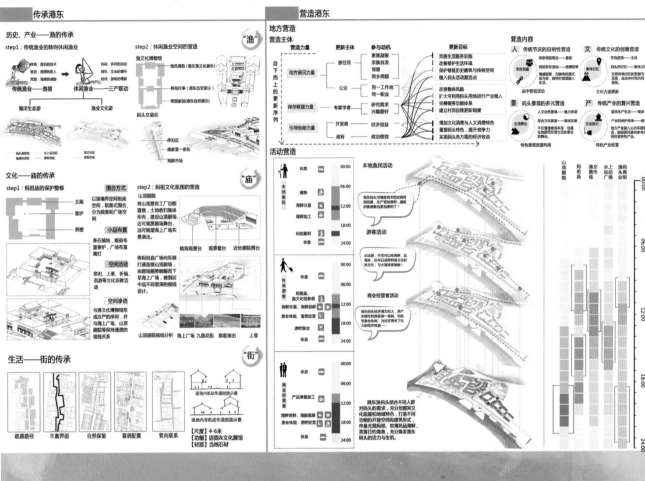

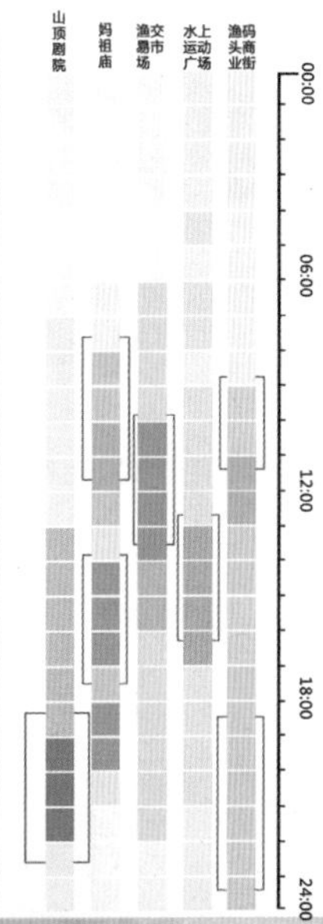

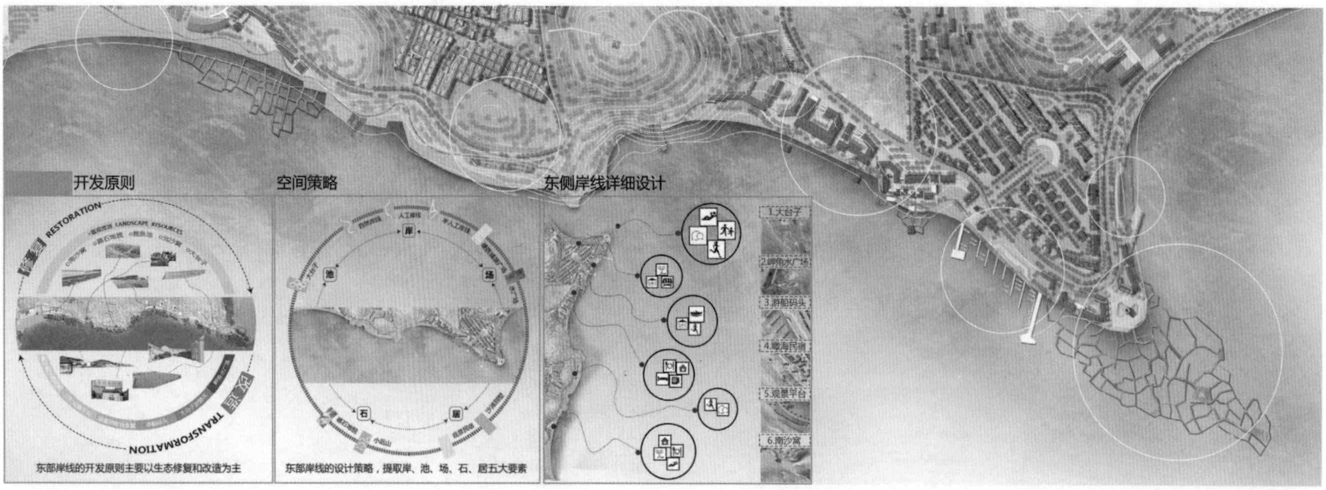

部分岸线现状界面

节点轴测图

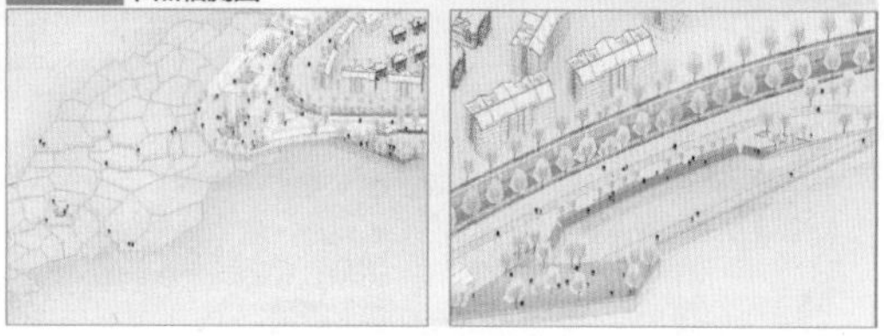

节点详细设计

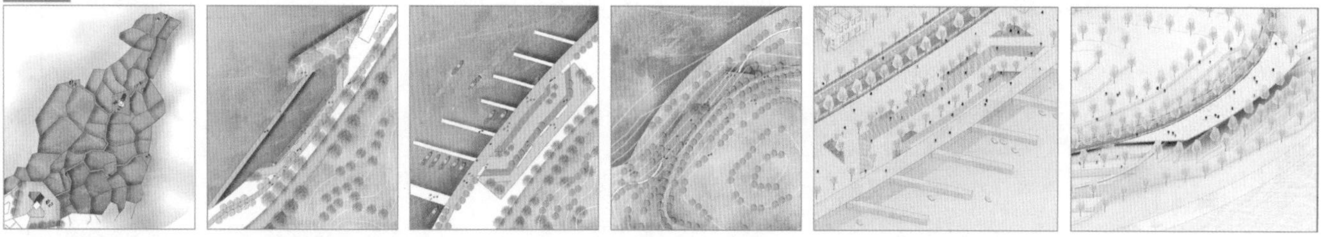

村落空间演变历程

南朝之前	明朝永乐年间	明朝弘治年间	清朝	中华民国	中国人民共和国成立后	1992年	1999年	2006年	2009年
原始择居	定居后滩	迁入港东	自然扩张	发展受限	多样拓展	审批受限	新建洋房	新建多层	安置老人
高氏家族选址定居于港东村，以渔为生，隶属于即墨县海润乡。	刘氏族二世祖"普进"、"普友"兄弟二人从云南迁到文武港西岸"后滩村"。	刘氏六世祖从"后滩村"迁到"高家园"北定居，后刘氏族接管高家园，更名港东村。	进行修娘庙、私塾、灯塔等建设，同时抵抗着地震、饥饿、疫病、虫灾等灾害，缓慢自然发展。	战争、海啸、台风和瘟疫，成为限制人口和空间发展的主要因素，这一时期，住房建设较少。	土地制度的变化、经济发展的需求、科学技术的进步，基础设施建设和土地多形式利用。	1992年后，政府停止审批民房宅基地。村民极少新建房屋，多在原址修缮或重建。	随着村庄人口自然增长，村内新增人口居住问题难以解决，1999年村南村北修建2层洋房安置40余户。	由于城镇化的影响，以及土地集约利用，2006年修建多层10栋。	村庄老龄化问题突出，2009年在村西北角平地上修建21户养老房。

村庄建设空间特征总结

居民点分布：集中分布于山体内自然演替，极少分布在海岸沿线，从事捕捞和农家乐经营。

建筑建设：宅基地审批受限，近年来人口增长，集中建设多层安置村民。

道路系统：村内道路均已硬化，道路由建筑限定，无统一退界，宽度不一。

公共空间：村内有三处广场，分布较为均衡，但气候原因，使用频率低，且设施不完善。

绿化景观：村内道绿化较少，无明显景观节点，但存在杏树、泡桐、紫叶李、银杏等。

居民点现状研究

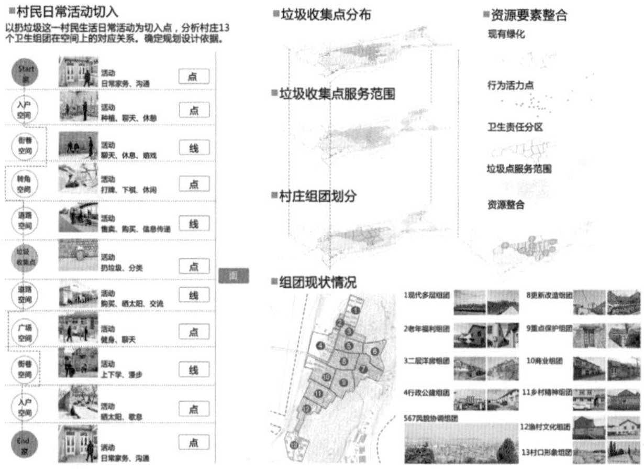

居民点规划

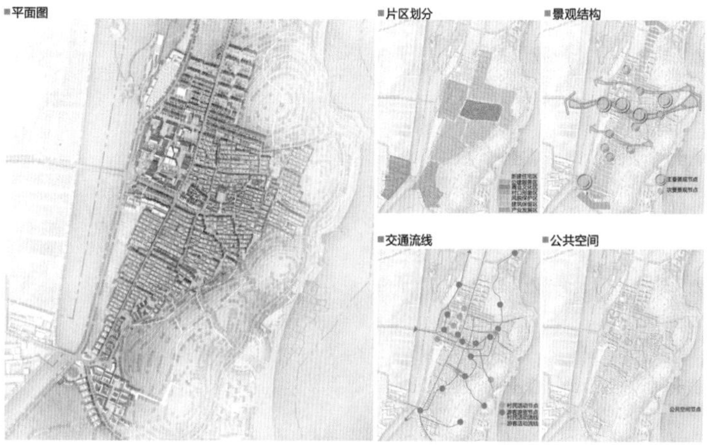

片区更新

叙事港东 [字 词 句 篇]

——人居智慧的发展伴随着乡村的发展，维系乡村文脉，港东村各时期的历史遗存相互叠加，投射至现状空间，通过对这些空间的梳理和再组织，形成沿时间脉络发展演变的叙事空间轴，使港东的过往、当下、未来都能在城镇化影响下的现实空间中被清晰地辨识、品味和无限期许。

概念引入：四维理论

概念解析

四维乡村空间的时间概念并非指向历史，而是历史在当下的存在状态，是乡村空间在各个历史时期的积累。历史积累作为时间与空间的媒介，在现实空间的基础上增加了时间维度，能看见乡村的过去并合理指导乡村的未来。

理论应用

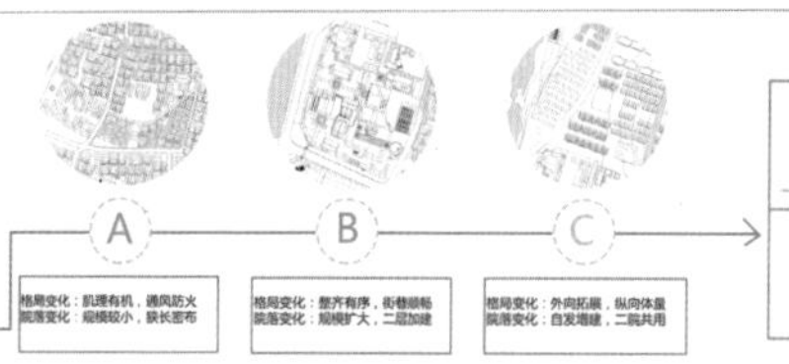

A区：传统风貌继承区
历史文化、传统特色
保护传承

B区：传统现代碰撞区
功能极具、冲突凸显
融合活化

C区:现代居住扩展区
自然地形、空间扩展
梳理创新

策略：整体链接，分区强化

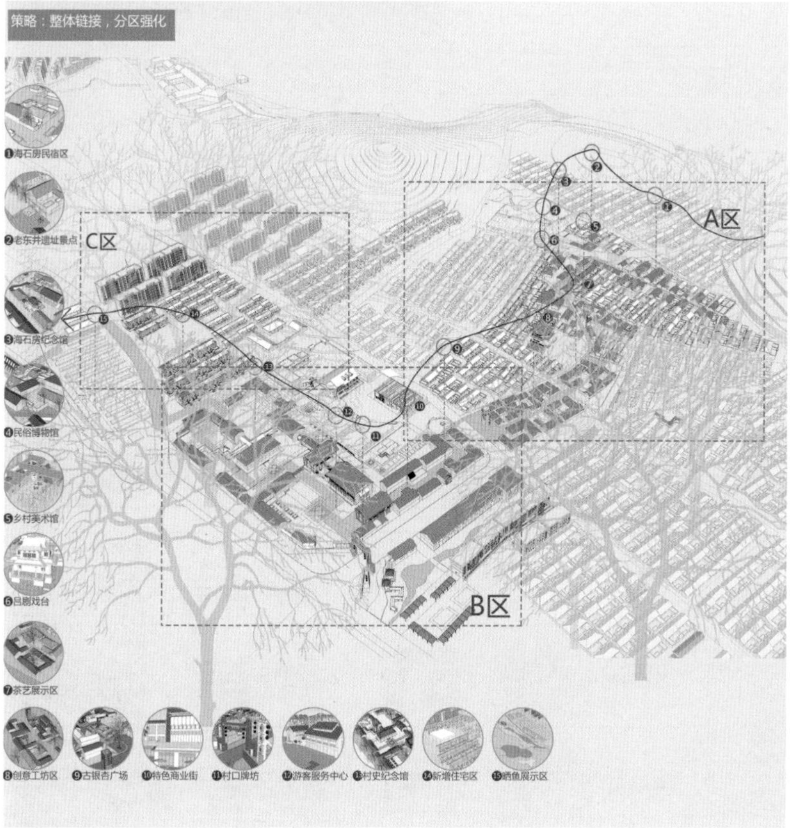

A区 叠加——历史记忆与传统格局的继承

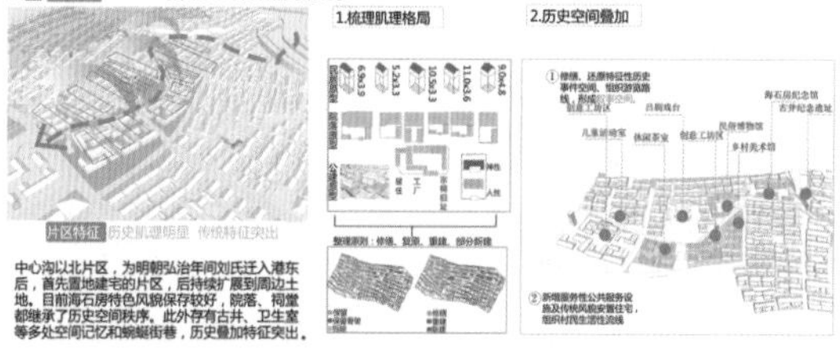

片区特征 历史肌理明显 传统特征突出

中心沟以北片区，为明朝弘治年间刘氏迁入港东后，首先置地建宅的片区，后持续扩展到周边土地。目前海石房特色风貌保存较好，院落、祠堂都继承了历史空间秩序。此外存有古井、卫生室等多处空间记忆和蜿蜒街巷，历史叠加特征突出。

B区 拼贴——传统格局与现代秩序的碰撞

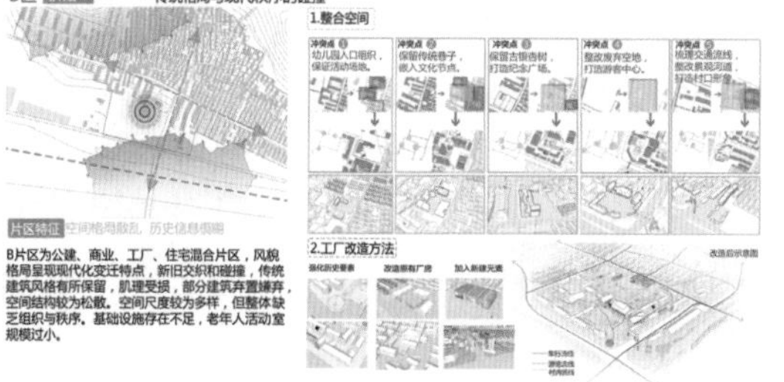

片区特征 空间格局散乱，历史信息模糊

B片区为公建、商业、工厂、住宅混合片区，风貌格局呈现现代化变迁特点，新旧交织和碰撞，传统建筑风格有所保留，肌理受损，部分建筑弃置嫌弃，空间结构较为松散。空间尺度较为多样，但整体缺乏组织与秩序。基础设施存在不足，老年人活动室规模过小。

C区 延展——生活空间与产居活动的外延

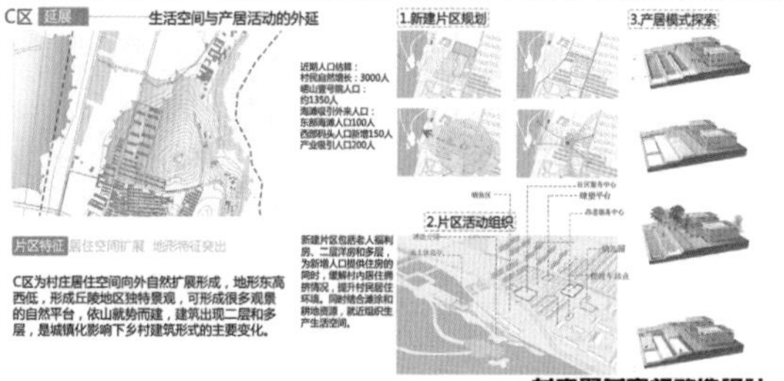

片区特征 居住空间扩展 地形特征突出

C区为村庄居住空间向外自然扩展形成，地形东高西低，形成丘陵地区独特景观，可形成很多观景的自然平台，依山就势而建，建筑出现二层和多层，是城镇化影响下乡村建筑形式的主要变化。

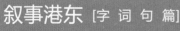

村庄聚落空间改造设计

村庄安全

——青岛滨海典型乡村规划设计

2018 城乡规划、建筑学与风景园林专业四校乡村联合毕业设计

基地选择

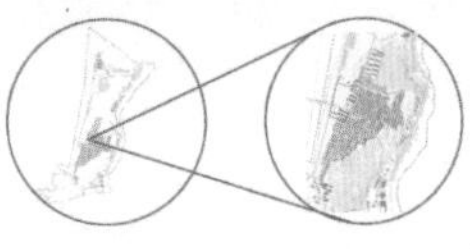

跨越滩涂，步入村口。该片区作为村民回家必经之地，凝聚着大家的乡愁。基于其本身的区位优势，选此地块作为更新改造片区，打造门户空间。现状地块周边环境有西侧的滩涂以及南侧的中心沟。内部功能混杂，集中布置村内的主要公共服务设施，相间零散分布几家小作坊，建筑质量不一。

建筑空间要素

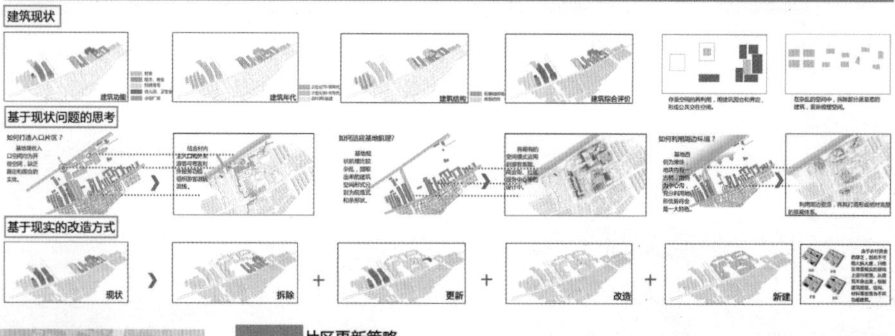

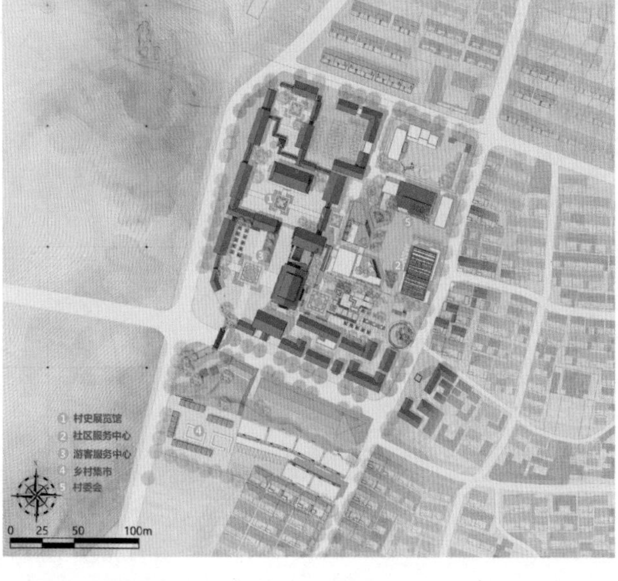

片区更新策略

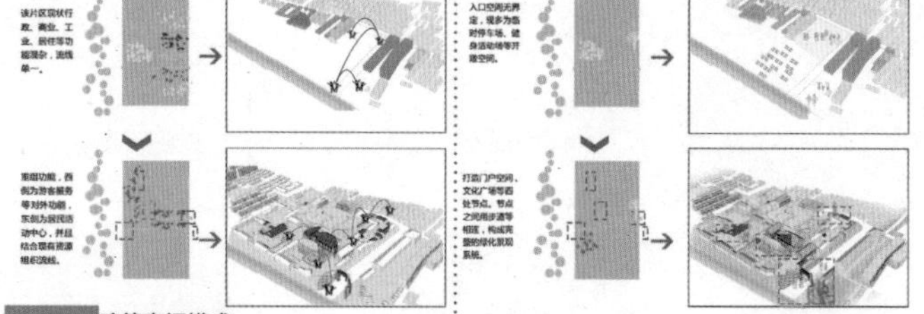

建筑空间模式

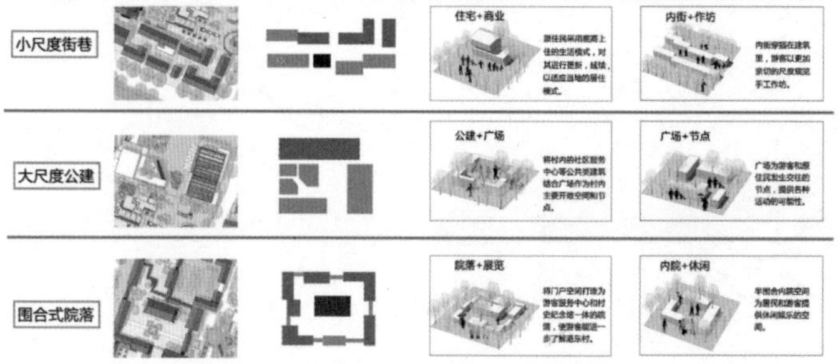

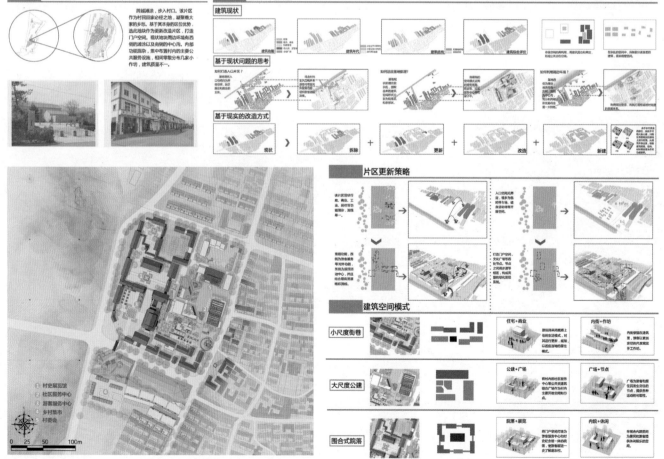

片区选择

■重点片区

港东村庄　　重点片区

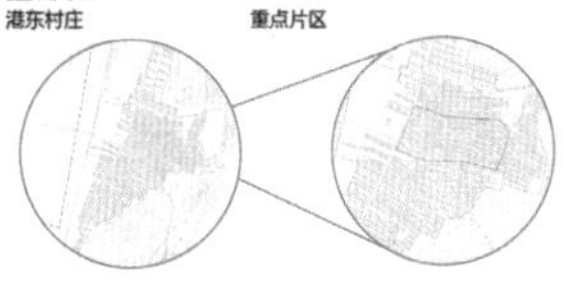

港东村三面环海，位于山体连绵带内，居民点集中，所选片区位于居民点中心，西至村委会，东至老东井，南至中心沟，北至篮球场。是港东村入口空间的衔接片区，也是历史最悠久、海石房分布最密集的区域。

■需求分析

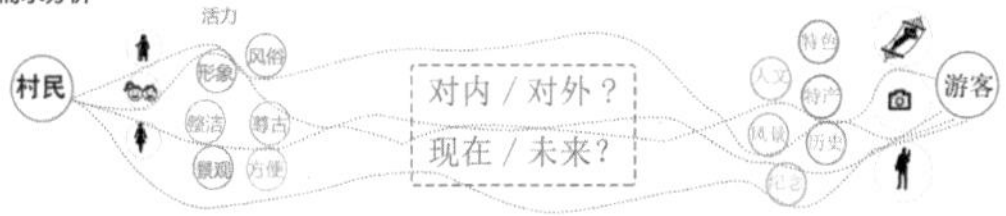

选街分析

选街位于中心以北，西起村委会古银杏，东至篮球场。路面为石板街，边沟排水，东高西低，街道宽高比1：1，尺度适宜，是村民步行出行的首选路径。

西起点：街西起点为村口古银杏，拥有400年历史，是村庄发展的记录。

道路：道路为石板路，单侧边沟排水，地势东高西低。

街巷转角：两条道路相接处，石榴树与特色院墙构成乡村一景。

衔接街巷：衔接的入户街巷较窄，是村民闲谈聊天的空间。

沿街立面：建筑立面采用当地石材，结合枯木构成虚实相生的农村院墙。

特色景观：选街东侧有一泡桐树，树高30多米，是村内特色标识。

选点分析

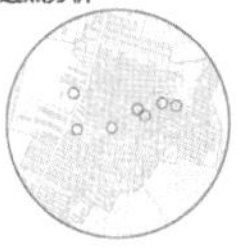

片区内分布多个节点，具有乡村特色，与街道空间联系密切，自西向东分别为，村口古银杏、中心沟景观、宅间空地、祠堂、百年海石房、老东井等。

村口古银杏

中心沟：村内唯一一条沟渠，目前为边沟排水的会水渠，入口处有单侧景观柳树，水体污染严重。

祠堂遗址

海石房是青岛滨海岛城渔村特色建筑，目前村内分布有大量海石房，部分已经闲置无人，少数几经维修，仍然在使用。村里最老的房子位于特色街道旁边，且保存完好。

百年海石房

古井遗址

功能植入

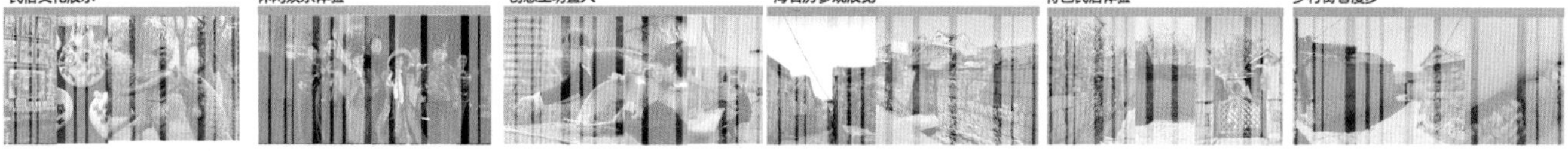

民俗文化展示　休闲娱乐体验　创意工坊置入　海石房参观展览　特色民居体验　乡村街巷漫步

片区平面

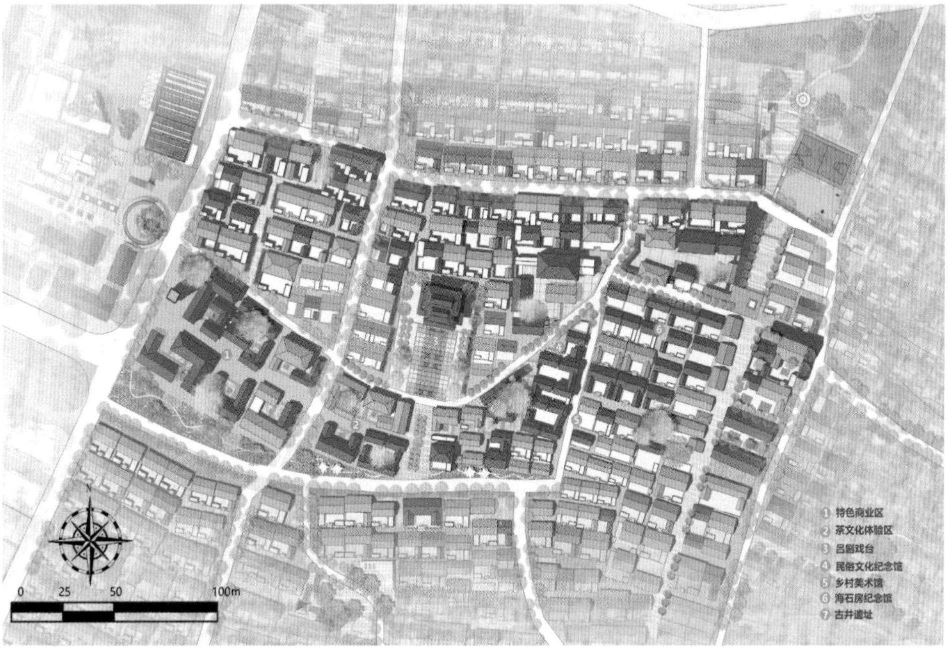

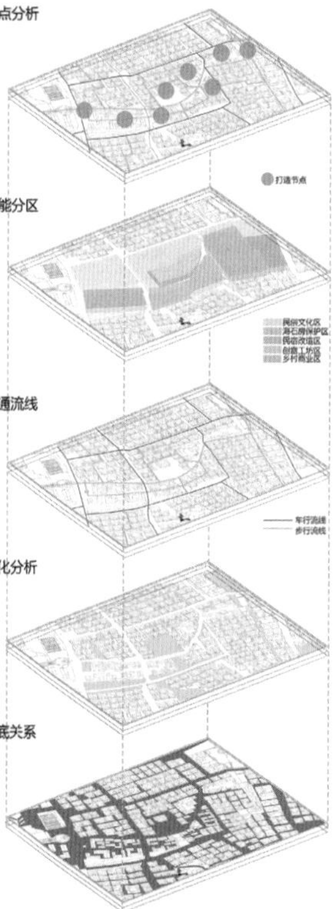

人流活动分析图

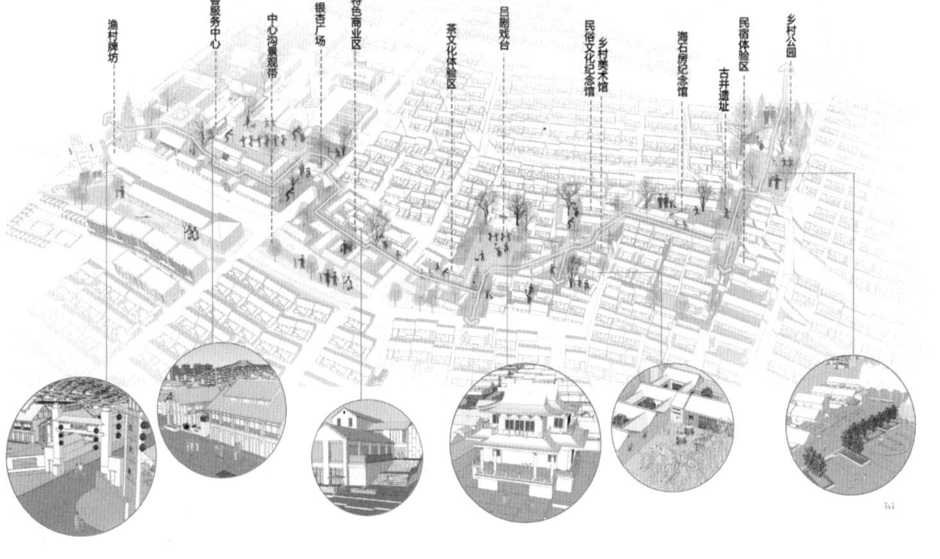

■沿街三角地利用

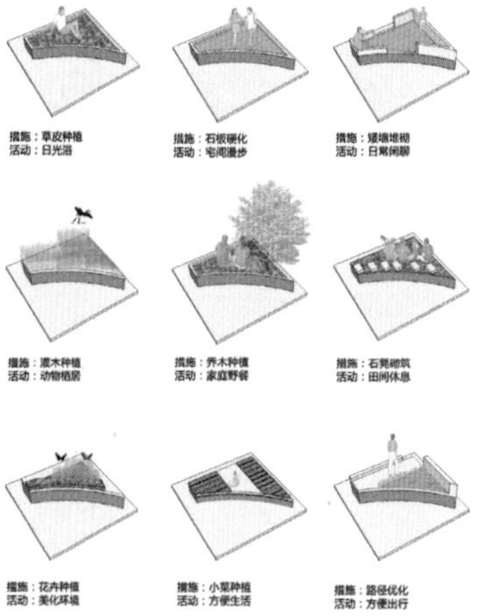

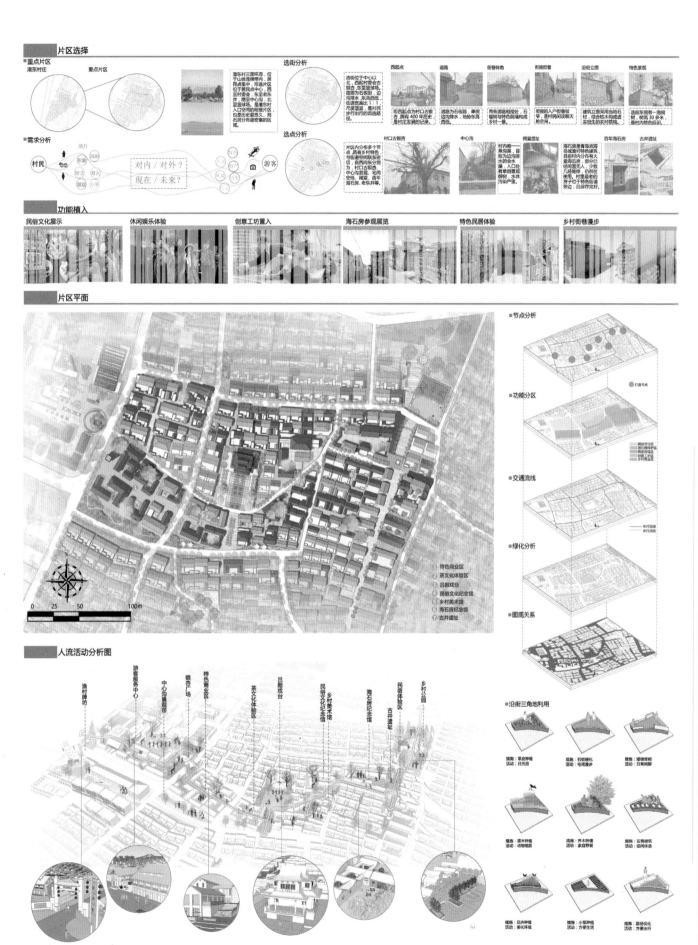

村庄重点改造片区详细设计

村庄安全

——青岛滨海典型乡村规划设计

南部旅游服务节点设计

节点现状

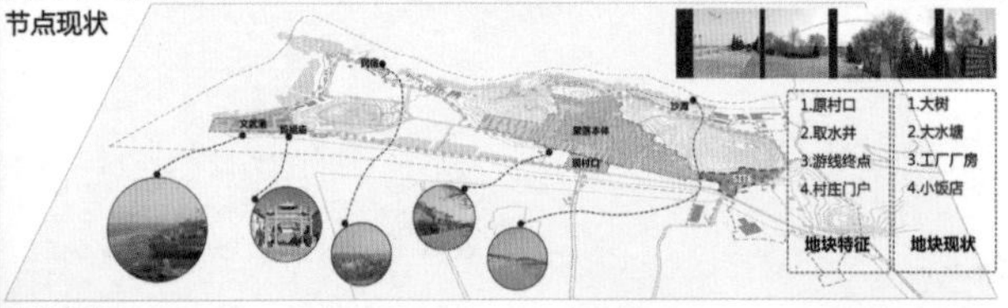

方案设计

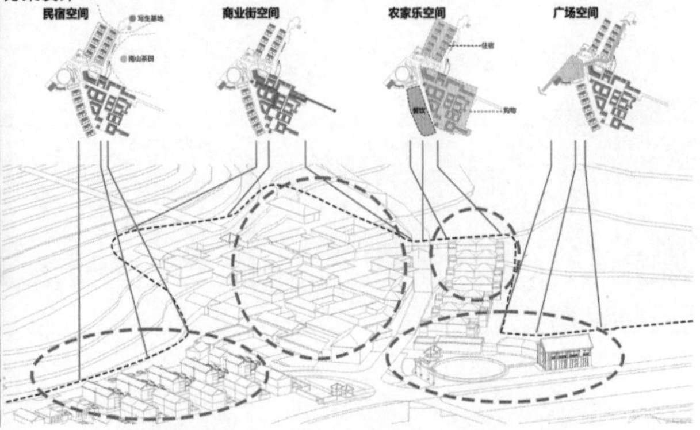

居民生活现状

居住特点

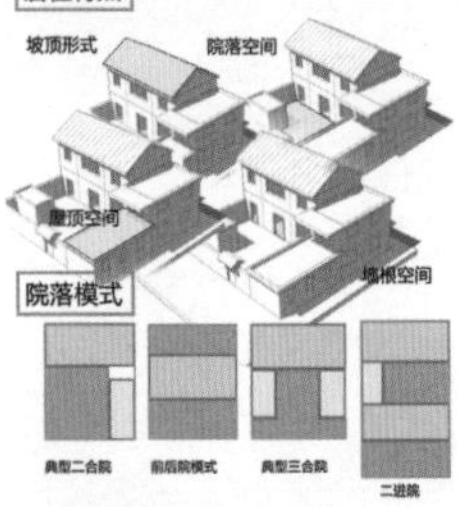

人群活动组织

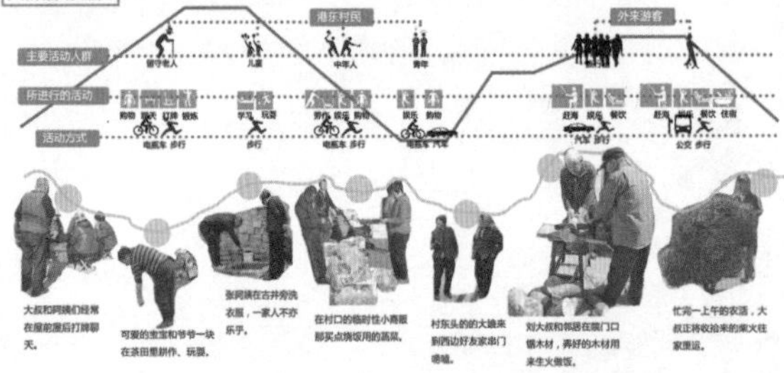

居住空间需求

人群分类	居住空间需求	对应空间
老年	休闲交流空间 健身活动空间	茶室、棋牌
中年	商业公共空间 院内生产空间	小商店、储物间
青年	休闲娱乐空间 舒适居住空间	广场、作坊
儿童	嬉戏玩耍空间 安静学习空间	儿童乐园、街巷

问题总结

传统院落整理

改建类建筑策略

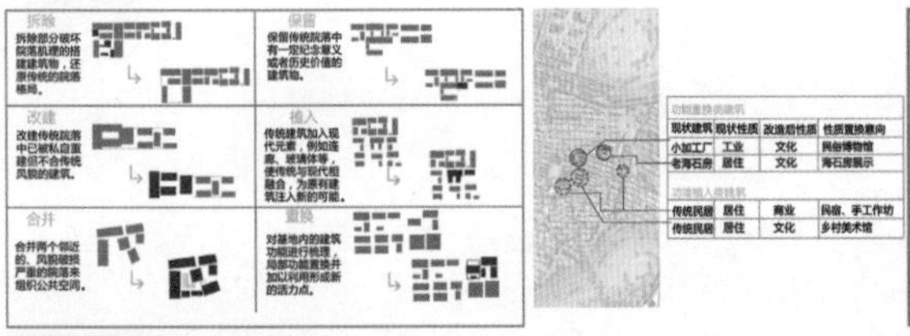

新建类建筑策略

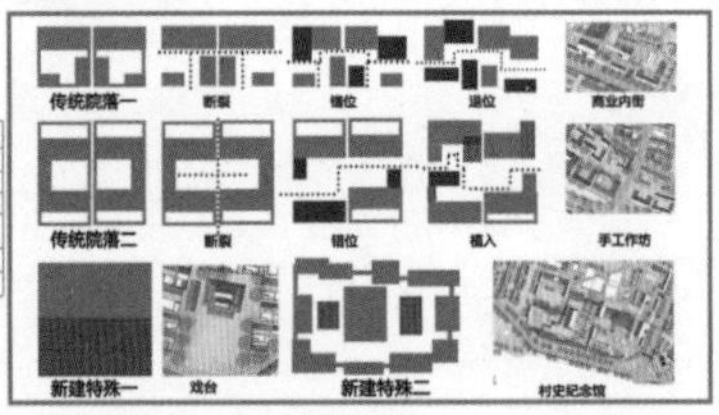

新建建筑指引

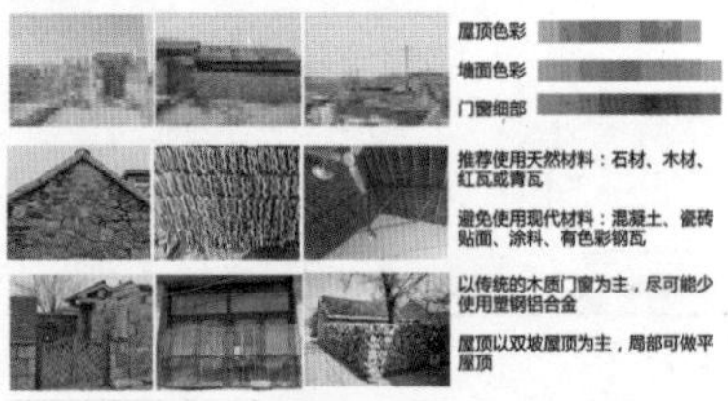

代表性院落改造

留守儿童和空巢老人院落

乡村特色民宿院落

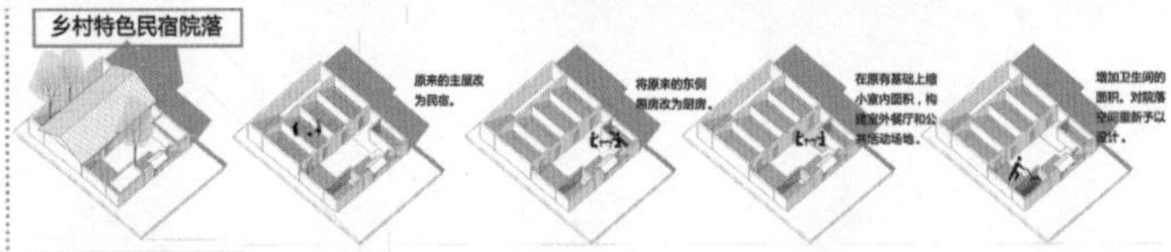

商住混合院落

多代同居院落

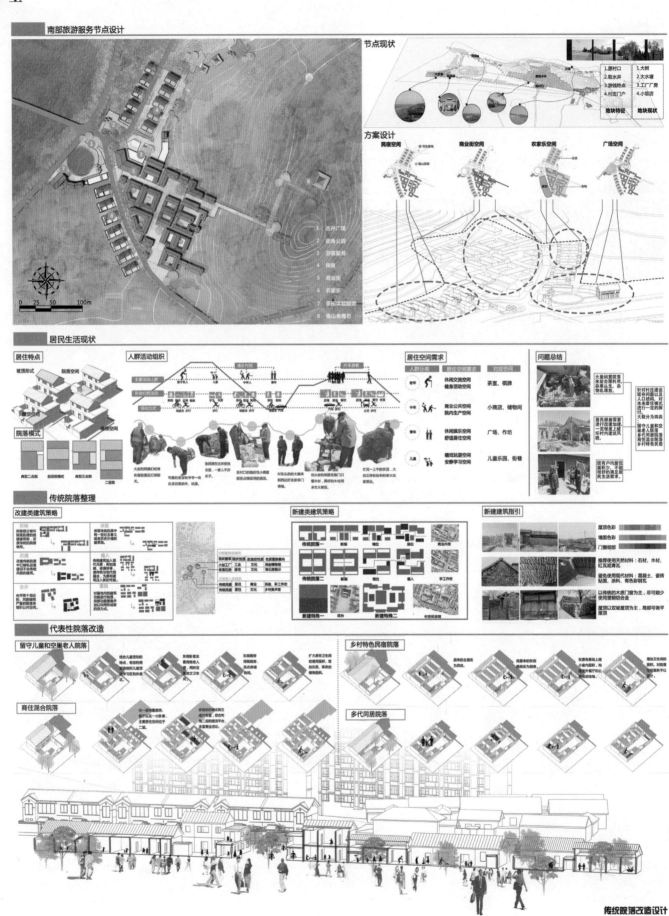

传统院落改造设计

城乡规划学
苏佳耀

第一次接触乡村规划是大二的时候，跟着学长、学姐在黄岛做义务编制村庄规划，紧接着大三又在诸城做了一次义务编制村庄规划，大三的暑假又带队去白山做了一次，最后一次就是这次联合毕业设计了。从帮学长、学姐描现状、做文本到现在跟着一大群小伙伴一起出方案、改方案，接着熬夜出图，从探索到实践，一路走来，每一次的头脑风暴，理想与现实的种种矛盾，都让我们共同成长。

特别要感谢每一位指导老师，在这次设计过程中耐心地对我们的方案进行指导，也让我们对专业知识有了更深的了解。希望通过本次联合毕业设计能让我在未来的学习和工作中为乡村的发展做出更多的贡献。

城乡规划学
王婷

本次联合毕业设计历时四个月，我非常荣幸能够参与其中，收获了一份四校友谊，在过程中学习到各个学校的研究思路和做事方法，同时能够在一个强手如云的团队里工作，做好一个辅助的角色，使我又多了一份团队合作的宝贵经验。

回首五年的本科学习，我曾一度怀疑自己是否具备做设计的天赋与本领，时至今日才发觉这份怀疑本就是错误的，凡事唯有厚积，才可薄发。我很幸运在本科的后半程经历了难忘的城市设计、考研、实习和最终的联合毕业设计，这些都鼓励我继续向一名合格的规划人成长。由衷感谢所有帮助过我的老师和同学，是你们让我在青岛理工度过了流光溢彩的五年青春。祝福正当年的我们，收获更加圆满的人生。

城乡规划学
张瑶

随着阵阵掌声，四校联合毕业设计总结讲座在华中科技大学落下帷幕，为我们联合毕业设计答辩画上圆满的句号。回想四个月来的点点滴滴，充满着各种回忆：一起从微风习习的岛城到热火朝天的华中，一起从黄海之滨到长江之畔，一起进过村一起熬过夜，终于交上了一份令自己满意的答卷。在此深深地向祁老师和队友表示感谢，感谢老师的教导，感谢队友的陪伴和激励。同时，在此次四校联合毕业设计中也切身体会到不同学校培养方式的差异，来自其他学校的小伙伴都值得自己敬佩和学习。经过几个月的相处，彼此之间有了更深刻的认识，我们之间的友谊是我们最宝贵的回忆，希望我们能够永远不忘初心，奋力前行。

城乡规划学
李博涵

能够参加本次联合毕业设计于我而言是一次宝贵的经历，从吹着海风的齐鲁岛城到伴着骄阳的华中江城，四个多月的时光中，感谢老师的悉心指导和团队的齐心协力。在本次联合设计中，让我印象最深刻的便是“联合”二字了，其中既包括本校小伙伴的一次次头脑风暴和思维碰撞，又包括与其余三校同学的交流与学习。各校同学认识问题、分析问题的角度和方法都不尽相同，使我受益匪浅。

本次联合毕业设计是我大学期间的最后一次设计作业，回想五年的规划学习，感慨颇深。从一开始的物质空间设计到后来的社会问题研究，对规划理解得越多，爱得也越深，感到身上的责任也越大。大学即将结束，而我们作为一名规划师的生涯才刚刚开启，不说再见，因为我们同是规划人，任重而道远！

城乡规划学
卢梦霞

从三月获得题目开始，我们一起进行前期的资料收集、解题探索，到港东村同吃同住，尝试和村民沟通的不同方式；中期汇报，我们再次相聚，确定主要规划方向，接受老师们的悉心指导；末期，我们相聚在武汉，进行规划设计的成果展示和答辩。其中有竞争，有合作，有交流，有学习。这一次由冬至夏、由难入简、由分到合的毕业设计，是我五年所学的凝练体现。

设计在我们组六位成员的努力下共同完成，大家各展所长，最终取得了较好的成果，感谢队友们四个月的陪伴和出图阶段的共同奋进。同时也感谢祁丽艳老师的耐心指导和鼓励，在我们迷惑不前时给以诸多建议。最后感谢青岛理工大学五年的培养，祝母校百年长青，桃李满天下！

城乡规划学
高丹琳

从一开始裹着棉大衣进村，到艳阳似火的武汉答辩，这期间，我们一块调研、交流，收获了知识和友谊。实地走访村内，看到的问题和景象让我感慨与无奈。我们能为村民真正地做点什么？类似的问题困扰了我一段时间。从一开始的迷茫，到逐渐站在港东人的视角考虑问题，整个设计过程，祁老师一遍遍地和我们交流，努力解决村庄的突出问题。联合毕业设计可谓一个大平台，尽情展示自己的同时，遇到了很多优秀的伙伴。西安建筑科技大学对问题的全面性把握，华中科技大学对专题的深入剖析以及昆明理工大学从建筑学的视角来解读村庄，令我受益匪浅。感谢相遇！感谢指导！感谢陪伴！毕业设计的结束也预示着我的本科即将画上句号，是终点亦是起点。愿山高水长，江湖再见！

基于人居生态安全与永续发展的港东村规划设计

华中科技大学 Huazhong University of Science and Technology

参与学生：吴雨芯　季　琳　万　舸　杨天昊　刘晨阳

指导教师：洪亮平　贾艳飞　罗　吉

教师释题：

城边村，作为我国众多乡村中的一种类型，在当前快速城镇化过程中面临巨大的生存压力。一方面，大量的农业土地资源正受到城市建设和房地产开发的侵蚀；另一方面，村庄原有的社会关系网络、文化系统和乡村空间系统正受到外部力量的冲击和解构。如何在当前仍存在城乡二元结构制度背景下，从城乡协调发展的角度，即使城边村能较好地融入城乡经济体系，又能保持村庄原有的社会文化系统特征和村庄活力，是当前城边村建设发展面临的一项重大挑战。

港东村是青岛市崂山区王哥庄街道的一处城边村，也是青岛海滨较为知名的海港渔村，拥有丰富的海洋文化和传统的生产技艺。港东村临近王哥庄街道，拥有较为完善的基础设施，房地产开发增长迅速。同时，港东村毗邻崂山风景区，享有成熟景区强大的旅游吸引力。在村庄的发展过程中，港东村的传统村落保存较好，居民生产生活方式仍保持明显的地域特征。如何保留港东村独特的文化旅游资源，推动乡村共同体的可持续发展，同时又推进港东村与周边城镇及景区发展有机融合，是这次规划设计需解决的核心问题。

应对城镇化发展，既不可大拆大建，也不可因循守旧。乡村本身的空间肌理与形态格局可以较好地融入城乡空间格局之中，甚至成为一种特色。因此，在本次毕业设计过程中，同学们致力于为港东村寻找一种特殊的路径。在整体的生态基底上，保留传统的村落格局以及特色传统文化，同时又使村民能继续以渔业为生，在传承渔业特色的同时提升乡村产业发展，让港东村更加积极主动地面对城镇化，以自己独有的文化生态特征有机地融入王哥庄街道城乡一体化的格局之中。

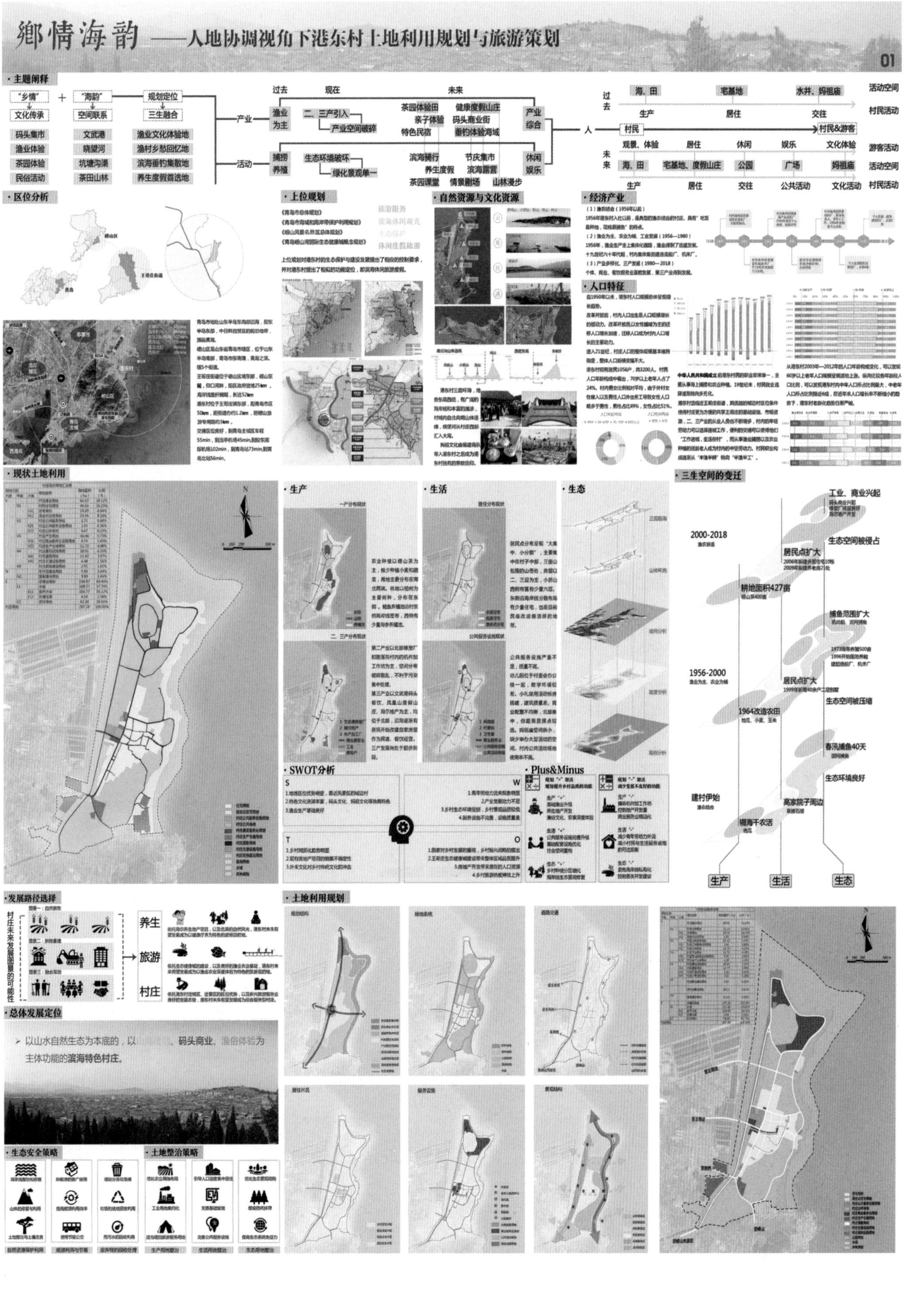

华中科技大学　基于人居生态安全与永续发展的港东村规划设计

鄉情海韵 ——人地协调视角下港东村土地利用规划与旅游策划

02

· 概念设计总平面图

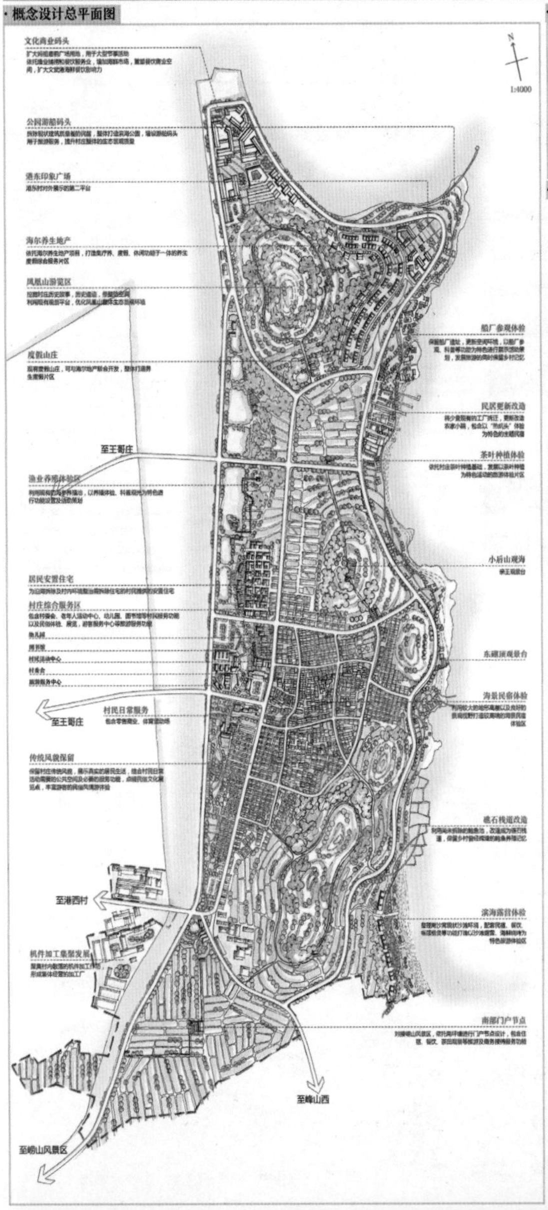

· 需求分析

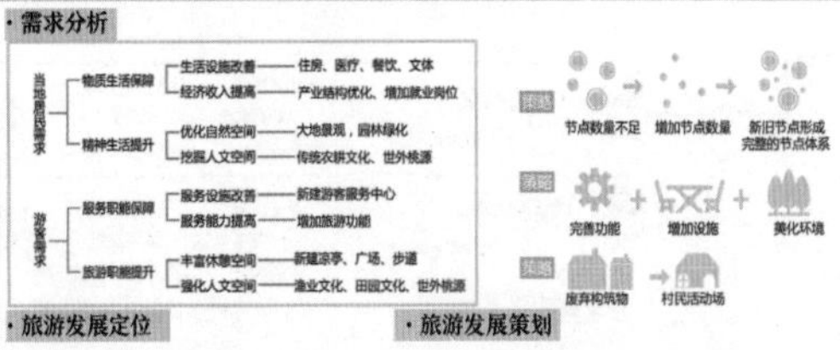

· 旅游规划结构

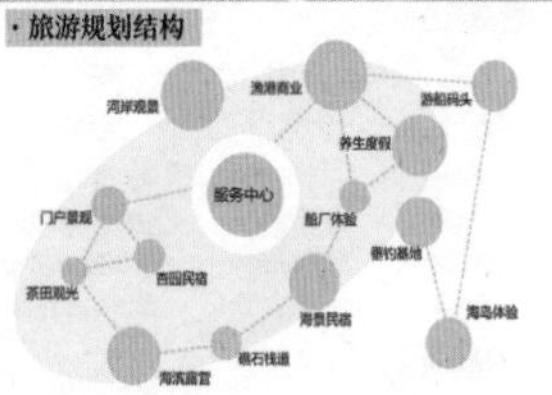

· 旅游发展定位

· 旅游发展策划

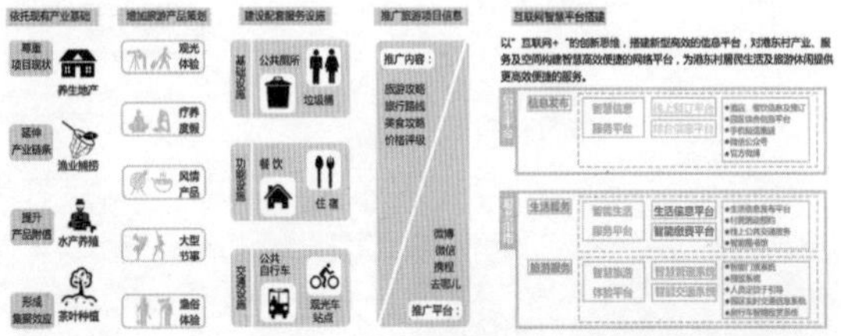

· 设计策略

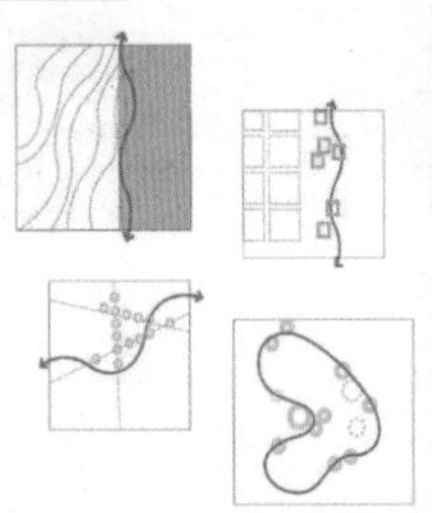

尊重优美的自然山水并保留村庄原有的良好植被环境，注重当地文化传统和本土特色，尽可能地改造利用现有空间资源，将设计中的活动内容和设施融入自然环境。

适量增加休闲服务设施，规划合理流畅的动线，将村庄的生机与活力带至开放空间，使之同时满足村民和游客的使用需求，与乡村生活融为一体。

衔接居民点内部已有和规划的开放空间，强化空间序列功能，围绕“水井”主题展开一系列活动内容，赋予公共空间以不同的特性和功能，并建立整体、统一的景观印象。

提供各种不同年龄、目标人群以有趣、舒适、丰富的活动，并配置商业零售、餐饮、停亡等建构筑物以提升村庄人气。

· 活动策划

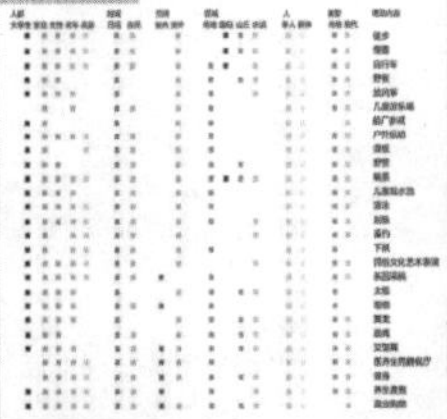

· 断面示意图

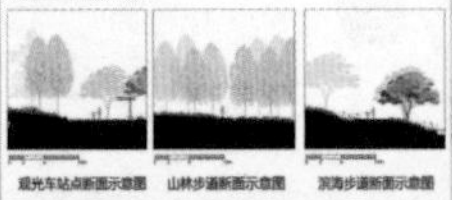

· 村庄旅行地图

· 村庄鸟瞰图

茶“渔”饭后

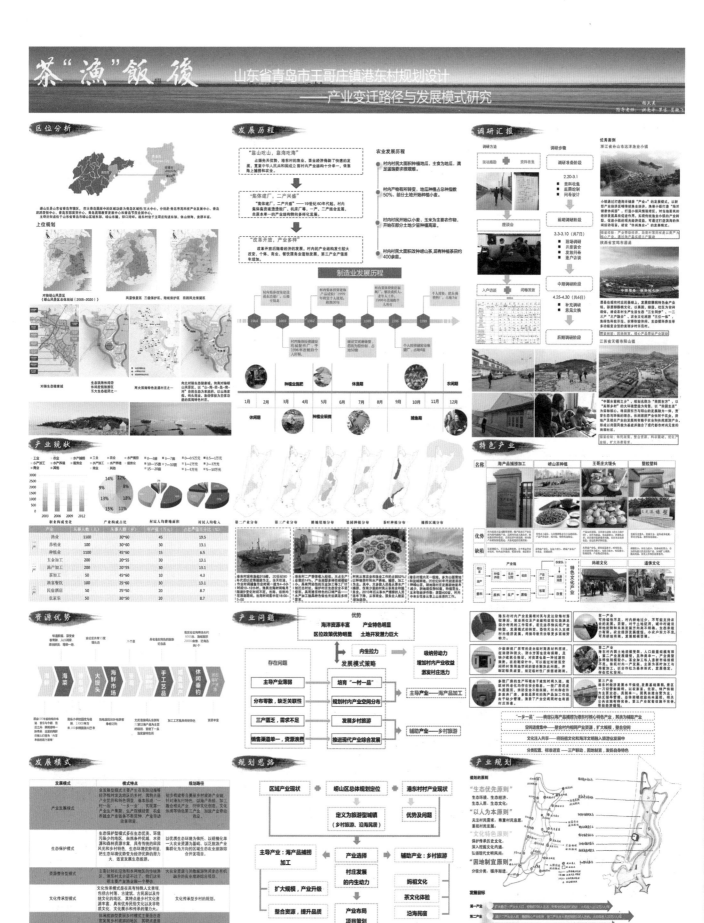

山东省青岛市王哥庄镇港东村规划设计
——产业变迁路径与发展模式研究

杨天昊
指导老师：洪亮平 罗吉 袁艳飞

区位分析

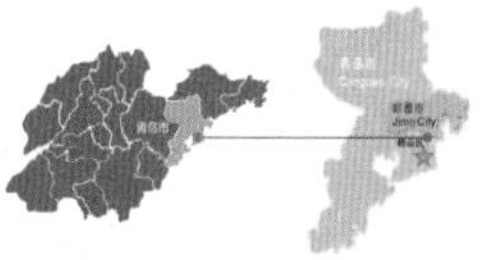

崂山区是山东省青岛市辖区，在大青岛圈层中的区域功能为青岛区域性/五大中心，分别是:青岛市高科技产业发展中心、青岛旅游度假中心、青岛东部商贸中心、青岛高等教育发展中心和青岛节庆会展中心。
王哥庄街道位于山东省青岛市崂山区境东部，崂山东麓，仰口湾畔。港东村位于王哥庄街道东部，依山傍海，资源丰富。

上位规划

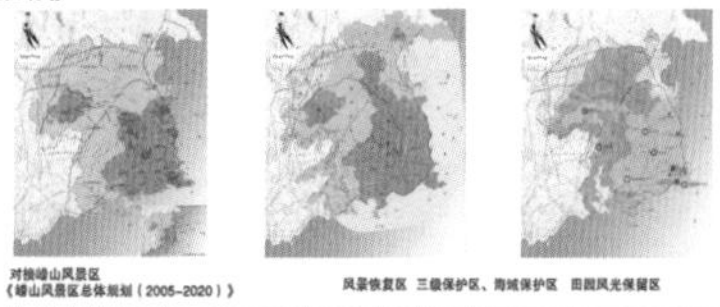

对接崂山风景区
《崂山风景区总体规划（2005-2020）》

风景恢复区　三级保护区、海域保护区　田园风光保留区

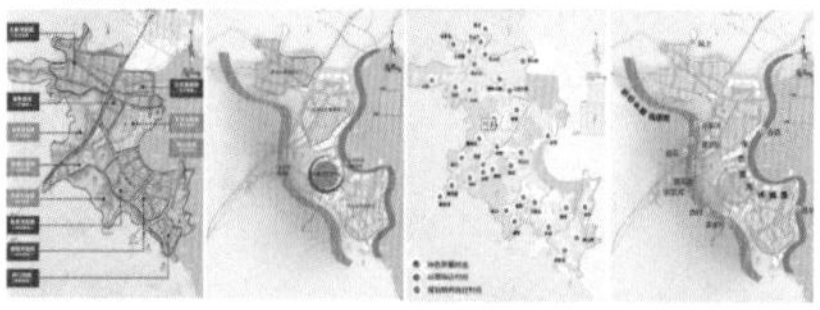

对接生态健康城　生态滨海休闲带 休闲度假旅游区 五大生态轴组团之一　两大滨海特色发展村庄之一　向北对接生态健康城，向南对接崂山风景区，以“山—海—茶—岛—河”自然生态为本底的，以山海度假、科头商业、渔俗体验为主体的滨海特色村庄。

发展历程

“靠山吃山，靠海吃海”

占据先天优势，港东村的渔业、茶业经济得到了快速的发展，直至中华人民共和国成立前村内产业结构十分单一，依靠海上捕捞和农业。

“集体建厂，二产兴盛”

“集体建厂，二产兴盛”——19世纪60年代起，村内集体集资建造造船厂、机床厂等，一产、二产结合发展，由原本单一的产业结构转向多样化发展。

“改革开放，产业多样”

改革开放后随着经济的发展，村内的产业结构发生较大改变，个体、商业、餐饮服务业蓬勃发展，第三产业产值逐年增加。

农业发展历程

- 村内村民大面积种植地瓜，主食为地瓜，满足温饱要求很艰难。
- 村内产物有所转变，地瓜种植占总种指数50%，部分土地开始种植小麦。
- 村内村民开始以小麦、玉米为主要农作物，开始在部分土地少量种植高粱。
- 村内村民大面积改种崂山茶，现有种植茶田约400余亩。

制造业发展历程

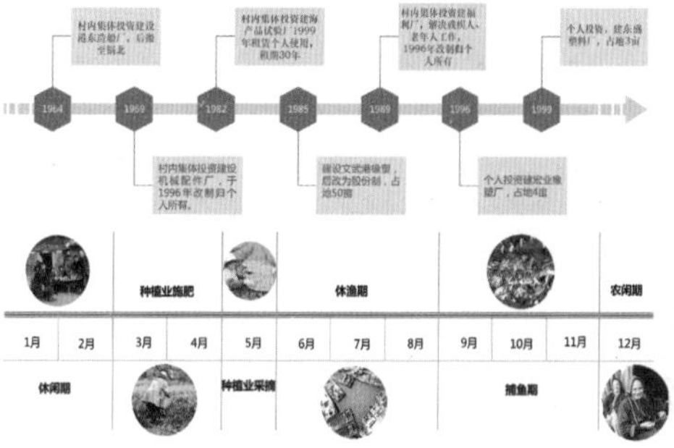

调研汇报

调研方法

现场踏勘 + 资料收集 → 座谈会 → 入户访谈 + 问卷发放

调研步骤

调研准备阶段
2.20-3.1
- 资料收集
- 底图绘制
- 问卷设计

前期调研阶段
3.3-3.10（共7日）
- 现场调研
- 开座谈会
- 发放问卷
- 逐户访谈

中期调研阶段
4.25-4.30（共6日）
- 补充调研
- 意见交换

后期调研阶段

优秀案例

浙江省舟山市远洋渔业小镇

小镇通过打造海洋健康“产业+”的发展模式，以新型产业经济反哺传统渔业经济，渔港小镇打造“海洋健康休闲游”，打造小镇风情港湾区，对当地居民的经济发展具有促进作用，实现传统渔业小镇的产业转型，促进小镇的观光经济效益，可通过打造滨海的休闲运动项目，建设“休闲渔业+”的发展模式。

借鉴经验：产业带动经济，沿海村落同样是以海产为核心产业，通过海产品实现三产联动

陕西省宝鸡市眉县

眉县在现有村庄的基础上，发展猕猴桃特色全产业链，彰显猕猴桃文化，以果园、绿道、社区为空间载体，建设农村生产生活生态“三生同步”、一二三产“三产融合”、农业文化旅游“三位一体”，集绿色科技示范、农事体验休闲、生态循环养生等多功能复合型的美丽乡村示范村。

借鉴经验：因地制宜，核心产品带动产业联动

江苏省无锡市阳山镇

“中国水蜜桃之乡”，被誉为“阳山桃”的阳山是“美丽乡村”的大环境营造为背景，以“田园生活”为目标核心，将田园东方与阳山的发展融为一体，营造生态与环保的理念，休闲旅游产业结构于农业，带动产业发展与旅游产业的发展同步于农业与休闲旅游产业，形成以田园风貌为基底并融合了现代都市时尚元素的田园社区。

借鉴经验：依托政策，整合资源，科技驱动，优化产业链，扩大消费需求

产业现状

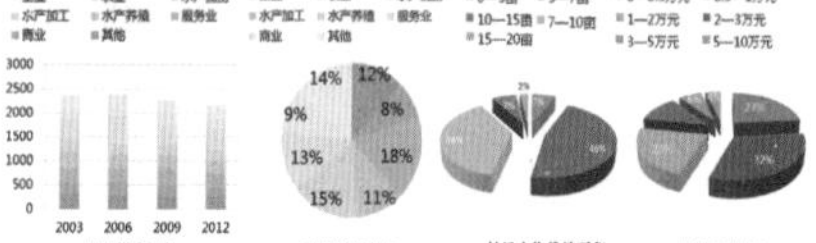

职业构成变化　产业构成占比　村民人均耕地面积　村民人均收入

	产业	从事人数（人）	从事人群（岁）	年产值（万元）	占总产值百分比（%）
一产	渔业	1100	30~60	45	19.5
	养殖业	100	30~60	30	13.1
	种植业	1100	45~60	15	6.5
二产	五金加工	200	20~55	30	13.1
	渔产加工	200	20~55	30	13.1
	茶加工	50	45~60	10	4.3
三产	渔家餐饮	100	25~60	30	13.1
	民宿酒店	50	25~50	20	8.7
	农家乐	50	30~50	20	8.7

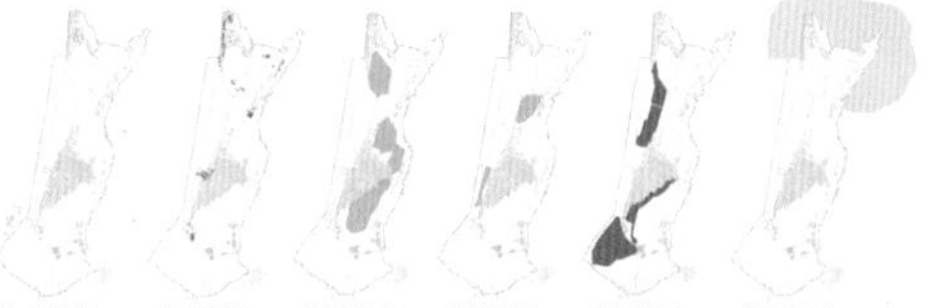

第二产业分布　第三产业分布　耕地组团分布　果园种植分布　茶叶种植分布　捕捞区域分布

港东村现有渔船315艘，20世纪90年代后以近海捕捞为主，当天往返，作业时间捕鱼作业时间一般为4-6小时或10-12小时。渔民出海时间每月随潮汐变化时间不定，出海、返航均在涨潮期间，出海时间集中在18:00-5:00

港东村二产整体收入较低，只占生产总值的14%，产业类型多样但规模较小。具有污染性的五金加工等工厂计划迁出村址，保护村庄生态安全不受侵害。具有港东特色的口碑产品——水产加工独具特色但也无法满足多样需求。

村民从事农业和渔业工作的占到52%，以种植茶叶和水产养殖、捕捞、加工为主。其中，大多数人还是从事水产捕捞，仅有少量的村民从事商业和服务业。2010年后从事水产捕捞的人员逐年下降，从事商业、服务业人数呈增加趋势。

港东村境内无一级地，多为山坡薄地和盐碱耕地。20世纪90年代初逐渐改种崂山茶，耕地随村庄发展耕地逐年减少，耕地现仅存60亩，种植花生、玉米等经济作物；茶园400亩，村内中年女性多从事上山采茶的工作。

特色产业

名称	海产品捕捞加工	崂山茶种植	王哥庄大馒头	塑胶塑料

优势　缺陷

港东村村内产业发展相对其与发达沿海村落较滞后，就业岗位及产业结构目前仅能满足部分村民的工作需求，若无法尽快实现产业转型，发展模式的转变，恐怕无法长久支撑村内经济发展，间接导致无法吸更多富裕劳动力。

第一产业
可持续性不足，村内耕地过少，不可能支持农业的发展。目前，对于土地征用，城中村建设用地流转和未来发展方向尚不明确。生态承载力有限。农业经济发展缓慢，小农户实力不足，可用耕地有限，发展规模受限。

少数新建厂房有的是由临时简易材料搭建，在消防和防火、防水方面也没有保障，且缺少建筑合格证，对资源也是一种过渡性浪费。在后期设计中，可以通过对建筑空间和村落用地空间的整合解决此问题，并制定相关政策，规定临时性厂房搭建期限。

第二产业
港东村内因土地规模受限，人口数量规模有限，第二产业发展缓慢，且种类单一，产业类型多样但规模较小。茶业加工私人垄断市场规模不足。依托村内一产发展，主要为茶叶加工与海蟹加工，以合作社为基本形式，发展稳定，存在优化空间。

多数厂房的生产环境由于建筑时间久远，建筑材料老化均存在安全隐患，一些厂房还是木质屋顶，消防安全不能保障。村内存在许多废弃厂房，多数是原有的海产品加工作坊，由于缺少管理，浪费了产业空间同时也有损村庄形象。

第三产业
港东村经济发展水平偏低，发展基础薄弱，景区一刀切管制障碍。以农家宴、住宿、特产供销为主要业态，类别单一。居民自建自营为主，缺乏指导管理，总体规模效益尚未显现，相关公共设施有待完善。第三产业配套设施不完善，带动经济缓慢。

资源优势

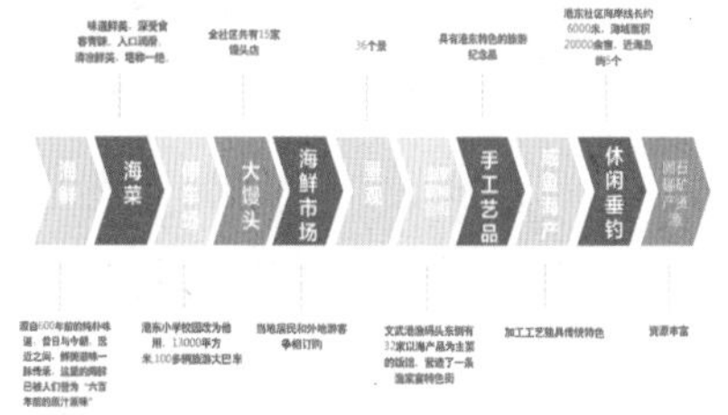

产业问题

优势
海洋资源丰富　产业特色明显
区位政策优势明显　土地开发潜力巨大

内生拉力 → 吸纳劳动力 / 增加村内产业收益 / 激发村庄活力

存在问题	发展模式策略
主导产业薄弱	培育“一村一品”
分布零散，缺乏关联性	规划村内产业空间分布
三产匮乏，需求不足	发展乡村旅游
销售渠道单一，资源浪费	推进现代产业综合发展

培育“一村一品”、规划村内产业空间分布 → 主导产业——海产品加工
发展乡村旅游、推进现代产业综合发展 → 辅助产业——乡村旅游

“一乡一品”——确定以海产品捕捞为港东村核心特色产业，其余为辅助产业
空间适度集中——整合村内相同产业资源，扩大规模，整合空间
文化注入共享——将妈祖文化和海洋文明融入旅游业发展中
分类配置、标准适宜——三产联动，因地制宜，发扬自身特色

发展模式

发展模式	模式特点	规划路径
产业发展模式	业发展型模式主要产生在东部沿海等经济相对发达地区的乡村，其特点是产业优势和特色明显，基本形成“一村一品”、“一乡一业”，实现第一产业生产集聚、生产规模经营，农业养殖业产业链条不断延伸，产业带动效果明显。	初步构建整合美丽乡村旅游产业链，针对港东村特色，以海产养殖、加工融合相关产业，衍伸文化创意、文化休闲等特色第三产业，加速产业带动效应。
生态保护模式	生态保护型模式多在生态优美、环境污染少的地区，自然条件优越，水资源和森林资源丰富，具有传统的田园风光和乡村特色，生态环境优势明显，把生态环境优势变为经济优势的潜力大，适宜发展生态旅游。	以优质生态环境为依托、以规模化单一大农业资源为基础、以泛旅游产业集群化为方向的区域生态农业旅游综合开发项目。
资源整合型模式	主要针对在沿海和水网地区的传统渔区，港东村太合适不过了，我们这里把主要产业渔业做一个整合。	大农业资源与其他旅游休闲业态有机融合的农业旅游综合项目。
文化传承型模式	文化传承模式是在具有特殊人文景观，包括古村落、古建筑、古民居以及传统文化的地区，其特点是乡村文化资源丰富，具有优秀民俗文化以及非物质文化，文化展示和传承的潜力大。	文化传承型乡村的规划。
休闲旅游模式	休闲旅游型美丽乡村模式主要是在适宜发展乡村旅游的地区，其特点是旅游资源丰富，住宿、餐饮、休闲娱乐设施完善齐备，交通便捷，距离城市较近，适合休闲度假，发展乡村旅游潜力大。	规划建设家庭休闲农场、家庭农庄、企业乡村会所等。

规划思路

区域产业现状 + 崂山区总体规划定位 + 港东村村产业现状

定义为旅游型城镇（乡村旅游、沿海民居）　优势及问题

主导产业：海产品捕捞加工 ← 产业选择 → 辅助产业：乡村旅游

村庄发展的内生动力

扩大规模，产业升级　整合资源，提升品质

产业布局　项目策划

妈祖文化　茶文化体验　沿海民宿

落实“一乡一品” 整合资源 扩大需求

产业规划

规划的原则

“生态优先原则”
生态环境、生态经济、生态人居、生态文化；

“以人为本原则”
关注村民需求，尊重村民意愿，重视村民发展；

“文化特色原则”
保护传承历史文化，深入挖掘文化内涵，弘扬现代文明风尚；

“因地制宜原则”
分级分类，循序渐进。

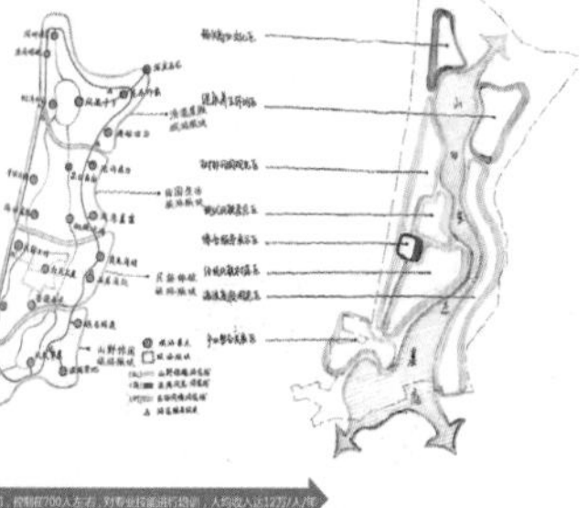

发展目标

- 第一产业：扩大稳定一产从业人口，控制在700人左右，对专业技能进行培训，人均收入达12万/人/年
- 第二产业：减少二产从业人数，稳固核心产业优势，使二产从业人员控制在100人左右，人均年收入20万/人/年
- 第三产业：大幅提升第三产业从业人口及第三产业规模，未来10年实现产业转型
- 第三产业：规划新建度假酒店、观光度假村、海洋文化体验中心，提供2000个就业岗位
- 发展模式：多种发展模式综合发展，在保护生态、重视传统文化和海洋文明的前提下，实现港东村第二进三的产业发展模式

茶“渔”饭後

山东省青岛市王哥庄镇港东村规划设计
——产业变迁路径与发展模式研究

杨天昊
指导老师：洪亮平 罗吉 贾艳飞

码头设计

保护Protection 融合Fusion 创造 Innovation

产业规划

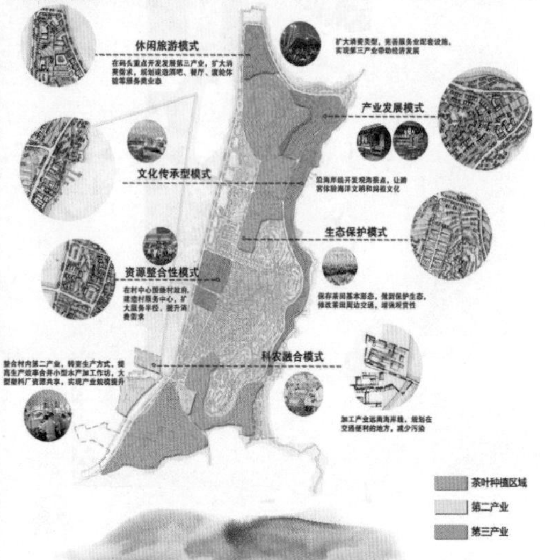

临街立面

设计说明：通过对码头的改造和设计，从而实现对港东村产业规划内的第三产业进行疏导和规划，码头在未来将成为港东村旅游、服务、娱乐的核心区域，必将为港东村带来新的产业活力，从而实现通过产业带动经济发展。

建筑空间

重塑码头餐饮空间：

码头的餐饮业需要新的建筑形态来承载更多的消费需求，在原有新建的建筑立面背景下，对建筑形态进行重塑，在新与旧的强烈对比中，多一份沉淀，多一份活力。

院落与产业：

建筑围绕庭院广场铺成开来，形成围合空间，作为酒吧餐饮的娱乐场所，既可以小规模的单独经营，也可以通过广场的连接，形成较大规模的一系列餐饮项目，同时院落式广场的生成为人流提供了休闲驻足的场所，提供了体验当代文化风情的空间与时间。

作坊空间整合：

码头最多形态的业态是海产品餐厅和作坊，这种类型的建筑尺度较小，且需要更多的工作空间，我将这些小作坊在建筑形态上进行整合，形成小型建筑群，不仅满足餐饮的需求，同时有加工的工作空间，外表简单统一的新中式风格中隐藏了复杂多变的内部空间，形成了有冲击力的内部视觉感受，内部的半开放式庭院将街道空间引入，形成趣味空间。

茶文化体验中心：

通过对建筑形态和功能的改造，从而实现对崂山茶产业的定位和规划，在原有的种植基础上，发展扩宽茶文化产业链，从单一的种植扩大为品茶、了解中国茶文化、茶具销售等。

建筑与文化产业：

在港东文武港码头是港东村民祭拜妈祖和进行佛道文化的聚集地，在码头的建筑中，联系原有的妈祖庙，设计了新的文化场所以供进行宗教活动，将港东村的海洋文化融入建筑中去。

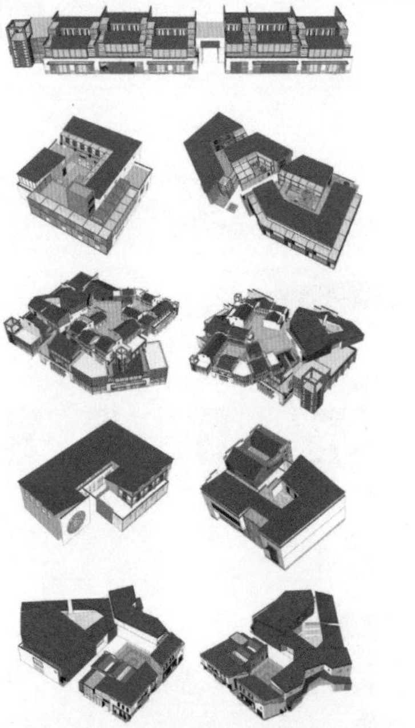

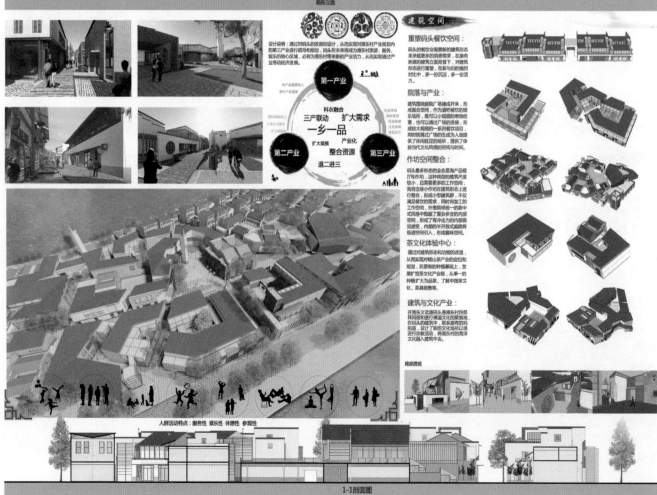

人群活动特点：服务性 娱乐性 休憩性 参观性

局部透视

1-1剖面图

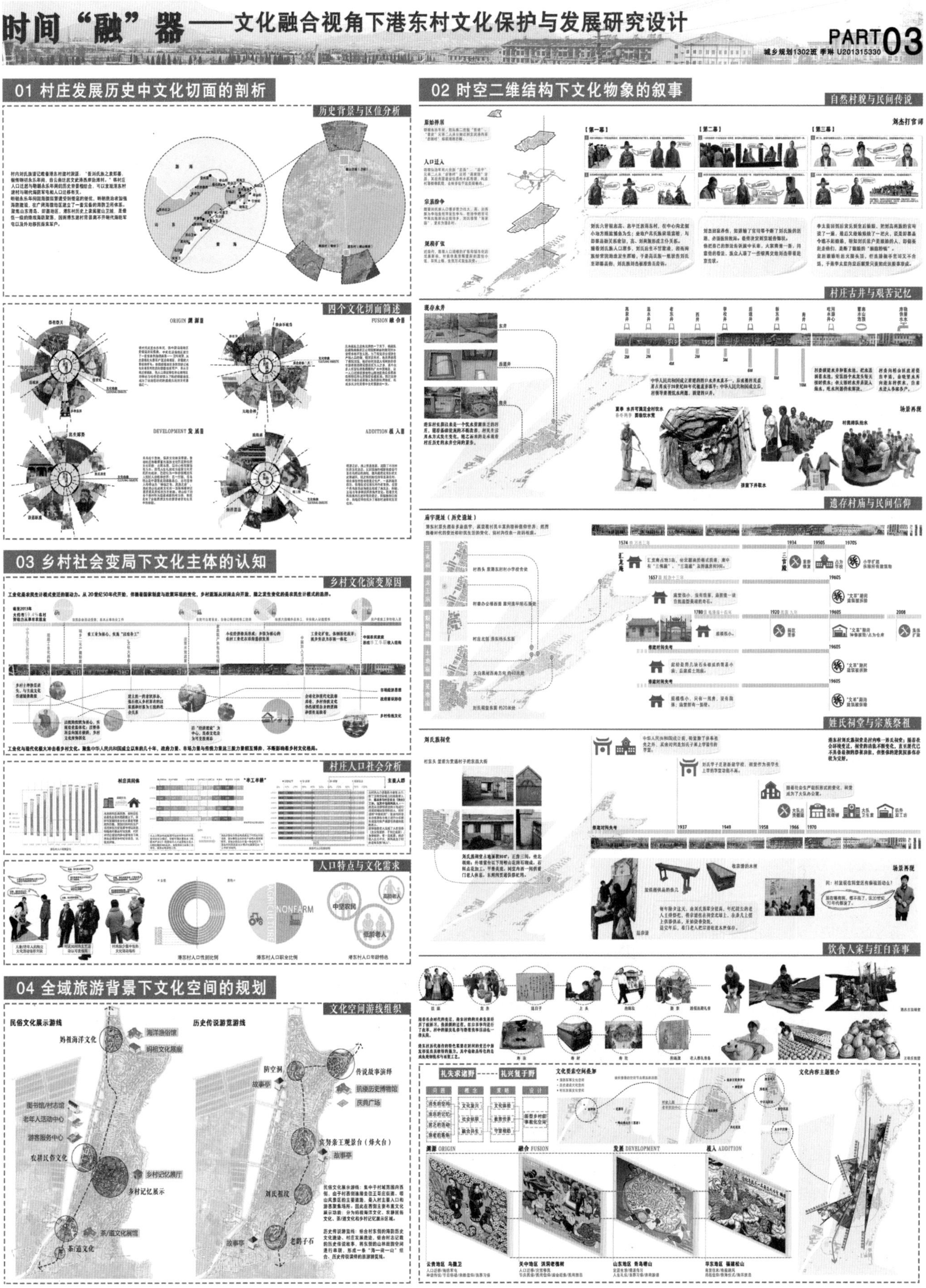

华中科技大学　基于人居生态安全与永续发展的港东村规划设计

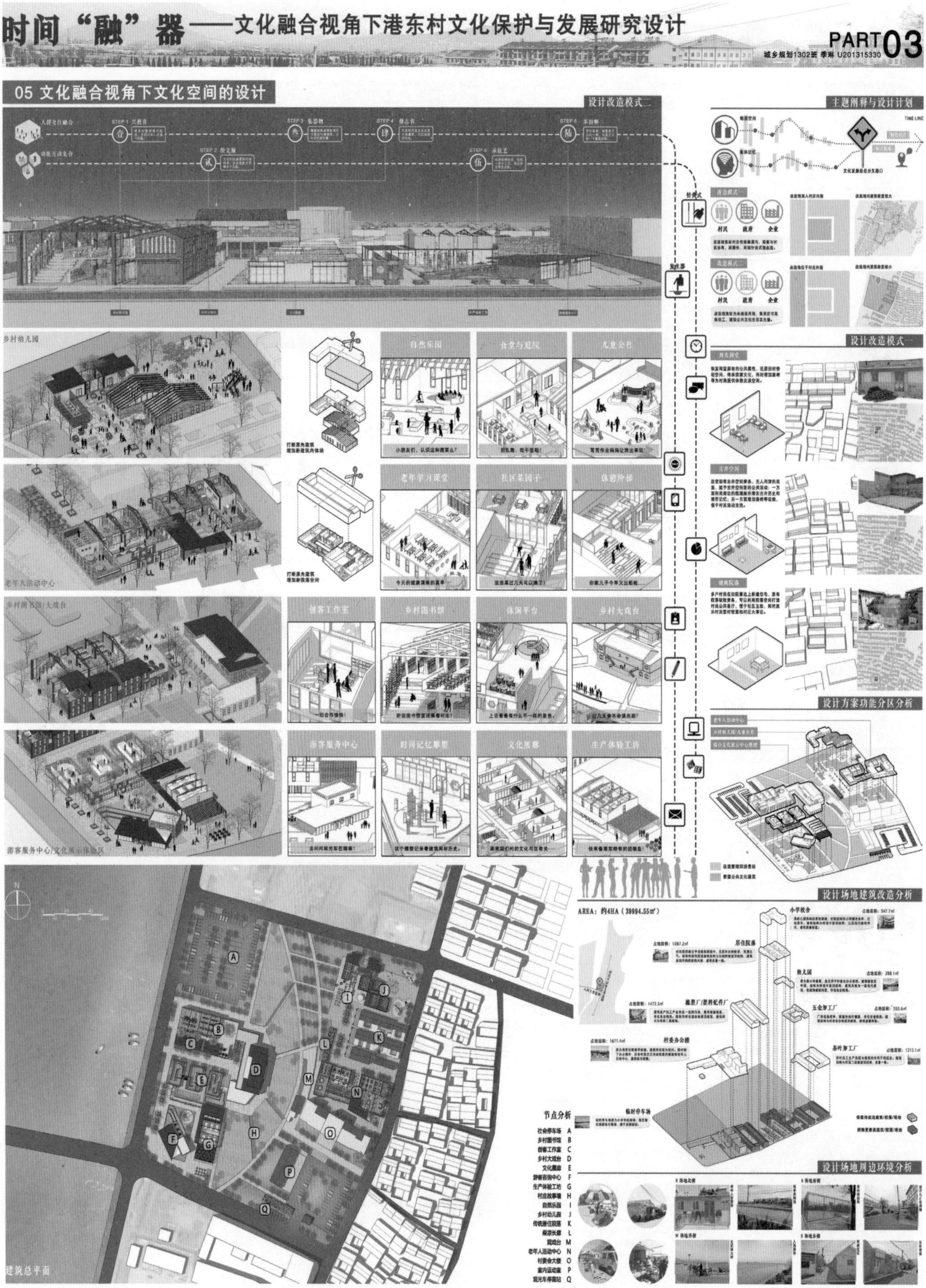
时间"融"器——文化融合视角下港东村文化保护与发展研究设计
PART03
城乡规划1302班 李琳 U201315330
05 文化融合视角下文化空间的设计
设计改造模式二
主题阐释与设计计划
设计改造模式一
乡村幼儿园
自然乐园
食堂与庭院
儿童公社
老年学习课堂
社区菜园子
休憩阶梯
老年人活动中心
乡村图书馆/大戏台
创客工作室
乡村图书馆
休闲平台
乡村大戏台
游客服务中心
时间记忆廊架
文化展廊
生产体验工坊
游客服务中心/文化展示体验区
设计方案功能分区分析
设计场地建筑改造分析
AREA：约4HA（39994.55㎡）
小学校舍
居住院落
幼儿园
五金加工厂
橡胶厂/塑料配件厂
村委办公楼
茶叶加工厂
临时停车场
节点分析
社会停车场 A
乡村图书馆 B
创客工作室 C
乡村大戏台 D
文化展廊 E
游客咨询中心 F
生产体验工坊 G
村庄故事墙 H
自然乐园 I
乡村幼儿园 J
传统居住院落 K
麻凉长廊 L
观戏台 M
老年人活动中心 N
村委会大楼 O
室内运动室 P
观光车停靠站 Q
设计场地周边环境分析
建筑总平面

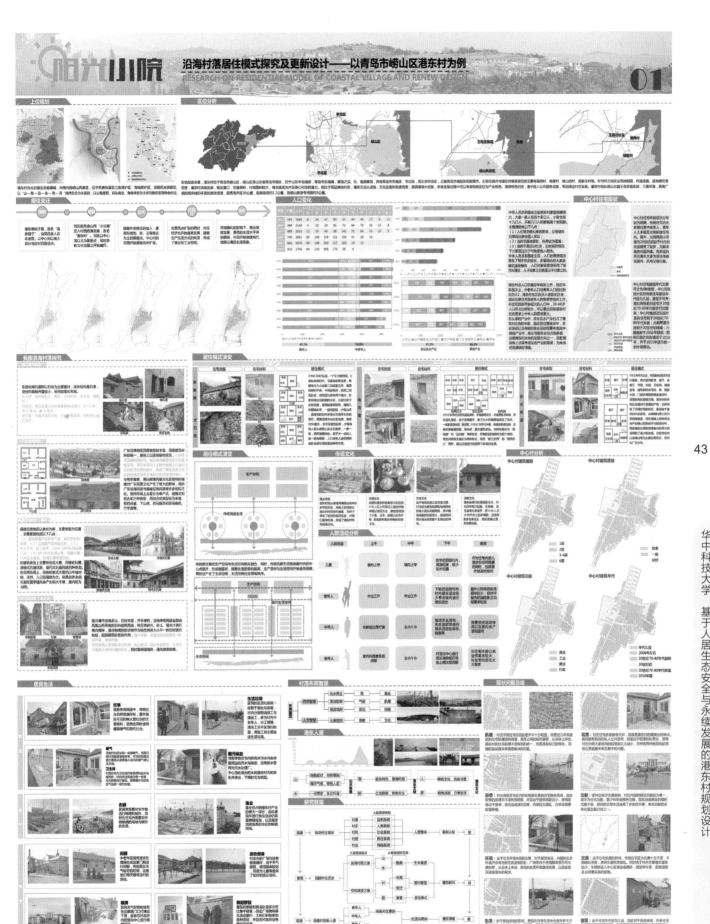

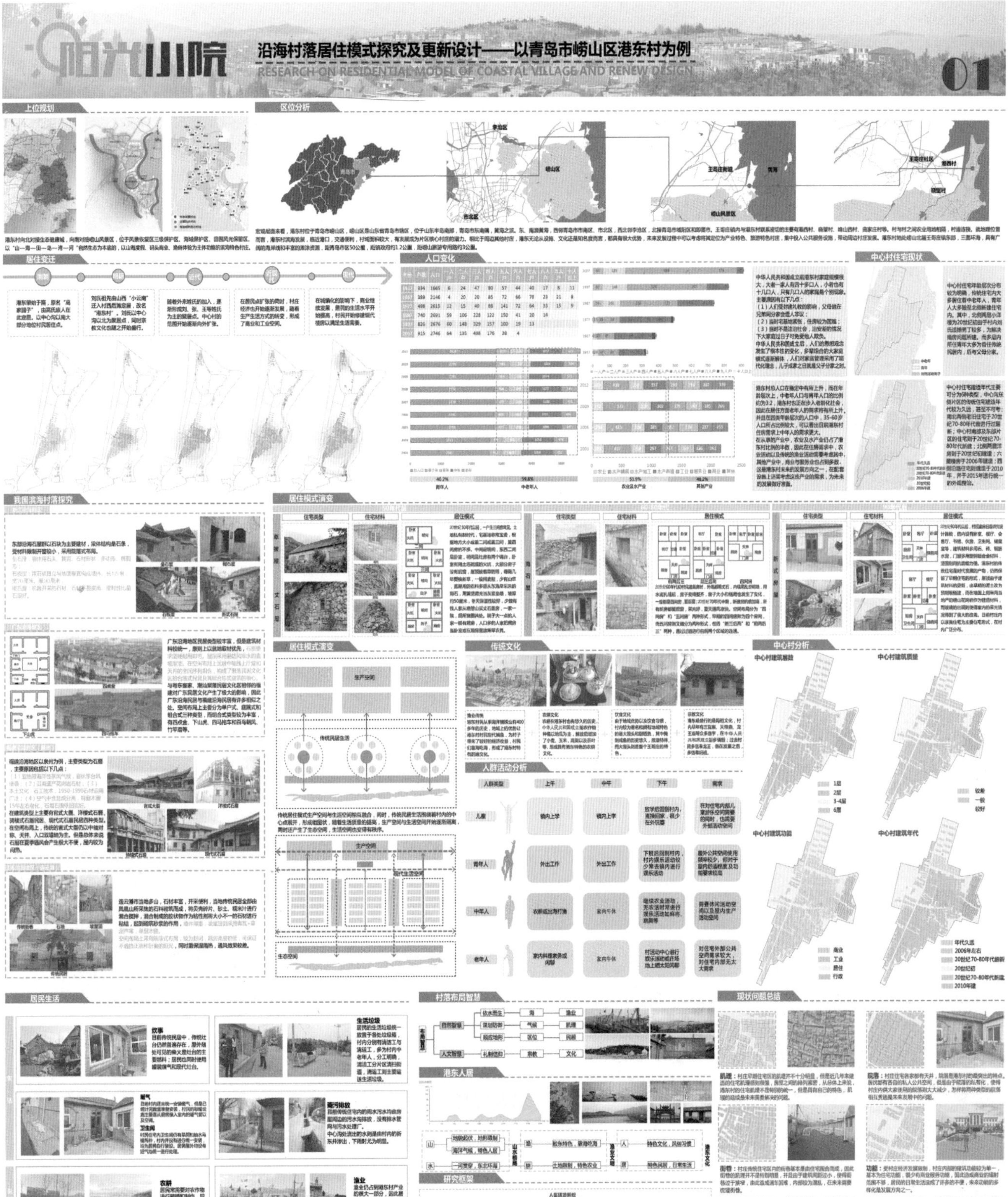
阳光小院
沿海村落居住模式探究及更新设计——以青岛市崂山区港东村为例
RESEARCH ON RESIDENTIAL MODEL OF COASTAL VILLAGE AND RENEW DESIGN
01
上位规划
区位分析
居住变迁
人口变化
中心村住宅现状
我国滨海村落探究
居住模式演变
传统文化
中心村分析
人群活动分析
居民生活
村落布局智慧
港东人居
现状问题总结
研究框架

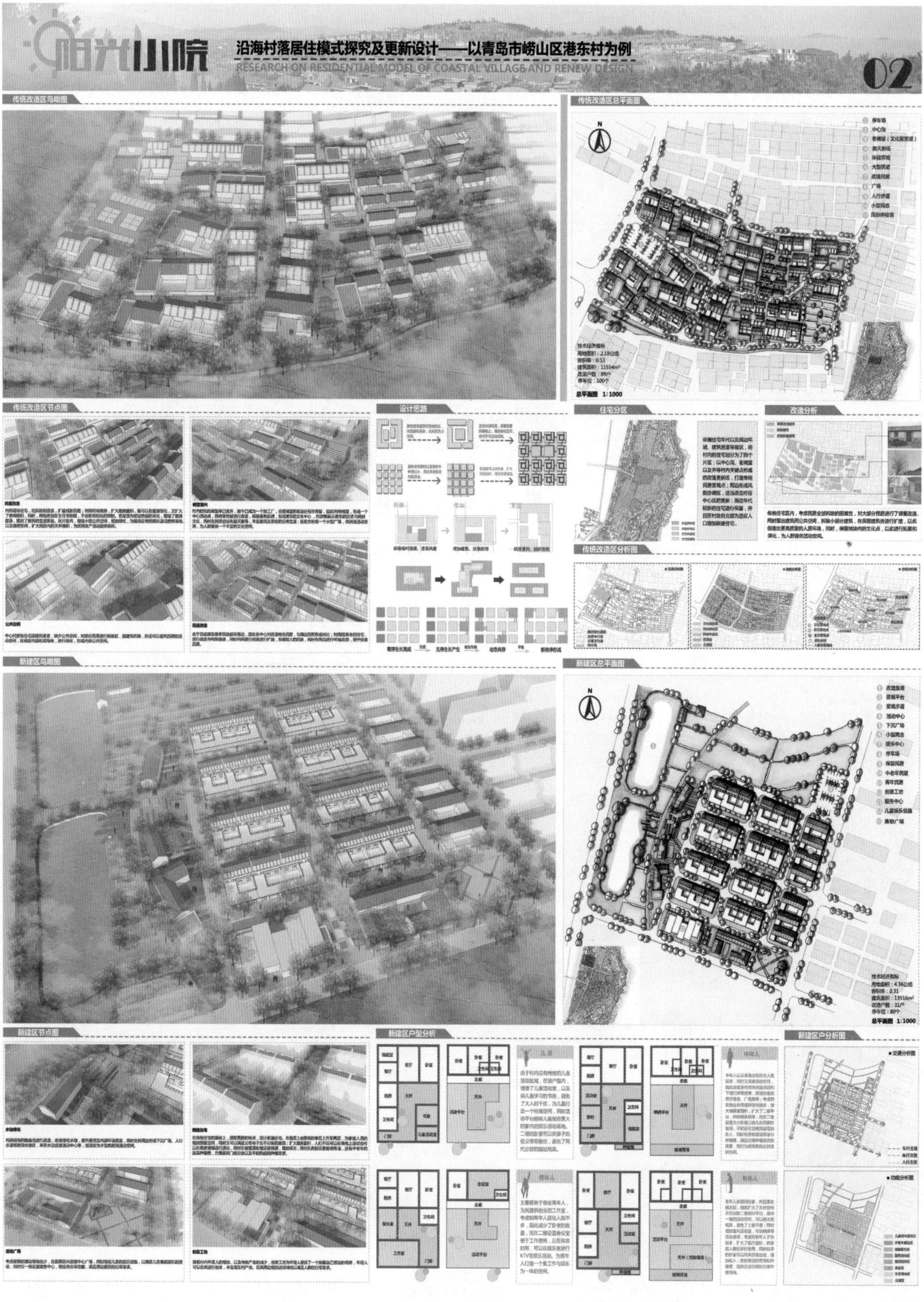
阳光小院
沿海村落居住模式探究及更新设计——以青岛市崂山区港东村为例
RESEARCH ON RESIDENTIAL MODEL OF COASTAL VILLAGE AND RENEW DESIGN
02
传统改造区鸟瞰图
传统改造区总平面图
N
停车场
中心沟
老槐堂（文化展览馆）
露天剧场
体验农场
大型民宿
改造民居
广场
人行步道
小型民宿
民俗体验馆
技术经济指标
用地面积：2.18公顷
容积率：0.53
建筑面积：11554m²
改造户数：89户
停车位：100个
总平面图 1:1000
传统改造区节点图
设计思路
住宅分区
依据住宅年代以及周边环境、建筑质量等现状，将村内的住宅划分为了四个片区：以中心沟、老槐堂以及井等村内关键点形成的改造更新区，打造传统民居景观点；周边形成风貌协调区，适当改造呼应中心区的更新；周边年代较新的住宅进行保留，并且在村政府北部为适应人口增加新建住宅。
改造分析
传统改造区分析图
新秩序形成
新建区鸟瞰图
新建区总平面图
N
改造鱼塘
景观平台
景观步道
活动中心
下沉广场
小型商业
娱乐中心
停车场
保留民居
中老年民居
青年民居
创意工坊
服务中心
儿童娱乐设施
猜劫广场
技术经济指标
用地面积：4.36公顷
容积率：0.31
建筑面积：13516m²
改造户数：31户
停车位：80个
总平面图 1:1000
新建区节点图
新建区户型分析
儿童
中年人
青年人
老年人
新建区户分析图
■交通分析图
■功能分析图

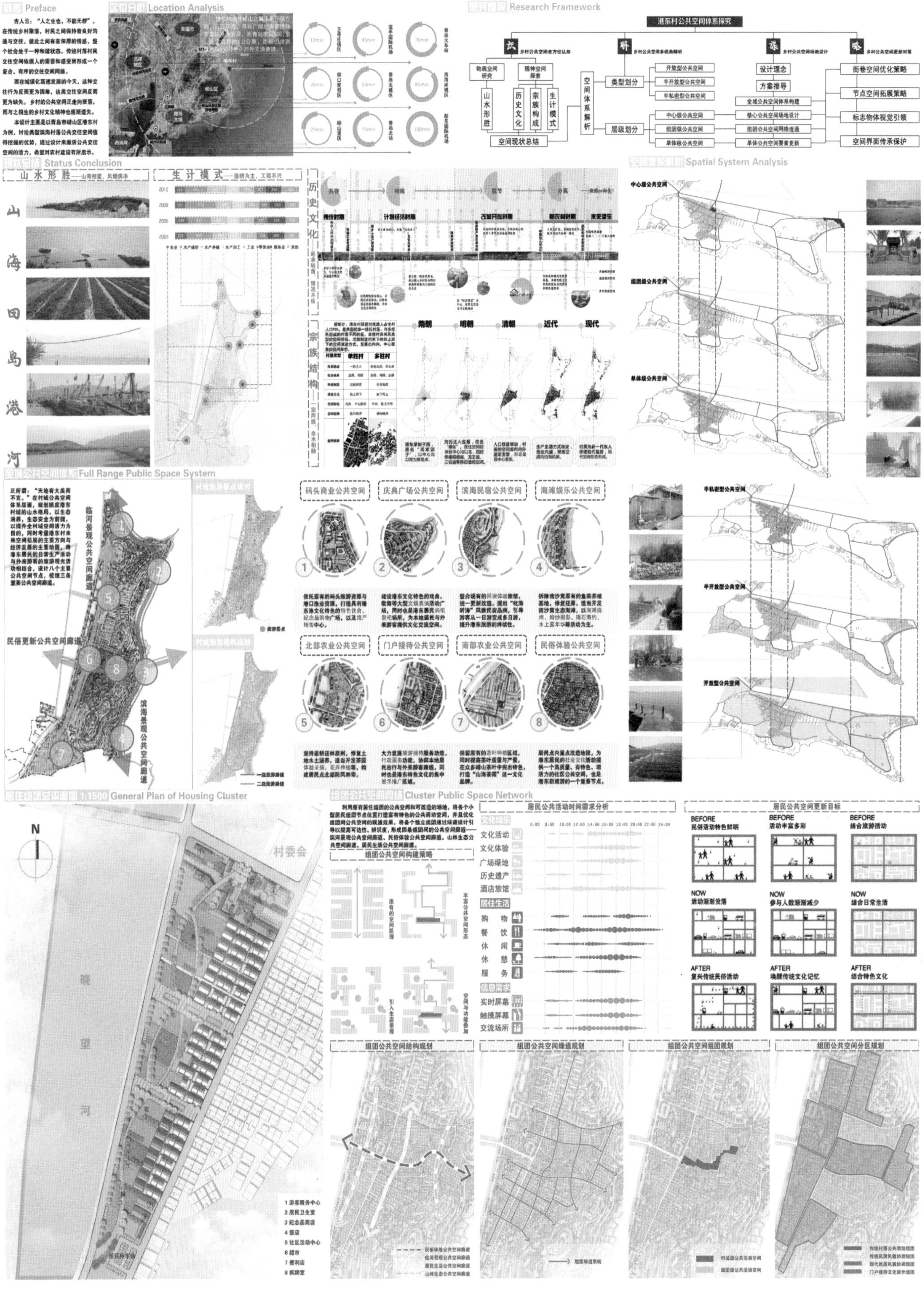

45

华中科技大学 基于人居生态安全与永续发展的港东村规划设计

核心公共空间总平面图 1:500 General Plan of Core Public Space

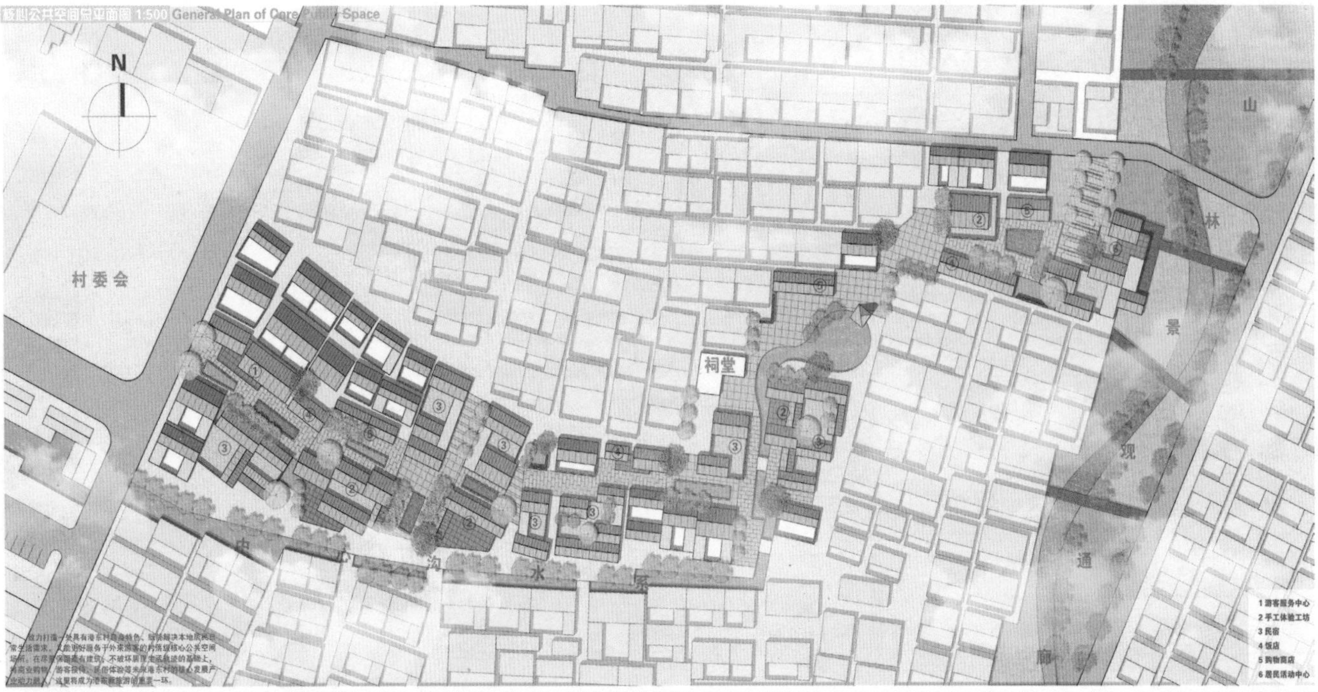

建筑改造规划图

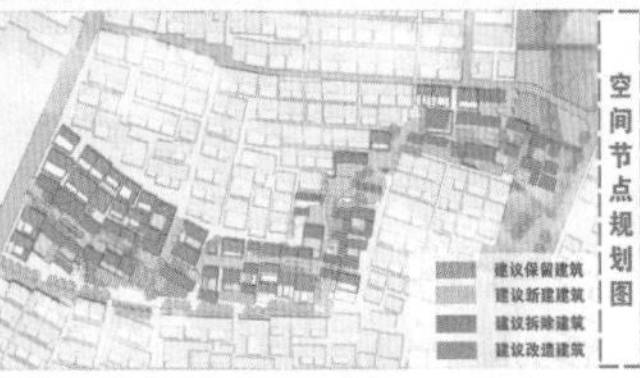

空间节点规划图

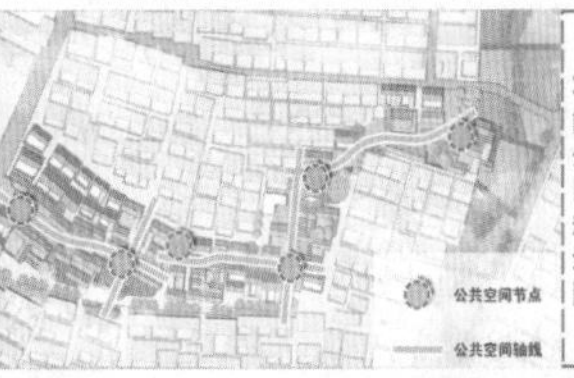

功能分区规划图

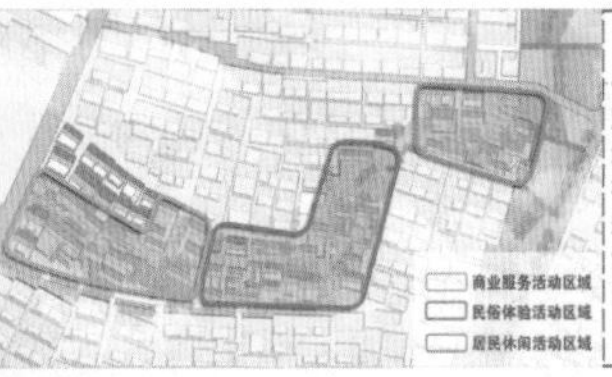

景观结构规划图

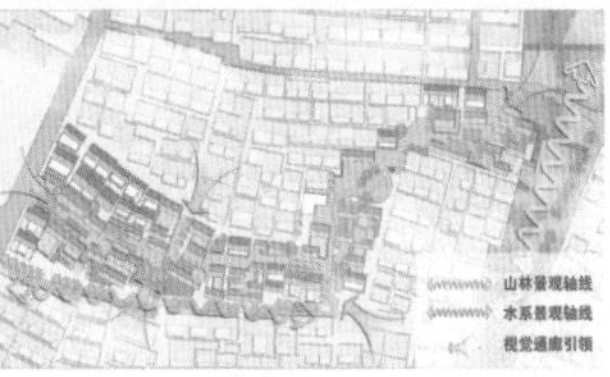

公共空间更新对策 Public Space Renewal Strategy

街巷空间优化策略

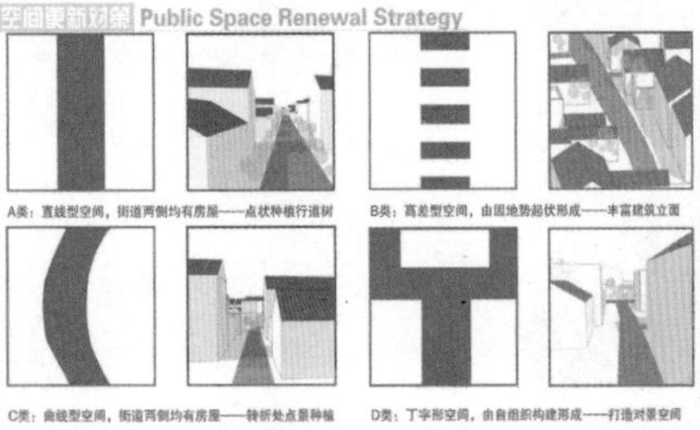

A类：直线型空间，街道两侧均有房屋——点状种植行道树

B类：高差型空间，由因地势起伏形成——丰富建筑立面

C类：曲线型空间，街道两侧均有房屋——转折处点景种植

D类：丁字形空间，由自组织构建形成——打造对景空间

港东村村街道和小巷的优化应该倡导具有特色的可识别更新模式。即在保护港东村网络布局的情况下，要适当实施空间单位的拆迁整合，提高空间的整体可达性；通过对村民自我建设行为的控制和引导，优化街巷空间网络格局。

节点空间拓展构建

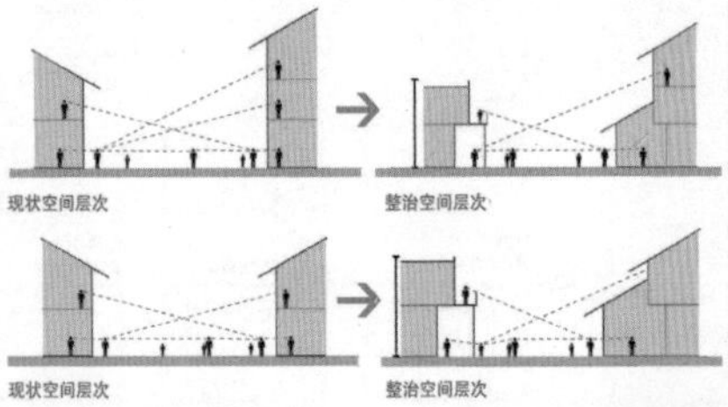

现状空间层次

整治空间层次

现状空间层次

整治空间层次

将当前节点空间与空间用户的认知状态结合起来，建立主次节点空间体系，与周围环境建立良好的互动关系。闲置用地可改造成小型的集聚场所，置换荒废垃圾堆积处为平时休憩场地，拆除破败严重破损的房屋，增添可利用的空间，增加共存交流的机会。

标志物体视觉引领

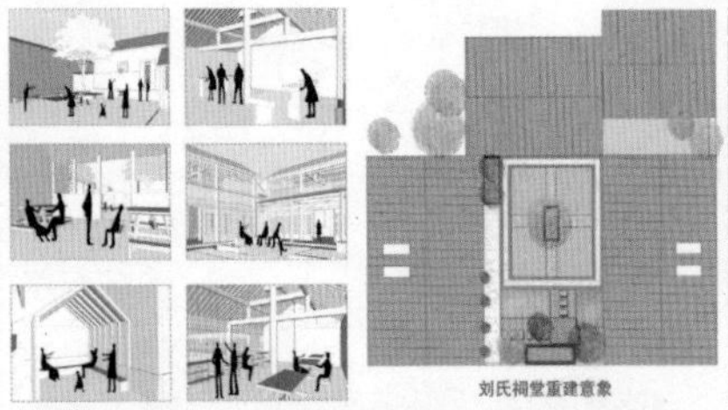

刘氏祠堂重建意象

对于标志物可以在以区域进行从底部界面、侧面界面和顶部界面进行围底环境维护和设计，丰富景观变化，从而强化感知和可识别性，成为区域的主要视觉焦点。通过周围建筑自建和拆建的合理引导，有效维护好标志物周边环境的视觉变化。

空间界面传承保护

港东村居民印象比较深刻的空间界面元素主要有石墙、河道、海岸线和水墙。这些元素成为一系列体验性公共空间序列的重要内容。如港东民居石墙可以形成与周边环境的质感和肌理的强烈对比，获得良好的视觉冲击力效果，形成连续认知意象。

核心公共空间意象 Core Public Space Image

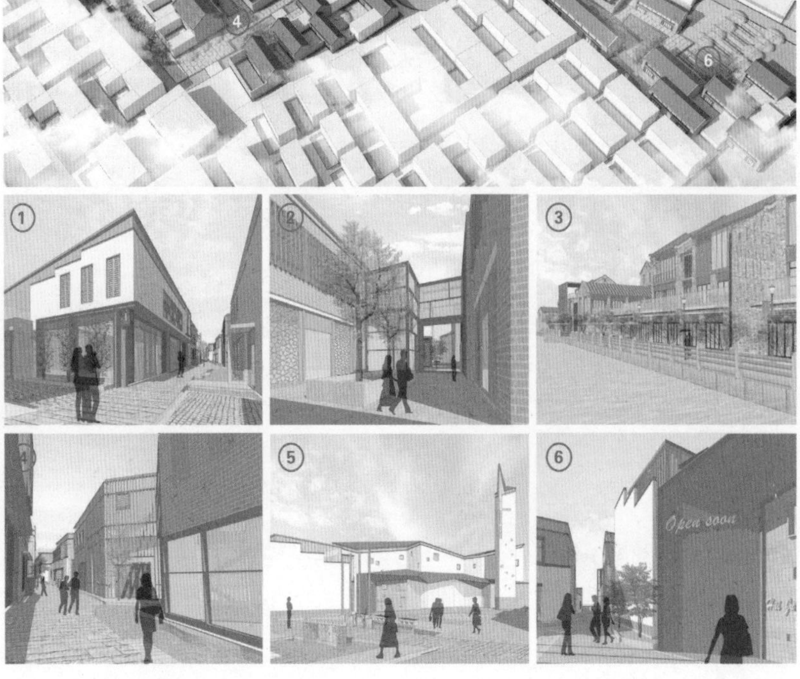

城乡规划学
吴雨芯

很荣幸能有机会参与这次乡村四校联合毕业设计。入村调研的切身体验让我对乡村有了更深入的认知，中期汇报与最终答辩都是很好的与不同学校的同学们交流切磋的机会，大家也在这一过程中逐渐加深了解，增进感情。学业的精进和友谊的建立都是这次联合毕业设计的宝贵成果。在这段时间里，我们有欢笑，也有愁眉不展。我不会忘记我们各校同学一起在寒风中调研的辛苦，一起在餐桌上歌唱的欢乐，也不会忘记我们小组的成员热烈讨论设计方案，相互帮助的情形，更不会忘记指导老师的谆谆教诲。从前期调研、中期汇报到最终答辩，整个过程都将成为我五年大学生活中最独特的记忆。

城乡规划学
杨天昊

这是一场历时四个月、地跨四个省份的学习盛会。在这趟旅行中，我看到了祖国的山河大海，体验了海洋文明，感受到了上合之城的快速发展，在活动中，被祖国社会主义新农村建设所吸引，也感受到了青岛人民的淳朴善良。在这里，真心感恩这次四校联合毕业设计中遇到的所有人，感谢所有的老师给我们最成熟、最悉心的指导，感谢遇到的同学们一起踏遍万水千山来赴会。愿你们前程似锦，后会有期。

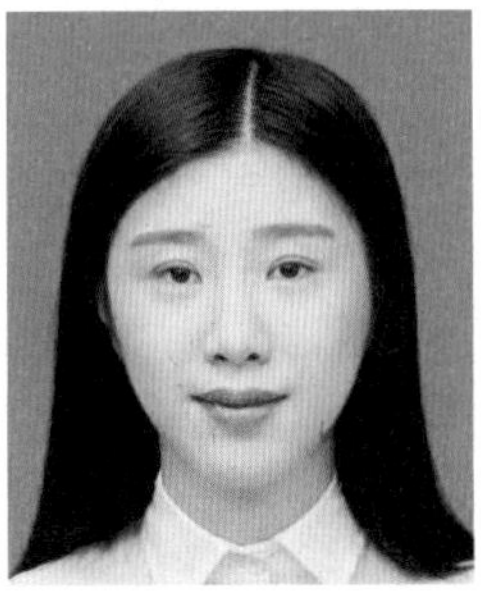

城乡规划学
季琳

很荣幸能够参与四校联合毕业设计以结束本科的最后一个设计作业。三个月的四校联合毕业设计，我们感受颇多，一起在青岛凛冽的海风中调研，一起为汇报答辩熬夜修改PPT，一起为终期答辩的布展忙得焦头烂额。在洪老师的指导下，我们第一次以研究性的视角完成了各自的专题设计；在小伙伴们的互相鼓励中，我们不断克服焦虑的心态推进进度。四校联合毕业设计，给予了我们小组团队不断磨合相处的机会，而它更是我们打开视野、开启校际交流与合作的平台。在这次设计学习过程中，我们除了收获友谊，最大的收获便是能够跳出原有的设计思路，借助其他三所高校对乡村规划设计有一个多维的认知。最后，感谢参与设计的小伙伴们和认真严谨点评我们设计内容的指导老师们！

城乡规划学
万舸

很荣幸能有机会参加这次四校联合设计，在此期间，我有机会认识了很多其他学校的同学，了解到了不同的规划教学方法，这次课程给了我们互相交流学习的机会。青岛港东村的调研给我留下了十分深刻的印象，让我对乡村有了更加直接的认识。同时也很感谢洪亮平老师在这段时间内的悉心指导，从选题、设计到最后的成果都给了我们很多建议，为小组成员的毕业设计投入了很多精力。感谢我们小组的成员们在调研期间、作图期间的相互照顾与帮助，五年的生活本就让大家建立起了深厚的友谊，而这次四校联合设计让大家变得更加亲近。大家在学习之余也收获了许多乐趣。同时还要感谢四校联合其他学校的同学们，大家在调研期间互相帮助、分享资料。

城乡规划学
刘晨阳

回顾这次四校联合乡村规划设计课程的历程，从寒冬到酷暑，从华中地区到胶东半岛，我经历了很多，也感受了很多。四个学校有着不同的学术风格，相互间的学习给了我很大的帮助，在以后的研究生涯中，我相信本次乡村规划的经历会给我极大的影响。这三四个月艰苦而快乐的设计过程，感谢一路陪伴我们的老师、同学、朋友。首先，特别感谢我的指导老师洪亮平教授，从前期的实地调研到后期的设计过程认真负责。其次，要感谢村里接待我们的村民和村委，他们的热情欢迎和对我们的期待给了我们持久的动力。最后，感谢我的小组成员，在大学的最后时光，有幸遇见一群有着共同理想的青年。

市井人间，烟火港东

西安建筑科技大学 Xi'an University of Architecture and Technology

参与学生：陈淑婷　夏梦丹　孔令肖　王皎皎　常　昊　邹业欣
指导教师：段德罡　王　瑾　蔡忠原

教师释题：

现阶段城边村仍是乡村的一种类型，但随着城镇化进程的推进，城边村一定会在未来逐渐走向消亡。因此，对城边村的规划要点是要让村民在城镇化的过程当中得到相应的保护，使其不会因城镇化而变得流离失所、生存无主。从这一角度来看，城边村规划最核心的问题是：如何在城镇化过程当中为村民从产业建构到生计获取等诸多方面寻求一条路径，使其能够获取合适的乡村空间消亡后进入城市的有效步骤和时序安排。

面对全球化时代错综复杂的国内外形势，我国国家安全战略已从传统的单一安全观转向总体安全观，全面涵盖领土、经济、文化、技术、信息、生态、社会、粮食和资源等领域。除军事与核安全外，国家综合安全的诸多领域与乡土社会均有不同程度的关联，尤其是乡村社会关系、乡土文化、乡村生态环境、乡村经济可持续等方面，乡村社会已成为国家综合安全的主阵地之一。乡村安全正在成为国家综合安全战略的重要阵地。

十九大报告最新提出，实施乡村振兴战略。要坚持农业农村优先发展，按照产业兴旺、生态宜居、乡风文明、治理有效、生活富裕的总要求，建立健全城乡融合发展体制机制和政策体系，加快推进农业农村现代化。将乡村安全与乡村振兴相结合，成为今后乡村规划的重点。

港东村是城边村，位于王哥庄街道办事处驻地东 2 公里、文武港东侧，东临黄海，南邻峰山西社区，西邻港西社区。2017 年，人口 1097 户，2876 人，居民以刘姓为主，占总人口的 90%，还有张、王、周、于、董、杜、闫等姓氏。港东村总面积 2.7 平方公里，境内有兔子岛、马儿岛、狮子岛、女儿岛、长门岩、小管岛等岛屿。港东村的经济原以渔业为主，从事近海和远洋捕捞；农业为副，主要出产小麦、玉米、地瓜、花生等，工业以机件加工为主。改革开放以来，先后建起了冷藏、橡胶、水产食品、五金制品等企业。

崂山区政府正在以王哥庄街道驻地为中心打造全国最大的生态健康城，港东村也位于该城的东侧，规划设计如何既保持与生态健康的联系又不失自己的特色，通过提升村庄的协同服务质量，创建更加宜人、更具活力的人居环境，是本村庄规划设计的主要内容。

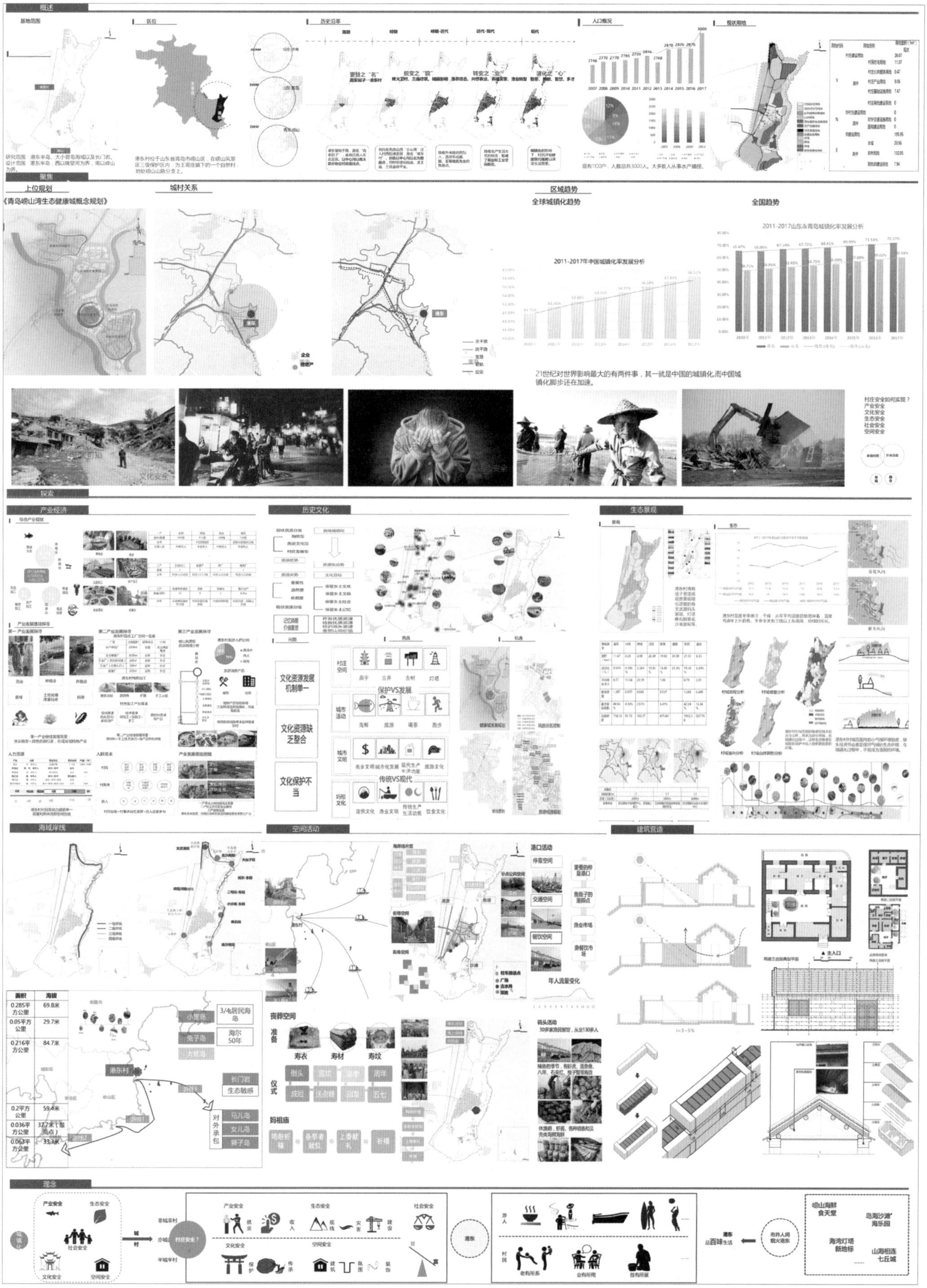

西安建筑科技大学　市井人间，烟火港东

村庄安全
——青岛滨海典型乡村规划设计

策略

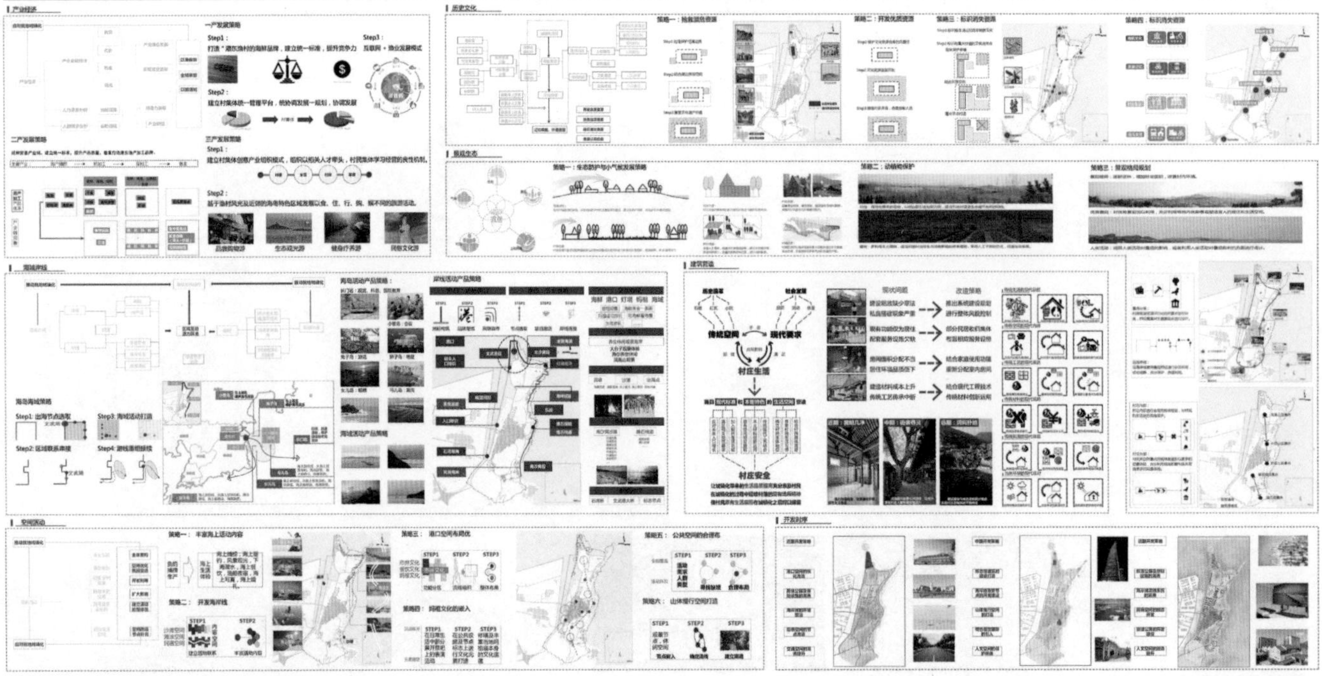

鸟瞰图

村庄安全
——青岛滨海典型乡村规划设计

2018城乡规划、建筑学与风景园林专业四校乡村联合毕业设计

绿地现状

景观现状

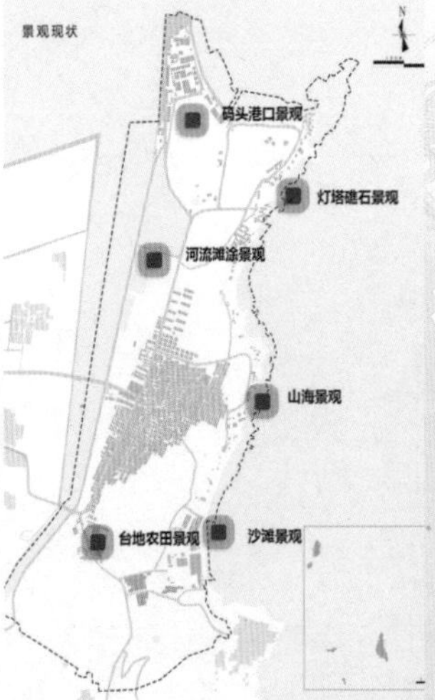

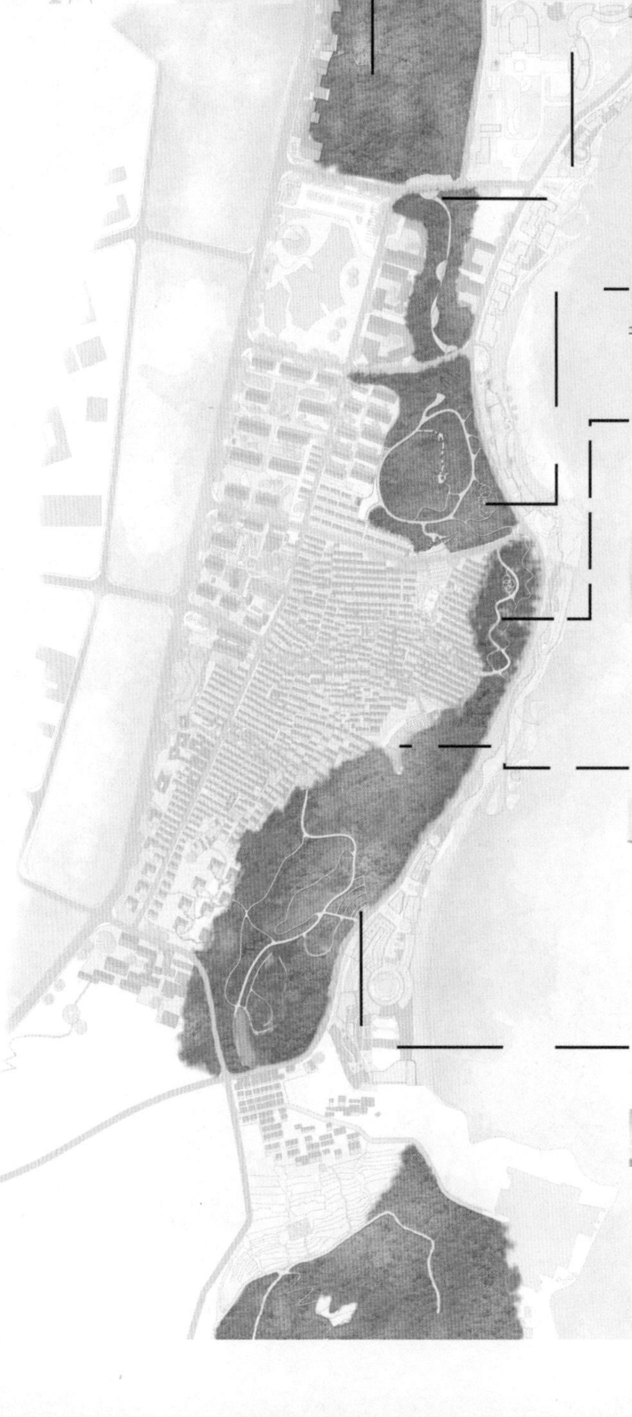

设计理念

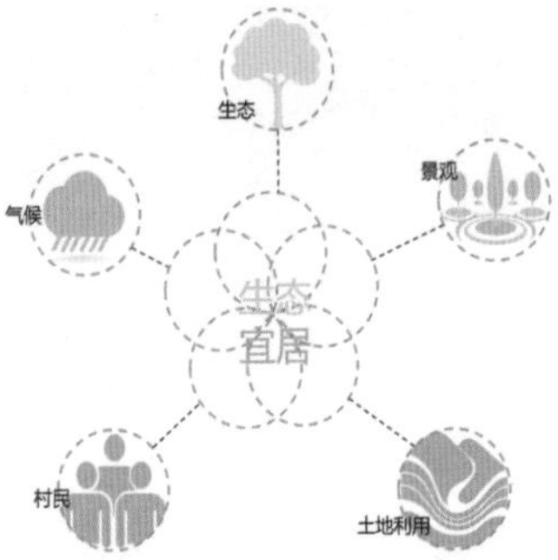

52

设计策略

采取生物措施，加强生态修复。		建立山、水、田、林、路综合治理的模式
通过促进次生演替形成一定的植被，提高生态修复能力。针对不同地区，采取不同的植物搭配种植模式。	部分退耕还林还草，荒地进行生态重建，采取手段，加速次生演替的进程。	工程措施和生态措施相结合的同时，展开山、海、林、路的综合治理，才能有效恢复生态，使人口、资源与环境相协调。

景观结构

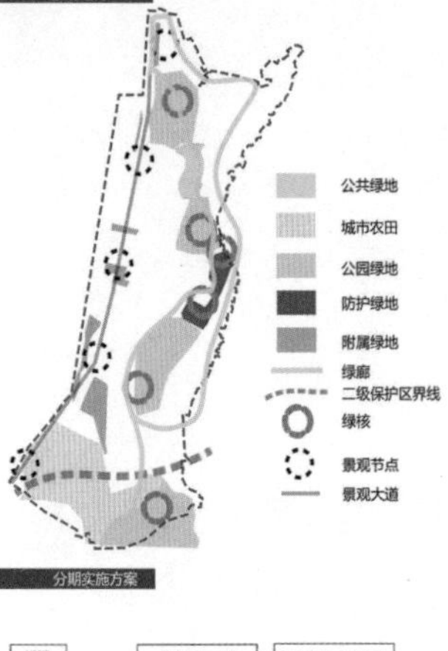

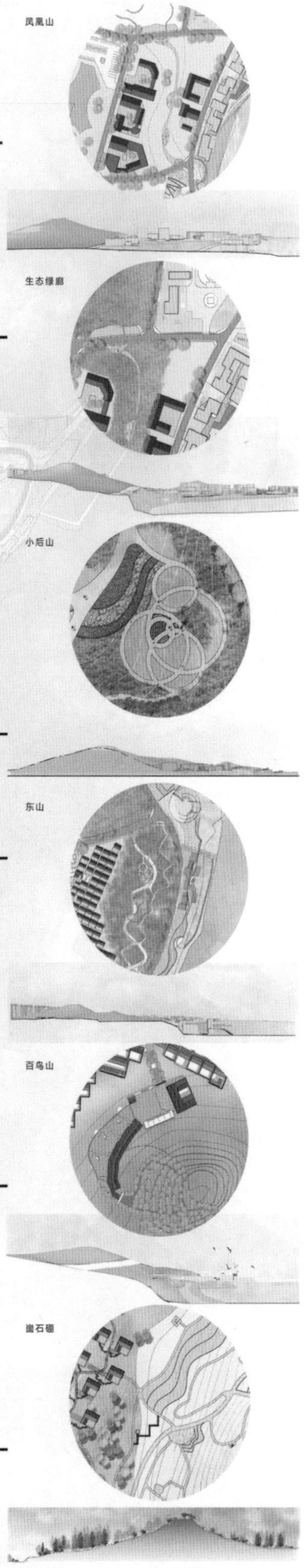

分期实施方案

近期	街巷空间改造	历史节点景观修复
	宅前空间改造	岸线修复更新
	神灵空间塑造	河流整治
远期	配套景观塑造	
	七丘生态恢复	
	七丘景观塑造	

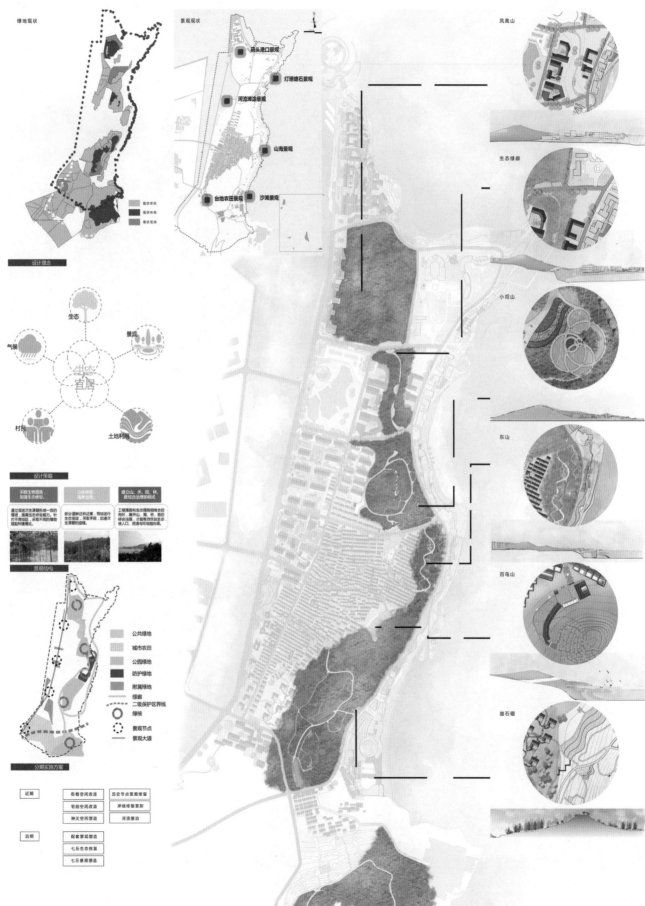

改造示意轴测图

现状分析

空间特征提取

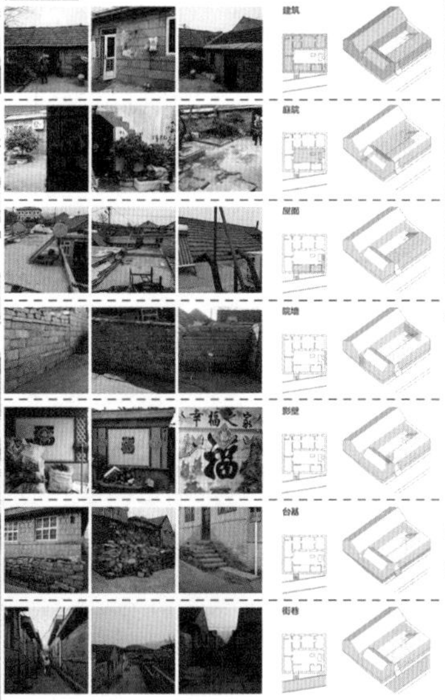

现状整体风貌

现有民居构造

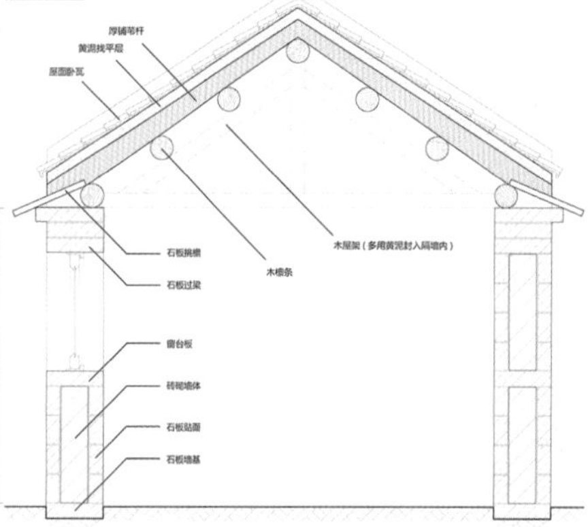

屋顶承重体系

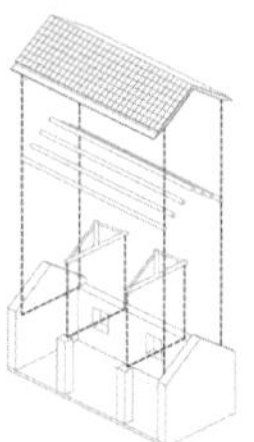

整体结构横向承重，以山墙承托檩条，部分纵墙承托屋架，其余部分为填充墙。

立面砌砌模式

设计理念

历史沿革：石墙　红瓦　小院

社会发展：品质　活动　体量

传统空间 ←矛盾→ **现代要求**

延续　共同影响　满足

村庄生活

兼具 **现代标准** 和 **本地特色** 的 **生活空间** 营造

- 应对未来人口增长
- 满足相关规范要求
- 加入现代生活功能
- 原有空间特征提取
- 本土材料创新运用
- 传统现代工艺结合
- 确立村民主体地位
- 尊重村民生活习惯
- 结合村民具体需要

村庄安全

让城镇化带来的生活品质提高充分惠及村民
在城镇化的过程中延续村落的现有场所精神
使村民原有生活氛围在城镇化之后得以保留

实施策略

现状问题		改造策略
用地紧张建设粗放 私自搭建现象严重	→	推出系统建设规划 进行整体风貌控制
现有功能仅为居住 配套服务设施欠缺	→	部分民居收归集体 布置相应服务设施
房间面积分配不当 居住环境品质低下	→	结合家庭使用功能 重新分配室内房间
建造材料成本上升 传统工艺传承中断	→	结合现代工程技术 传统材料创新运用

建设时序

分区建筑导则

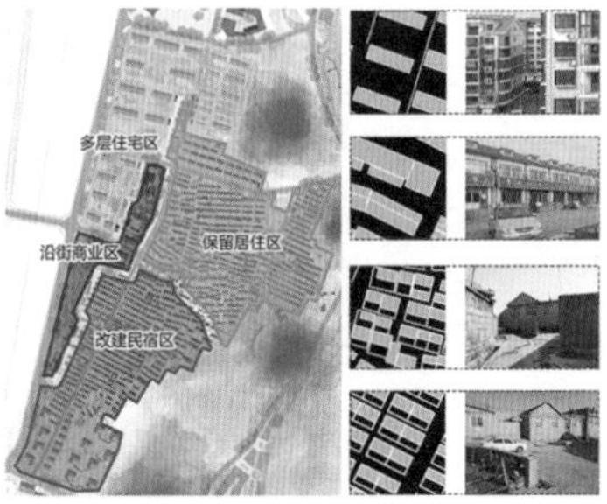

多层住宅区

建筑限高：24m

包括老村外围和新建的居民区，修建多层建筑提高容积率，用以容纳村落未来的新增人口。与老村间隔较远，风貌控制较为自由，但仍应与整体风貌产生呼应。

沿街商业区

建筑限高：12m

位于村口、服务于村落整体的区块，承担村落最主要的商业和公共服务功能，整体风貌应与老村相统一。

保留居住区

建筑限高：9m

村落年代最久远的区块，肌理相对较为散乱，不适合改建做其他功能。重点提升村民生活质量，为保证有足够的使用空间，允许在不影响风貌的前提下适度加建。

改建民宿区

建筑限高：9m

村落民居部分建设年代较近的区块，整体肌理规整，植入功能难度较小，适宜多户合并改造。追求经济效益，合理加建以创造更多出租房间。

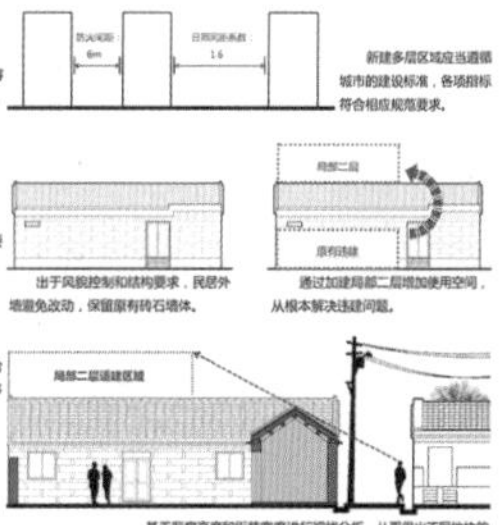

新建多层区域应当遵循城市的建设标准，各项指标符合相应规范要求。

出于风貌控制和结构要求，民居外墙避免改动，保留原有砖石墙体。

通过加建局部二层增加使用空间，从根本解决违建问题。

基于厢房高度和街巷宽度进行视线分析，从而得出不同地块的民居局部二层适建区域，尽可能减少对整体风貌的影响。

风貌控制导则

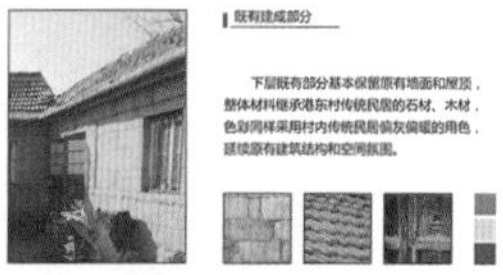

既有建成部分

下层既有部分基本保留原有墙面和屋顶，整体材料继承港东村传统民居的石材、木材，色彩同样采用村内传统民居偏灰偏暖的用色，延续原有建筑结构和空间氛围。

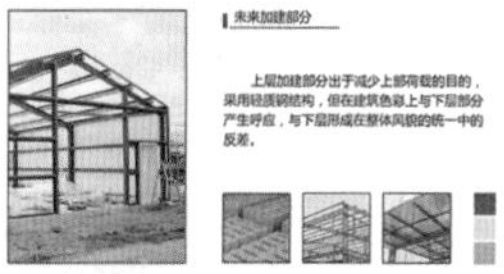

未来加建部分

上层加建部分出于减少上部荷载的目的，采用轻质钢结构，但在建筑色彩上与下层部分产生呼应，与下层形成在整体风貌的统一中的反差。

院落分类改造导则

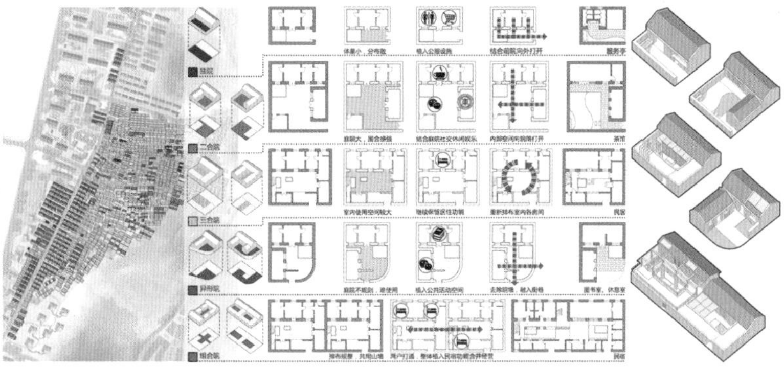

户型改造导则

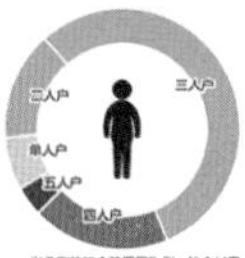

以典型的三合院民居为例，结合村民家庭构成进行具体的不同户型改造。

一人户、二人户相比之下空间较为富余，在保证正常生活起居空间之外，还可根据自身区位，开辟进行商业活动的沿街商铺或进行生产活动的檐下活动场地。

三人户作为最大比例家庭构成，与占民居最大比例的三合院搭配良好。

四人户、五人户原有室内空间已经过于局促，为了能保证生活质量，需通过增加局部二层以创造更多使用空间来容纳家庭生活。

改造营建导则

西安建筑科技大学　市井人间，烟火港东

鸟瞰图

平面图

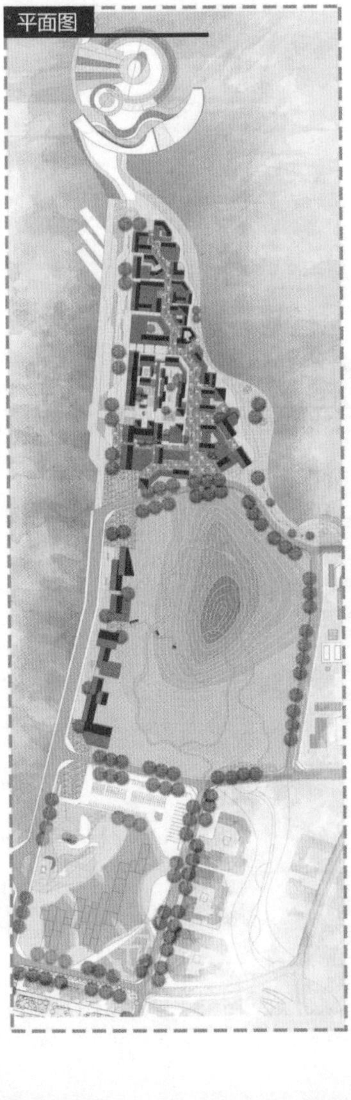

现状资源

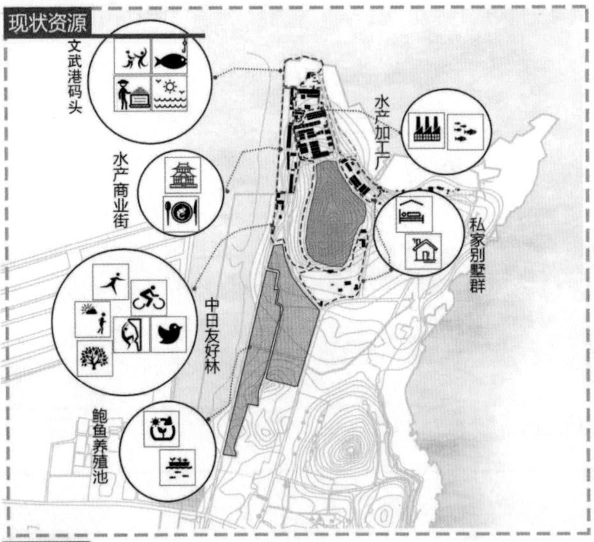

现状问题

❶ 特色空间缺失

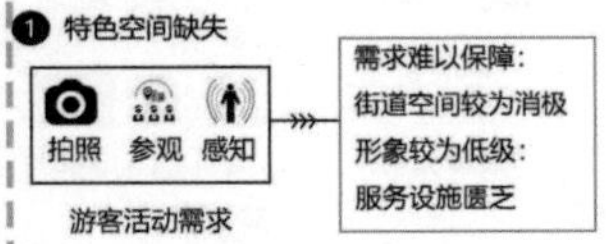

❷ 公共空间活力不足

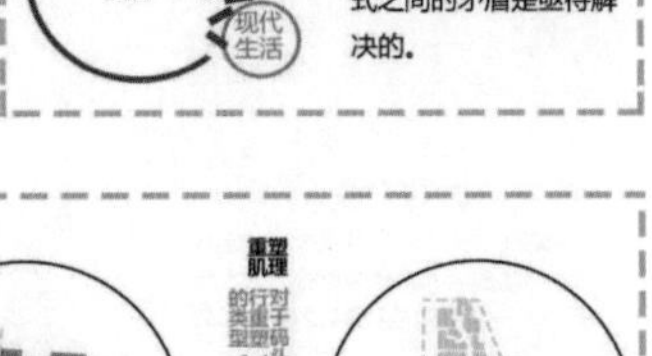

❸ 传统空间与现代生活的冲突

传统的空间形式和空间文化与日益发生变化的生活观念和生活生产方式之间的矛盾是亟待解决的。

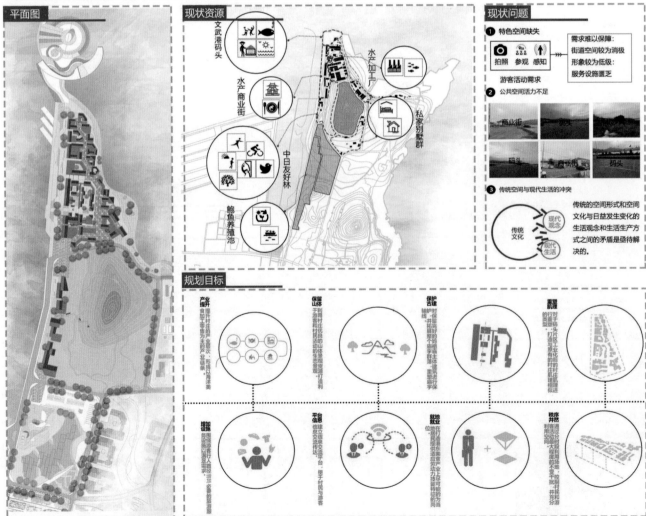

规划目标

产业提升 提升村庄的产业层次，形成以海洋美食加工零售为主的产业链条。

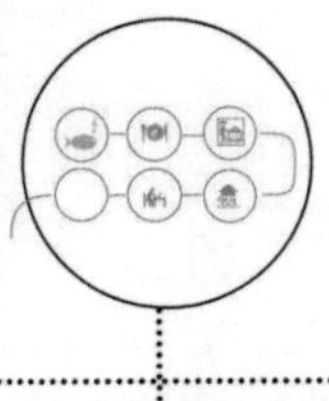

保留山体 利用村庄优良的山体景观资源，打造利于游客和村民活动的生态景观。

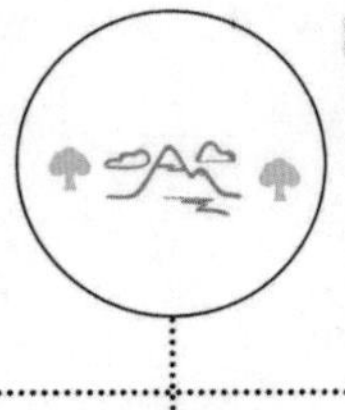

保护古建 对保留完好的妈祖庙主体建筑进行保护，并拓展整个庙宇群落，重塑庙宇轴线。

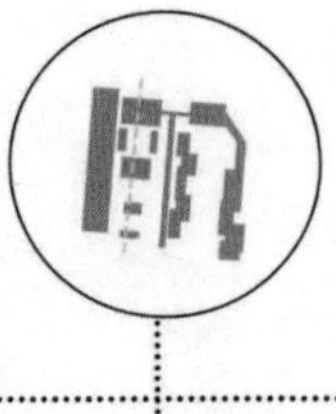

重塑肌理 对于码头片区工业化后的村庄肌理进行重塑，打造与原有村庄肌理相似的类型。

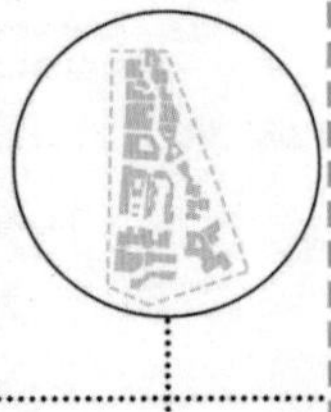

增加设施 围绕游客行人路径增加必要的旅游服务设施以满足需求。

平台信息 建立信息交流平台，便于村民与游客信息交流传达。

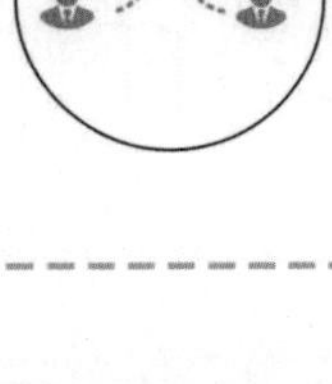

就地就业 在打造港东美食产业上尽可能的为当地居民提供适应劳动力技能特征的岗位。

秩序井然 通过分时段利用场地，控制村民和游客活动最大程度的不受干扰，并充分利用空间。

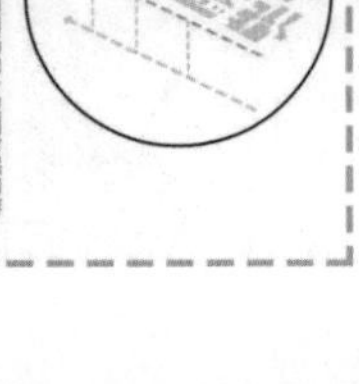

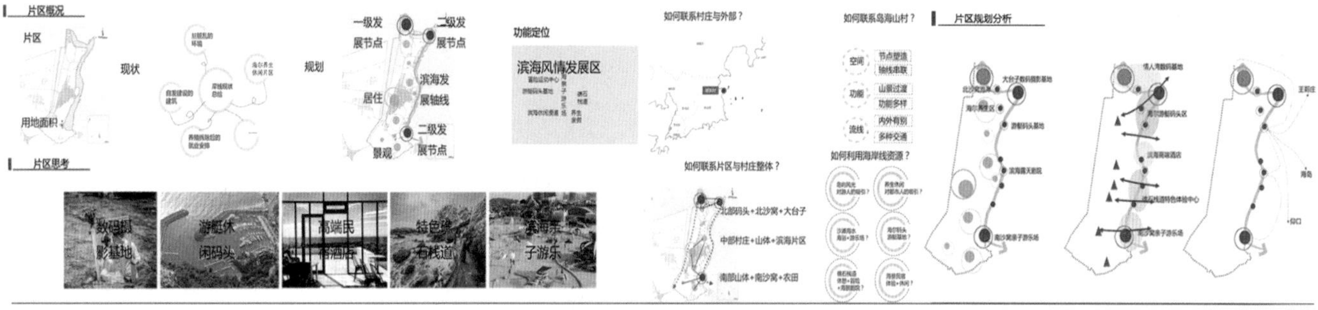
片区概况
片区
现状
用地面积
规划
一级发展节点
二级发展节点
滨海发展轴线
居住
景观
二级发展节点
功能定位
滨海风情发展区
片区思考
数码摄影基地
游艇休闲码头
高端民宿酒店
特色岩石栈道
海滨亲子游乐
如何联系村庄与外部？
如何联系片区与村庄整体？
北部码头+北沙窝+大台子
中部村庄+山体+滨海片区
南部山体+南沙窝+农田
如何联系岛海山村？
空间
节点塑造
轴线串联
功能
山景过渡
功能多样
流线
内外有别
多种交通
如何利用海岸线资源？
片区规划分析

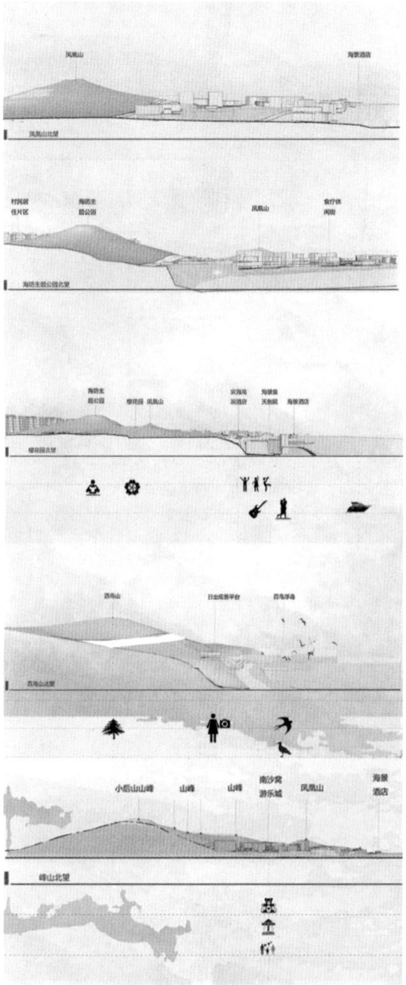
凤凰山
海景酒店
小后山山峰
山峰
山峰
南沙窝游乐城
凤凰山
海景酒店
峰山北望

海岸风情游赏片区

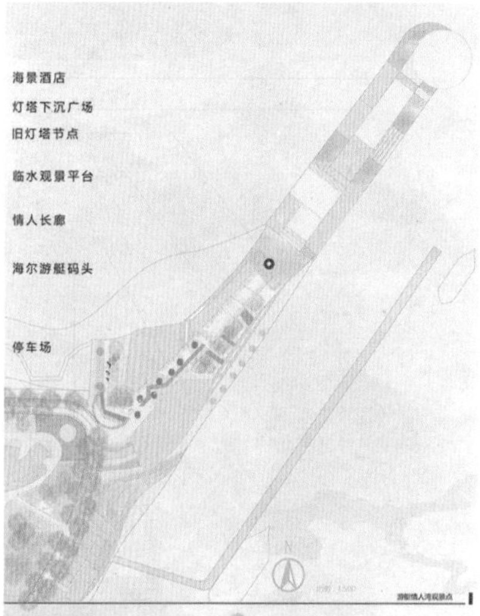
海景酒店
灯塔下沉广场
旧灯塔节点
临水观景平台
情人长廊
海尔游艇码头
停车场

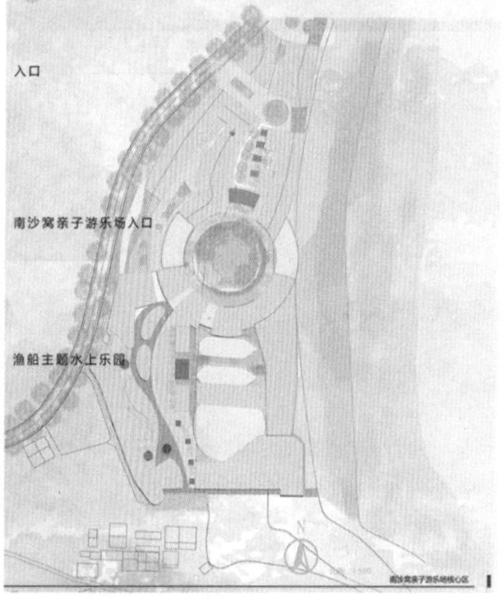
入口
南沙窝亲子游乐场入口
渔船主题水上乐园

海岸风情游赏片区

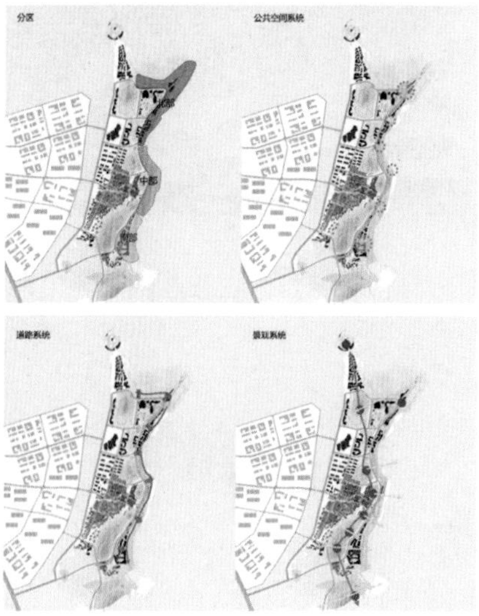
分区
公共空间系统

村庄安全
——青岛滨海典型乡村规划设计

2018 城乡规划、建筑学与风景园林专业四校乡村联合毕业设计

鸟瞰图

总平面图1:500

剖面图1:500

种植导则一

1. 依据生态红线，进行适度地退耕还林还草，农田选择性保留，属性更换为城市农田（绿地属性）。
2. 在岸线东南部、西北部种植大乔木、乔木等。
3. 面向村庄西侧各地段入口空间配植色叶植物、地被、花树等作为引导。

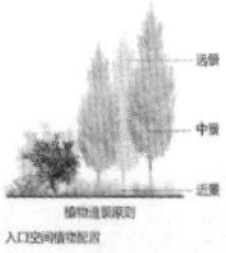

植物造景原则

入口空间植物配置

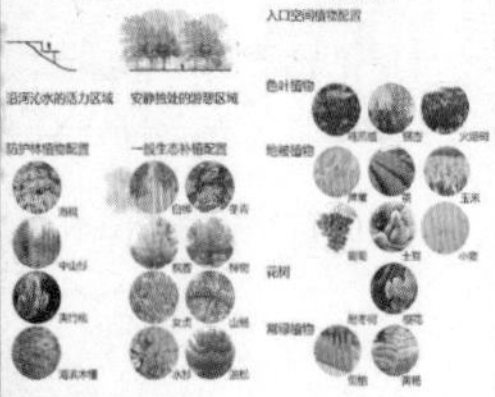

种植导则二

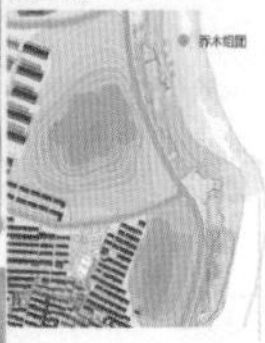

1. 保留山体上现状乔木，充分利用林下空间。

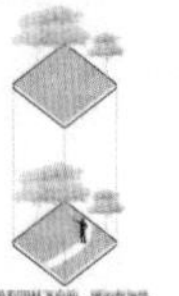

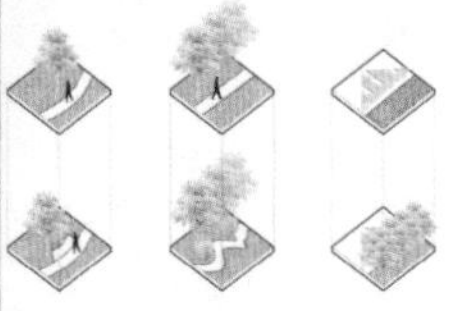

开辟新的进入公园的小入口，增加游园的趣味性。

在保持现状行道树的基础上，增加道路曲率，补植灌木来增加游园的可游性。

在居住区与公园的接口处通过绿化处理，减弱建筑对公园的影响，并加强居住区内部与公园的联系。

2. 公园内乔木树团保留，并在适当区域补植观花、观叶植物。
3. 加强村民公共活动中心与公园之间的联系性。
4. 通过退耕还林、还草的手段，对公园内部的农田进行处理，形成自然的植物组团。
5. 在公园内部，给各植物挂牌，用于科普教育。
6. 强化七丘的联系，通过各个绿地入口与入口之间的对比与联系，强调连通性。

现状植物围合场地形式

增加通透性，在保证私密性的前提下，增加人对空间的介入

保留现状植物，在现状植物的基础上，增加观花或者观叶类植物配置

适度添加一些廊架等基础设施，对人流进行一定的保存

在场地内添加一些标志物，与其他场地进行区分，例如雕塑等

通过在场地入口处补植行列树来增强场地的入口标识性

7. 在公园种植过程中，适当通过行列树或者阵列树形式进行规划。
8. 依据村民和游客的不同需求，通过入口景观和序列景观的形式进行入口区分。
8. 对村民和游客的视线等通过植物的疏与密进行阻隔和互为对景。

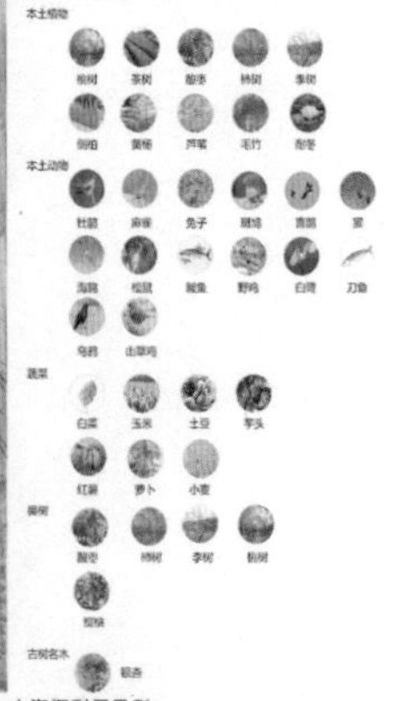

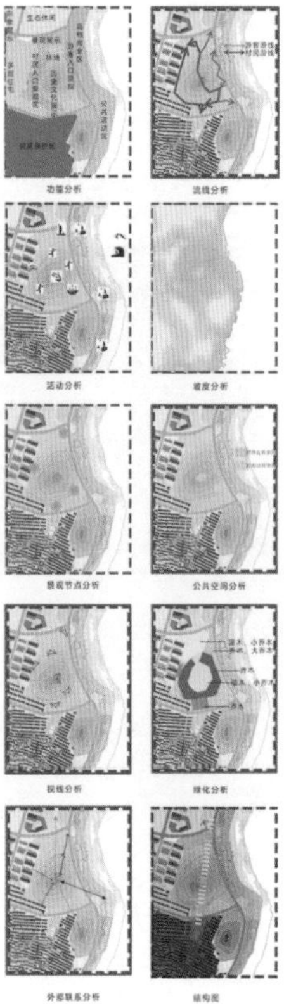

景观节点处理

1. 根据规划，面对村民和游客设立不同类型的景观节点。
2. 在满足村民日常游憩生活的前提下，有选择地服务于游客。
3. 景观节点铺装以及设施选取本地材料，且就地取材。
4. 严格控制新建节点体量、数量，做到开发有度。

景观节点类型

历史型　结合古树名木，布置节点　　结合村落历史，布置节点　　结合乡土材料，放置路边，以供休憩

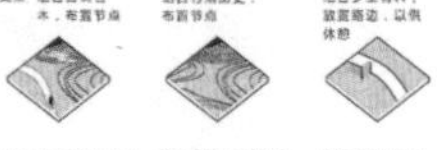

游憩型　利用山体原有地貌特征，布置节点　　结合地形，新建节点　　利用景观标识牌，标识景观节点。

水资源利用导则

1. 对村庄内部河道进行湿地处理，存续水资源。
2. 大力加强村域村庄内雨水收集设施，鼓励各种水资源循环利用基础设施建设。
3. 针对村域内废弃蓄水设施，进行再利用。
4. 响应上位规划，对海水进行淡化等处理，增加村庄内水资源利用的方式。

湿地雨水收集模式

道路雨水收集模式

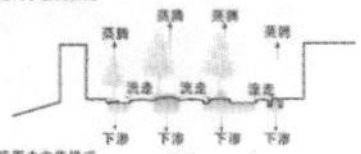

建筑雨水收集模式

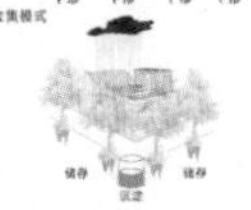

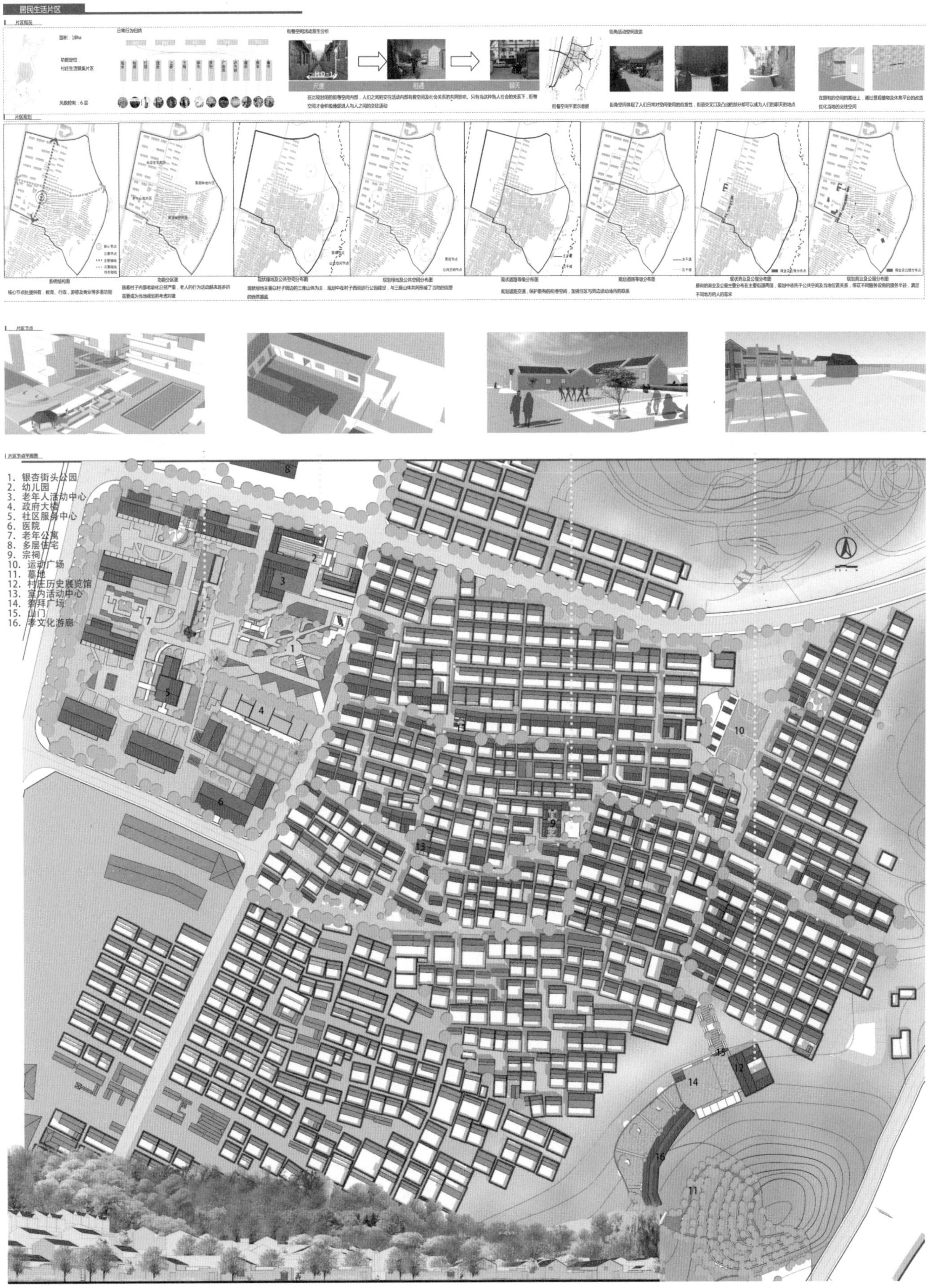
居民生活片区
片区概况
面积：18ha
功能定位：
村庄生活聚集片区
风貌控制：6层
日常行为归纳
街巷空间活动发生分析
H:D=1
尺度
相遇
聊天
在比较封闭的街巷空间内部，人们之间的交往活动内部有着空间及社会关系的共同影响。只有当这种熟人社会的关系下，街巷空间才会积极地促进人与人之间的交往活动
街巷空间平面示意图
街角活动空间改造
街角空间体现了人们日常对空间使用的自发性，街道交叉口及凸出的部分都可以成为人们聊天的地点
在原有的空间的基础上，通过景观植物及休息平台的改造优化当地的交往空间
片区规划
系统结构图
核心节点处提供有，教育、行政、游憩及商业等多重功能
功能分区图
现状绿地及公共空间分布图
规划绿地及公共空间分布图
现状道路等级分布图
规划道路等级分布图
规划道路交通，保护原有的街巷空间，加强住区与周边活动场所的联系
现状商业及公服分布图
规划商业及公服分布图
片区节点
片区节点平面图
1. 银杏街头公园
2. 幼儿园
3. 老年人活动中心
4. 政府大楼
5. 社区服务中心
6. 医院
7. 老年公寓
8. 多层住宅
9. 宗祠
10. 运动广场
11. 墓地
12. 村庄历史展览馆
13. 室内活动中心
14. 祭拜广场
15. 山门
16. 孝文化游廊

村庄安全

——青岛滨海典型乡村规划设计

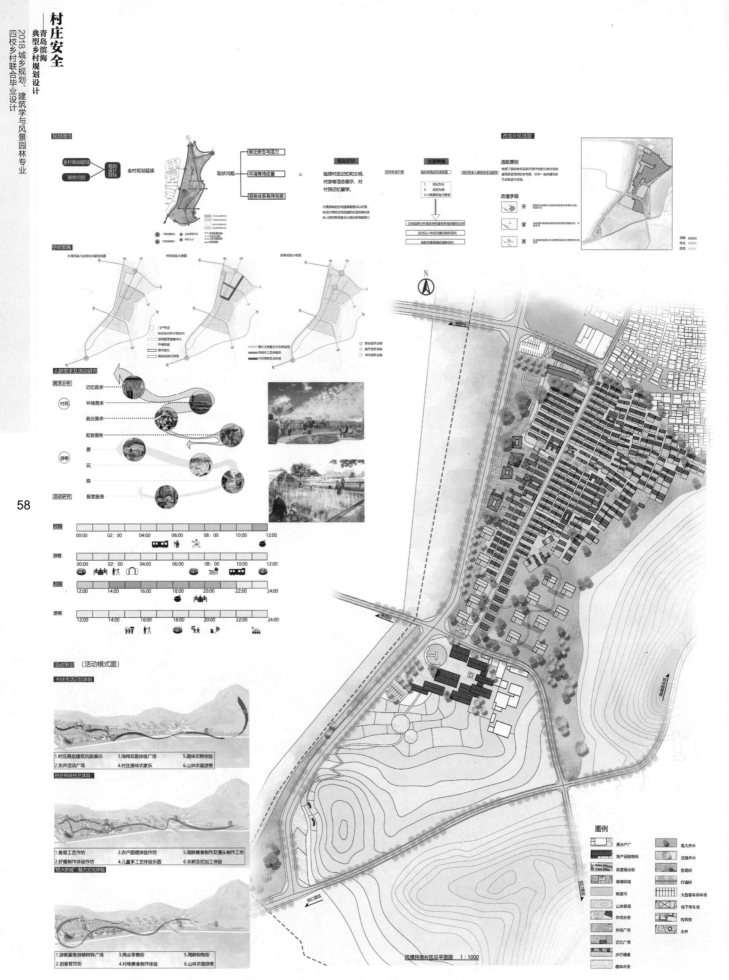

2018 城乡规划、建筑学与风景园林专业四校乡村联合毕业设计

规划理念

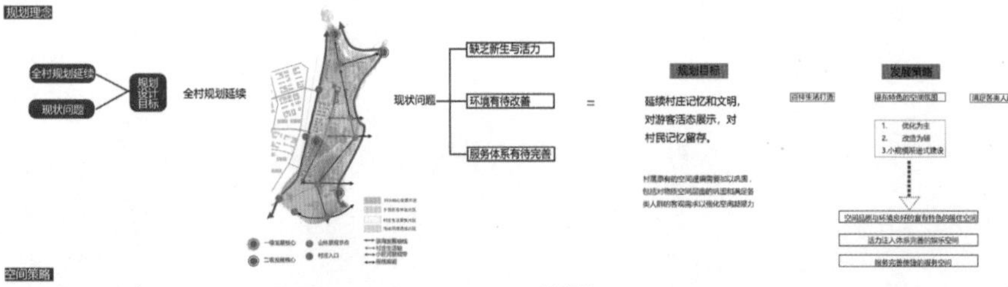

改造片区选取

选取原则

梳理了现状具有实际可操作性的公共化地块、建筑质量完好的老宅院，针对一些关键性的节点等进行引导。

改造手段

开

营

连

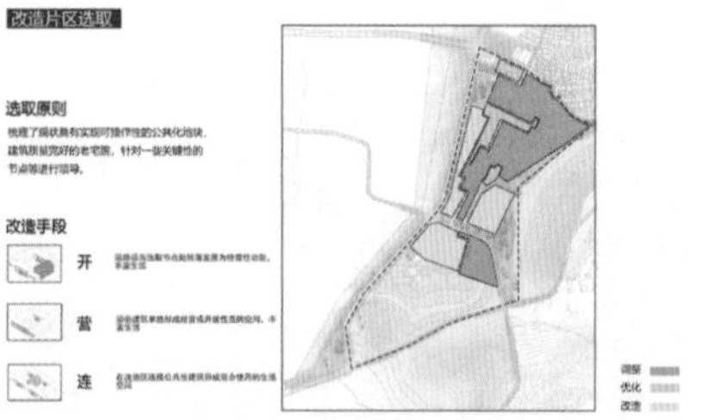

空间策略

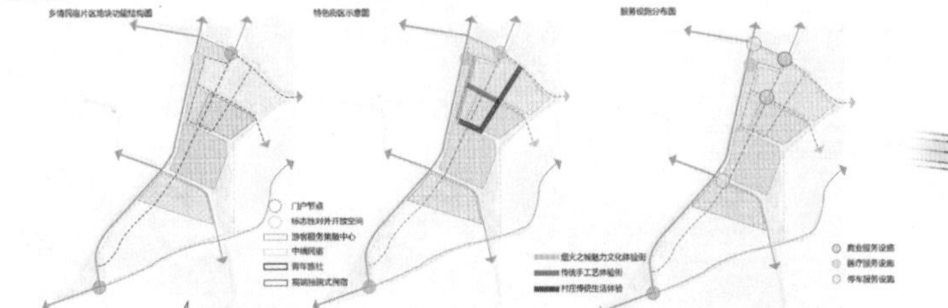

人群需求及活动研究

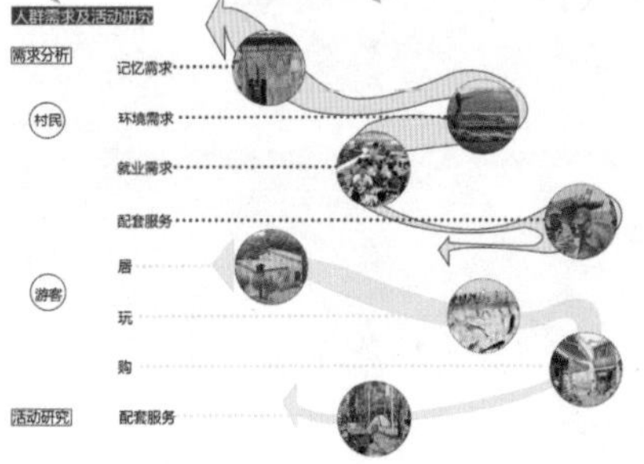

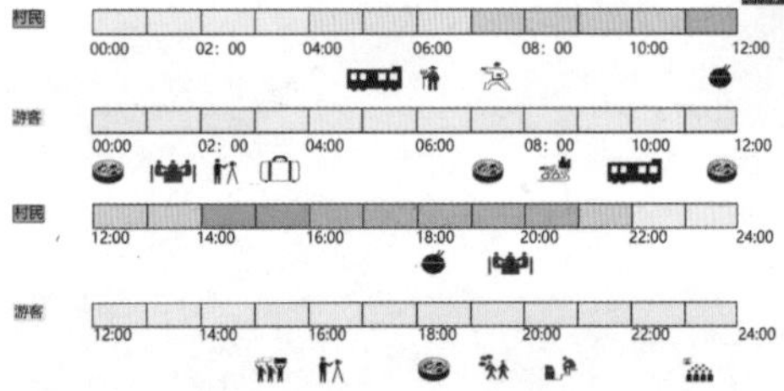

活动策划（活动模式图）

村庄生活记忆体验

1.村庄典型建筑风貌展示	3.鸡鸭农趣体验广场	5.趣味农耕体验
2.东井活动广场	4.村庄原味农家乐	6.山林农趣游赏

村庄传统技艺体验

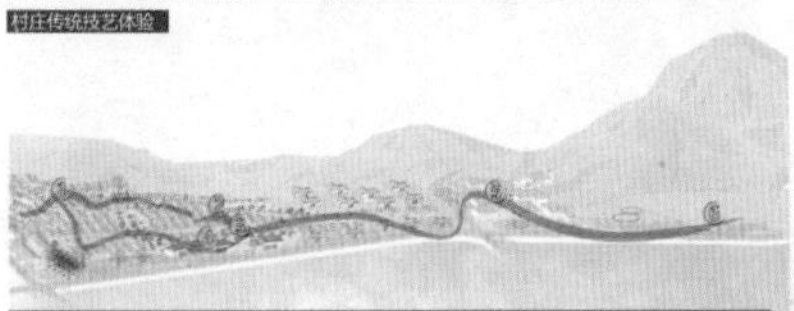

1.鱼骨工艺作坊	3.农户甜晒体验作坊	5.海鲜美食制作及馒头制作工坊
2.虾酱制作体验作坊	4.儿童手工艺体验乐园	6.农耕及初加工体验

"烟火新城"魅力文化体验

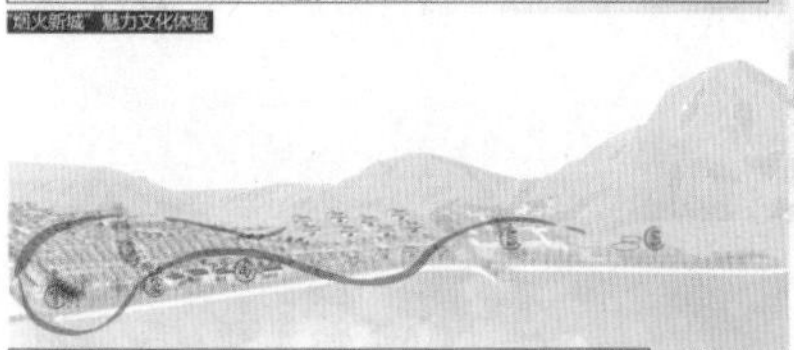

1.游客服务游憩树阵广场	3.商业零售街	5.海鲜购物街
2.创意餐饮街	4.村味美食制作体验	6.山林农趣游赏

风情民宿片区总平面图 1：1000

图例

原水产厂
海产品购物街
改造商业街
高端民宿
晓望河
山体景观
休闲水景
休闲广场
记忆广场
步行通道
趣味农田
高大乔木
低矮乔木
景观树
行道树
大型客车停车场
地下停车场
构筑物
水井

乡情民宿片区鸟瞰图

商业街节点透视

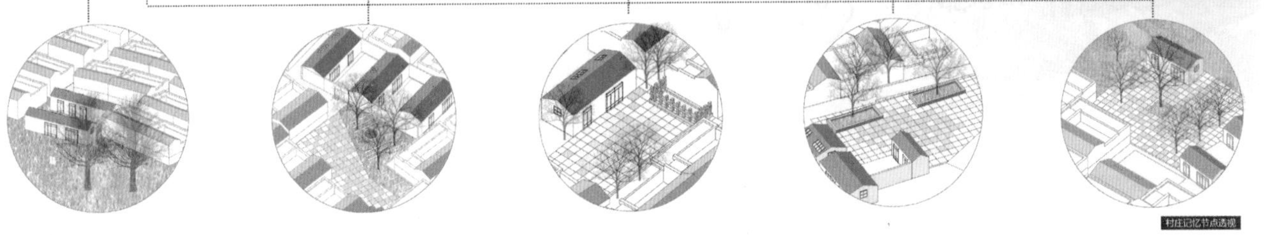

村庄记忆节点透视

烟火新城拼“街”效果图

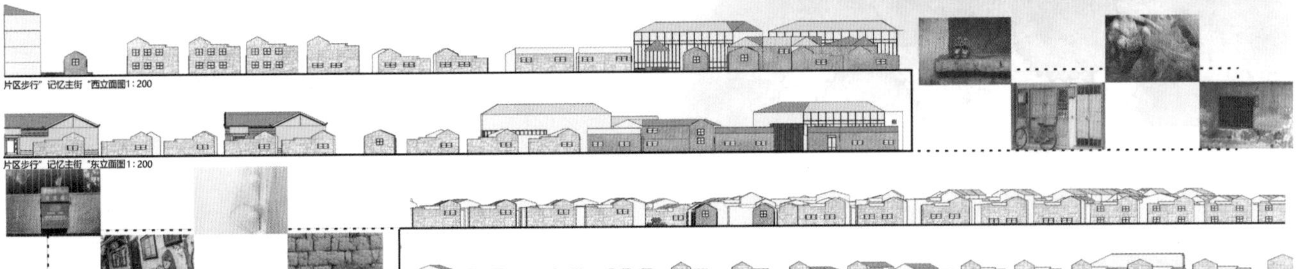

民居改造

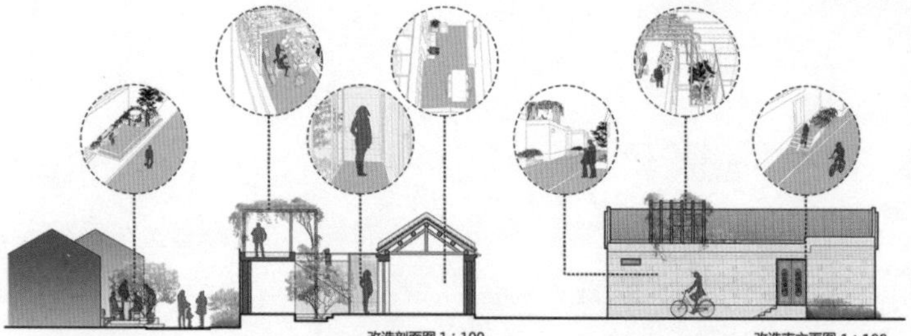

改造剖面图 1 : 100

改造南立面图 1 : 100

气候适应性分析

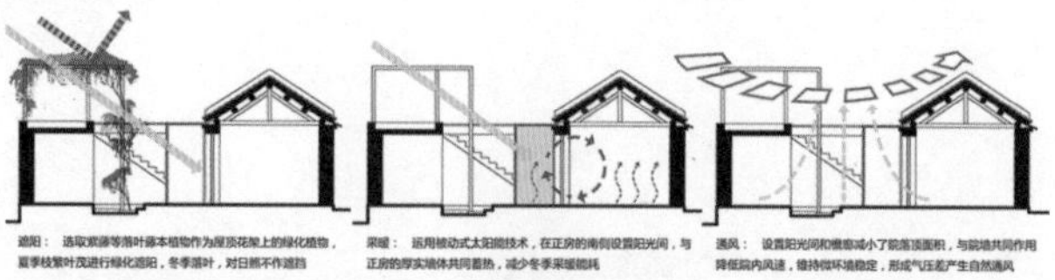

现状平面图 1 : 100

改造一层平面图 1 : 100

改造屋顶平面图 1 : 100

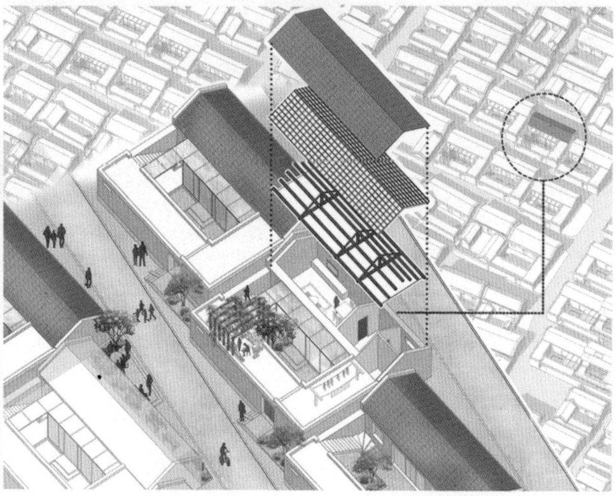

现状平面图 1 : 100

改造一层平面图 1 : 100

改造二层平面图 1 : 100

民宿改造

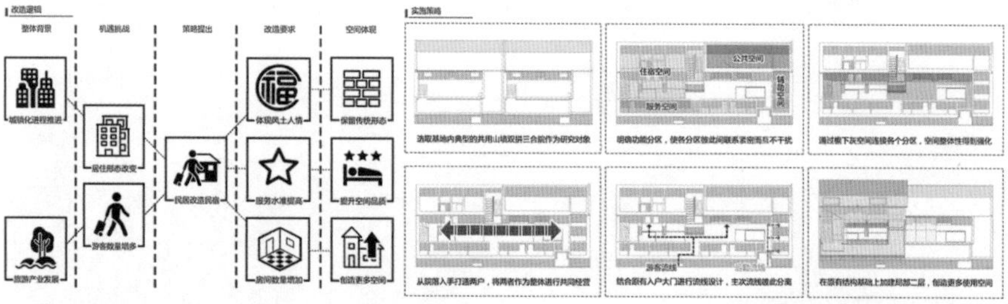

材料结构

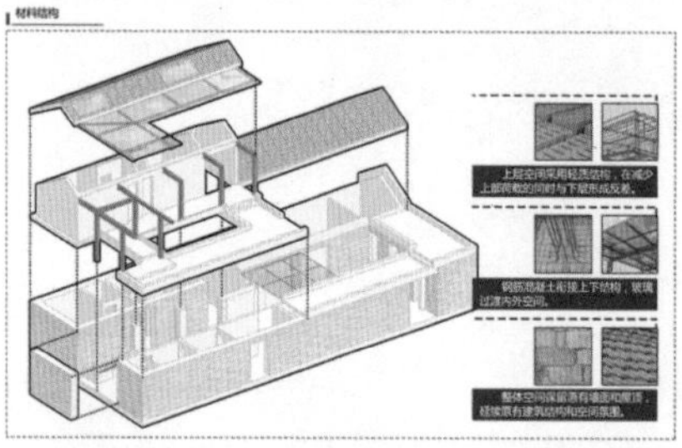

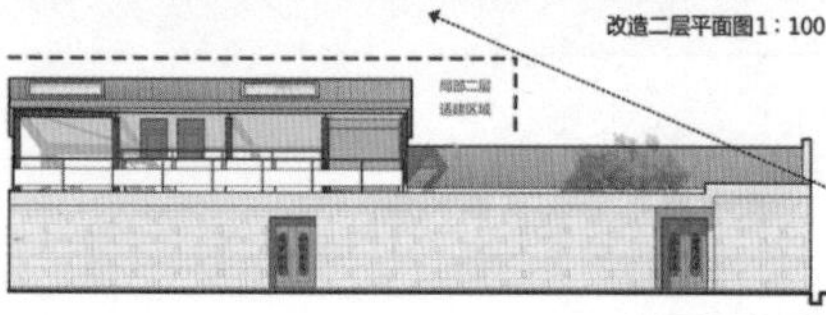

改造南立面图 1 : 100

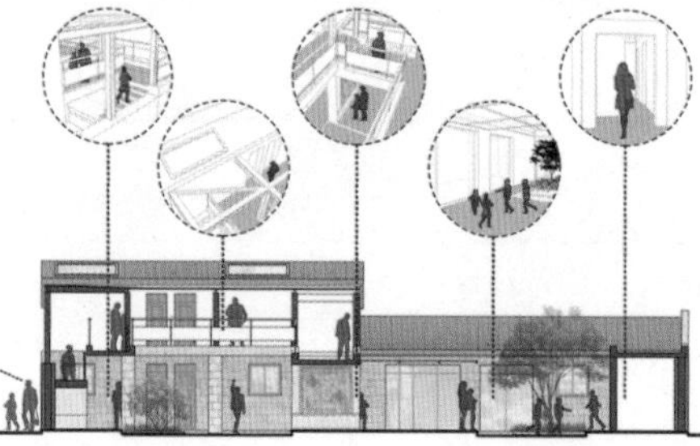

改造院落剖面图 1 : 100

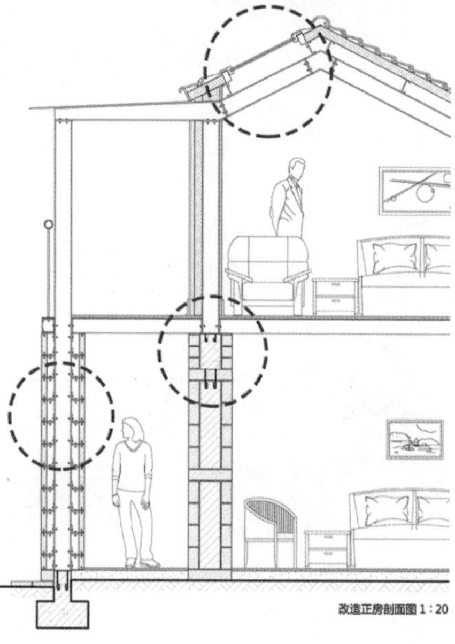

改造正房剖面图 1 : 20

城乡规划学
陈淑婷

乡村的问题既复杂又简单，既深奥又粗浅；不同于城市，有着自己独特的性格；每一个乡村都是如此的与众不同。几个月来毕业设计的学习，让我对乡村和规划有了一些新的看法。乡村讲产业，但只要一个主导产业即可；乡村讲文化，但文化与产业的关联性决定着文化在未来村庄所扮演的角色；乡村讲生态，但需要看与产业的关系……乡村如此纯粹，只要一点就照亮所有。当时选择乡村，只是一瞬间的冲动选择，但大五一年来村庄规划带给我的，不仅是生活上、学习上的思考，也有着对规划的重新认识。规划在过去的我看来是如此的虚无缥缈，学习中我抓不住它，但在乡村中，我可以看到规划是如此的生动，可以是一个小小的装饰，也可以是一个居民广场的改造，等等。当然，在这个过程中也认识到自身能力的不足，未来我将更加努力；同时也感谢一路相伴走来的友谊，我将永远铭记！

城乡规划学
夏梦丹

这几个月的乡村毕业设计，让我从中学习到了很多。乡村不像城市，尤其是城边村这样一种村庄，它的立足点是以人为本，如何把握好城市和村庄之间从经济、文化、生活、空间等方面的界限，如何去综合平衡各个系统，如何真正通过设计思考为老百姓做事，如何找寻村庄城市化发展的最佳路径，都是我们思考的要点。同时毕业设计教给了我们合作与包容，在我们费尽心思做事的同时告诉我们合理的方法与途径。感谢三位老师的悉心指导，始终在迷茫的前方点明方向。这次毕业设计让我们更加成熟和满怀敬畏之心地奔向人生下一段旅程。

城乡规划学
孔令肖

参与乡村规划的意愿主要来自两个方面，一个是自己来自乡村的身份，然后就是希望对《乡土中国》与《江村经济》中对乡村的分析与描述进行一次实地性的调查参与体会。当然必须认识到现在和过去已经是两种社会风貌了。不过这并不妨碍我们对于书中分析思路的实地应用。

在实地的学习中、自己不断的深入了解与分析中，既能看到当地人在自己生活中对于生活空间的自发性利用形成了一种具有很强的肌理性的整体的空间感受，也能看到自然环境对于当地人生活空间的深层影响。空间与活动存在着一种在使用上的必然的对应关系，可是在未来发展中，随着人类对自然环境改造能力的提高，这种相互影响下的对应关系或许会被慢慢抹平。

城乡规划学
王皎皎

乡村联合毕业设计是一次十分接地气的体验，至今还能想起访谈时不同人群的样子，渔码头热情的小哥哥，看见我们辛苦为我们送上水果、茶水和耐心地为我们介绍港东村特色产业发展的现状、后来大清早在鲍鱼池子里捡海菜又碰到的老奶奶，从刚开始有点不信任我们到后来向我们如数家珍介绍港东村各个海岛的民宿老板，每个人的生活和经历让他们在港东村这片土地上呈现出独特的存在方式，正是这一幕幕港东浮世绘，让我们在毕业设计之余对这片土地更多了一份热爱和期许，祝愿这片土地上的人们能生活得更好、更加幸福。

风景园林学
常昊

紧张而又劳碌的乡村四校联合毕业设计已经告一段落。在这里，我想特别感谢给予我帮助的老师们和同学们，特别是我的组员们，在上一阶段的学习过程中给予我鼓励与安慰，让我得以借此乘风破浪。在我看来，乡村是一个永恒的话题，尤其在中国，乡村又被赋予了不同的解读，在这里，乡村不再简简单单是一个村子，它更像是一个人，拥有自己的知识、自己的文化、自己的习俗，等等。而在中国大力发展乡村、振兴乡村的背景下，乡村又被赋予了提高国家经济水平的作用，作为与城市并重的另一个载体，乡村也急速发展成我们设计师挥斥方遒的舞台。最后，愿我在以后的学习生活中，做好乡村景观，做精乡村景观，给更多的父老乡亲提供帮助，展望未来。

建筑学
邹业欣

乡村作为传统中国的根，在社会、经济、文化等诸多方面一直起着举足轻重的作用。但近代以来，主流思想一直对乡村缺少足够的重视，并由此产生了诸多的问题。我在这次乡村联合毕业设计中，充分地体会到了乡村问题的重要性与复杂性，并且通过难得的与其他专业同学合作的机会，得以从平时不会注意到的视角看待问题，获得了不同以往的崭新体验。虽然因为时间、能力等诸多原因最终结果仍不尽人意，但这次的经历依然是我学习生涯中的宝贵财富。

港都渔趣，山幽海明

昆明理工大学 Kunming University of Science and Technology

参与学生：翟文斌　张　俊　宋振旭　李永昌
指导教师：杨　毅　赵　蕾　吴　松

教师释题：

“安全”是与“危险”相对应的一个词。如果呼唤安全，那是因为冒危涉险，或者危险将至，抑或居安思危。那么我们的村庄是不是真的这样？是杞人忧天还是细思极恐？如今处于城镇化大背景下的乡村，面临的困难和矛盾实际上是实实在在的，无论是冒危涉险、危险将至，还是居安思危，都必然要主动应对。港东村紧临王哥庄街道，是青岛崂山一个极具滨海特征的乡村，包括渔业的产业比重、渔民的身份表现、渔村的构成机理等，但是仔细考量，港东村至少在生态环境、经济发展、社会生活、文化传统等四方面与全国众多的乡村面临同样的安全问题。这也促使我们将生态环境安全这一主题作为背景和基调来引领港东村村庄规划，同时在经济发展方面，将产业规划及其发展空间，协调融合来提升村庄宜居宜产品质，从而构筑港东村的经济安全；在社会生活方面，将村庄的私占空间公共化及私有空间的开放化作为切入点，使港东村的公共空间系统而有人文情怀，从而带动港东村的社会安全；在文化传统方面，将重塑村庄的精神空间、勃兴渔业文化，从而营造港东村的文化安全。村庄安全了，那么才能真正让港东村民有所乐、民有所养、民有所依、民有所归，也才会把“危险”降到最低程度！

以生态环境安全引领乡村规划

区位分析

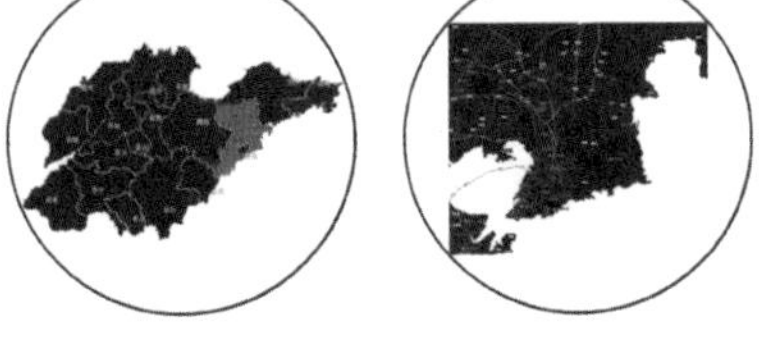

基地关系

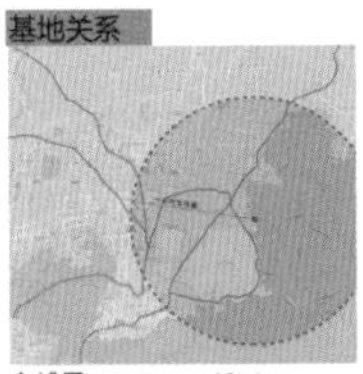

主城区 60mins
流亭机场 45mins
胶东国际机场 120mins
青岛站 73mins
青岛北站 56mins

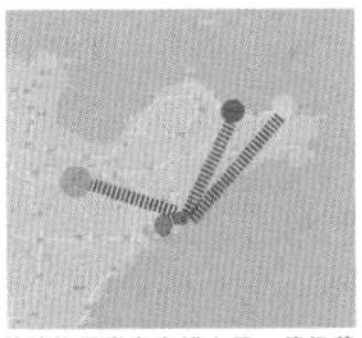

基地位于青岛市崂山区，倚靠着风景优美的崂山风景区和青岛市主城区，比邻烟台、威海、潍坊。区位优越，又以崂山湾国际生态健康城为依托，发展前景良好

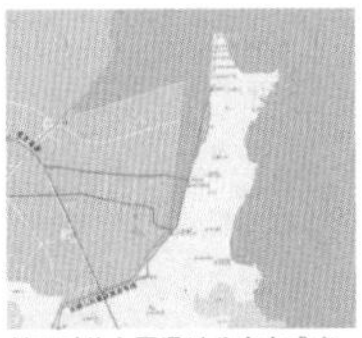

村子对外主要通过公交车或者自驾车出行，公交车616路到达王哥庄，经王哥庄转到青岛市主城区

人口分析

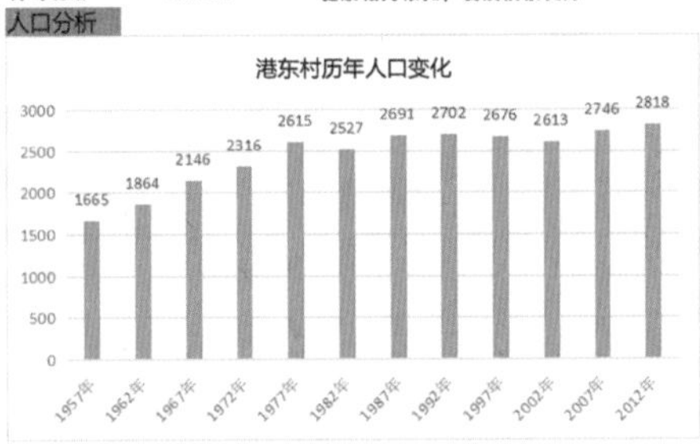

从港东村的人口变化表中可以看出港东人口呈现逐年上升的趋势，家庭成员逐年增多，原有的居住空间就显得略微不足。同时也相应需要更多的基础设施和市政设施。

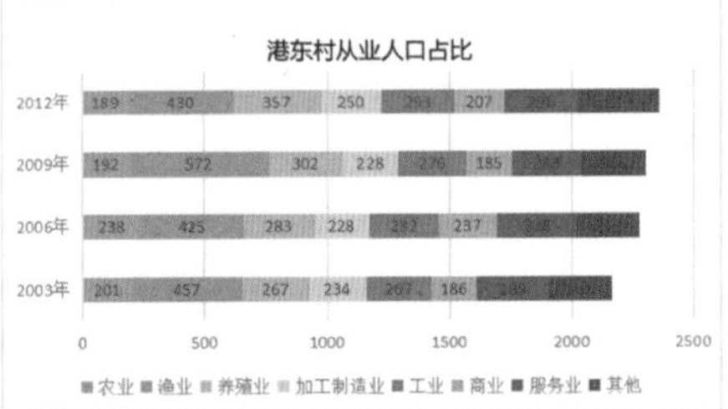

从职业构成分析可得，2012年以前港东村的人员从业变动不大，各行各业都有从事且以养殖业和渔业为主。近年来以渔业和养殖业为主的模式不变，但是从事第三产业的人员数量明显增加。

资源依托

物产丰富：港东村濒临黄海，以渔业为主，有丰富的海洋资源，同时也是崂山茶的原产地之一，以崂山绿茶闻名中外，还有当地的特色建筑和特色饮食文化。

海洋文化：当地特色的海洋文化包括妈祖文化、海防文化、渔俗文化以及当地传统的沿海祭祀祭祖文化在当地都占有举足轻重的地位，深入人心。

自然风光：港东村濒临黄海，南倚崂山，有着丰富的海洋资源，还有众多的山峰，以及绵长的海岸线和大量岛屿。由于历史久远，村庄内部遗迹多。

问题发现

道路：基底差，景观破坏严重，道路设施不完善，停车面积严重不足

电力：线路老化，电线随意垂落，存在严重安全隐患

排水：未经过统一的规划，各家自由排放最终流入大海，破坏自然环境

海岸：生态破坏，视觉效果极差，没有统一的规划管理，资源浪费严重

中心村规划

规划框架

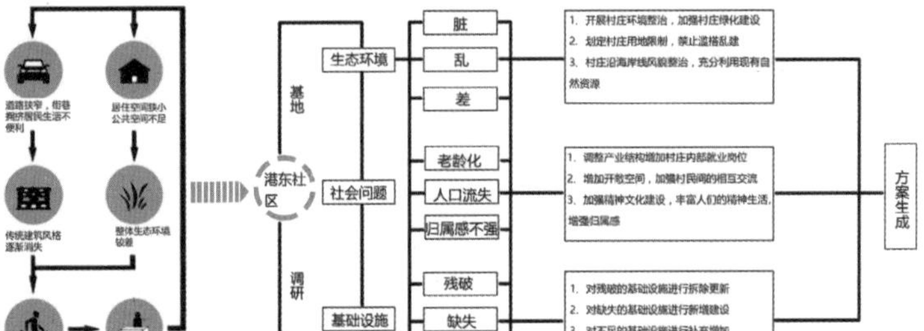

基地现状

道路交通现状分析　　港东村建筑层高分析　　港东村建筑结构分析

以生态环境安全引领乡村规划

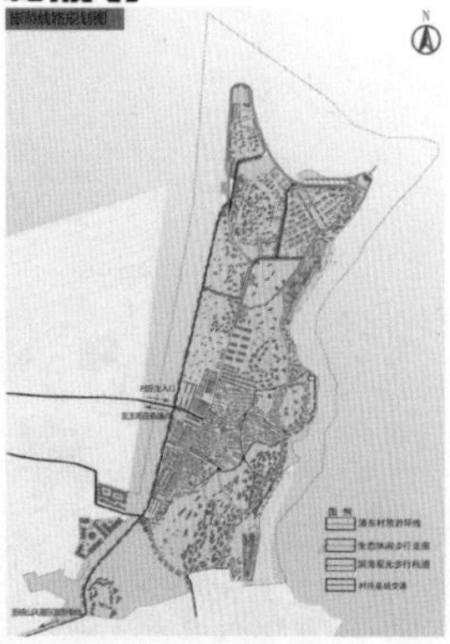

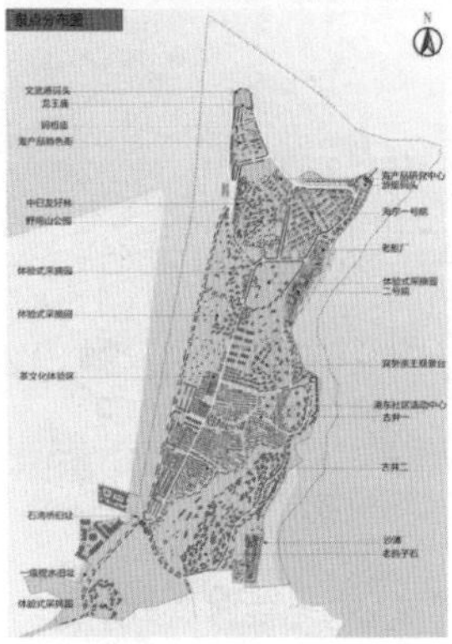

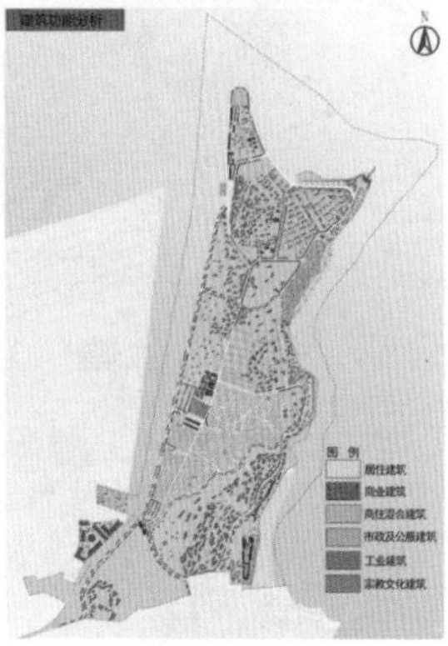

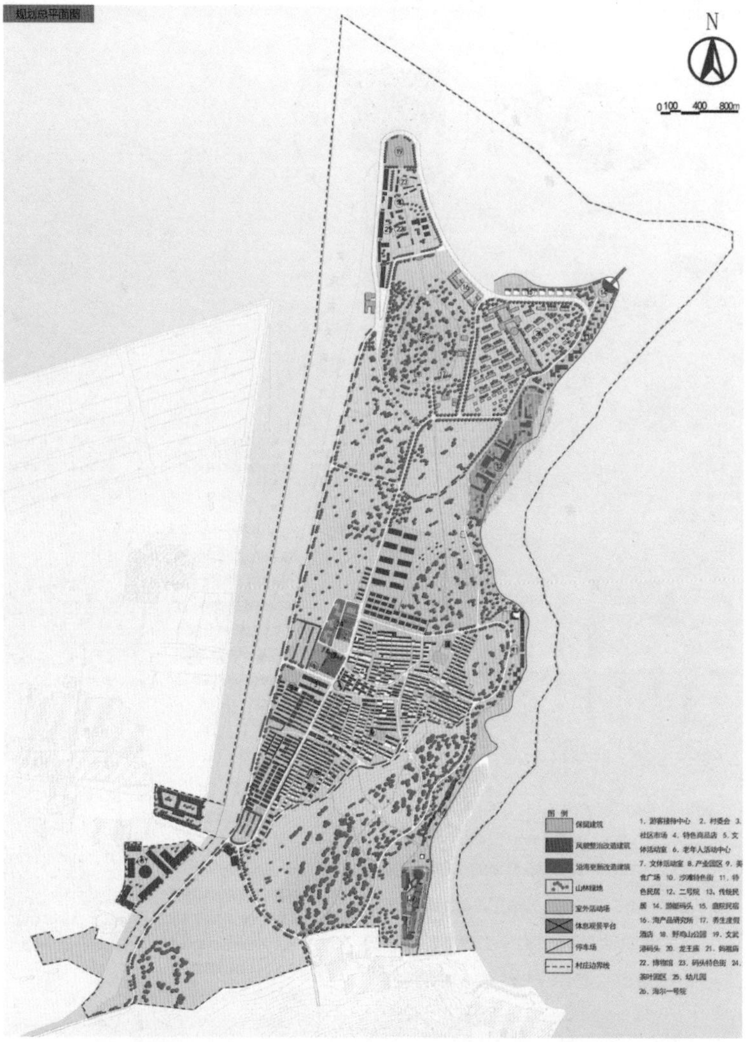

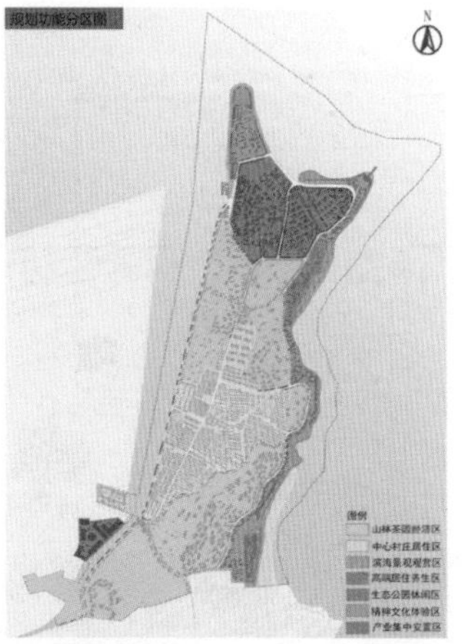

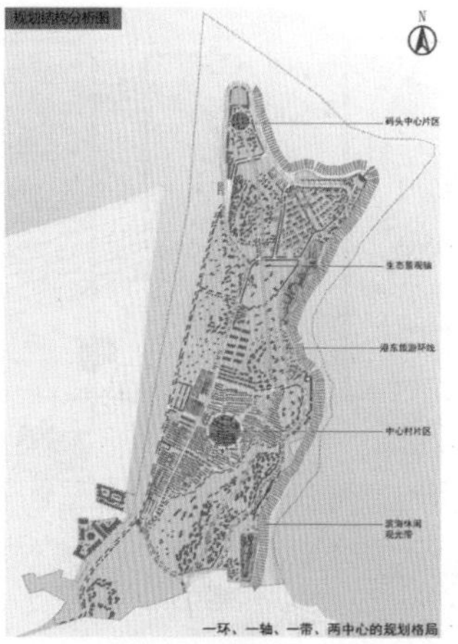

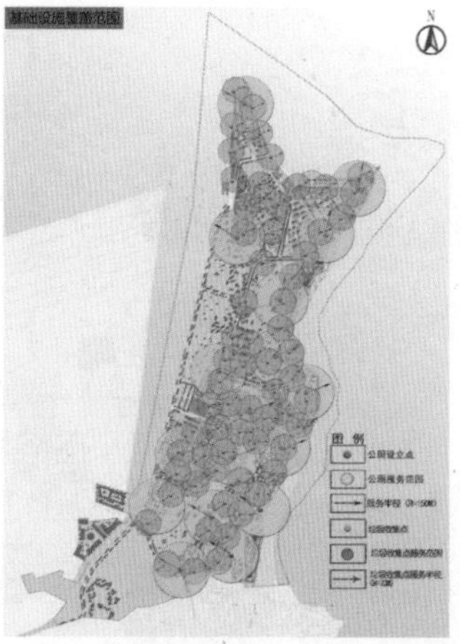

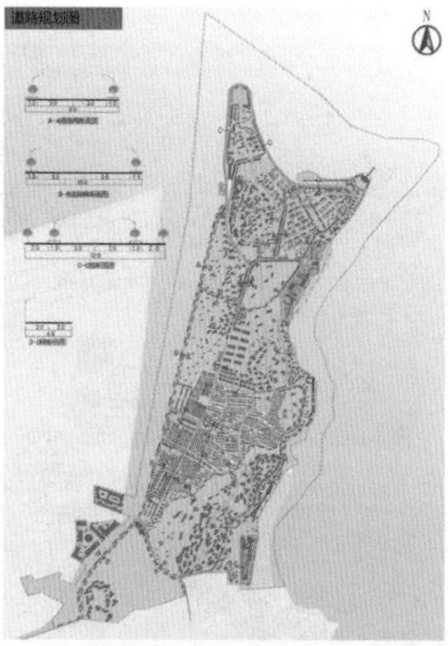

以产业空间的融合提升宜居宜产品质构筑港东经济安全

产业现状框架

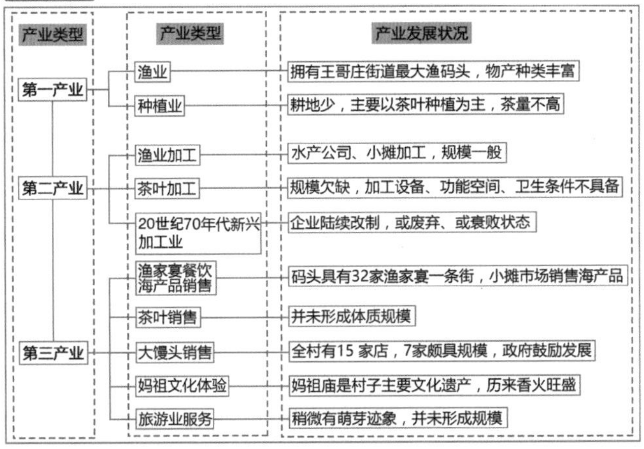

产业类型
产业类型
产业发展状况
第一产业
渔业
拥有王哥庄街道最大渔码头，物产种类丰富
种植业
耕地少，主要以茶叶种植为主，茶量不高
第二产业
渔业加工
水产公司、小摊加工，规模一般
茶叶加工
规模欠缺，加工设备、功能空间、卫生条件不具备
20世纪70年代新兴加工业
企业陆续改制，或废弃、或衰败状态
第三产业
渔家宴餐饮海产品销售
码头具有32家渔家宴一条街，小摊市场销售海产品
茶叶销售
并未形成体质规模
大馒头销售
全村有15 家店，7家颇具规模，政府鼓励发展
妈祖文化体验
妈祖庙是村子主要文化遗产，历来香火旺盛
旅游业服务
稍微有萌芽迹象，并未形成规模

上位规划产业引导

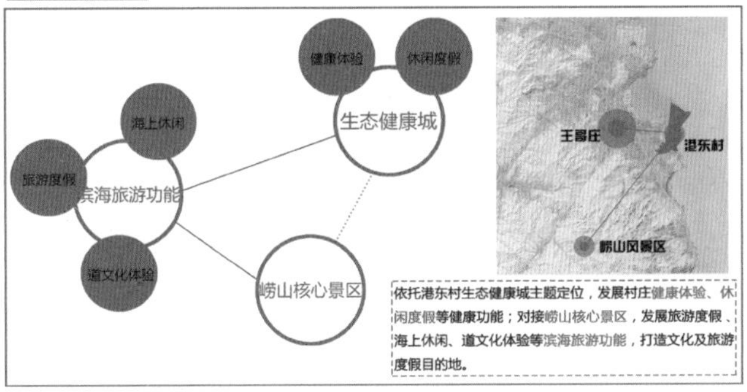

健康体验
休闲度假
海上休闲
生态健康城
旅游度假
滨海旅游功能
道文化体验
崂山核心景区
王哥庄
港东村
崂山风景区
依托港东村生态健康城主题定位，发展村庄健康体验、休闲度假等健康功能；对接崂山核心景区，发展旅游度假、海上休闲、道文化体验等滨海旅游功能，打造文化及旅游度假目的地。

产业规划发展原则

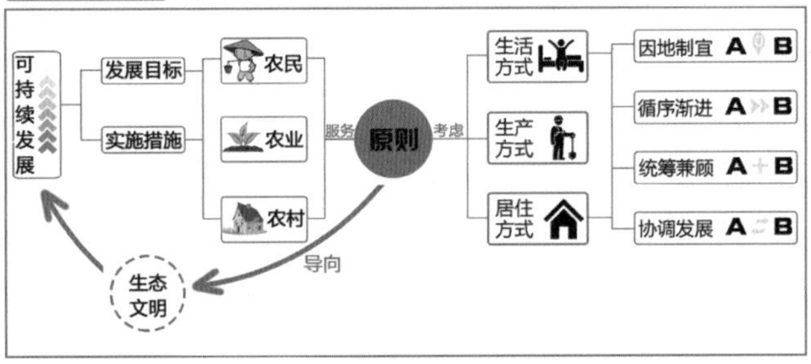

可持续发展
发展目标
实施措施
农民
农业
农村
服务
原则
考虑
生活方式
生产方式
居住方式
因地制宜 A B
循序渐进 A B
统筹兼顾 A B
协调发展 A B
生态文明
导向

茶叶产业发展策略

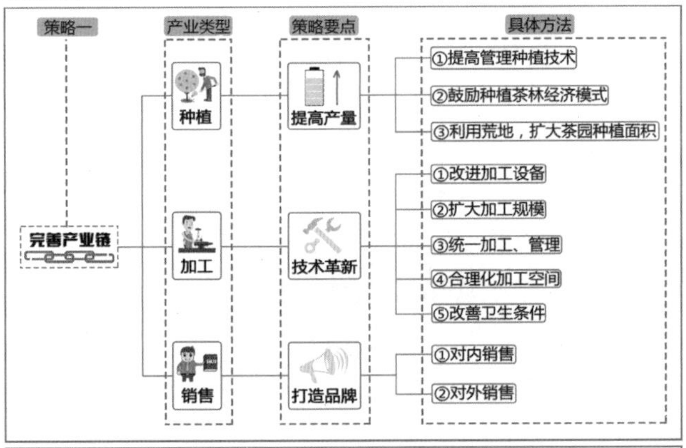

策略一
产业类型
策略要点
具体方法
种植
提高产量
①提高管理种植技术
②鼓励种植茶林经济模式
③利用荒地，扩大茶园种植面积
完善产业链
加工
技术革新
①改进加工设备
②扩大加工规模
③统一加工、管理
④合理化加工空间
⑤改善卫生条件
销售
打造品牌
①对内销售
②对外销售

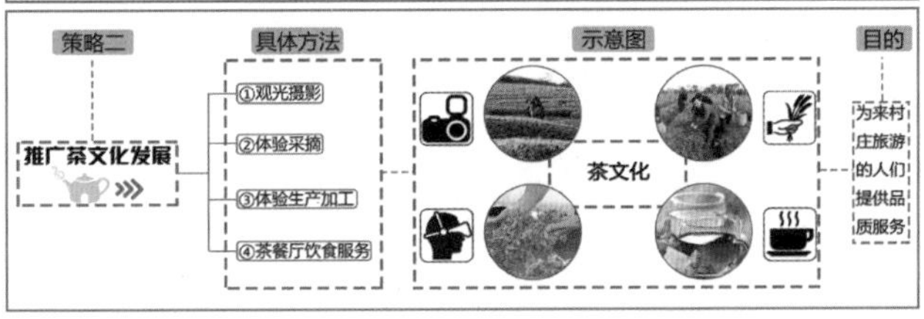

策略二
具体方法
示意图
目的
推广茶文化发展
①观光摄影
②体验采摘
③体验生产加工
④茶餐厅饮食服务
茶文化
为来村庄旅游的人们提供品质服务

茶叶发展策略技巧

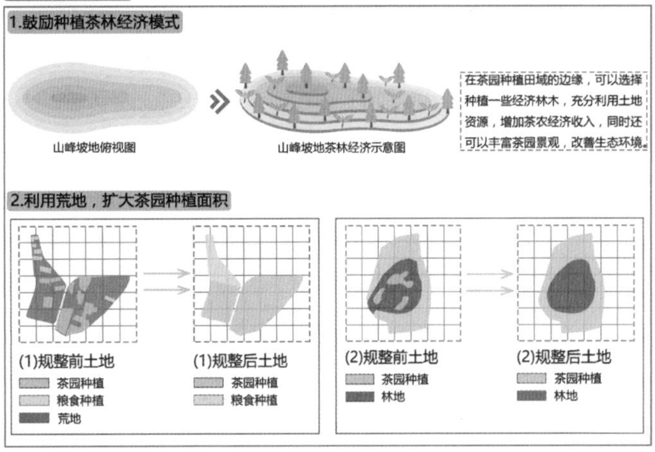

1.鼓励种植茶林经济模式
山峰坡地俯视图
山峰坡地茶林经济示意图
在茶园种植田域的边缘，可以选择种植一些经济林木，充分利用土地资源，增加茶农经济收入，同时还可以丰富茶园景观，改善生态环境。
2.利用荒地，扩大茶园种植面积
(1)规整前土地
茶园种植
粮食种植
荒地
(1)规整后土地
茶园种植
粮食种植
(2)规整前土地
茶园种植
林地
(2)规整后土地
茶园种植
林地

结构调整与产业升级

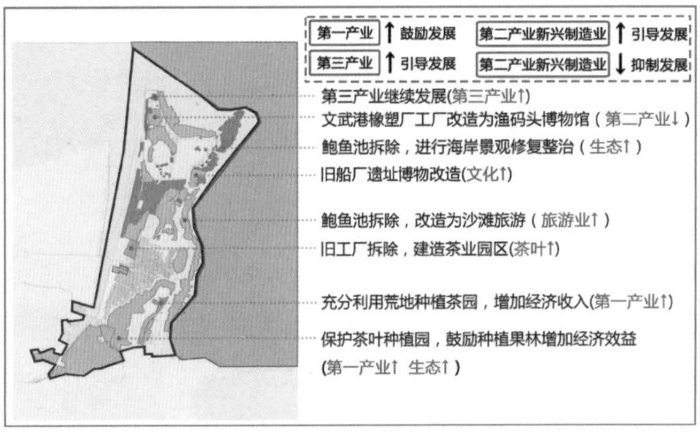

第一产业 ↑ 鼓励发展
第二产业新兴制造业 ↑ 引导发展
第三产业 ↑ 引导发展
第二产业新兴制造业 ↓ 抑制发展
第三产业继续发展(第三产业↑)
文武港橡塑厂工厂改造为渔码头博物馆（第二产业↓）
鲍鱼池拆除，进行海岸景观修复整治（生态↑）
旧船厂遗址博物改造(文化↑)
鲍鱼池拆除，改造为沙滩旅游（旅游业↑）
旧工厂拆除，建造茶业园区(茶叶↑)
充分利用荒地种植茶园，增加经济收入(第一产业↑)
保护茶叶种植园，鼓励种植果林增加经济效益(第一产业↑ 生态↑)

港东村村庄产业规划

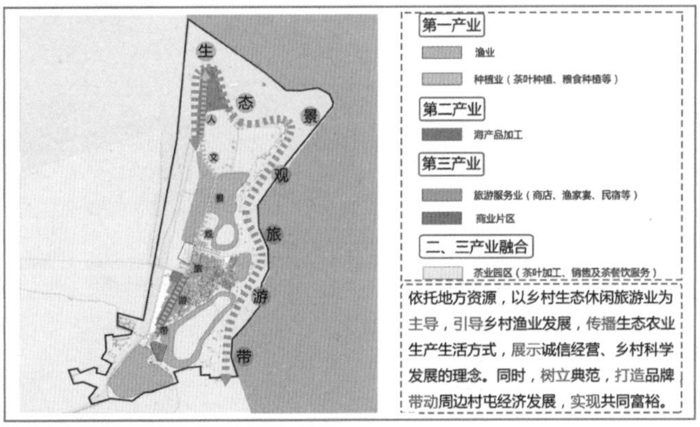

生
态
景
观
旅
游
带
第一产业
渔业
种植业（茶叶种植、粮食种植等）
第二产业
海产品加工
第三产业
旅游服务业（商店、渔家宴、民宿等）
商业片区
二、三产业融合
茶业园区（茶叶加工、销售及茶餐饮服务）
依托地方资源，以乡村生态休闲旅游业为主导，引导乡村渔业发展，传播生态农业生产生活方式，展示诚信经营、乡村科学发展的理念。同时，树立典范，打造品牌带动周边村屯经济发展，实现共同富裕。

港东村村庄旅游产业规划

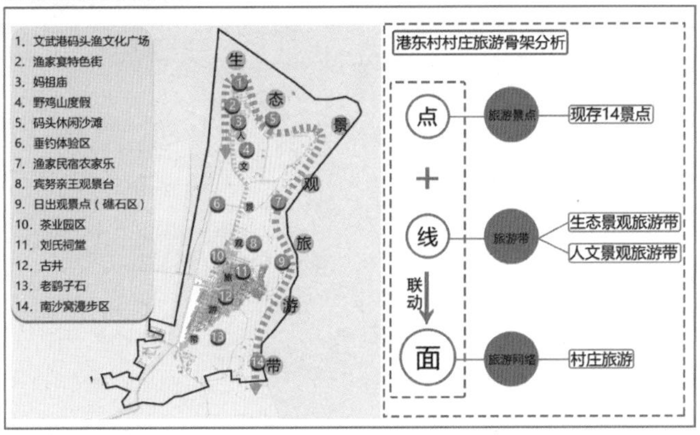

1. 文武港码头渔文化广场
2. 渔家宴特色街
3. 妈祖庙
4. 野鸡山度假
5. 码头休闲沙滩
6. 垂钓体验区
7. 渔家民宿农家乐
8. 宾努亲王观景台
9. 日出观景点（礁石区）
10. 茶业园区
11. 刘氏祠堂
12. 古井
13. 老鹳子石
14. 南沙窝漫步区
生
态
景
观
旅
游
带
人
文
景
观
旅
游
带
港东村村庄旅游骨架分析
点
旅游景点
现存14景点
+
线
旅游带
生态景观旅游带
人文景观旅游带
联动
面
旅游网络
村庄旅游

以产业空间的融合提升宜居宜产品质构筑港东经济安全

港东村典型民居微改造

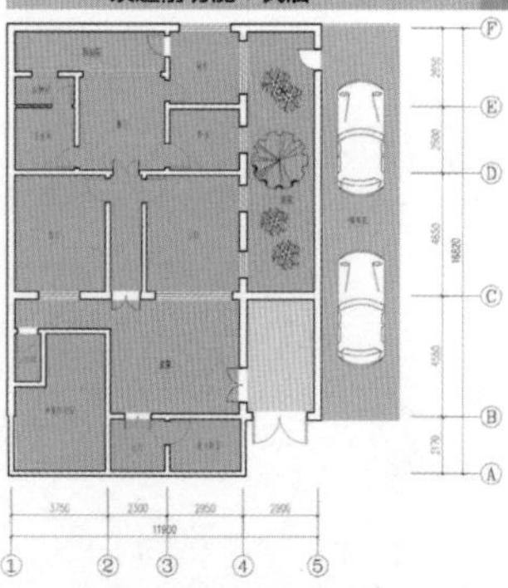

改造前一层平面图1/150

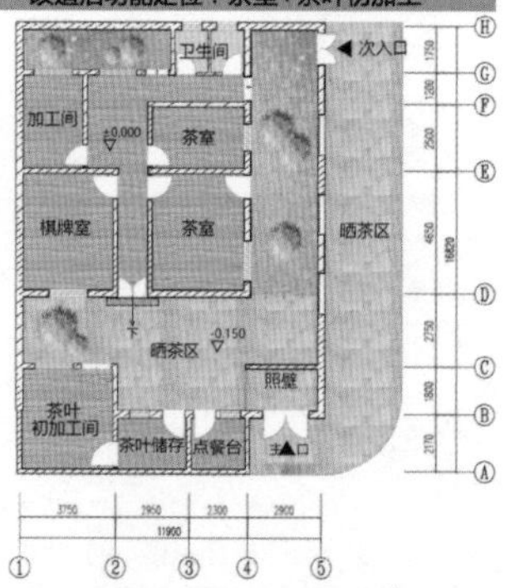

改造后一层平面图1/150

改造前东立面图1/150

改造后东立面图1/150

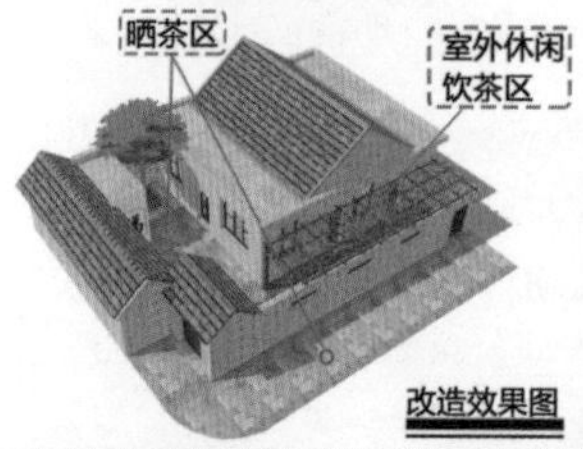

改造效果图

改造后剖面图1/150

茶业园区各功能部分立剖面图

茶叶销售楼东立面图1/200

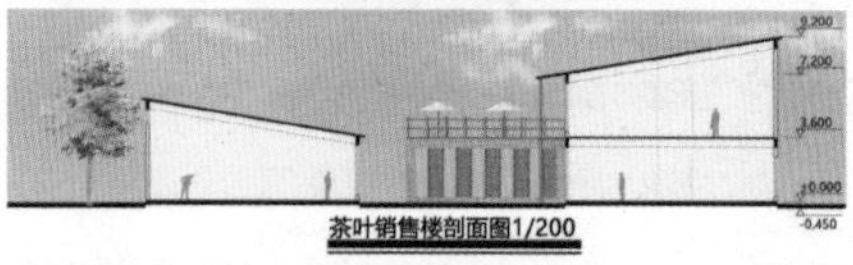
茶叶销售楼剖面图1/200

茶餐厅东立面图1/200

茶餐厅剖面图1/200

茶业园区建筑新建、改造分析

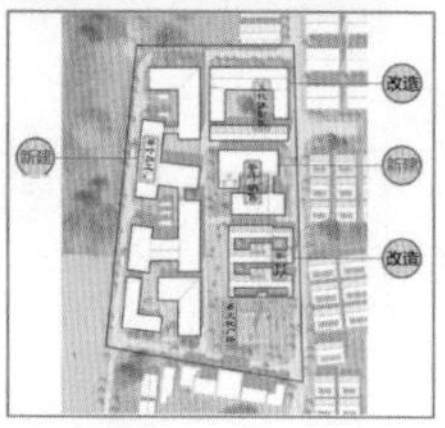

茶业园区对内交通分析

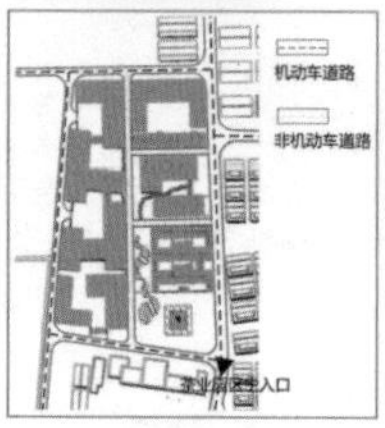

茶业园区结构分析

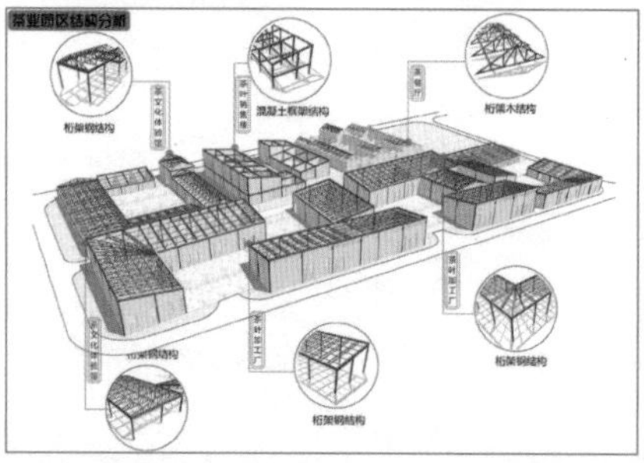

茶业园区总平面图/1000

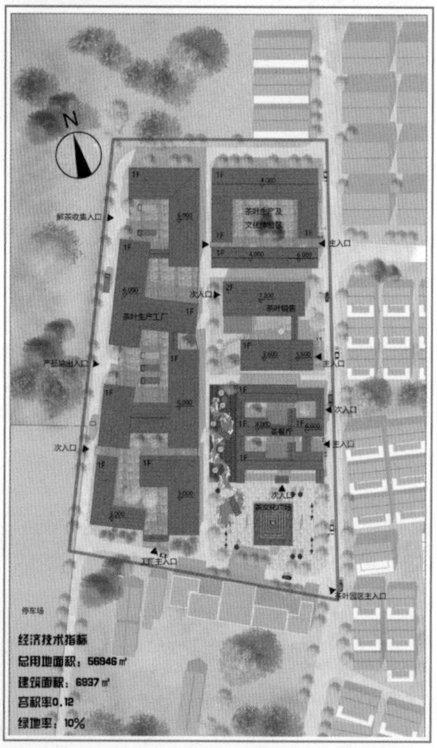

经济技术指标
总用地面积：56846㎡
建筑面积：6937㎡
容积率0.12
绿地率：10%

茶业园区细部透视图

茶文化广场透视

茶餐厅院子透视

茶叶销售楼院子透视

茶业园区鸟瞰图

以公共空间及私占空间开放化带动港东社会安全

选地分析

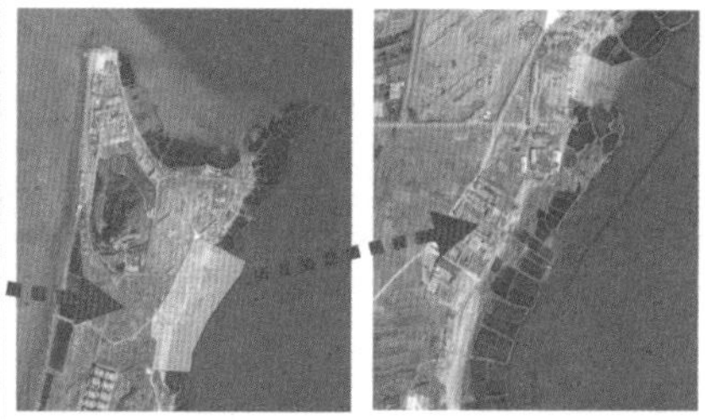

在场地沿岸最适合发展的三个港湾中，根据海岸阻断、空间私占程度、建筑质量综合选取地块进行微改造达到开放化，为例带动沿岸更新发展。

规划分析

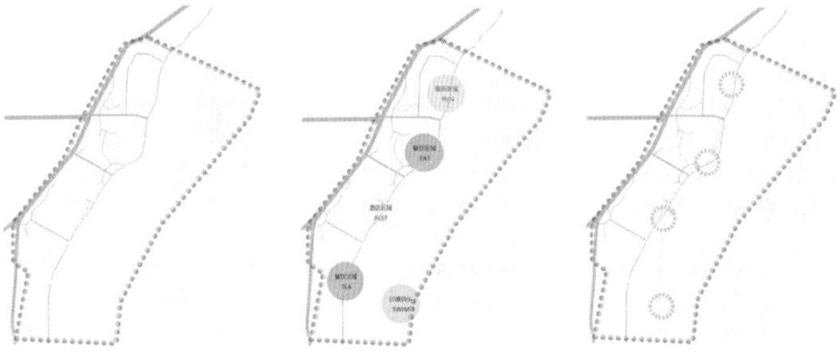

道路交通规划　　功能分区规划　　景观节点规划

质量评价

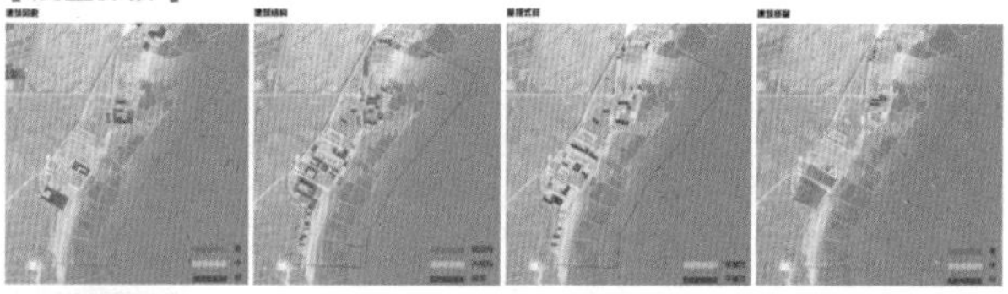

问题总结

海滩堆满垃圾废石杂物，脏乱不堪　　私宅民宿直接或围院无规划占有海岸

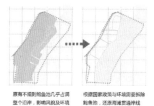

大量鲍鱼池、工厂占满海滩阻碍发展

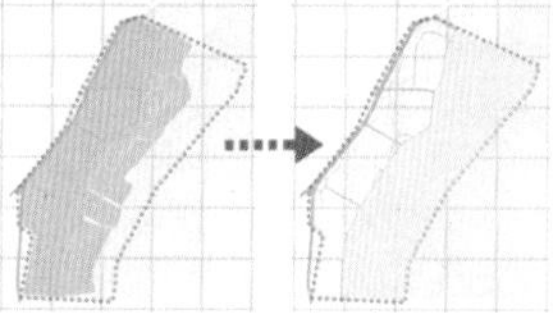

原有不规则鲍鱼池几乎占满整个沿岸，影响风貌及环境　　根据国家政策与环境需要拆除鲍鱼池，还原海滩贯通岸线

场地策略

chaos　　well-organized　　chaos　　well-organized

自宅建筑混杂私建乱建严重私占海岸　　拆除侵占海岸的，不符合风貌的，无序的　　新老建筑混杂工厂无规则乱建严重　　拆除不符合风貌的，无序的钢建筑临时结构

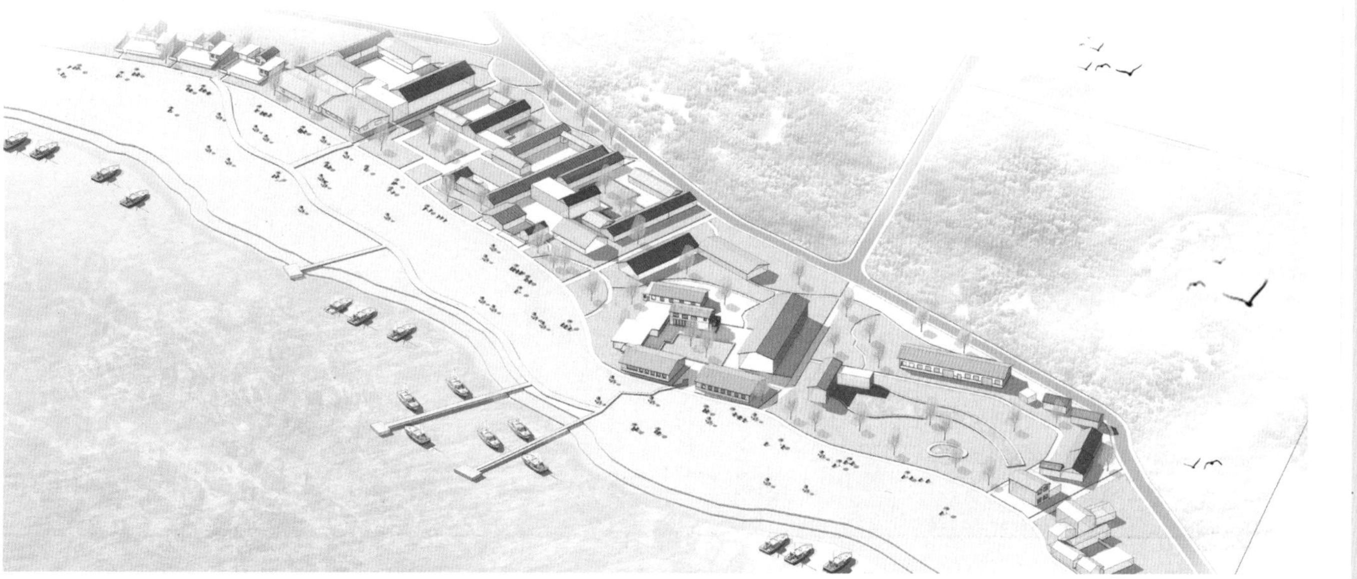

以公共空间及私占空间开放化带动港东社会安全

逻辑框架

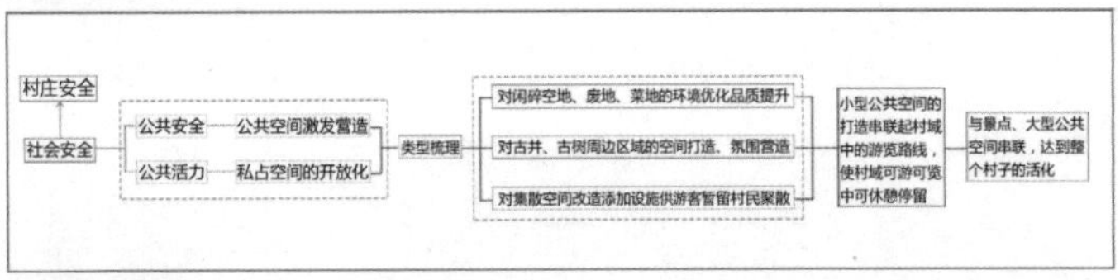

潜在空间

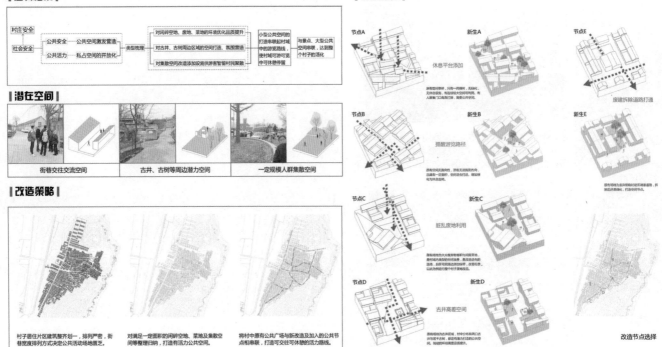

街巷交往交流空间 | 古井、古树等周边潜力空间 | 一定规模人群集散空间

改造策略

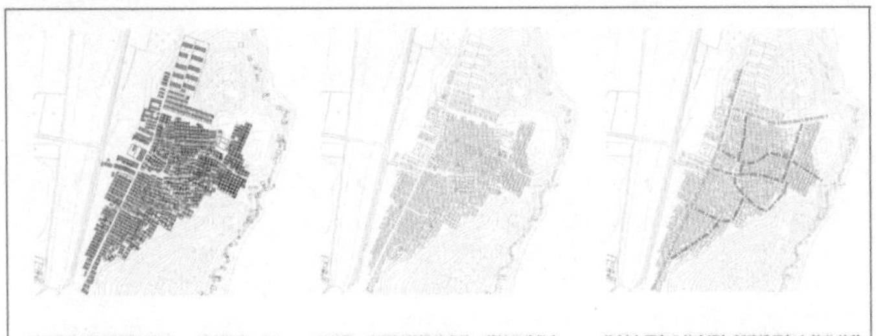

村子居住片区建筑整齐划一，排列严密，街巷宽度排列方式决定公共活动场地匮乏。

对满足一定面积的闲碎空地、菜地及集散空间等整理归纳，打造有活力公共空间。

将村中原有公共广场与新改造及加入的公共节点相串联，打造可交往可休憩的活力路线。

节点改造

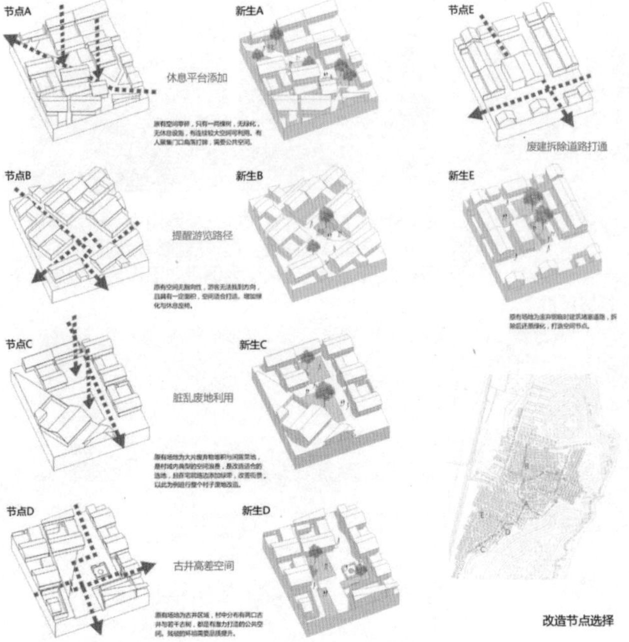

单体改造

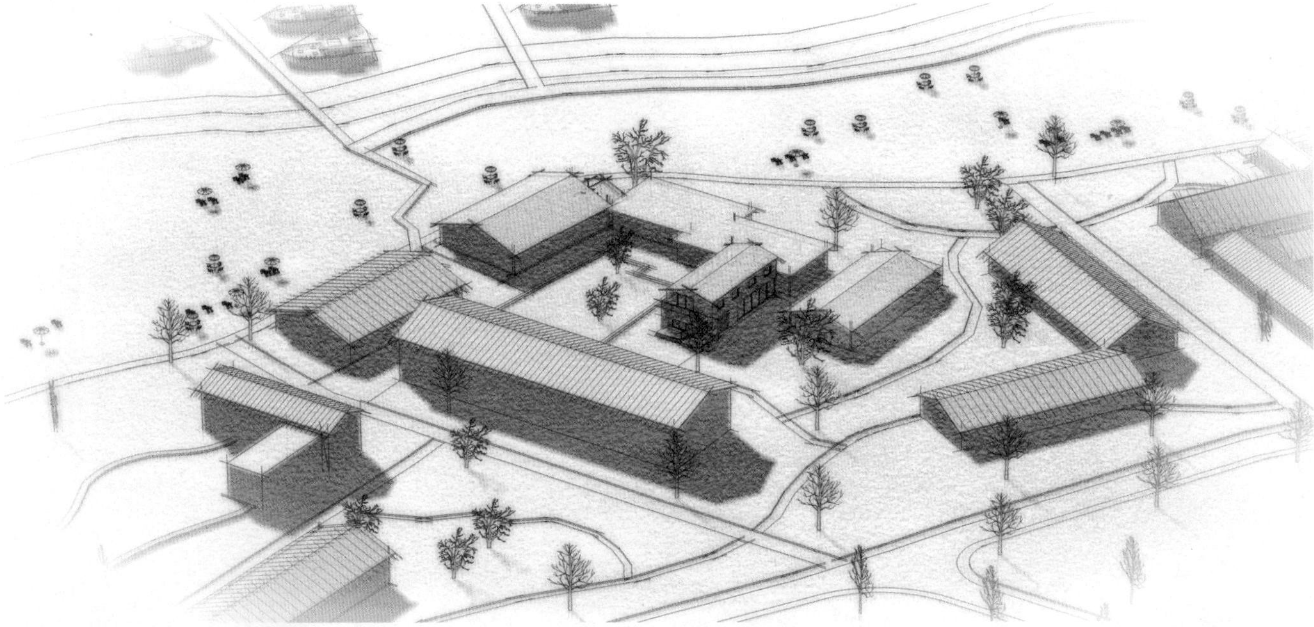

海滨片区多为工厂与私宅，现选取废弃厂房A和代表性样式厂房B进行建筑改造，保留当地坡顶样式及主要结构，功能置换为餐厅，为例进行整个片区改造。

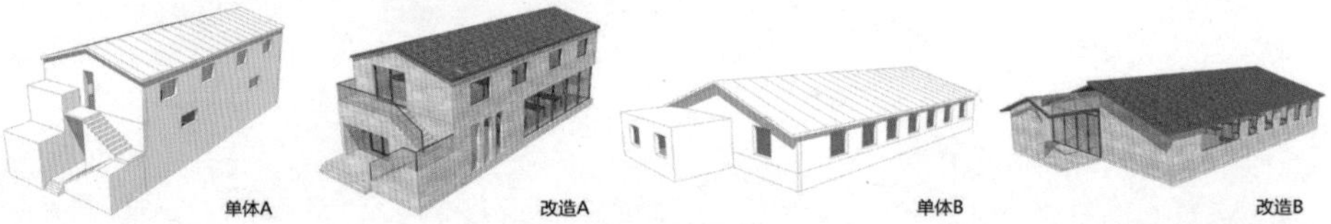

单体A　改造A　单体B　改造B

单体A剖面图1：100　单体A立面图1：100　单体A北立面图1：100　单体B剖面图1：100　单体B南立面图1：100　单体B东立面图1：100

重塑精神空间 勃兴渔业文化 营造港东文化安全

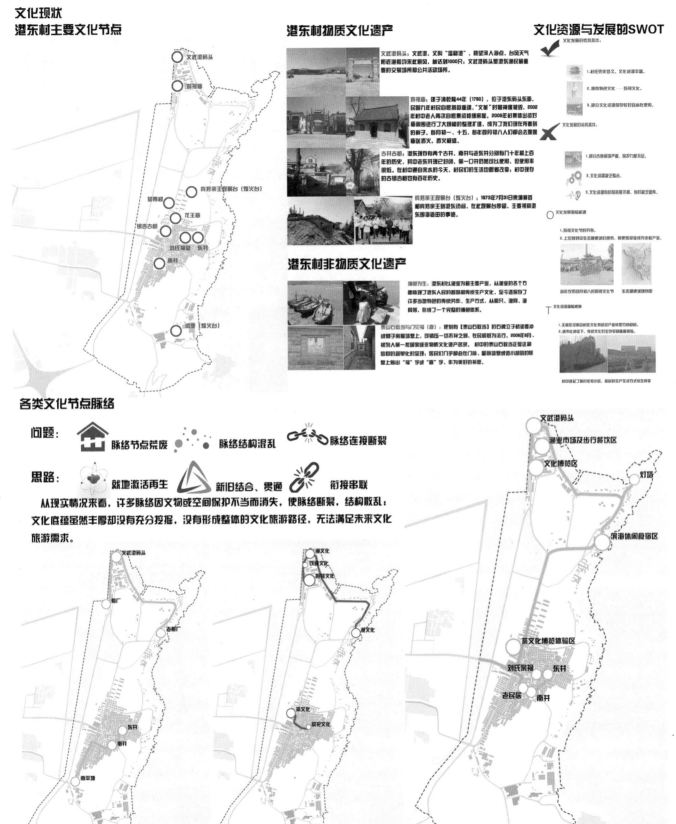

文化现状

港东村主要文化节点

港东村物质文化遗产

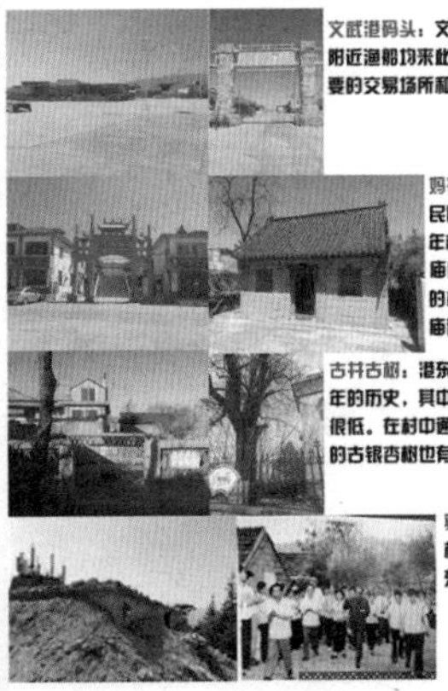

文武港码头：文武港，又叫"温稳港"，瞭望河入海点，台风天气附近渔船均来此避风，最多达到1000只；文武港码头是港东渔民最重要的交易场所和公共活动场所。

妈祖庙：建于清乾隆44年（1780），位于港东码头东面，民国九年村民自愿捐款重建，"文革"时期神像被毁，2002年村中老人再次自愿集资修缮房屋。2008年村集体出资对庙周围进行了大规模的整理扩建，成为了我们现在所看到的样子。每月初一、十五，每年四月初八人们都会去娘娘庙送香火，香火极盛。

古井古树：港东现存有两个古井，南井与老东井分别有几十年和上百年的历史，其中老东井现已封闭，第一口井仍然可以使用，但使用率很低。在村中通自来水的今天，村民们的生活也跟着改变；村中现存的古银杏树也有百年历史。

宾努亲王观景台（烽火台）：1973年7月31日柬埔寨首相宾努亲王到港东访问，在此观景台停留，主要视察港东围海造田的事迹。

港东村非物质文化遗产

捕鱼为生：港东村以渔业为最主要产业，从渔业的各个方面体现了港东人民的智慧和传统生产文化，至今还保存了许多当地特色的传统劳作、生产方式，从船只、渔网、渔具等，形成了一个完整的捕鱼体系。

泰山石敢当与门见福（喜）：把刻有【泰山石敢当】的石碑立于桥道要冲或砌于房屋墙壁上，可镇压一切不祥之邪，在民间甚为流行。2008年6月，被列入第一批国家级非物质文化遗产名录。村中的泰山石敢当正是这种信仰的简单化的呈现；居民们几乎都会在门前、屋前墙壁或者小胡同的照壁上贴出"福"字或"喜"字，作为美好的祈愿。

文化资源与发展的SWOT

文化发展的优势条件：

1. 村庄历史悠久，文化资源丰富。
2. 拥有特色文化——妈祖文化。
3. 部分文化资源保存较好且尚在使用。

文化发展的劣势条件：

1. 部分古迹破坏严重，保护力度不足。
2. 文化资源缺乏整合。
3. 文化资源有的知名度不高，有的缺乏宣传。

文化发展面临机遇

1. 妈祖文化节的开办。
2. 上位规划中生态健康城的规划，将使旅游业成为支柱产业。

每年农历四月初八的妈祖文化节

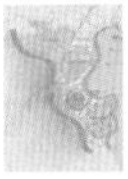

生态健康城规划图

文化资源面临威胁

1. 王哥庄及周边村庄文化特色及产业转型方向趋同。
2. 城市化冲击下，传统文化的生存受到严重考验。

村中建起了新的住宅小区，居民的生产生活方式发生转变

各类文化节点脉络

问题：脉络节点荒废　脉络结构混乱　脉络连接断裂

思路：就地激活再生　新旧结合、贯通　衔接串联

从现实情况来看，许多脉络因文物或空间保护不当而消失，使脉络断裂，结构散乱；文化底蕴虽然丰厚却没有充分挖掘，没有形成整体的文化旅游路径，无法满足未来文化旅游需求。

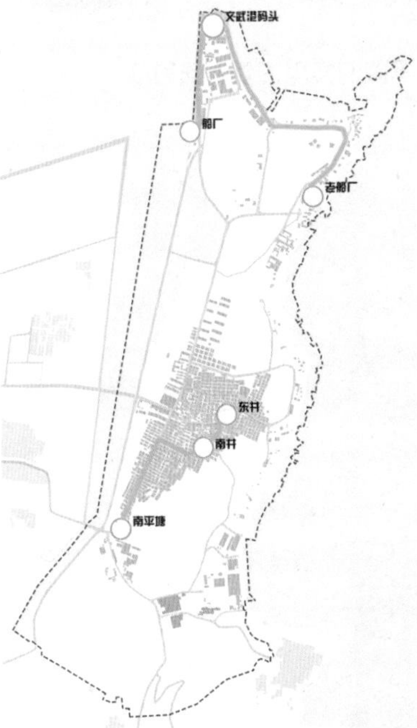

港东村发展遗迹脉络

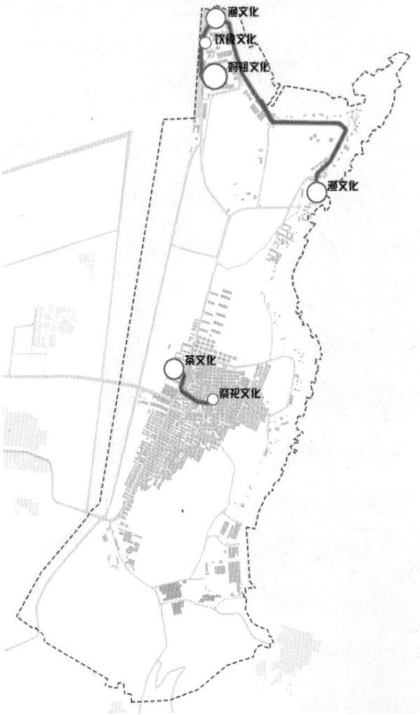

港东村文化脉络

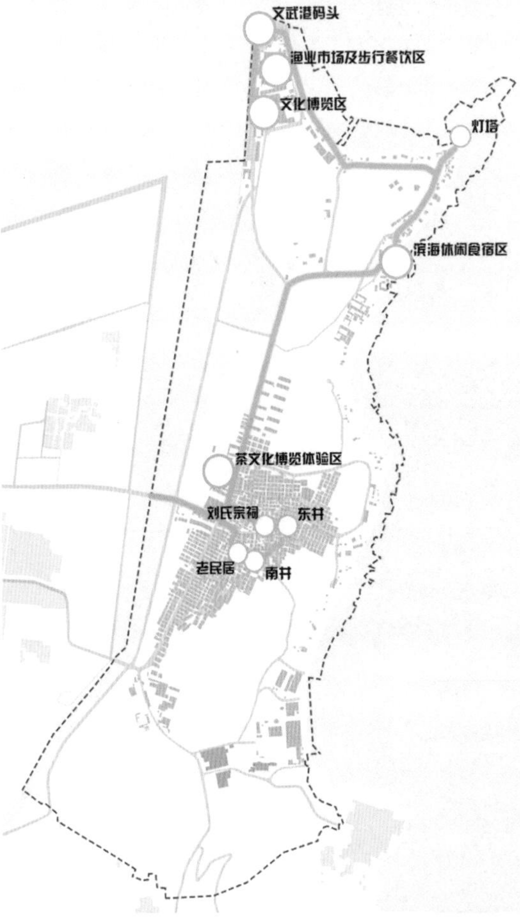

文化旅游线路

重塑精神空间 勃兴渔业文化 营造港东文化安全

文化策略与激活点建设

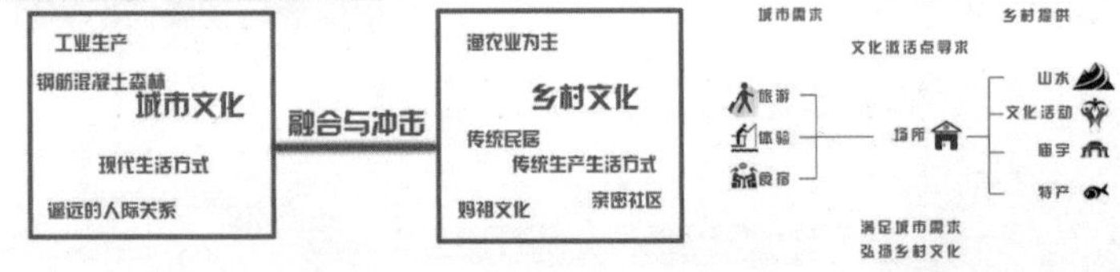

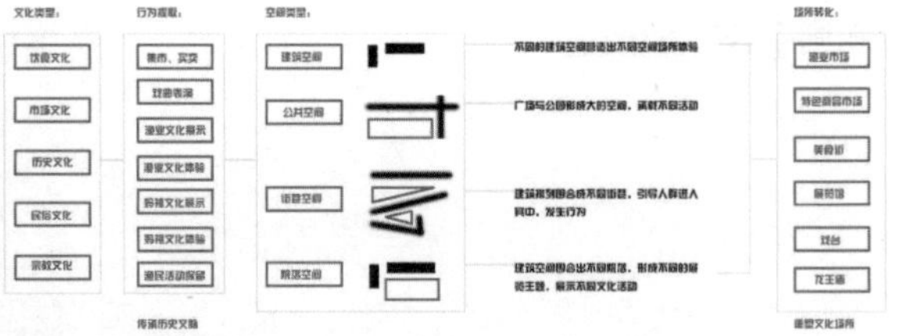

场地内建筑分析

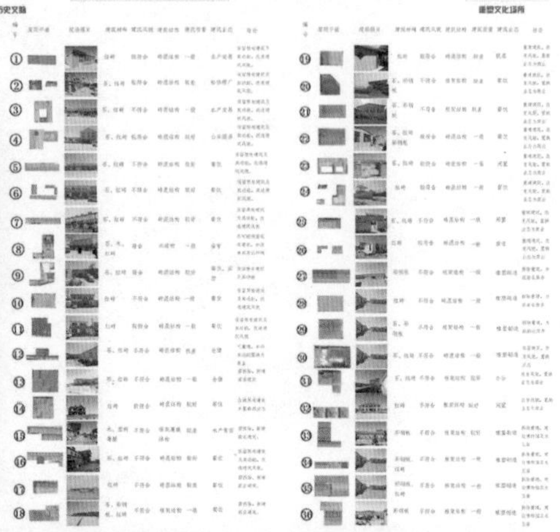

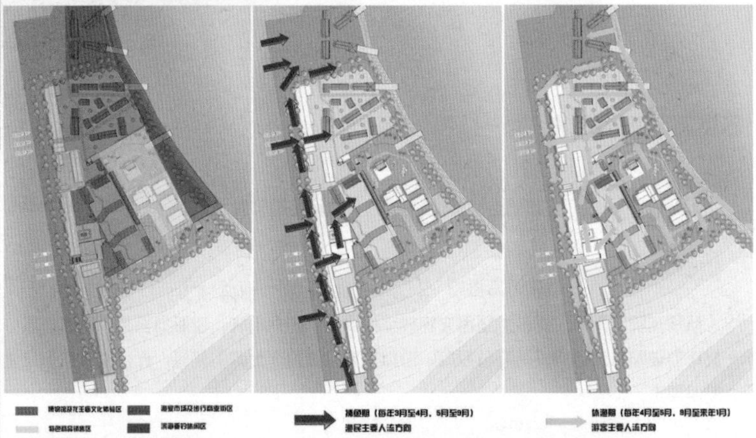

总平面图

场地功能分区

不同时间里主要人流方向

城乡规划学
翟文斌

时光荏苒，大学本科生活也伴随着毕业设计的完成走向了终点，很感谢这次毕业设计，在整个过程中，我们领略到山明水秀的北国风光——青岛，也体会到与众不同的江南水乡——武汉。而且在本次毕业联合设计中认识了来自五湖四海的朋友、同学，让我切身感受到什么是优秀，体会到各个学校的不同风格，以及在本次联合设计中建立了友谊，这些都将是我们毕生的财富。本次毕业设计能够顺利完成，首先要感谢辛勤付出的老师们，然后就是我的伙伴和搭档们，是你们日夜的陪伴，是我们的相互协作让我们大学生涯画上圆满的句号。在这里我也祝愿参加本次四校联合设计的各位同学前程似锦，也祝愿我们四校联合设计越办越好！

建筑学
张俊

从开春三月份到现在六月中旬，四校毕业联合设计时光如白驹过隙，我感觉自己很幸运参加了本次联合设计。首次到港东村进行实地调研，然后汇报，各校同学相互协作、相互学习的氛围我觉得是这一次联合设计最有意思的地方。通过这次联合设计，不仅让我领略了异地风光、港东风情，同时也学习到了其他三校同学刻苦奋进、团结友善的可贵品质。

在此次规划设计中，我对村庄规划设计又有了新的认识，作为一名设计者，我们应该抱有一份敬畏而严谨的学习态度来了解村庄，听取民意，不能堂而皇之地想怎么做就怎么做。正如杨毅老师传授给我们的“你们做设计时必须有合理的理论导向和充分的数据支撑，做到严谨”。在此次联合毕业设计过程中，我非常感谢杨毅老师、赵蕾老师、吴松老师教导，感谢小组队友的鼓励与支持，感谢在联合设计中那些尊敬的老师们与可爱的同学们。愿四校联合毕业设计这棵常青树枝繁叶茂，组织更多的同学一起学习，共同进步！愿天下的乡村都能建设成为清新美丽的天堂！

建筑学
宋振旭

感谢四校联合提供了这样一个平台，让我们迅速地成长，让我们学到很多学校里学不到的知识，让我们与五湖四海的朋友交心相识。这是一次锻炼，迷茫出门却满载而归。它让我们学会什么是团队，让我们学会什么是人外有人，努力永远不该停止。感谢每一位老师的倾囊相授，感谢每一位队友的不言辛劳，也感谢每一位同学的满满热情。愿不相忘于江湖。

作为一个建筑学学生，在这半年中，第一次实际接触到乡村规划，感受到它对乡村的意义，未来我也会不断学习相关知识，希望能对乡村建设作出自己的一点贡献。

建筑学
李永昌

半年时间的毕业设计，过程中，有喜有忧，有乐有愁，最终是画上了句号。之前总认为毕业设计只是对这几年来所学的总结，做下来之后发现这不仅是一个总结、一种检验，也是对自己能力的一次考验、一种提高。通过这次四校联合毕业设计，我明白了自己原来的知识有欠缺，要学习的知识还很多，认识到了自己与其他同学是有差距的；同时也通过这个平台，学习到了其他学校的一些学习以及思考问题的方式，锻炼了自己的交往能力和表达能力，收获颇丰。当然，学习应当是一个长期积累的过程，在以后的工作生活中都应该不断地学习，要不断完善自己，努力提高自己知识水平和综合素质，为成为一个合格的设计师而努力。

最后，我想说我很荣幸能参加这次四校联合毕业设计，也祝愿我们的友谊长存！

成果展示

壹 港东村

贰 庙石村

叁 黄山村

miào shí
庙石

庙石村位于山东省青岛市崂山区王哥庄街道办事处驻地西北4.1公里处，崂山的东北麓。在村西山岗上，有一突起方形岩石，色赤黄、悬空探出，岩上平坦，面积如三间屋大，岩石托起座落其上的山神庙，此庙东面的村落便叫庙石村。该村三面环山，南北长1.5公里，东西长2.5公里，占地面积3.25平方公里，由西山、村中心、村东楼区3个自然村组成，现有村民230户，600人，有高、唐、常、刘、曲、张等姓氏，其中高姓约占全村总人口的90%。目前，青岛地铁11号线和青岛滨海公路在村东侧经过，地铁线路正在测试运营，年底前即可开通运营。

终磬破寂　漫步茶海　游居庙石

青岛理工大学　Qingdao University of Technology

参与学生：王维玮　王婉璐　张璐瑶　张云涛　韩楚童

指导教师：田　华　王润生　王　琳　祁丽艳

教师释题：

庙石村位于青岛崂山风景名胜区东麓，被崂山余脉三面环抱，南北长 1.5 公里，东西长 2.5 公里，占地面积 3.25 平方公里。自明朝成化年间高姓先祖自即墨城东迁入，唐姓先祖于康熙五十二年迁入，随后常姓、李姓、刘姓、曲姓和张姓居民迁入此地定居。随有“进了庙石地，沾了两脚泥，吃着地瓜干（gan er，轻声，名词），租种庙主地”的顺口溜。至今已有近 500 名村民，以传统农业为主的庙石社区 1993 年开始种植茶园，2004 年社区人均收入 5000 多元。建于元代的凝真观在崂山诸多庙宇中木雕最为出名，附属太清宫。

随着青岛城市沿海一线的扩张，庙石村也迎来了重要的发展机遇。仰口隧道、地铁 11 号线的开通，大大改善了庙石村的出行条件，拉近了与青岛市区的距离。另外，青岛市的各项惠民政策，美丽乡村，乡村振兴措施的实施，基础设施和公共服务设施的建设，优化了庙石村的人居环境。但是，由于农村基础较弱，经济社会发展缓慢，产业投入不足，农村脱贫致富的任务较重，仍然面临着传统生态环境保护和发展的矛盾。同时，由于农村青壮劳力外出务工造成的空心村，留守儿童和老人的生活保障问题，都需要在村庄规划中予以重视。

本次规划的主题在村庄安全方面，应着重考虑由于地铁站点开通对村庄风貌保护和村庄建设发展的冲击。理应抓住机遇，规划好，建设好。同时三面环山的地理特征，从生态环境保护角度也应提出应对措施。从微观方面的乡村空间更应考虑交通安全、建筑安全、减少犯罪等。因此，本规划应致力于为庙石村寻求一种合适的发展路径，既保护历史文化传统，又能抓住地铁线路开通的重要机遇，以包容接纳的姿态迎接挑战，闪现未来城市空间拓展的新亮点。

归园田居山茶间

土地平旷
屋舍俨然
有良田美池桑竹之属
阡陌交通
鸡犬相闻
其中往来种作
男女衣着
悉如外人
黄发垂髫
并怡然自乐

终磬破寂 漫步茶海 游居庙石

LIVE BY THE NATURE, EMBRACE THE CULTURE, DESIGN FOR THE PEOPLE

村庄安全——青岛滨海典型乡村规划设计

VILLAGE SECURIT —— QINGDAO COASTAL TYPICAL RURAL PLANNING AND DESIGN

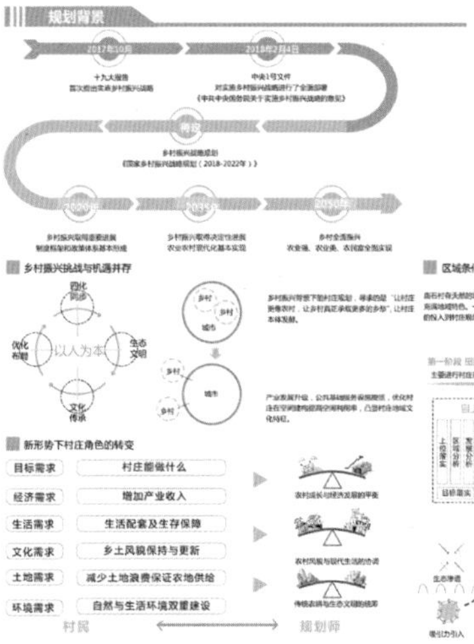

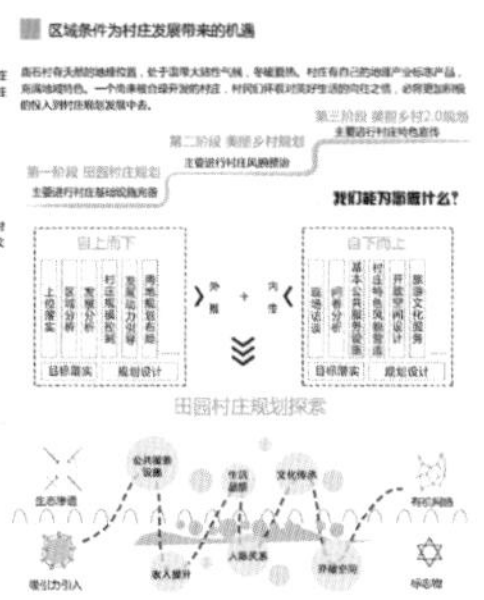

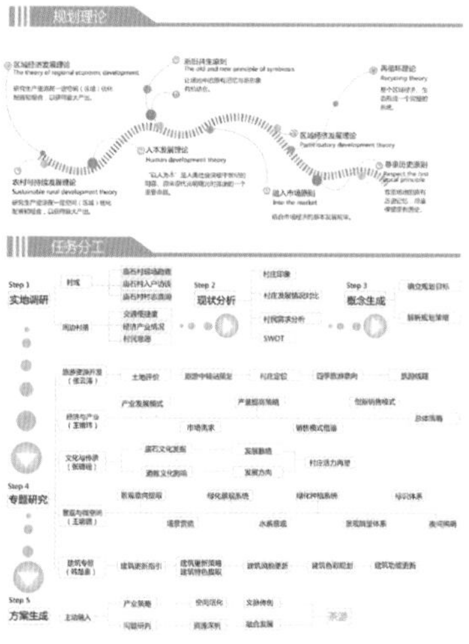

村庄安全

青岛滨海典型乡村规划设计

区位分析

区域关系

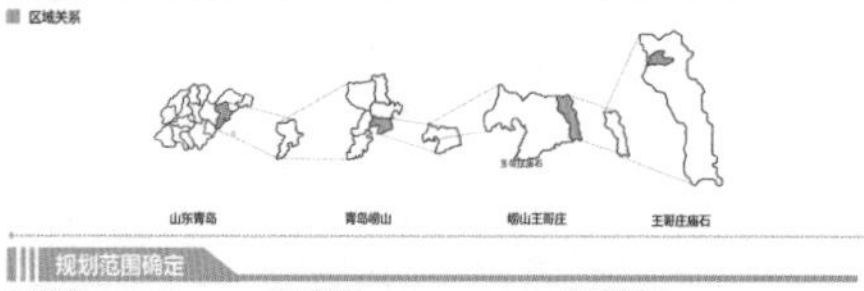

区域交通

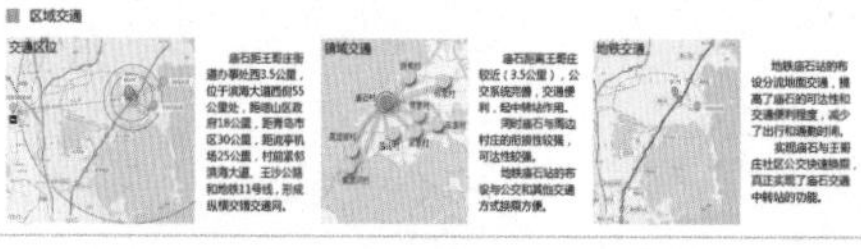

规划范围确定

村域范围　规划范围　研究范围

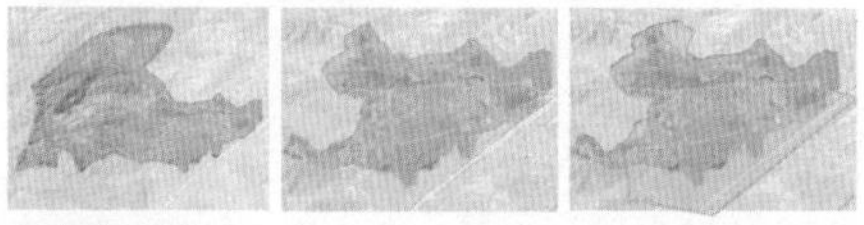

上位规划解读

崂山风景区总体规划　崂山国际生态健康城概念规划

自然环境分析

自然环境——地形地貌

自然环境——气候气象

自然资源

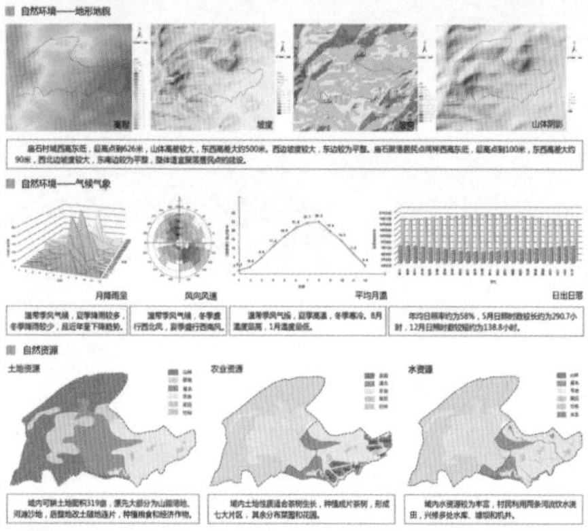

人与社会

人口结构分析

人群分类

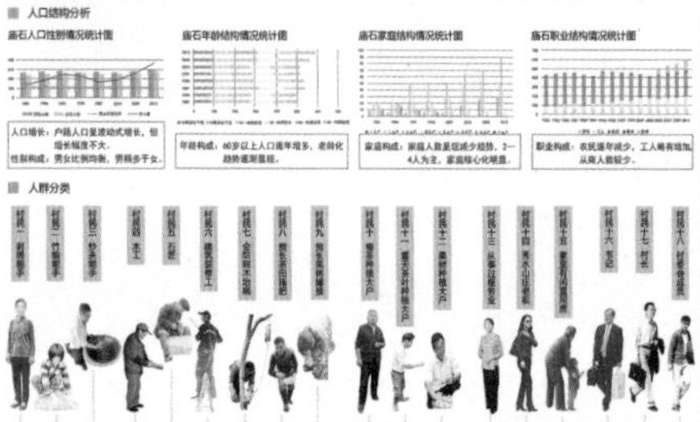

人群需求与空间分析

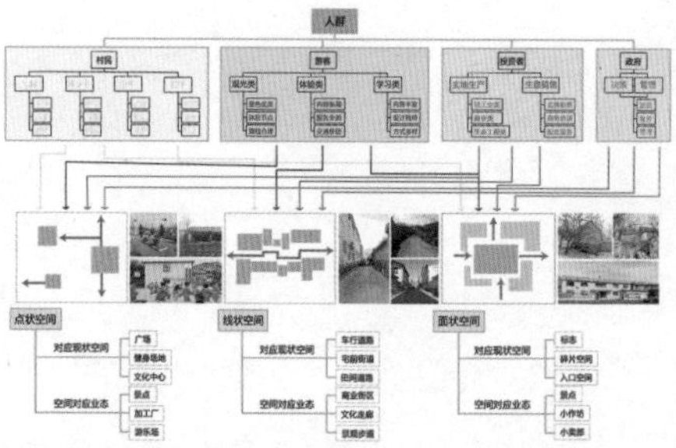

历史文化

历史沿革

文化特色

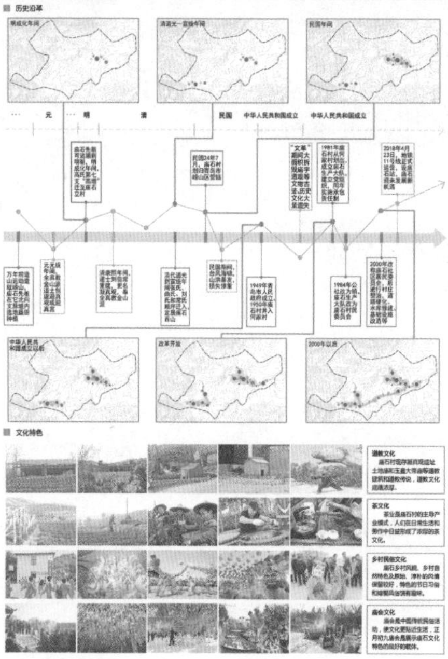

经济产业

产业现状

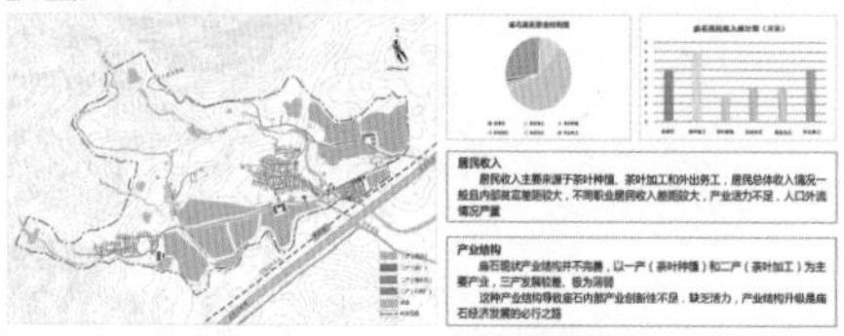

一产收入对比

	[illegible]	[illegible]	[illegible]	[illegible]
气候	云雾多，漫射光多，光质和强度变化大	太阳光照充足，昼夜温差大	温暖而湿润的气候	全生育期要求较高的温度
土壤	茶树是喜酸性土壤的作物，要求土壤pH值在4-6.5之间	土壤为中性偏碱性的沙壤土质，含有丰富镁、钾、钙、硼等元素	肥沃疏松、土质深厚的沙质土壤，pH6.0~7.5	土质疏松，土质深厚，有机质丰富的黑钙土、栗钙土和砂质壤土，pH6—8范围内都可以种植玉米
优质产地	崂山	栖霞	烟台	东北、华北和西南山区
庙石品质	优	中	良	中

村庄建设

土地利用

道路交通

景观绿化

公服设施

基础设施

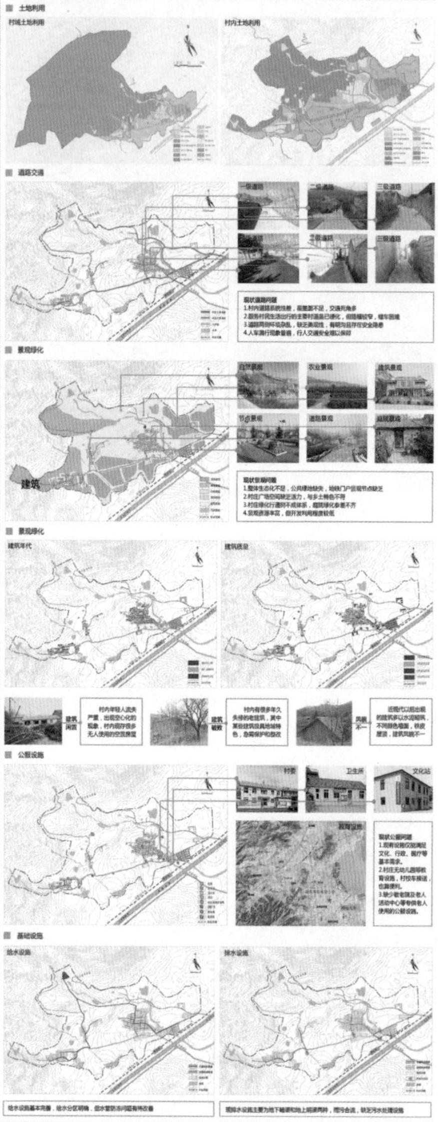

人群活动分析

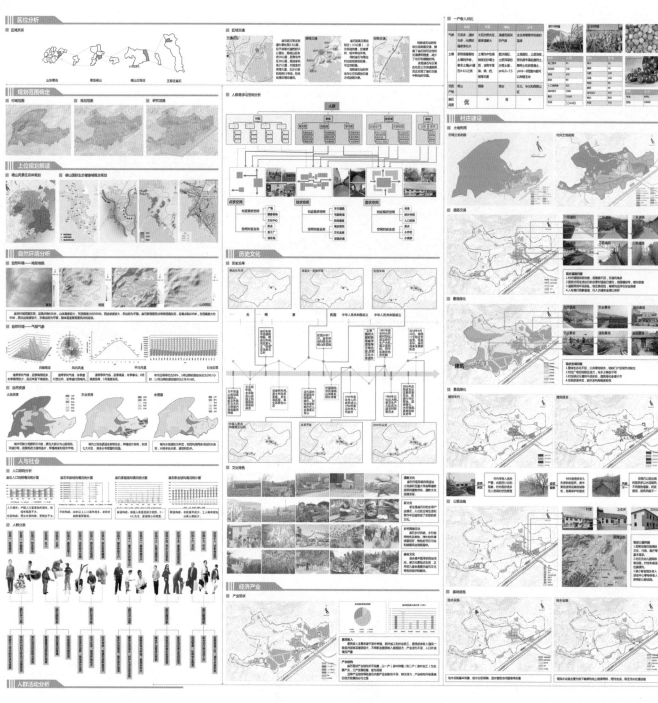

■ 地铁修建意义

青岛东部南北向交通新干线，实现了崂山、即墨与主城区的便捷联通。
11号线以高架桥设为主，依靠观海看山，被网友誉为"最美地铁线"。各站点风格各异，基本上达到"一站一风景"的特点。

■ 地铁在庙石设站原因

①青岛市积极推进美丽乡村建设工作，加快形成城乡一体化发展新格局
②庙石站附近为茶园田地，无建筑基础，施工周期少，难度小，拆迁投资少
③主要居民点离轻轨线较远，对居民生活影响小
④庙石站附近为花岗岩，荷载能力强，地质条件较好，地势较为平坦
⑤庙石站附近庙石距离王哥庄较近，交通较为便利，起中转站作用
⑥与周边村庄的衔接性较强，可达性较强
⑦庙石站的布设能够与常规的公交及其他的交通方式接驳

■ 规划目标

响应乡村振兴的号召，以村庄实际为出发点，秉承可持续发展原则，通过关键要素整合，

旨在打造**地铁时代下的、有机农业与乡村旅游业联动发展的美丽乡村**。

尽显农村自然之美、文化之美、生产生活之美。

"休闲、文化、生态、生产、生活一体、和谐、共生"
生产生活一体化
人居田园和谐化
生态景观共生化

"地铁+"模式

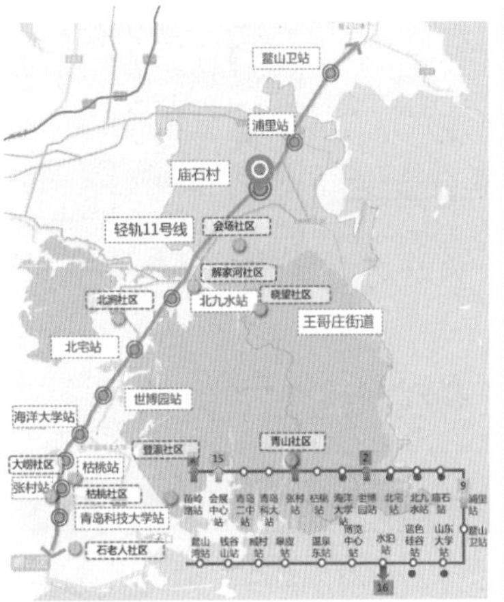

村内资源

用地评价分析

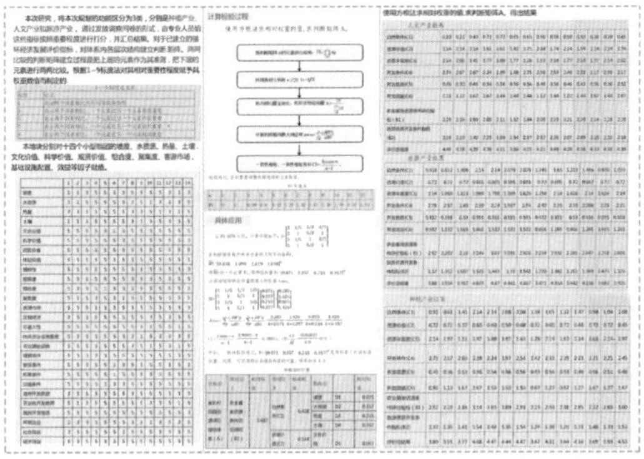

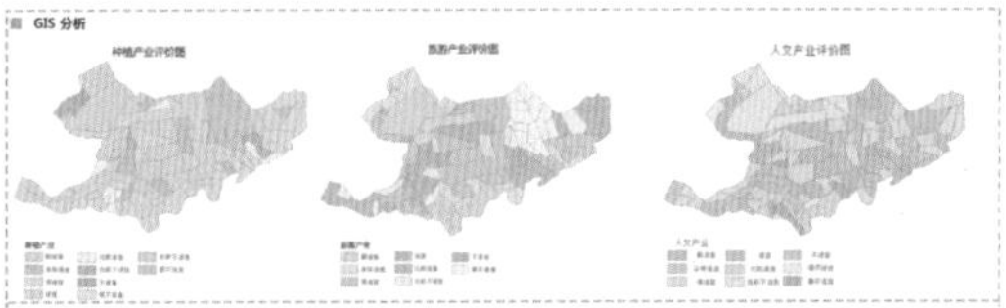

村内问题

村庄定位探索

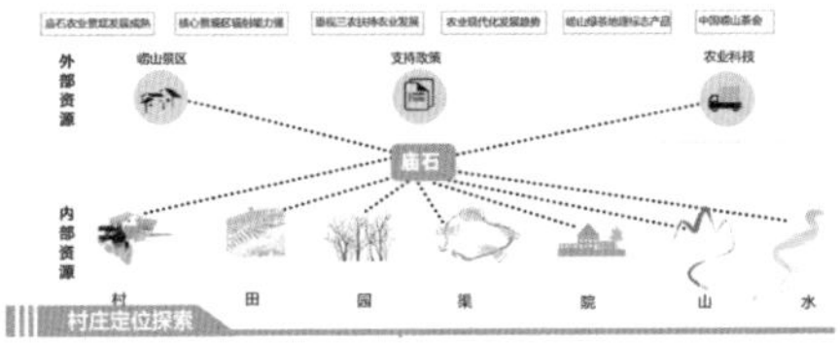

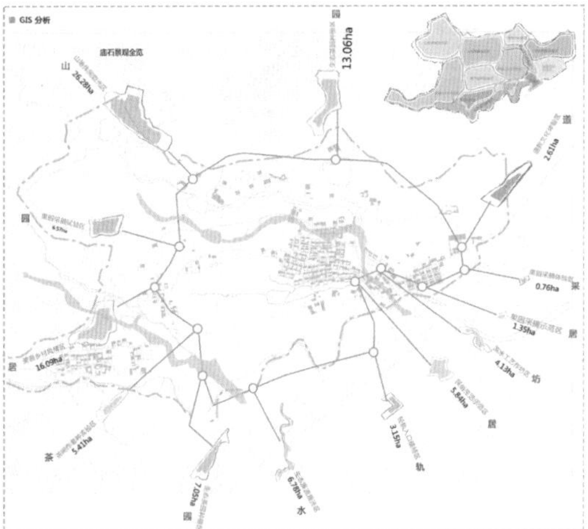

问题解决对策

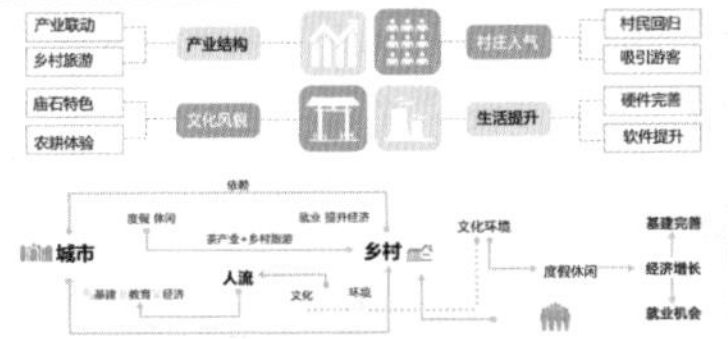

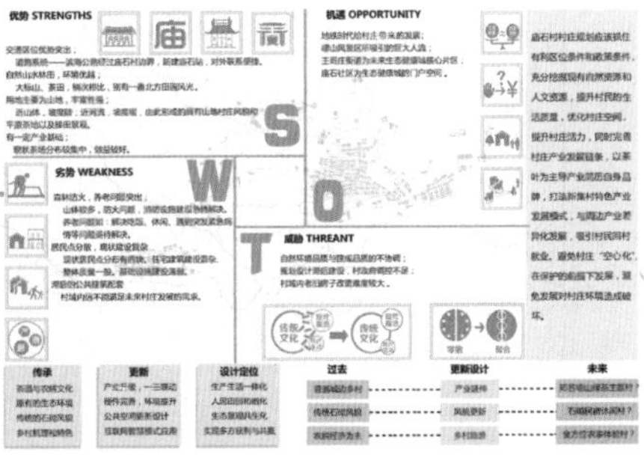

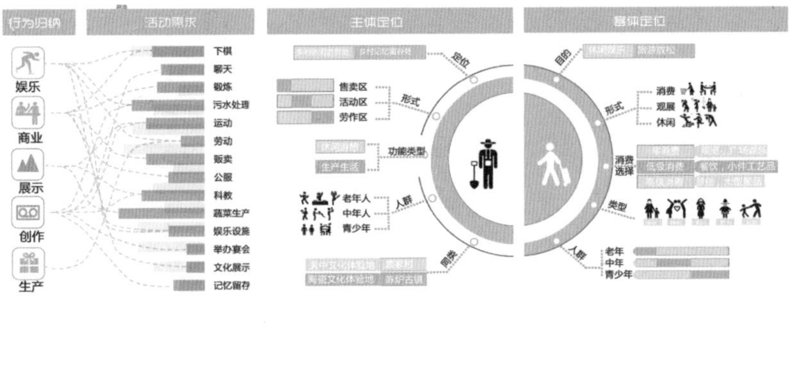

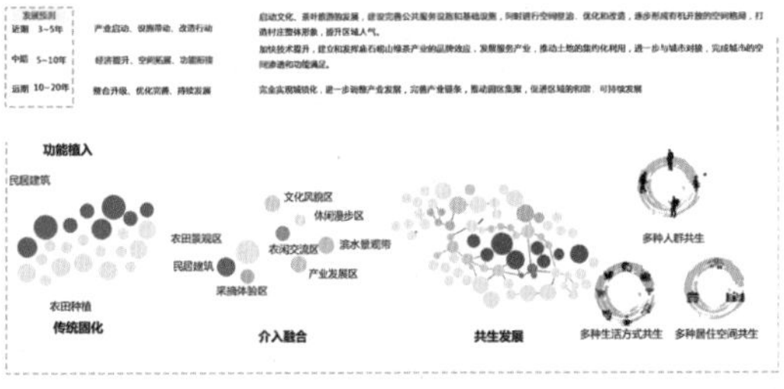

青岛理工大学 终磬破寂 漫步茶海 游居庙石

村庄安全
——青岛滨海典型乡村规划设计

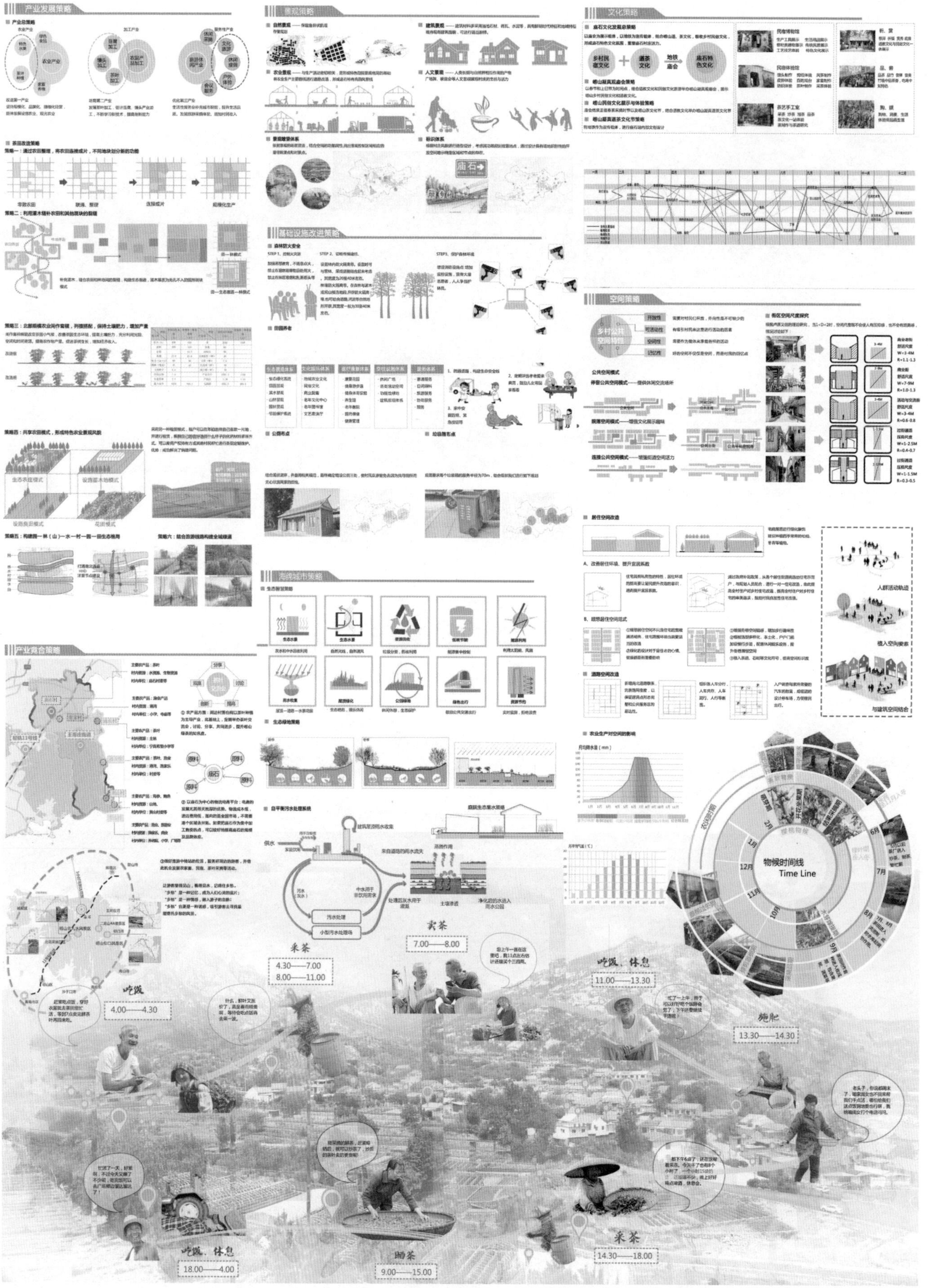

方案解构

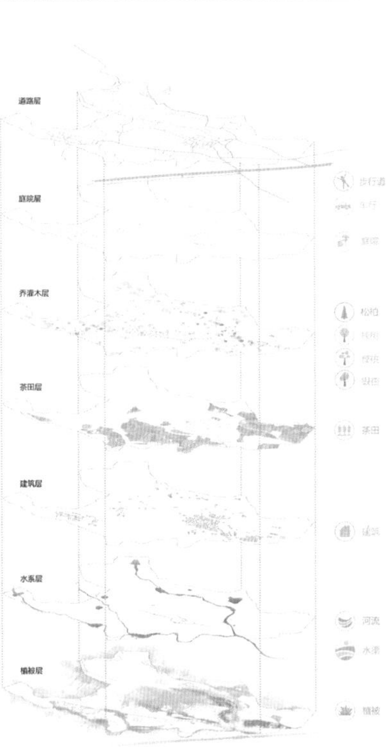

方案生成

处理人与村庄的关系：
村庄规划应以人为本，处理好茶农与商贩的协作关系，游客与农家乐住宿的利益关系，增进设计师与村民的交流。
处理村庄内部各组团的关系：
村庄规划应以人为本，处理好茶农与商贩的协作关系，游客与农家乐住宿的利益关系，增进设计师与村民的交流。

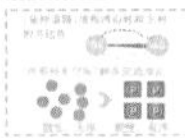

增加村庄中北侧两条道路，既可以将中间原有的果树采摘可达性增强，也增强了对外开放性。
整合内部停车空间，将集中停车设置于多节点处，在内部形成完整、安全的空间。

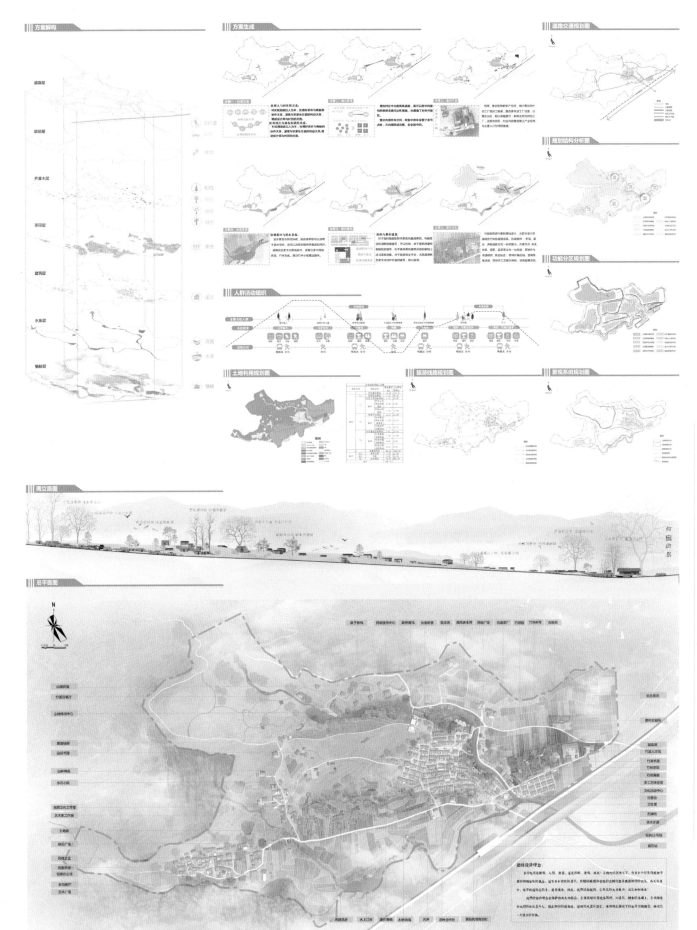

梳理、整合现有的生产空间，统计现状茶叶加工厂的加工容量，整合茶叶加工厂位置，以整治为主，配以景观提升，拆除北侧石材加工厂，还原为茶田，村庄内部整合第三产业空间与主要入口空间相连接。

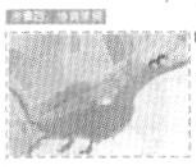

协调茶田与溪水景观：
溪水景观与茶田协调，休憩凉亭既可以游憩于溪水空间，也可以为茶农提供休憩遮阳场所。
凝真观历史文化景观区内，要着重注意与周边茶田、竹林关系，通过竹林小径增加趣味。

组织与整治建筑
对于临时搭建的影响景观风貌效果的，特别是蓝色顶棚搭建建筑，予以拆除；对于建筑质量特别破败的建筑，在不破坏原有建筑风貌的基础上适当置换功能。对于院落残全不全，尤其是具有历史文化保护价值的建筑，加以修缮。

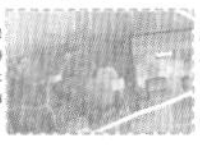

对凝真观进行景区路线设计，北部玉皇大帝庙结合竹林形成游览区，形成参拜、祈福、展示、讲经道教文化一站式展示。次要节点，采茶、炒茶、品茶、品茶茶文化一站体验，茶制作与茶道研究，策划庙会：祭拜祈福活动、信俗活动、民俗手工艺展示体验、游客游览活动。

人群活动组织

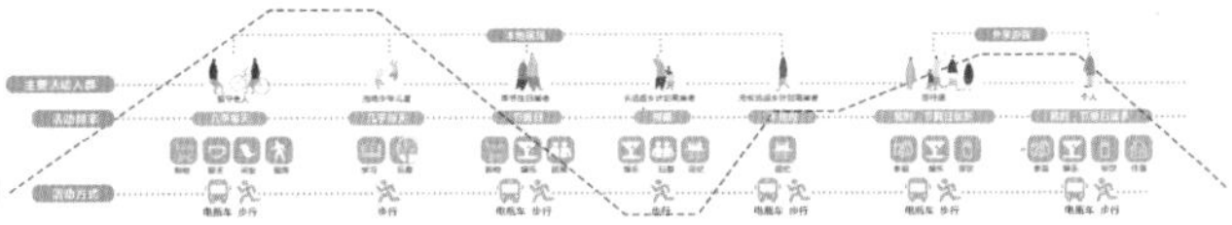

道路交通规划图

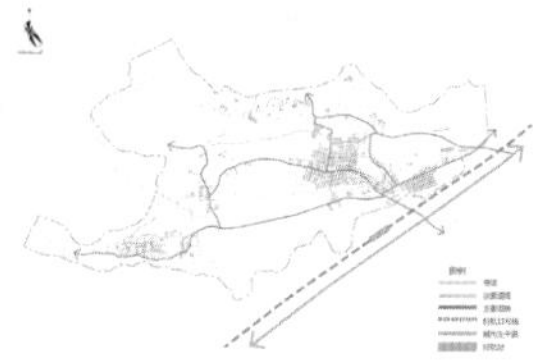

规划结构分析图

功能分区规划图

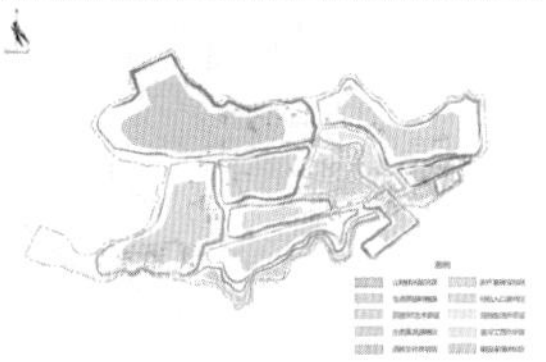

土地利用规划图

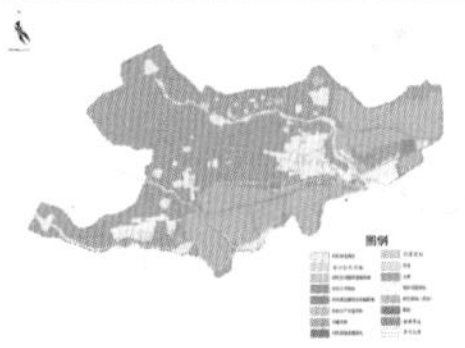

用地代码		用地名称		用地面积（hm²）	人均用地面积（m²）
V		村庄建设用地		[illegible]	[illegible]
其中	V1	村民住宅用地		[illegible]	[illegible]
	V2	村庄公共服务用地		[illegible]	[illegible]
		其中	村庄公共服务设施用地	[illegible]	[illegible]
			村庄公共场地	[illegible]	[illegible]
	V3	村庄产业用地		[illegible]	[illegible]
		其中	村庄商业服务业设施用地	[illegible]	[illegible]
			村庄生产仓储用地	[illegible]	[illegible]
	V4	村庄基础设施用地		[illegible]	[illegible]
		其中	村庄道路用地	[illegible]	[illegible]
			村庄交通设施用地	[illegible]	[illegible]
			村庄公用设施用地	[illegible]	[illegible]
N		非建设用地		[illegible]	[illegible]
其中	[illegible]	水域		[illegible]	[illegible]
	[illegible]	坑塘		[illegible]	[illegible]
	[illegible]	农林用地		[illegible]	[illegible]
总计				[illegible]	

旅游线路规划图

景观系统规划图

青岛理工大学　终磬破寂　漫步茶海　游居庙石

南立面图

总平面图

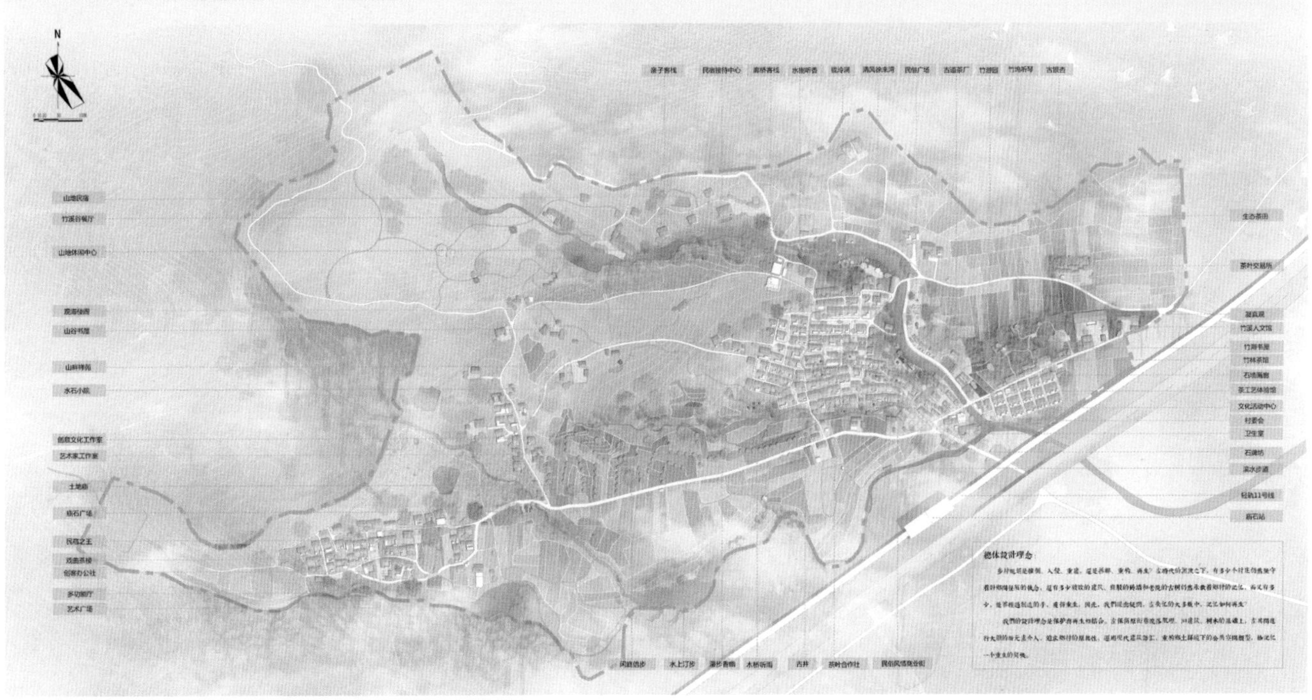

總体設計理念

乡村究竟是繁荣、入侵、重建，还是新生？在时代的洪流之下，有多少个村庄仍然坚守着对乡间生活的执念，还有多少破败的建筑、斑驳的砖墙和老旧的古树仍然承载着乡村的记忆，而又有多少，能够被创造的手，重获新生。因此，我们提出疑问：在失忆的大多数中，记忆如何再生？

我们的设计理念是保护与再生相结合。在保留原有的村落肌理、建筑、树木的基础上，进行大胆的新元素介入，追求乡村的原真性，运用现代建筑语汇，重构乡土环境下的公共空间模型，给记忆一个重生的契机。

村庄安全
——青岛滨海典型乡村规划设计

市政工程规划

电力设施规划

排水设施规划

给水设施规划

环卫设施规划

公共服务设施规划

建筑单体改造

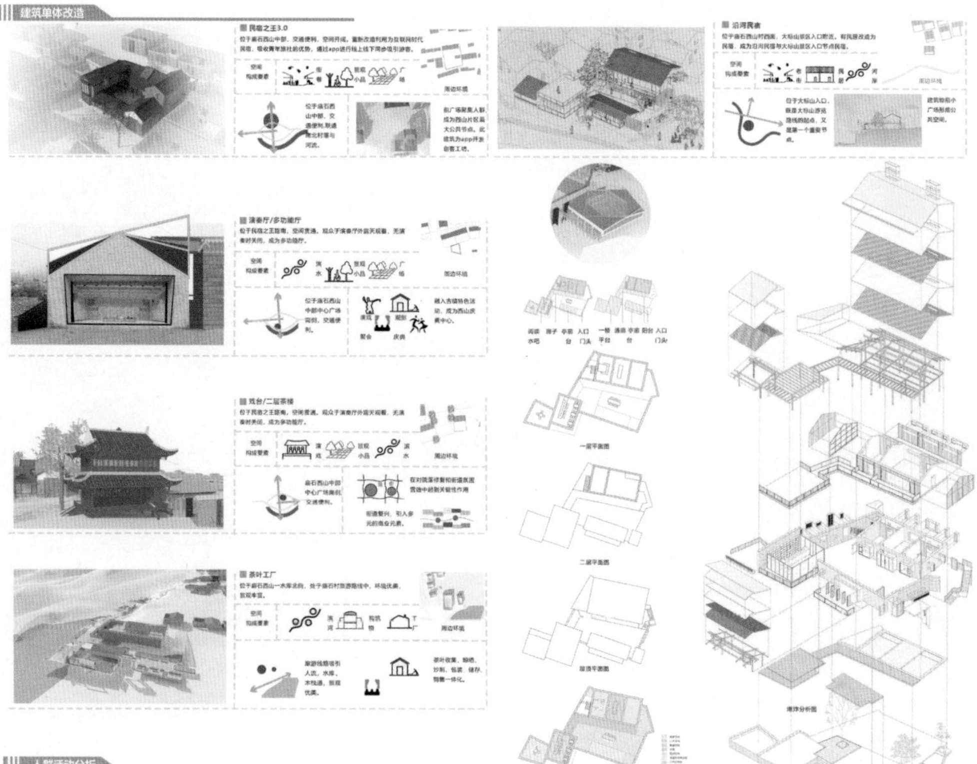

人群活动分析

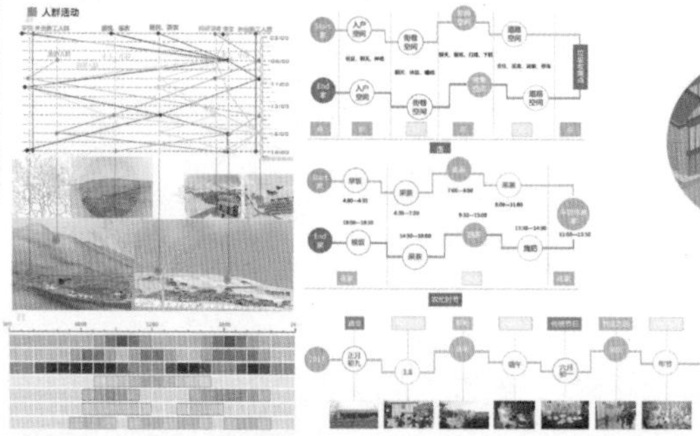

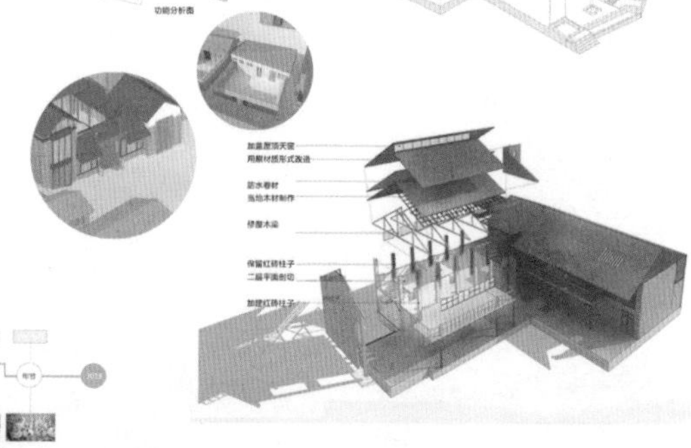

鸟瞰图

现状建筑分析

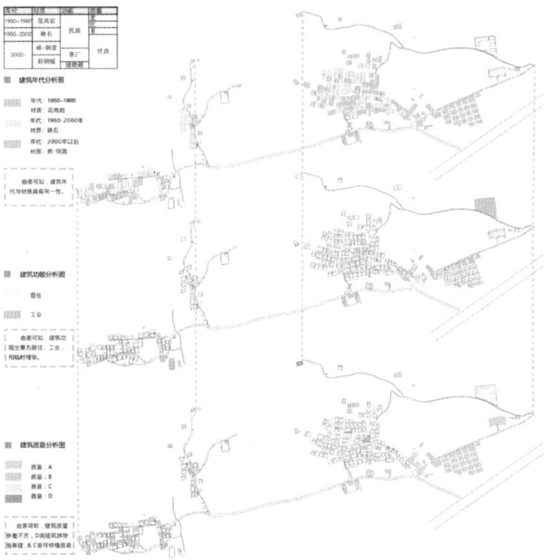

建筑更新策略

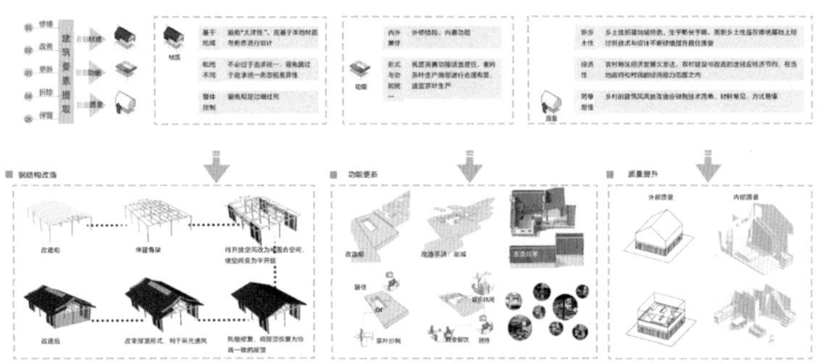

建筑改造导则

1尊重尊重历史
在乡村之中，不同年代的房子，代表着不同时期的历史变革，有不可割舍的文化底蕴。应避免建筑语汇异质化——欧式、官式、异地形式，避免建筑高层化。
2赋予新功能
随着时代的发展，传统建筑的功能要多元化，以满足现在人们的需求。
3增加一些软性装饰
乡村建筑风貌改造，可以增加一些软性装饰，营造一种农村的生活场景，带动场景的氛围。
4强化现代感
要在尊重传统的基础上，增加一些新元素，新符号，新功能，将传统元素与现在元素相结合。

色彩控制规划

单体民居平面改造

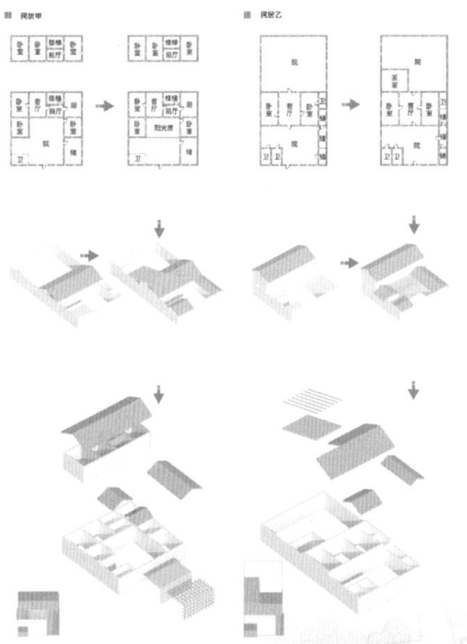

民居特色材质提取

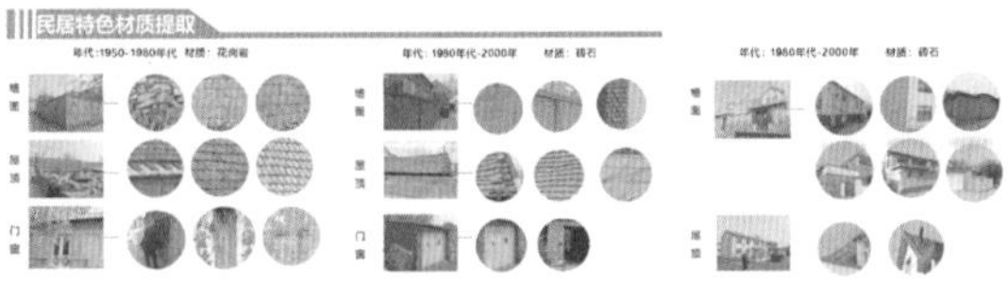

民居类型分析

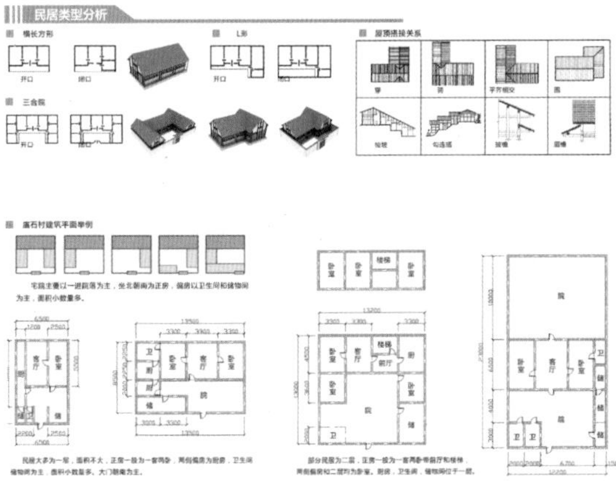

宅院主要以一进院落为主，坐北朝南为正房，偏房以卫生间和储物间为主，面积小数量多。

民居大多为一层，面积不大，正房一般为一客两卧，两侧偏房为厨房，卫生间储物间为主，面积小数量多，大门朝南为主。

部分民居为二层，正房一般为一客两卧带餐厅和楼梯，两侧偏房和二层均为卧室，厨房，卫生间，储物间位于一层。

建筑设计手法

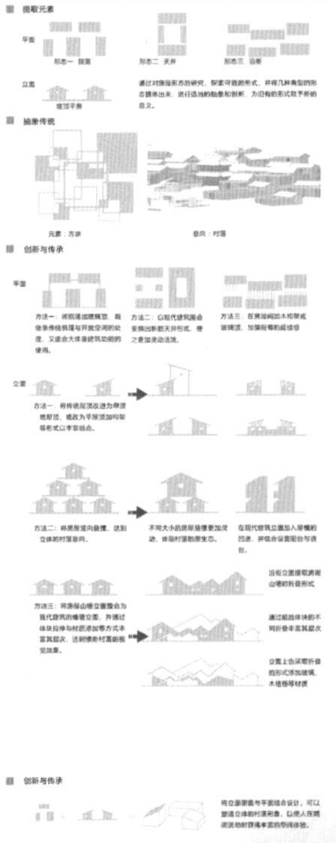

通过对房屋形态的研究，探索可能的形式，并将几种典型的形态提炼出来，进行适当的抽象和创新，为旧有的形式赋予新的意义。

现状片区特征

西山片区规划思路

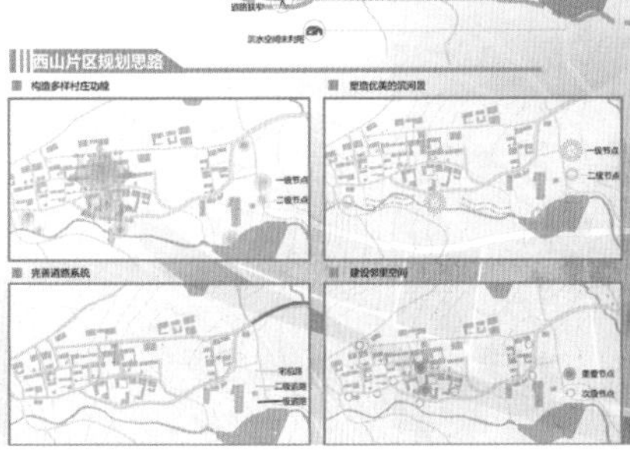

西山总平面放大图

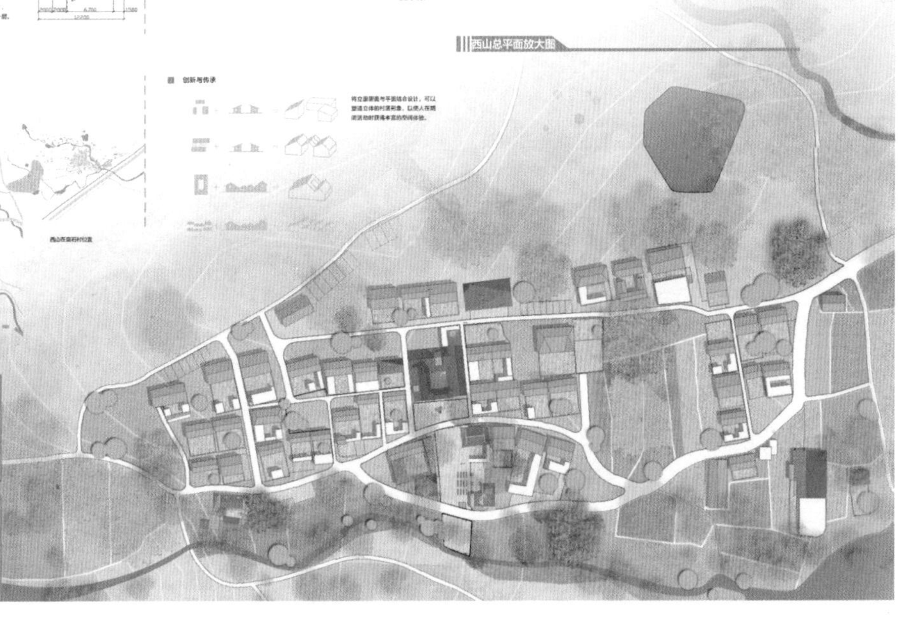

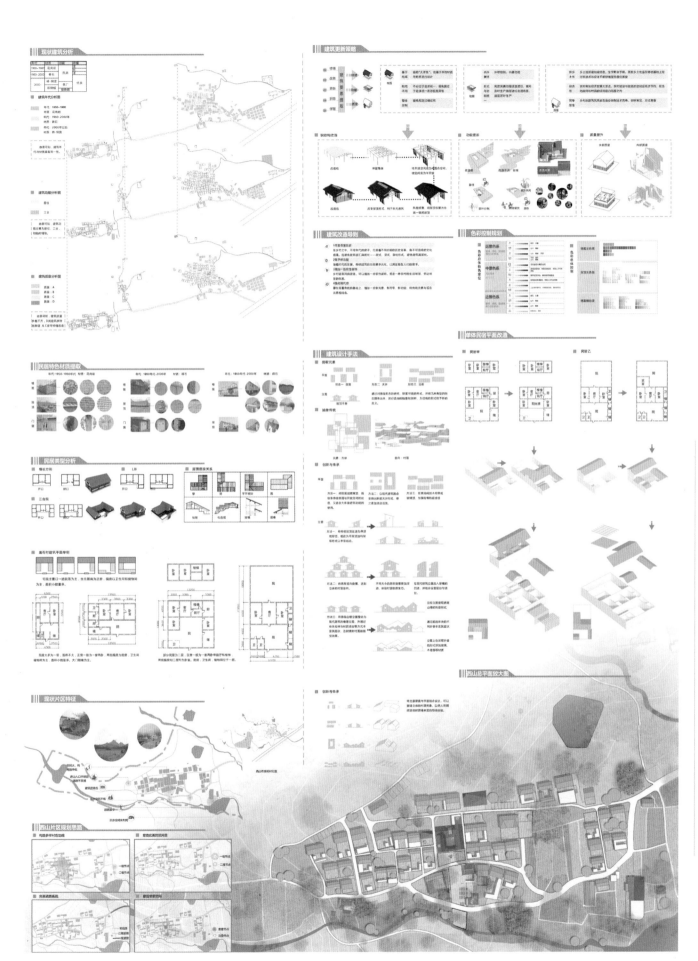

村庄安全

——青岛滨海典型乡村规划设计

基地现状

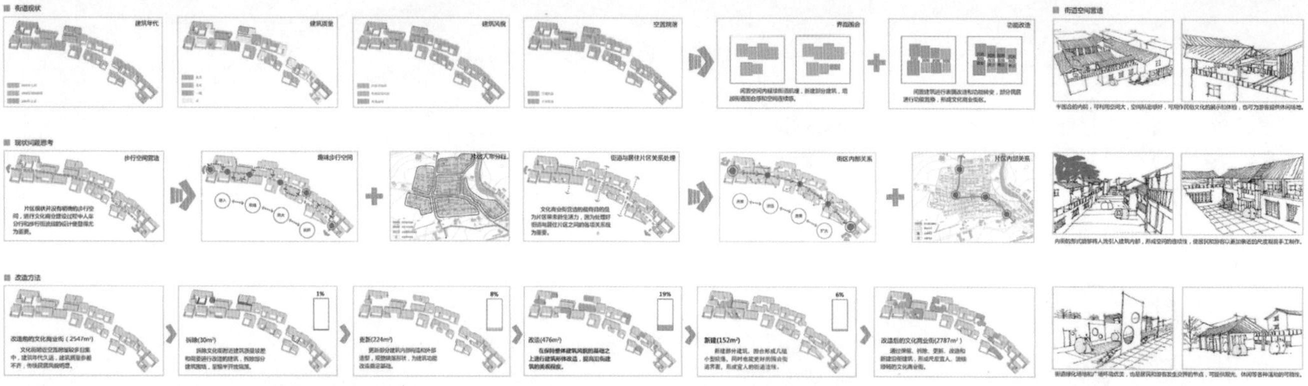

生活空间营造

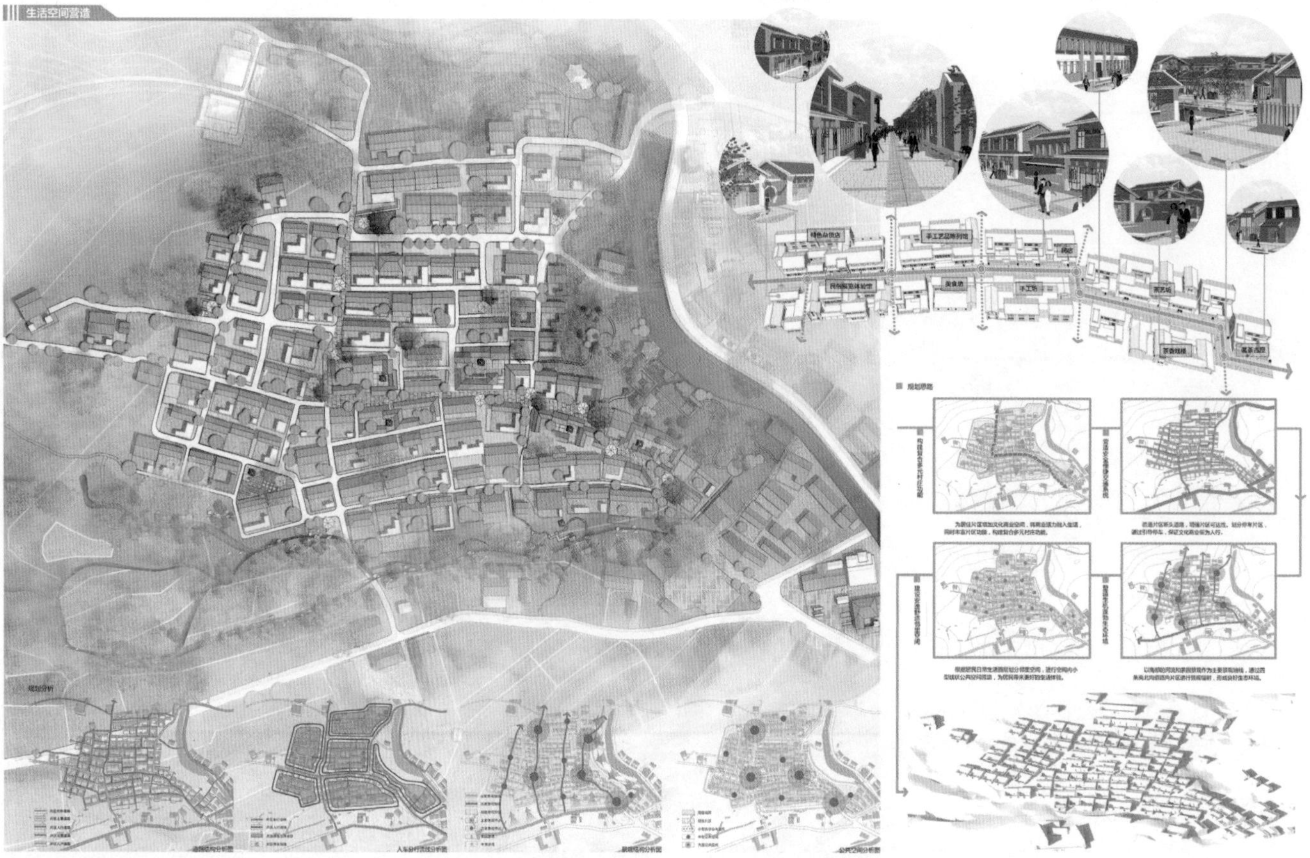

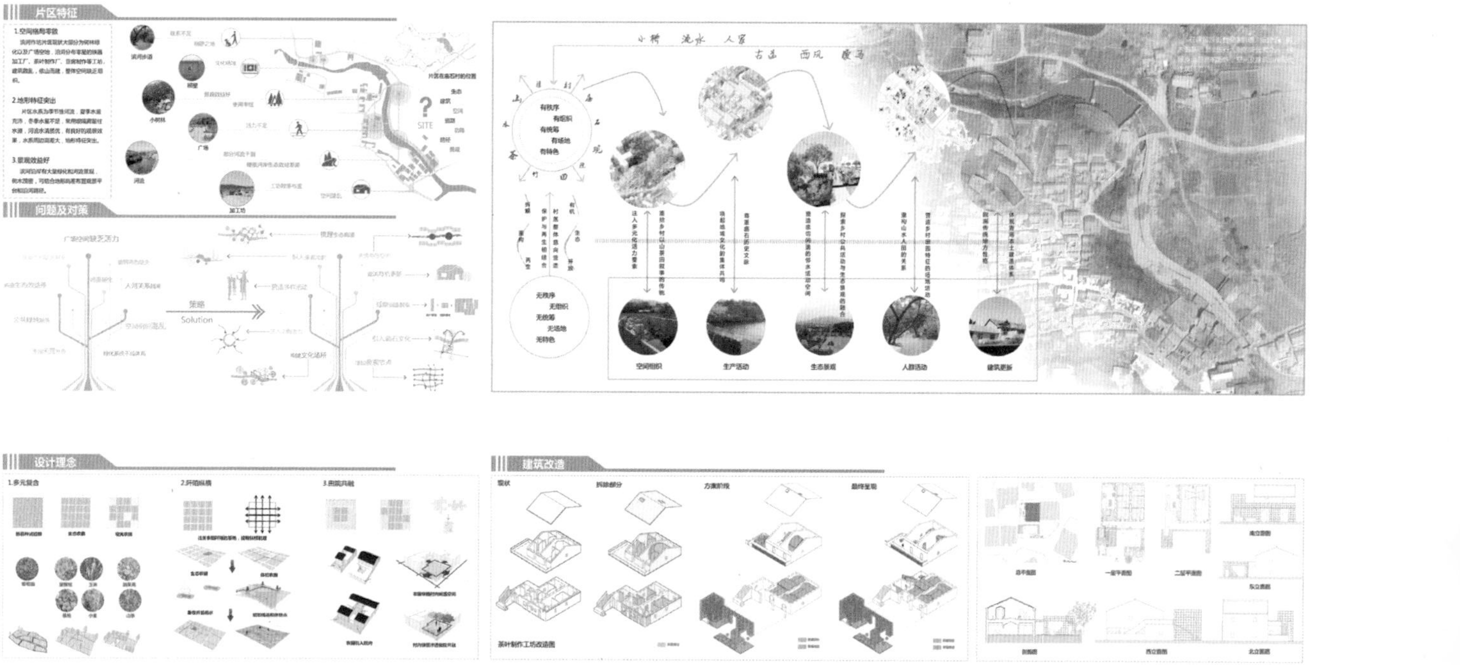

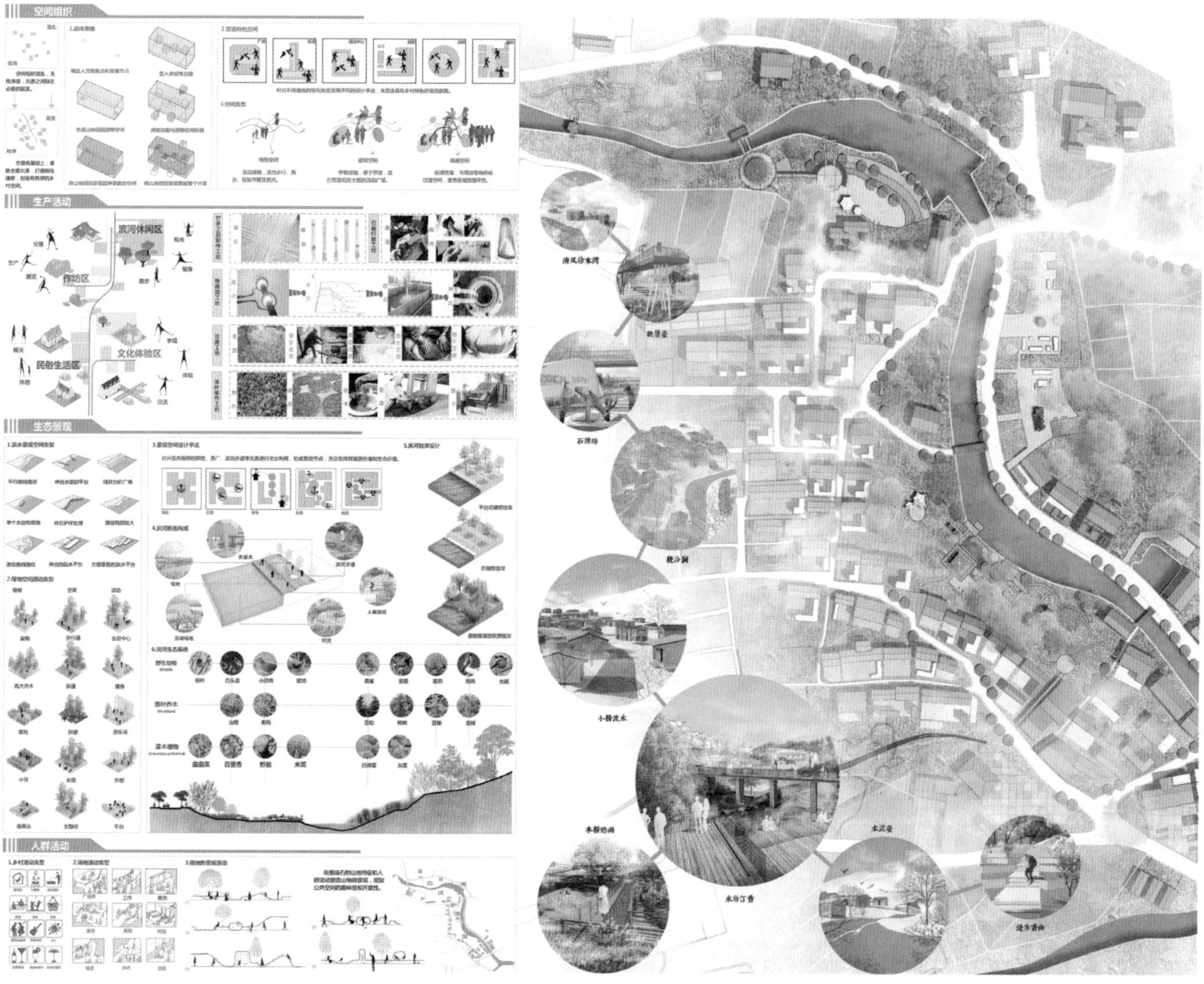

青岛理工大学 终磬破寂 漫步茶海 游居庙石

村庄安全

——青岛滨海典型乡村规划设计

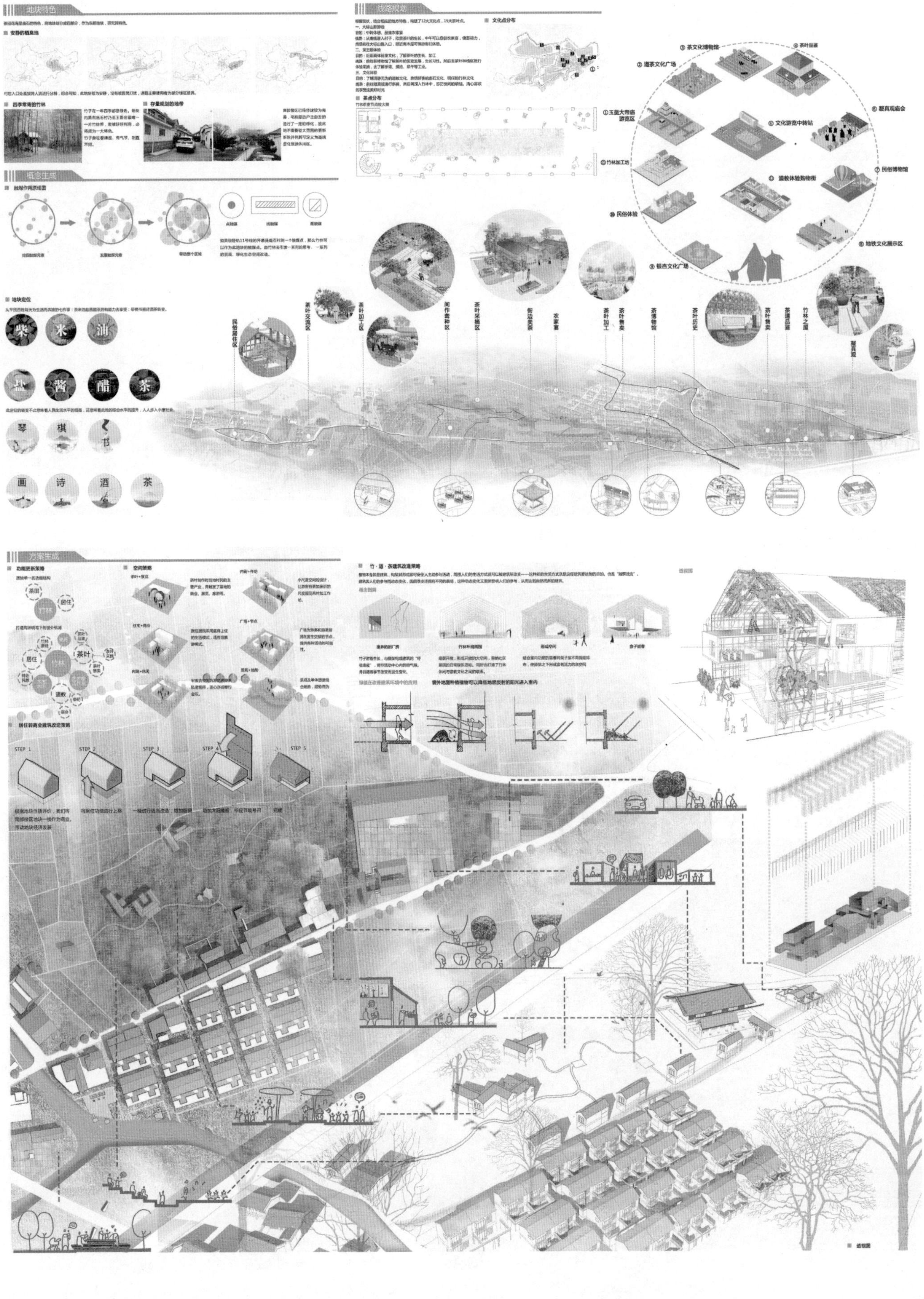

城乡规划学
王维玮

转眼间毕业设计已经结束，历时一百多天。回想起开始时田老师说的，也许这是我们这辈子做的最不受约束的一次设计了，当时听了心里非常伤感，但也充满了期待。第一次感觉项目合作的重要性，我们每个人都在做自己所擅长的部分，效率非常高，开开心心地就这样度过了紧张的20天。在小组合作中，五个小伙伴开玩笑地说是三个甲方、两个乙方，女生想法和对图纸要求比较严格一些是甲方，男生的画图速度会更快一些就是乙方，于是就开启了甲方催乙方画图并提出一系列改进意见的画面。作为一个即将踏入社会的毕业生，我一定要坚持自己的初心，跟着感觉走，紧握梦的手，做安居乐业规划。感谢各位老师的辛勤付出，希望青岛理工大学的明天会更好，在庙石村漫步茶海、游居庙石的美好愿景早日实现。

城乡规划学
王婉璐

毕业设计从青岛庙石村开始调研，到武汉华中科技大学进行最终答辩，这是我第一次接触乡村规划，发现乡村有着不同于城市的独特魅力。这次毕业设计是对我大学规划生涯的一次总结，过程虽然有许多艰辛，但是通过和同学们的共同合作，学到了很多知识，更懂得一个团队中成员的通力合作对最终成果呈现的重要性。五年大学规划生活悄悄落下帷幕，悠悠五载，时光荏苒，而这次毕业设计算是这一路以来的完美句号，虽然过程还是有许多遗憾，但是值得回忆的是我们共同奋斗、共同进退的那些闪耀的日子，感谢这一路陪伴的可爱的人，青春不散，不说再见！

城乡规划学
张璐瑶

三个月的时间，一千公里的路程，似乎都不足以来形容毕业设计。开始的纠结，中途的迷茫，一切似乎还在昨天。困难终于在团队协作下迎刃而解，图纸也在日日夜夜的努力中问世，纵使结果差强人意，也算是韶华不废、努力不负。

文化安全与文化传承，是我兴趣所在，也是我毕业设计的主要研究方向。第一次接触村庄的项目，起初有对于村庄和城市的各种界限模糊的困惑，听别人所长，颇有感触。文化设施建设留得住游客，唤得起乡愁固然重要，但更应融入生活，实现文化的“活态传承”。几经努力，仍未透彻，但也颇有收获，为日后深入学习找到了一定的方向。感之为大学之末、收获颇多，谢之为人生之始、砥砺前行。纵使前路漫漫，也必以此为鉴，不忘初心，勇往直前。

城乡规划学
张云涛

总以为大学时光过得很慢，一转眼，做完这个毕业设计，自己已经不再是本科生了！三月初我们集合在庙石村，开始的我们，一脸陌生，因为共同谋划一个村而相知相会。初次调研合作非常愉快，并得到其他三所学校老师的指导，学到调研的更多思考方法。中期和末期汇报在老师的帮助及指导下不断完善，五个组员也从意见不一到最终意见统一、敲定方案。六月六号，我们来到武汉，这最后一天，我们又遇到了框架梳理乱的问题，最终我们团结一致，共同探讨，解决了问题，第二天答辩惊艳全场！

结束了毕业设计就到了分别的日子。我们在提高技能的同时，最大的收获莫过于交到了其他三所学校的朋友。路漫漫其修远兮，在规划的道路上，愿朋友们大展宏图，我也将为自己的规划上下求索，争取学到规划的精髓！

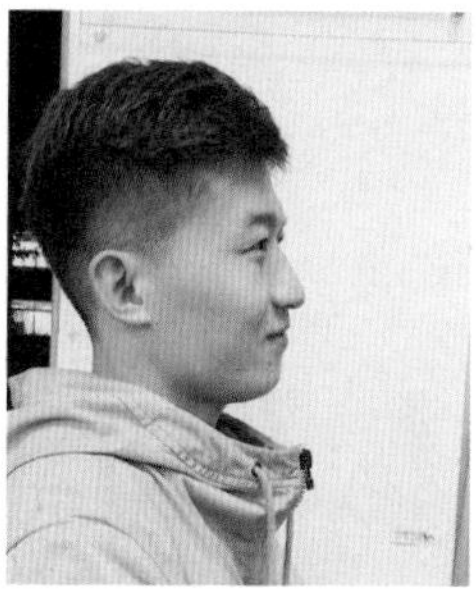

城乡规划学
韩楚童

从本次四校联合毕业设计中，我受益良多。前期由于研究生备考，错过了第一次的调研，未能与老师、同学一同交流是一遗憾。于是后期又补充调研多次，在大学生活中从未如此细致地对一个城市或村庄进行过了解，这将是我未来细致认真调研的一个标杆。在后期组员一起完成成果时，每位成员各具优点，有的认真细致，有的思路清晰、抓大放小，有的对图纸质量高要求，到处有值得我学习之处。另外，四校老师们的指导，四校同学们的友谊，都是无比宝贵的财富。希望能不断提升自己，为下一片更好的蓝天继续打拼！

庙石村乡村规划设计

华中科技大学 Huazhong University of Science and Technology

参与学生：张恩嘉　陈　永　肖雨萌　文晓菲　蒋睿捷
指导教师：贾艳飞　洪亮平　罗　吉

教师释题：

2018年初春，我们“全国四校乡村联合毕业设计”的庙石小分队来到坐落在这青岛山海之间的美丽村落。莽莽黄海，寒波澹澹，巍巍崂山，青石莽莽，庙石村在海侧山脚静静地等候我们这些莽撞的客人。为乡村做规划，我们既有“执手画笔写江山”的自信，也有“言有物，行有格”的谨慎，仔细踏勘，认真分析、相互因借，在四校共同努力的基础上诠释自己的视角。

如我国其他乡村一样，庙石村是青岛近郊的普通村落，其面对的发展问题有其普遍性，也有其自身的特殊性。有远海近山自身自然条件的制约、小农经济产业发展的瓶颈，人口老龄化和空心化的挑战，文化特征的消失、社会组织方式的湮灭，景点资源的匮乏等问题，也有新地铁贯通且靠近站点带来的区位优势、旅游业蓬勃发展的趋势、张家河组团区域的整体定位、周边区域整合核心的优势，我们在“村庄安全”的整体概念下，解读村庄的历时性过程和现时态趋势，从人口结构导向下居住模式更新、面向乡村留守群体的在地性公共空间营造、文脉导向下地域精神重构、水安全导向下的滨水景观营造及交往复合空间视角下的交通空间干涉等子主题进行问题提出、对象研究、逻辑推演、空间建构和干涉评估等工作，本着“乡村在地性”的视角进行设计，既不脱离乡村空间营造的自身逻辑，又从发展的角度提出改良方向。

五个主题设计为健康庙石、安全庙石和美丽庙石提出一种内生逻辑的改良方法，是基于庙石村自身发展态势的综合判断的干涉方法。同时从人口、公共空间、自然空间、文化空间和交通空间的角度，应对乡村发展的新态势具有普适性，为其他类似乡村建构一种视角。在迅猛的城市化面前，不能紧盯着外部力量的“救济性”资源，更要从“扶元固本”的自身建构出发，兼顾自我乡村的优化、乡民的人文关怀和资源的溢出效应。从春到夏，庙石站人流熙熙攘攘，村落的炊烟袅袅依旧，但滚滚的历史车轮带着庙石村不停息，不知何往？希望我们的设计为庙石村提供一种发展的情景，为未来的发展提供一些思考的基础。

“串居”公社 人口结构演化导向的村庄居住模式更新设计

Chained Commune

人口结构演化下的混居模式

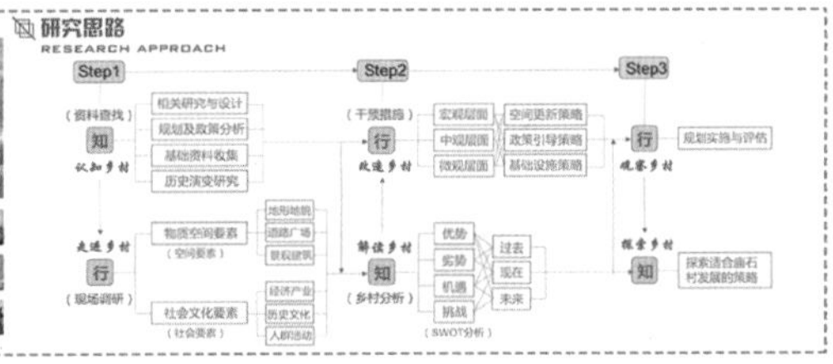

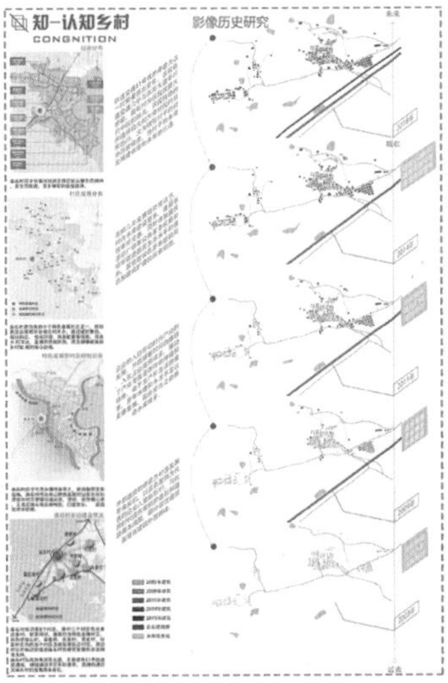

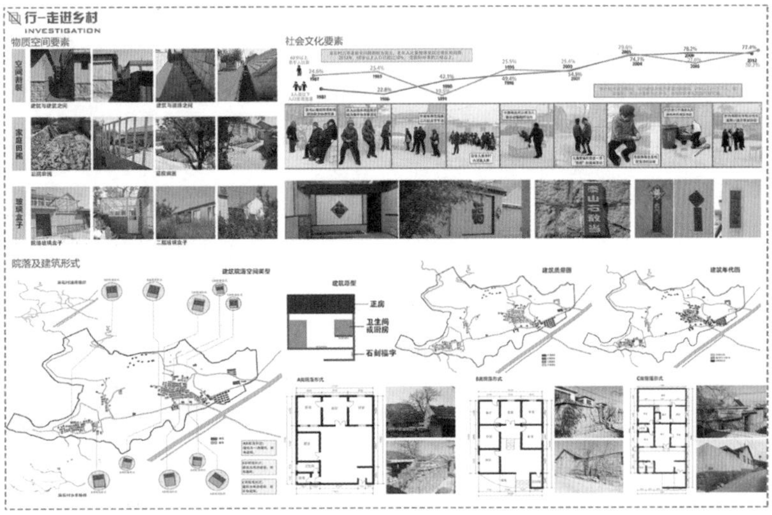

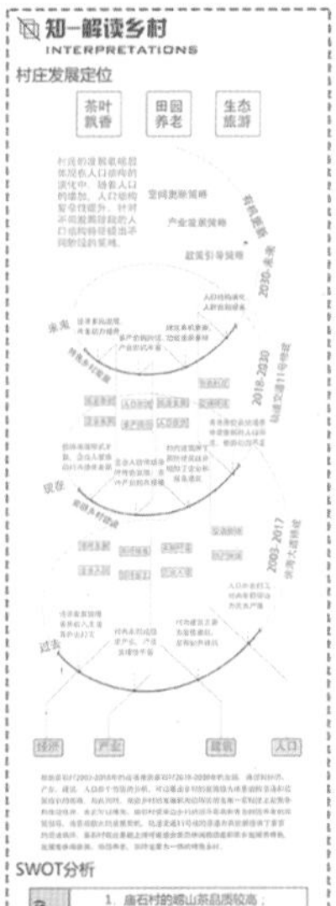

SWOT分析

优势 (Strength)	1. 庙石村的崂山茶品质较高； 2. 村内有多个茶叶加工厂拉动经济； 3. 村内受教育程度高的人逐年增加； 4. 村内民风朴素，文化突出； 5. 各类服务设施基本完善。
劣势 (Weakness)	1. 庙石村基础设施欠缺； 2. 劳动力流失，村内老龄化严重； 3. 部分建筑质量较差； 4. 村内绿化不足。
机遇 (Opportunity)	1. 庙石周边村庄迁村并点； 2. 轨道交通11号线开通； 3. 青岛田园养老政策支持； 4. 崂山茶发展前景较好。
挑战 (Threat)	1. 产业提升与品牌打造； 2. 年轻劳动力的吸引； 3. 更新改造的持续性动力。

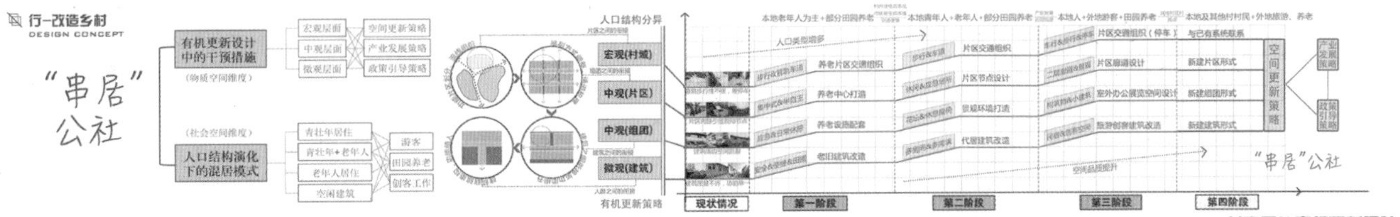

村庄居住空间更新设计

87

华中科技大学 庙石村乡村规划设计

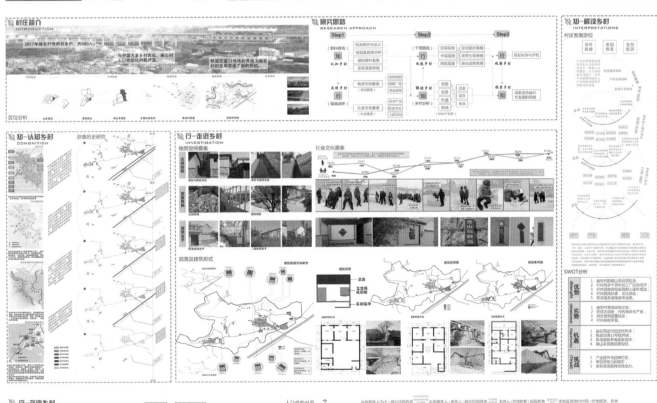

"串居"公社 人口结构演化导向的村庄居住模式更新设计
Chained Commune

有机更新中的空间干预措施

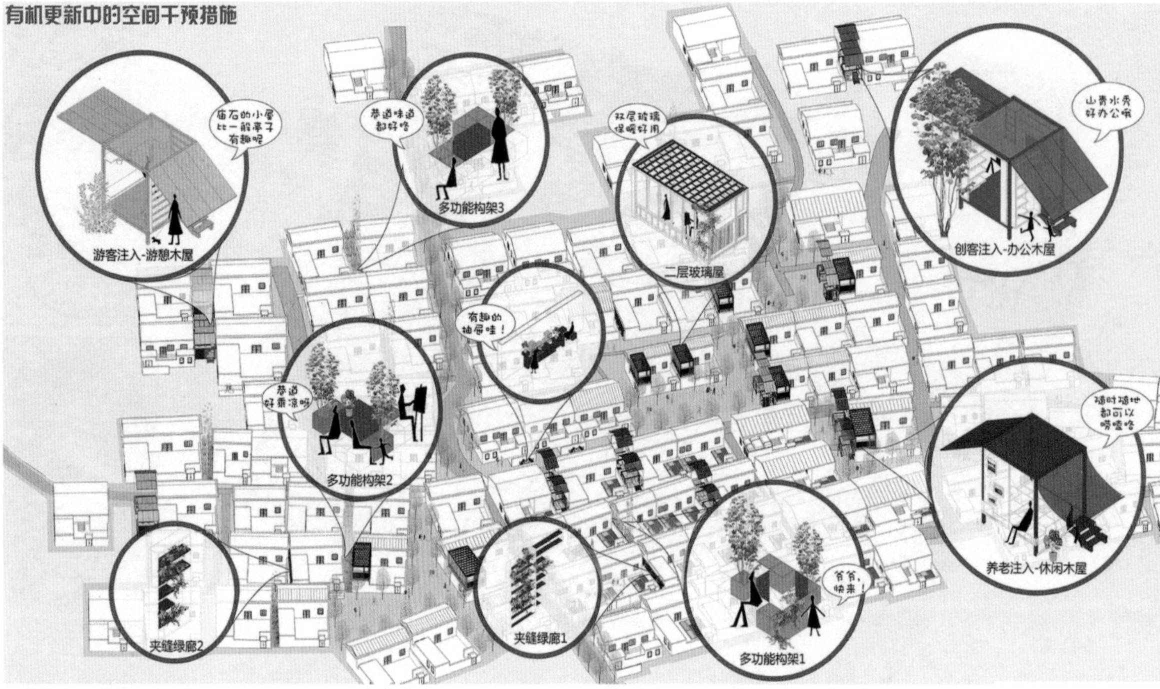

设计说明
DESIGN DESCRIPTION

在乡村振兴的现实背景及人口结构、有机更新的理论背景支撑下，本次设计以山东省青岛市崂山区庙石村为研究对象，探索人口结构演化导向下的村庄有机更新设计模式。

本研究设计秉承"知行合一"的乡村设计原则，将设计命名为"串居公社"，含义分为两层即人口结构演化下的混居模式及有机更新设计中的空间干预措施。通过对三个阶段知与行的探索、研究及设计，本文从空间更新、政策引导及基础设施方面提出庙石村村庄人居空间有机更新改造的设计策略。

具体而言，宏观村域层面采用"串道"的方式，划分功能片区、组织流线；中观片区层面采用"串联"的方式，调整排列方式、梳理通道；中观组团层面采用"串贯"的方式，衔接建筑之间的窄巷、提升功能；微观建筑层面采用"串户"及"串访"的方式，植入混居功能、重构建筑庭院。

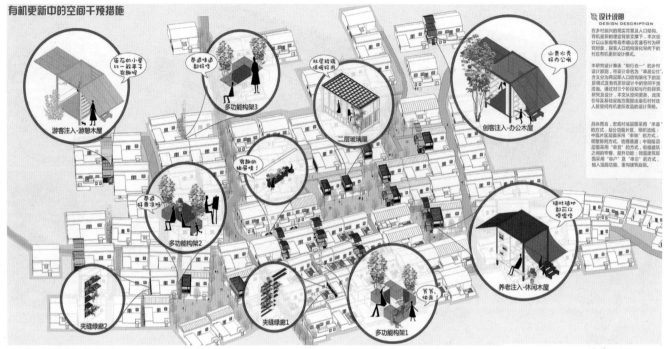

有庭、有院、有人家，有绿树、石墙、朱瓦
左邻右舍闲暇时光，串串门，拉拉家常……

院外家长里短

院内歇凉品茶

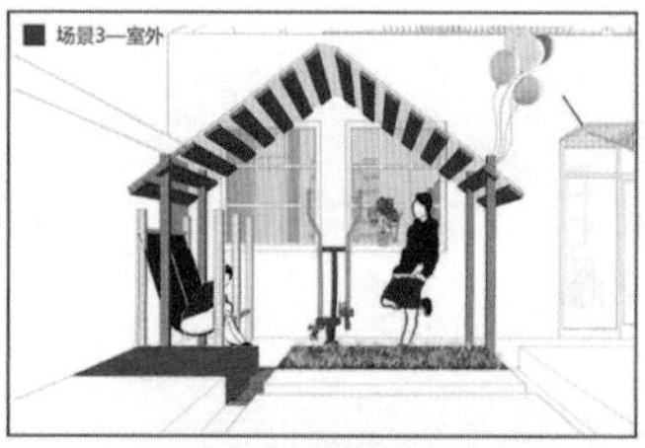

室外田圃种植

室内宜居畅享

宏观村域-功能片区划分与流线组织
CROSSING

按照人口结构演化趋势，划分为5个类别，分为5个片区，本次设计重点为中部村湾

调整道路等级，增加绿化空间，形成部分静态通道

中观片区-排列方式调整与通道梳理
ORGANIZATION

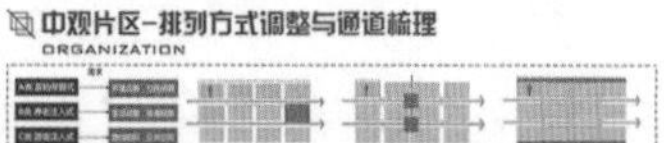

根据不同人群的需求，调整片区排列方式，并根据不同人群活动范围及区域梳理通道

中观组团-建筑之间衔接与功能提升
CONGNITION

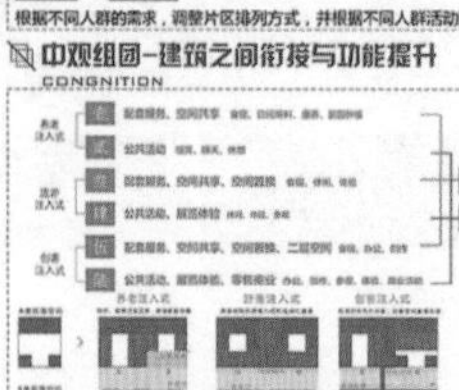

功能提升
根据养老注入式、旅游注入式及创客注入式的不同人群的需求，调整建筑空间及公共活动空间。空间类别的差异体现不同的空间片功能。

建筑之间衔接
根据现有三种院落空间和人口注入形式，改善建筑之间的衔接方式，提升建筑及其周边的功能特征。

总平面图
LAYOUT

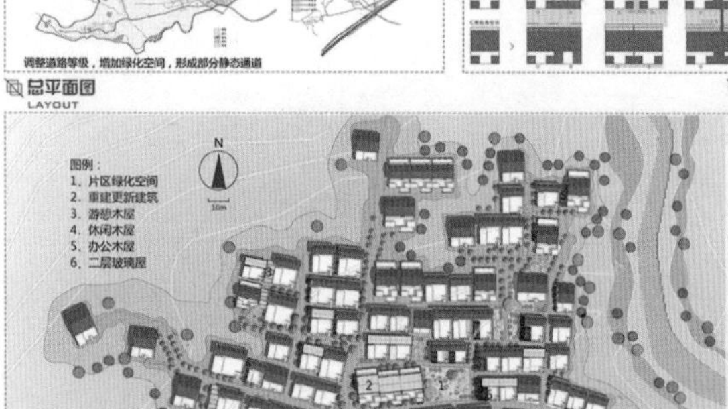

行-规划实施
IMPLEMENTATION

实施时序

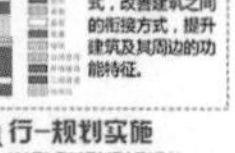

政策引导

基础设施

微观建筑-人口混居功能植入与建筑庭院重构
RECONSTRUCTION

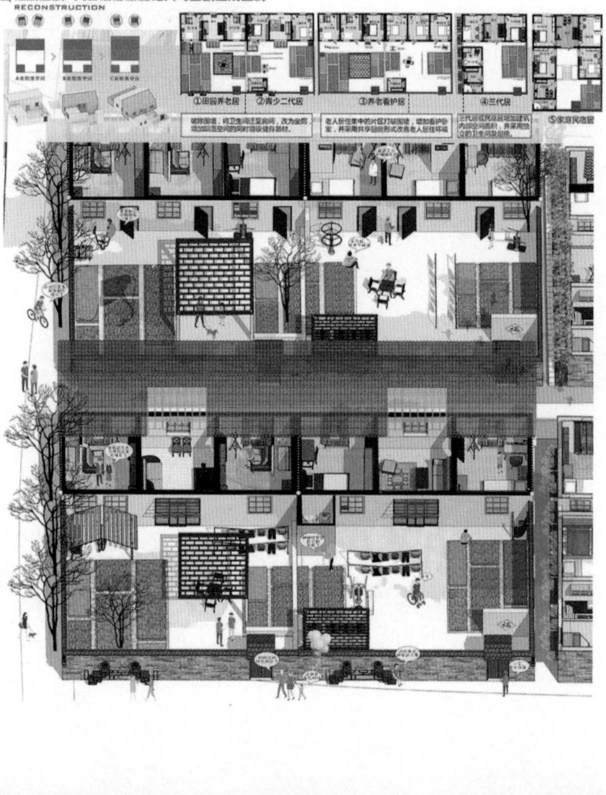

乡村生活发生器——面向乡村留守群体的在地性公共空间研究设计

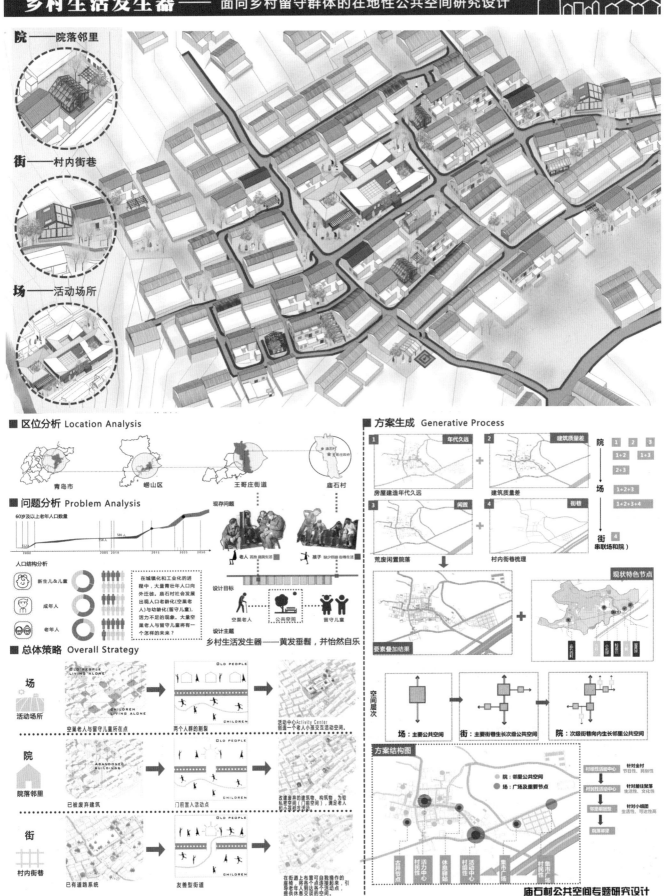

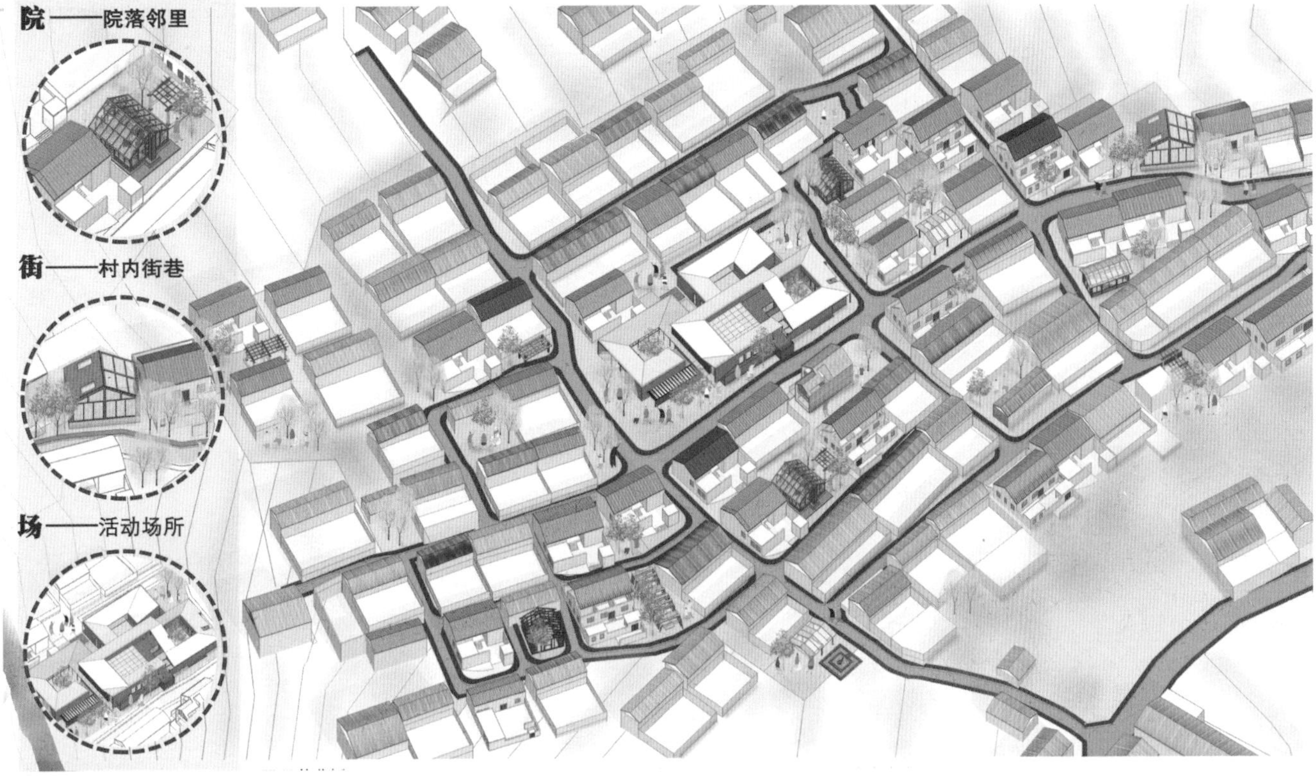

区位分析 Location Analysis

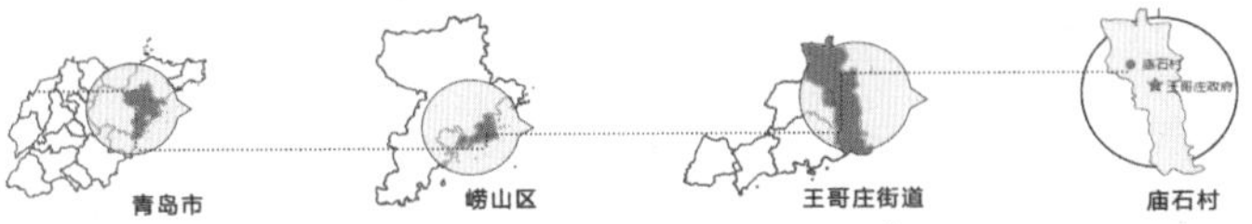

问题分析 Problem Analysis

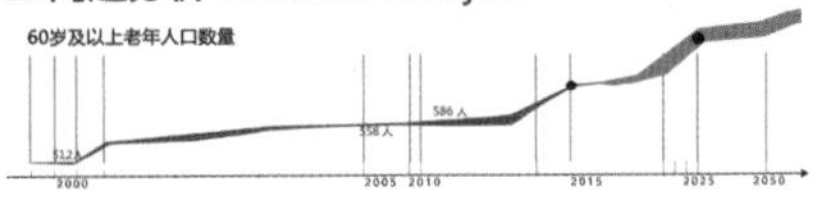

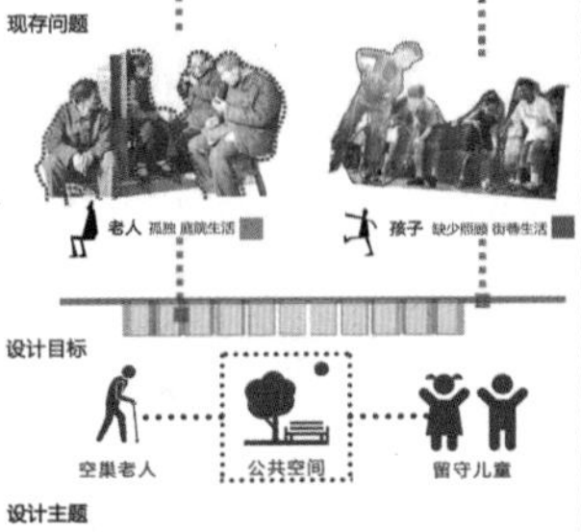

人口结构分析

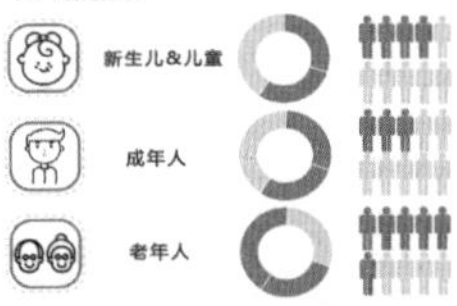

在城镇化和工业化的进程中，大量青壮年人口向外迁徙，庙石村社会发展出现人口老龄化(空巢老人)与幼龄化(留守儿童)，活力不足的现象。大量空巢老人与留守儿童将有一个怎样的未来？

乡村生活发生器——黄发垂髫，并怡然自乐

总体策略 Overall Strategy

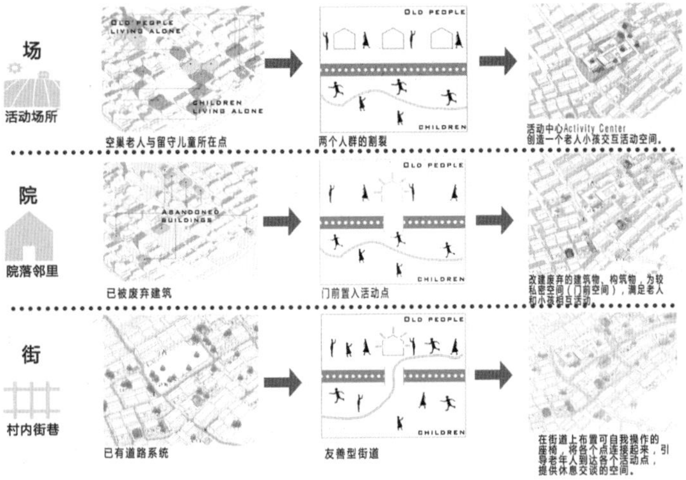

方案生成 Generative Process

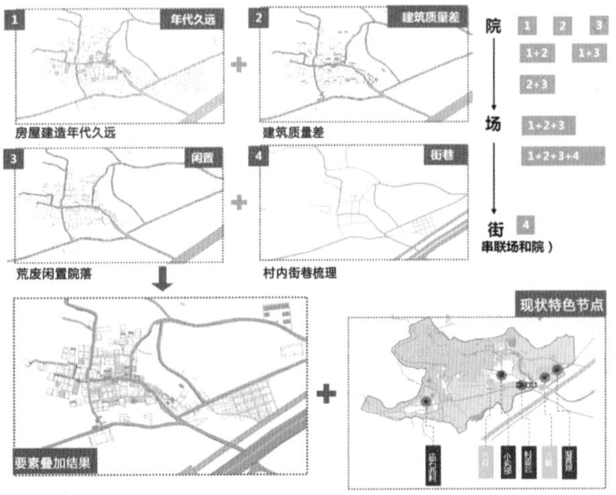

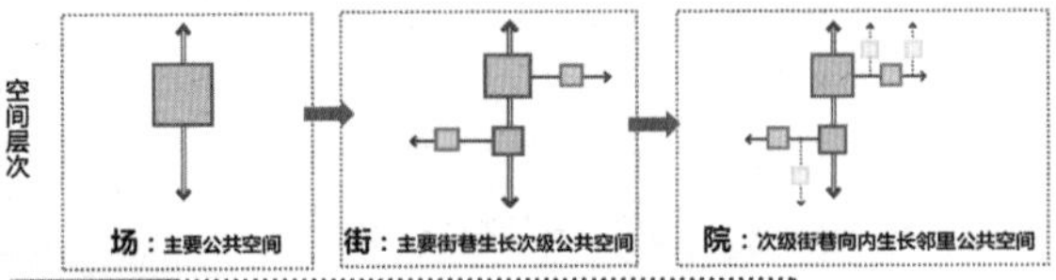

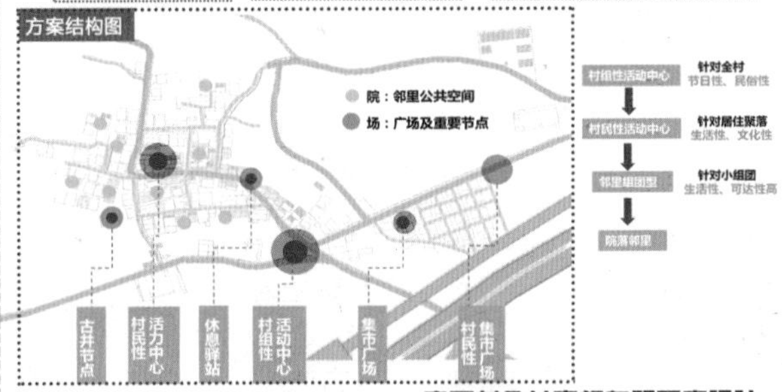

庙石村公共空间专题研究设计

乡村生活发生器——面向乡村留守群体的在地性公共空间研究设计

■ 人群活动分析 Activity Analysis

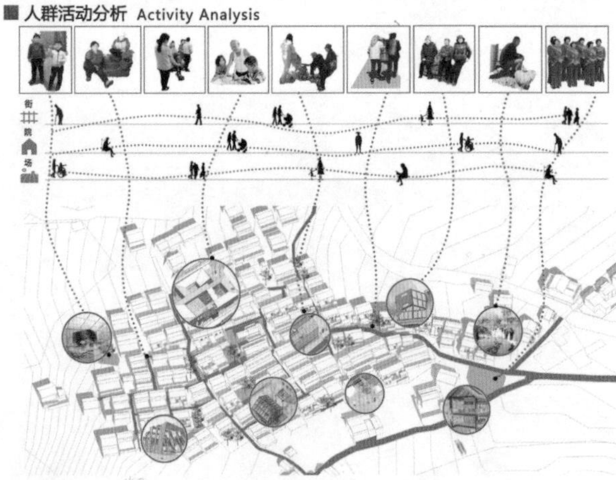

■ 村内街巷改造 Transformation Of Street

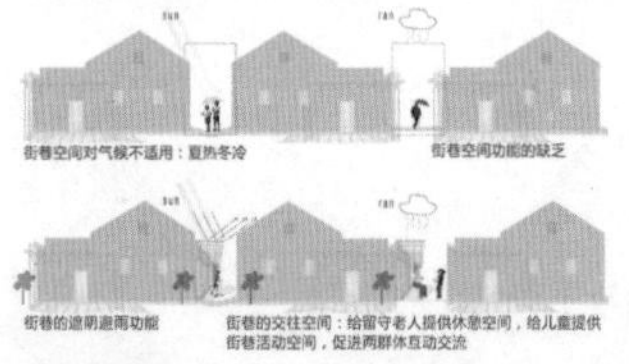

街巷空间对气候不适用：夏热冬冷
街巷空间功能的缺乏
街巷的遮阴避雨功能
街巷的交往空间：给留守老人提供休憩空间，给儿童提供街巷活动空间，促进两群体互动交流

■ 院落邻里改造 Transformation Of Yard

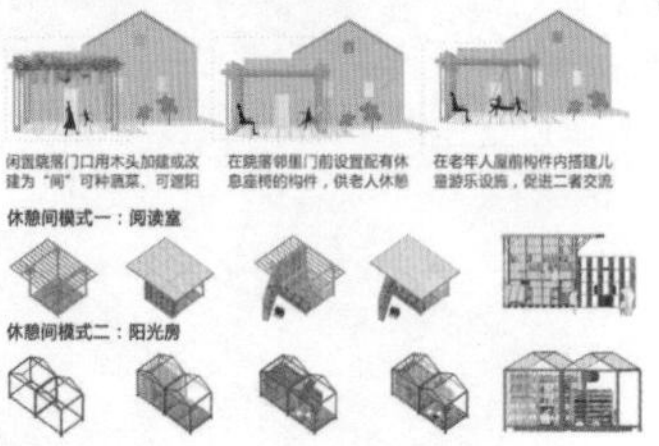

闲置院落门口用木头加建或改建为“间”可种蔬菜、可遮阳
在院落邻里门前设置配有休息座椅的构件，供老人休憩
在老年人屋前构件内搭建儿童游乐设施，促进二者交流
休憩间模式一：阅读室
休憩间模式二：阳光房

■ 节点模块单体构造 Module Construction

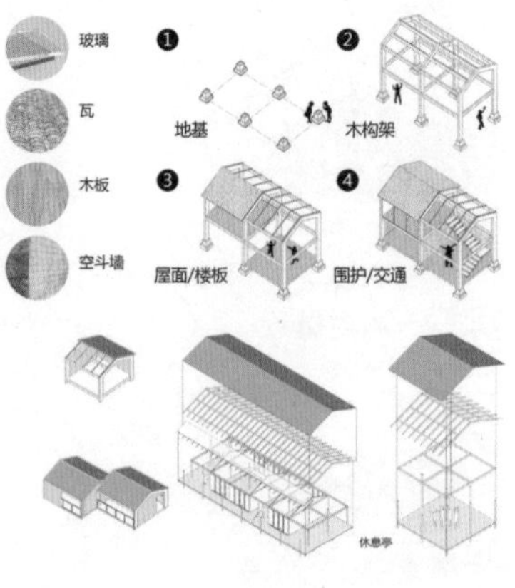

小卖部节点 村民活动中心设计

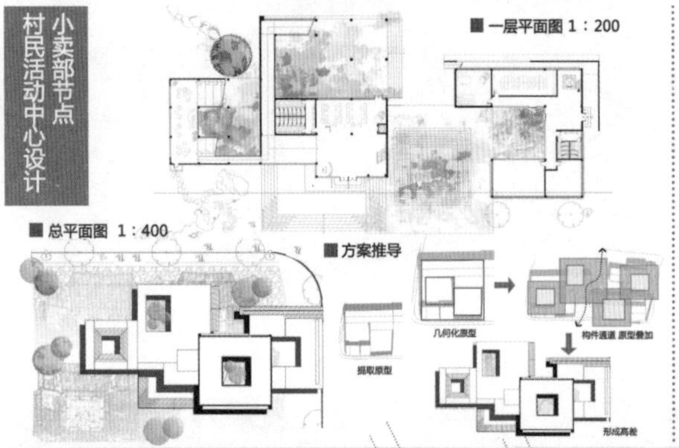

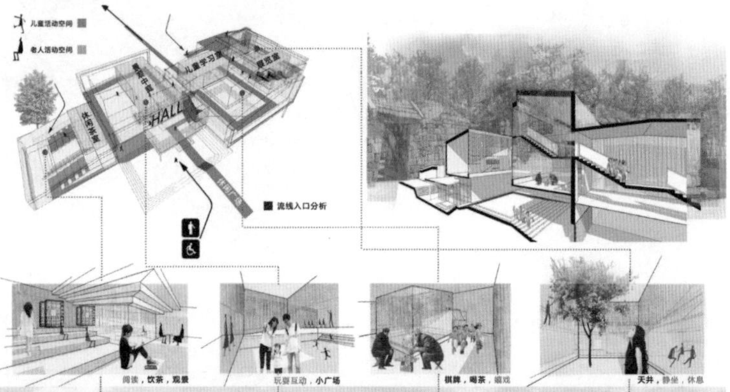

主题阐述

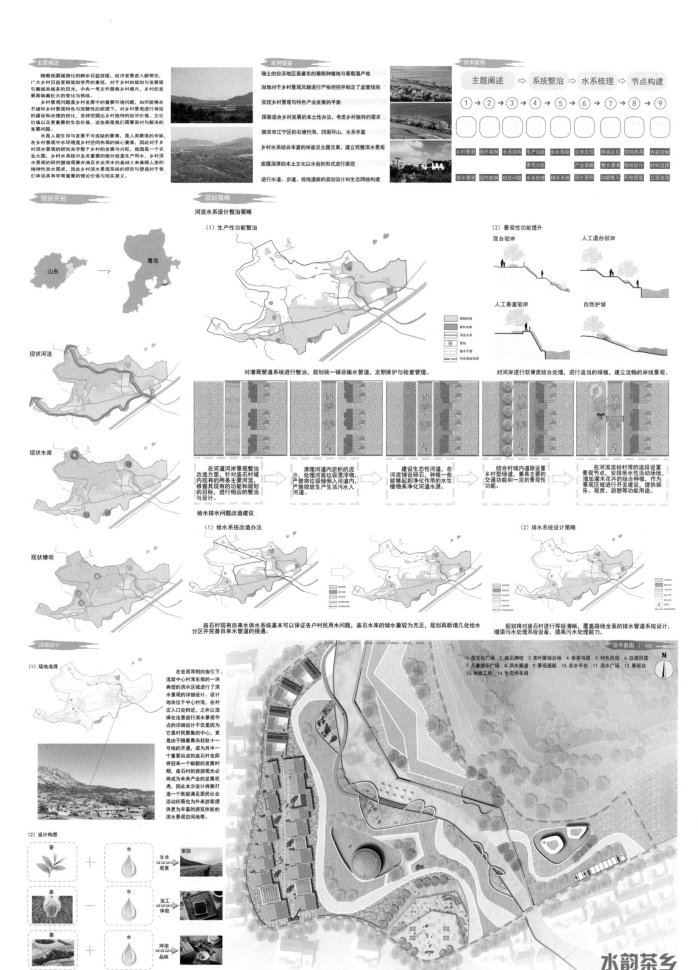

随着我国城镇化的脚步日益放缓，经济发展进入新常态，广大乡村日益受到规划学界的重视，对于乡村的规划与发展吸引着越来越多的目光，中央一号文件聚焦乡村振兴，乡村的发展面临着巨大的变化与挑战。

乡村景观问题是乡村发展中的重要环境问题，如何能够在不破坏乡村景观特色与完整性的前提下，对乡村景观进行有效的建设和合理的优化，怎样挖掘出乡村独特的经济价值、文化价值以及更重要的生态价值，这些都是我们需要面对与解决的首要问题。

水是人类生存与发展不可或缺的要素，是人类聚落的命脉，在乡村景观中水环境是乡村空间布局的核心要素，因此对于乡村滨水景观的研究关乎整个乡村的发展与兴旺，我国是一个农业大国，乡村水系统中至关重要的部分就是生产用水，乡村滨水景观的研究塑造需要在满足农业用水的基础上来兼顾人类的精神性亲水需求，因此乡村滨水景观系统的研究与塑造对于我们来说具有非常重要的理论价值与现实意义。

案例借鉴

瑞士的拉沃地区是著名的葡萄种植地与葡萄酒产地

当地对于乡村景观风貌进行严格把控并制定了监管措施

实现乡村景观与特色产业发展的平衡

探索适合乡村发展的本土性办法，考虑乡村独特的需求

南京市江宁区的石塘竹海，四面环山，水系丰富

乡村水系结合丰富的体验及主题元素，建立完整滨水景观

底蕴深厚的本土文化以水街的形式进行展现

进行水道、步道、视线通廊的规划设计和生态网络构建

技术路线

主题阐述 ⇨ 系统整治 ⇨ 水系梳理 ⇨ 节点构建

① → ② → ③ → ④ → ⑤ → ⑥ → ⑦ → ⑧ → ⑨

①	②	③	④	⑤	⑥	⑦	⑧	⑨
乡村景观	国外案例	水系结构	生产功能	供水系统	总体定位	明确定位	空间布局	色彩控制
			景观功能		产业策略	整合要素	场地设计	材料选择
滨水景观	国内案例	现状问题	水系梳理	排水系统	设计原则	功能植入	风格营造	立面改造

现状识别

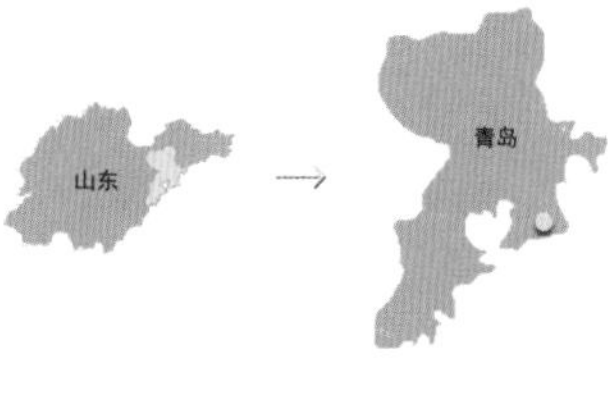

现状河流

现状水库

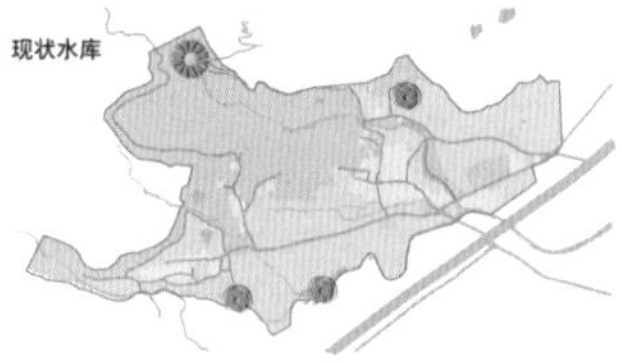

现状塘坝

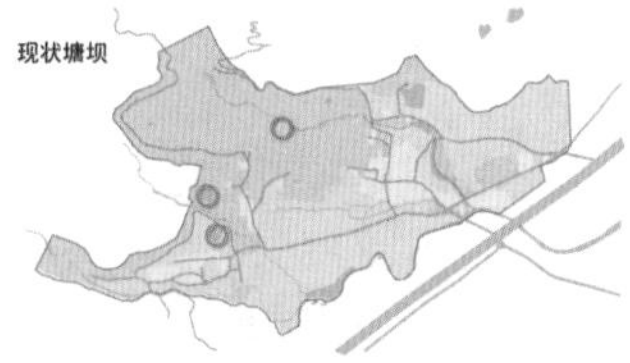

规划策略

河流水系设计整治策略

（1）生产性功能整治

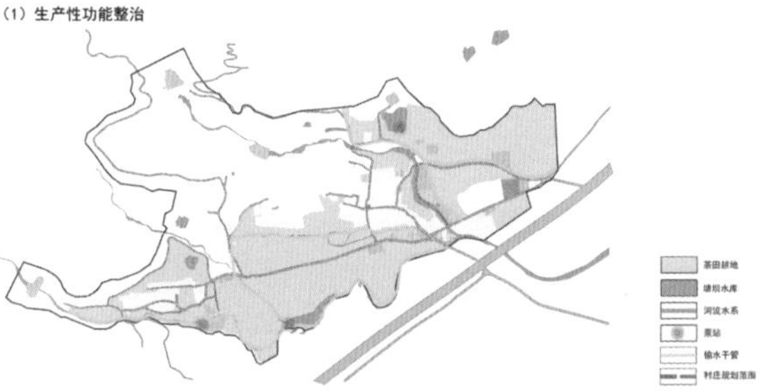

对灌溉管道系统进行整治，规划统一铺设输水管道，定期维护与检查管理。

（2）景观性功能提升

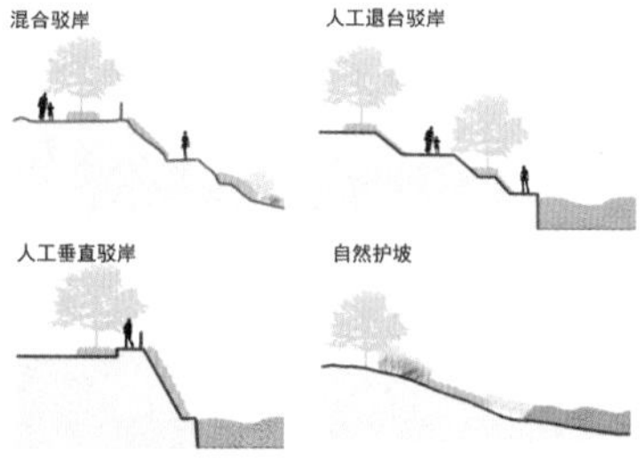

对河岸进行软硬质结合处理，进行适当的绿植，建立流畅的岸线景观。

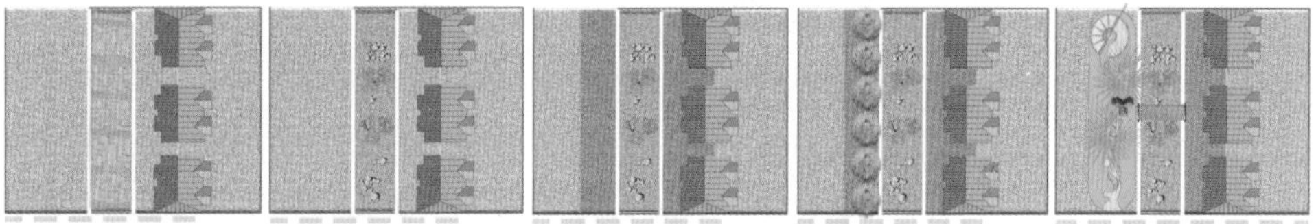

在河道河岸景观整治改造方面，针对庙石村域内现有的两条主要河流，根据其现有的功能和规划的目标，进行相应的整治与设计。

清理河道内淤积的泥沙，处理河面垃圾漂浮物，严禁将垃圾倾倒入河道内，严禁排放生产生活污水入河道。

建设生态性河道，在河底铺设碎石，种植一些能够起到净化作用的水生植物来净化河道水源。

结合村域内道路设置乡村型绿道，兼具主要的交通功能和一定的景观性功能。

在河流流经村湾的流段设置景观节点，安排亲水性活动场地，增加灌木花卉的组合种植，作为景观区域进行开发建设，提供娱乐、观赏、游憩等功能用途。

给水排水问题改造建议

（1）给水系统改造办法

（2）排水系统设计策略

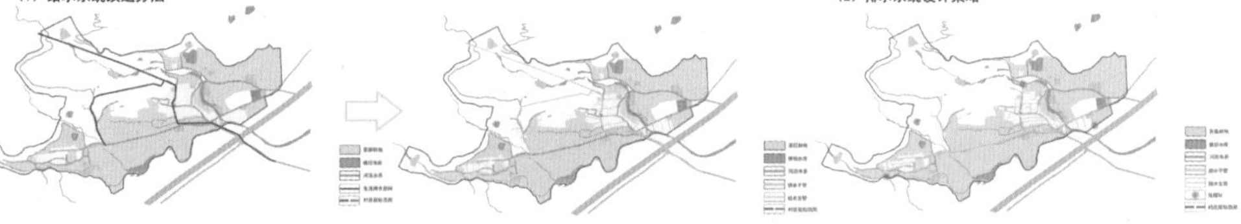

庙石村现有自来水供水系统基本可以保证各户村民用水问题，庙石水库的储水量较为充足，规划再新增几处给水分区并完善自来水管道的接通。

规划将对庙石村进行等级清晰，覆盖路线全面的排水管道系统设计，增添污水处理系统设备，提高污水处理能力。

详细设计

（1）场地选择

在宏观导则的指引下，选取中心村湾东部的一块典型的滨水区域进行了滨水景观的详细设计。设计地块位于中心村湾，在村庄入口处附近，之所以选择在这里进行滨水景观节点的详细设计不仅是因为它是村民聚集的中心，更是由于随着青岛轻轨十一号线的开通，成为其中一个重要站点的庙石村也即将迎来一个崭新的发展时期，庙石村的旅游观光必将成为未来产业的发展机遇，因此本次设计将要打造一个既能满足居民社会活动所需也为外来游客提供更为丰富的游览体验的滨水景观空间地带。

（2）设计构思

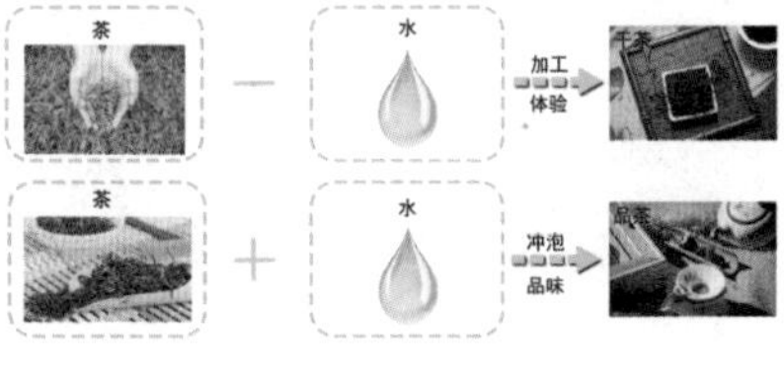

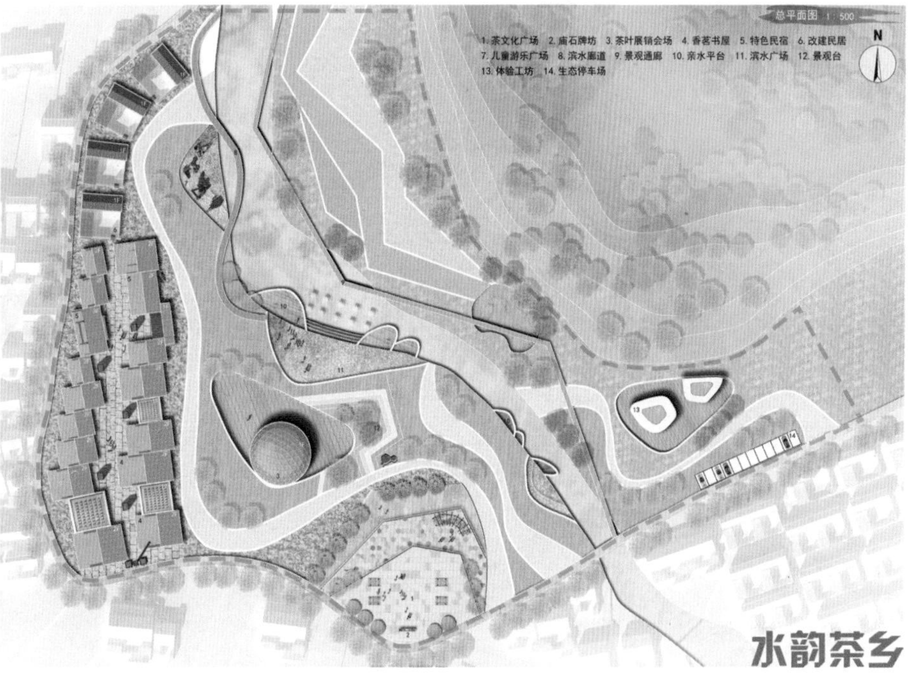

活动分析

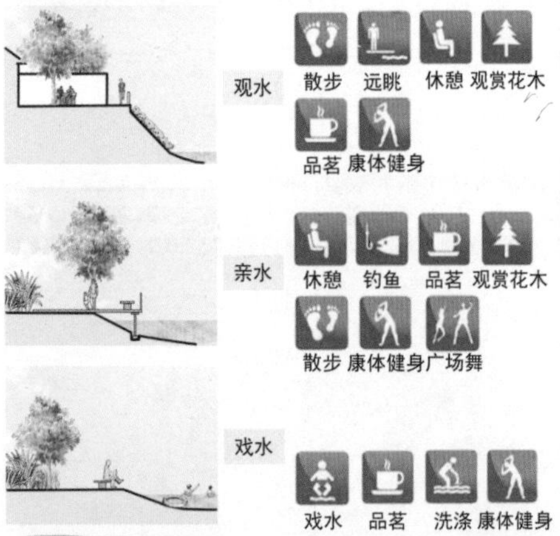

系统分析

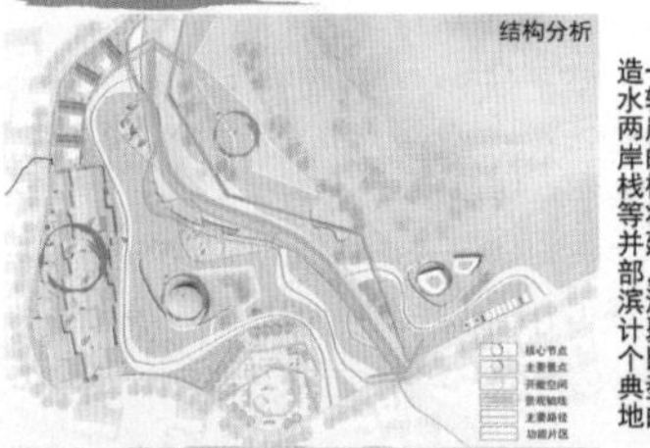

规划设计打造一条生态型滨水轴线，沿河段两岸进行滨水驳岸的设计，通过栈桥、亲水平台等将其进行串联并延伸入村庄内部，成为独特的滨河景观带，设计聚焦基地内几个比较有特色的典型空间进行场地的营造设计。

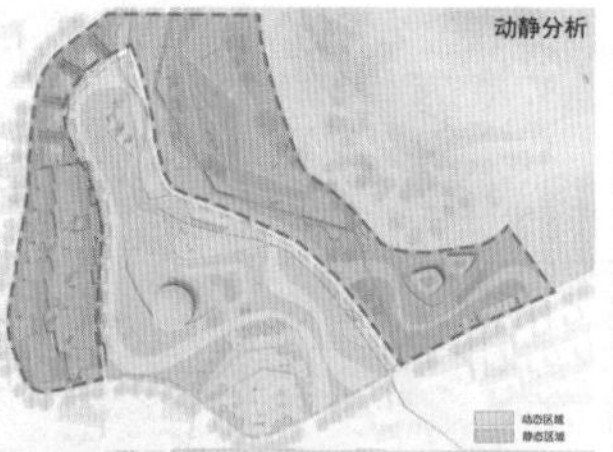

设计将地块分为动静两大区域，其中靠近村庄入口处的区域人流量较大，因此设置广场、展览、体验等功能区域，而靠近村民居住区域的部分设置相对安静的民居民宿结合体验形式，在靠近山的位置保留现有茶田作为观赏区域。

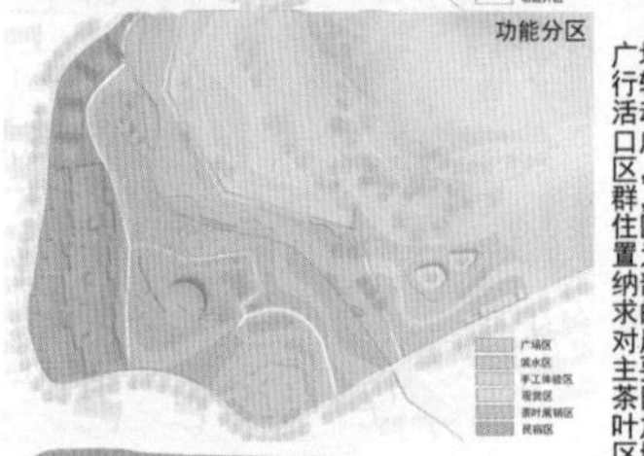

地块入口为广场区，可以进行较为集中性的活动，紧挨着入口广场旁为展览区，有效分流人群，靠近村民居住区域的部分设置为民宿区，容纳部分有留宿需求的游客，河流对岸为观赏区，主要打造观赏性茶田，相邻是茶叶加工体验工厂区域。

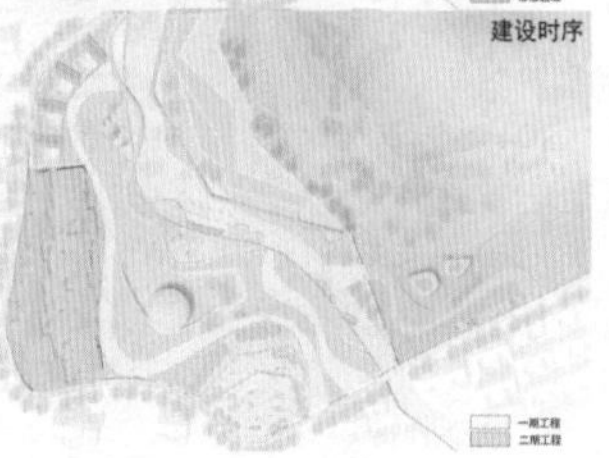

考虑到资金投入及土地产权等现实性问题，规划将进行分期建设，先将主体景观的部分打造出特色，再考虑后续人流量增多进行后续的商业部分建设工作。

植物配置

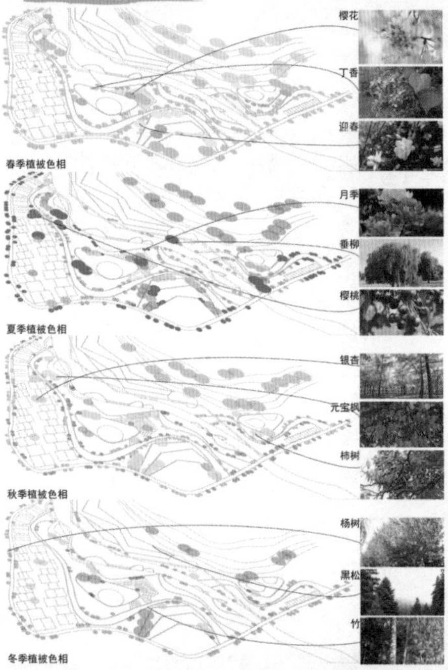

细部设计

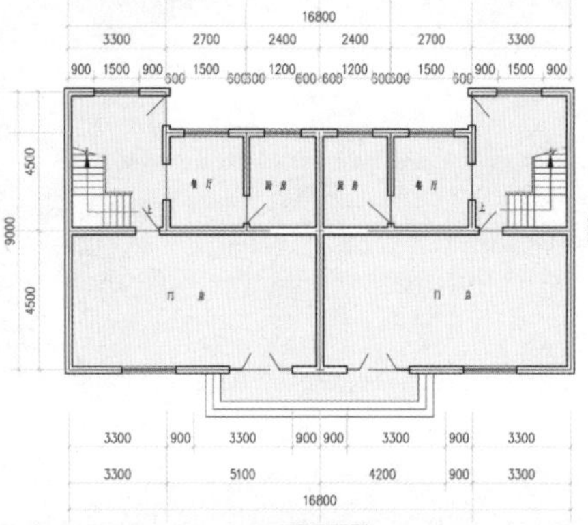

一层平面图

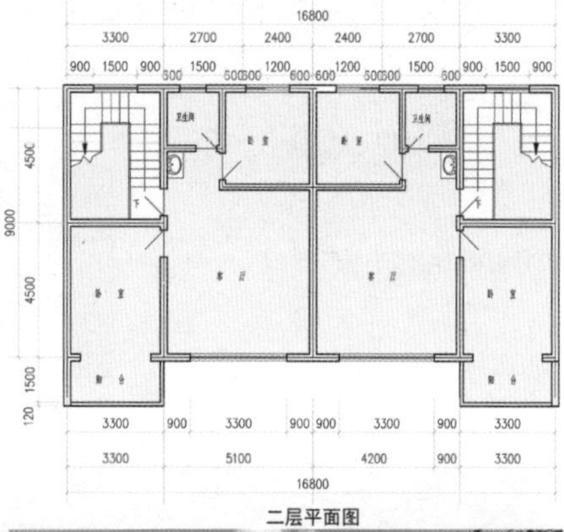

二层平面图

下店上居效果图

整体街道效果图

鸟瞰图

坐饮香茶爱此山，
青溪流水暮潺潺。
水韵茶乡

区位分析 District Analysis

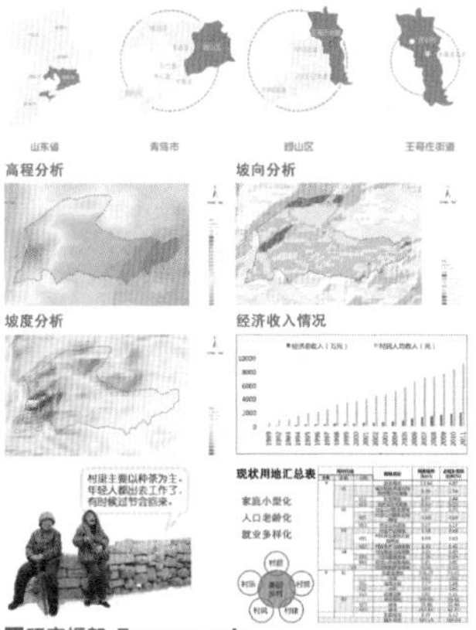

研究框架 Framework

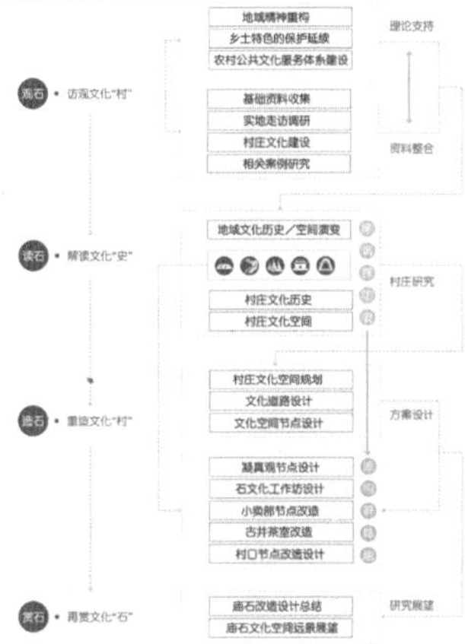

概念释义

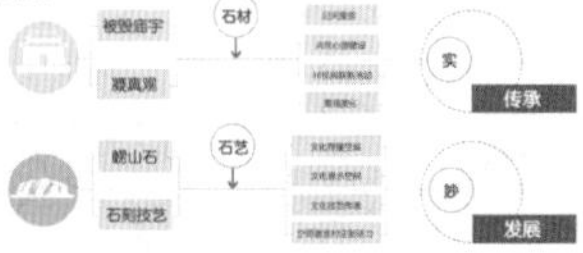

研究框架 Framework

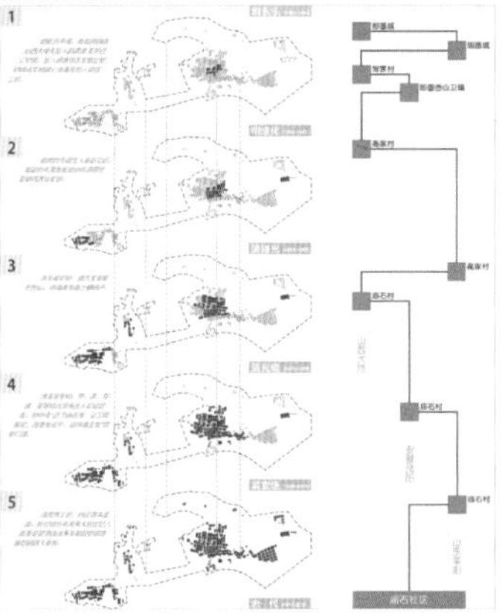

问题总结

相关理论

现存问题

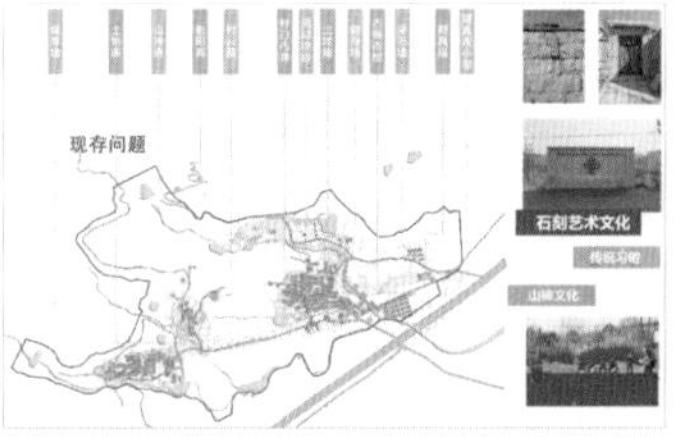

文化历史演进 The Historical Evolution of Culture

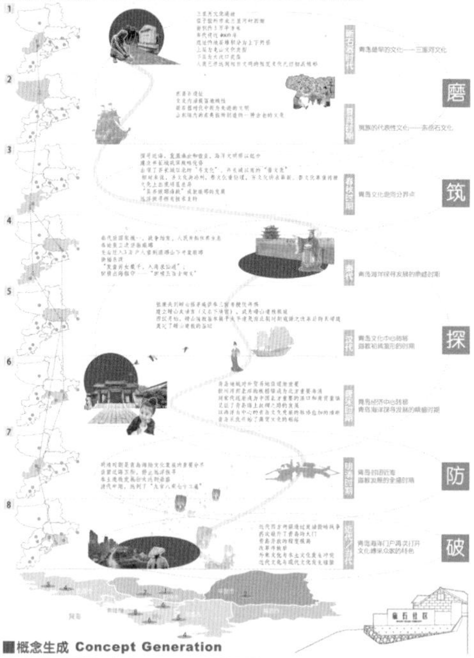

文化空间分析

时间顺序	名称	现状	始建年代
1	古银杏树	存活	古银杏树
2	土地庙	存活	不可考
3	山神庙	消失却深入人心	不可考
4	凝真观	存留	元元统年间（1333~1335）
5	熟阳庵（朝阳洞）	存留	清康熙年间（1662~1722）
6	村口古井	存活	百余年前
7	国军伐木场	消失并被遗忘	1948年
8	凝真观小学	消失并被遗忘	1951年
9	集体食堂	消失并被遗忘	1958年
10	采石场	存留	20世纪60年代
11	西山西涝洼水库	存活	20世纪60年代
12	村公墓	存活	2002年

庙石村由来

清朝咸丰1852年间，庙石西山一块较平坦的石头上，建了一座小庙，庙内塑了三尊神像，分别是山神爷、土地爷、牛王爷，庙前垒了院墙，庙两旁树起来两根旗杆，是一座很像样的小庙，供人们春节送香纸，人去世到这里报信。

因为庙建在石头上，所在村就依此叫庙石村。1948年国民党三十二军在来顶山修碉堡，院墙拆掉，小庙仍在。1958年，小庙的砖被拆建炼铁炉用了，至此，小庙全部被毁。

庙没了，可群众的风俗依旧，人归天要报信，用三块砖支起来，象征性的庙还在。直到2002年，通过原址重建，小庙得以恢复。

人群需求分析

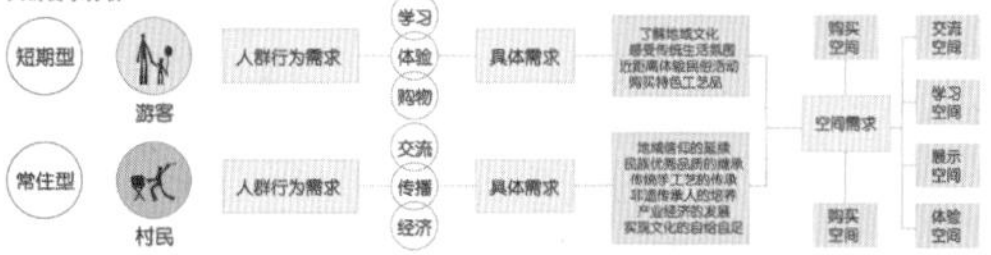

概念生成 Concept Generation

鸟瞰图 Aerial view

庙石村和大多数村子一样，没有特点的新农宅、排排坐的居住建筑、废弃的石料厂、纵横阡陌的茶园景观……狭窄的公共空间，单调且不接地气的活动室，独特的传统文化和村民心理认同感随着时间的流逝而淡去。

本设计基于村名所展现的特有"庙"、"石"文化为基础，构建及改造空间功能完善，文化特色突出的生活生产空间为设计重点，最大限度地提升农村公共文化空间的建设质量，实现物质领域与精神领域的双赢促进农村发展。同时在一定程度上丰富了庙石村文化空间的建设理论，探索了特色石文化遗产新的传承发展方式，提出了以文化带动存量空间再焕生机的研究观点。最终基于庙石村"地域精神"重构的实际需要，提出文化空间改造策略，完善庙石公共文化空间社会职能，满足农民对公共文化空间的使用需求。

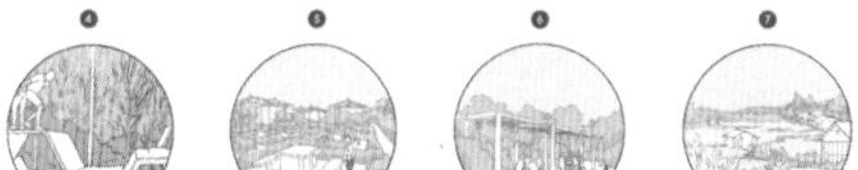

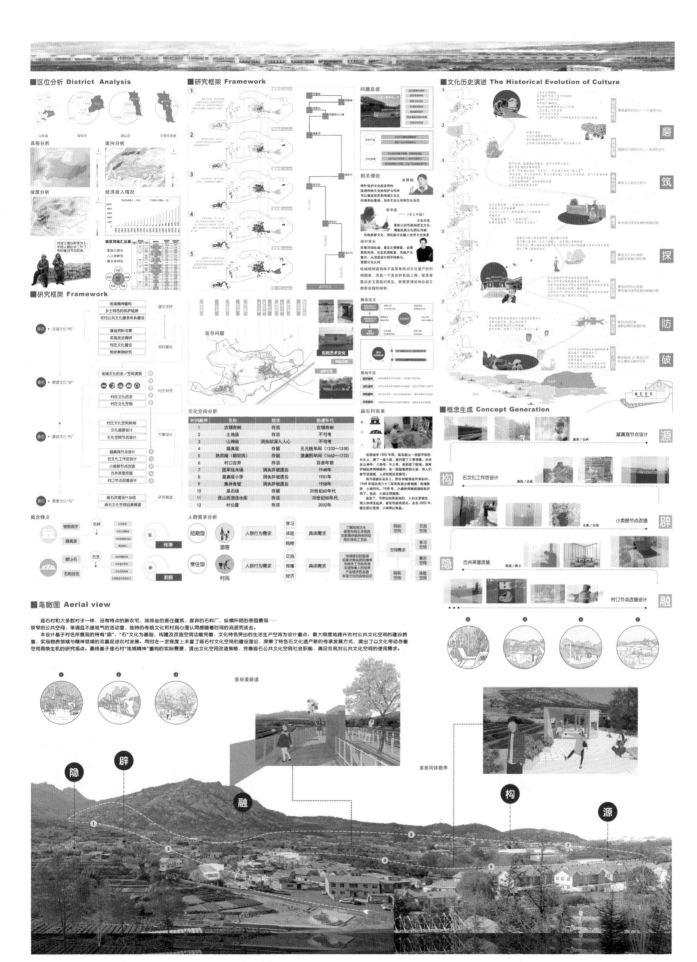

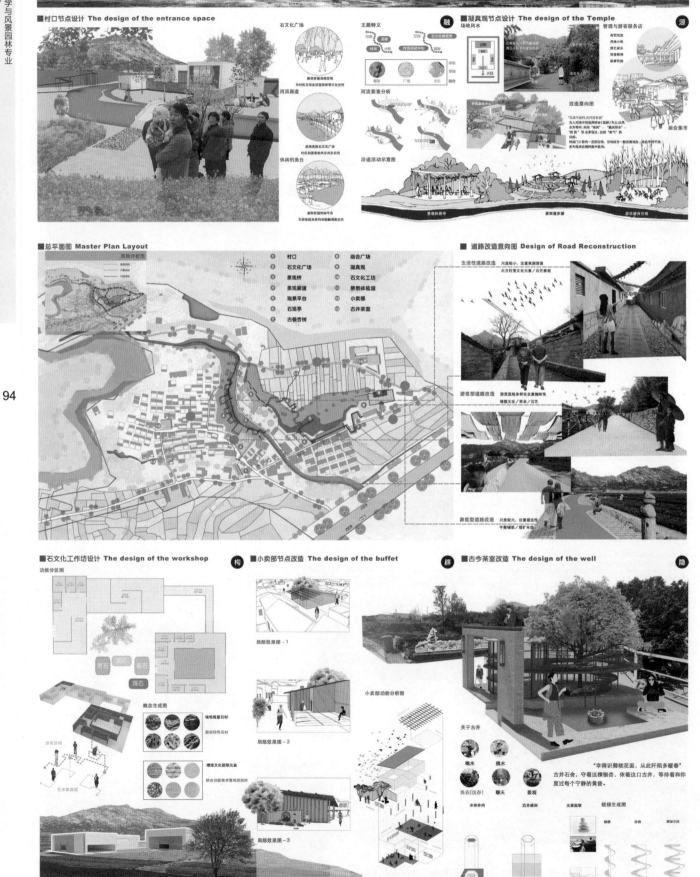

■村口节点设计 The design of the entrance space

■凝真观节点设计 The design of the Temple

■总平面图 Master Plan Layout

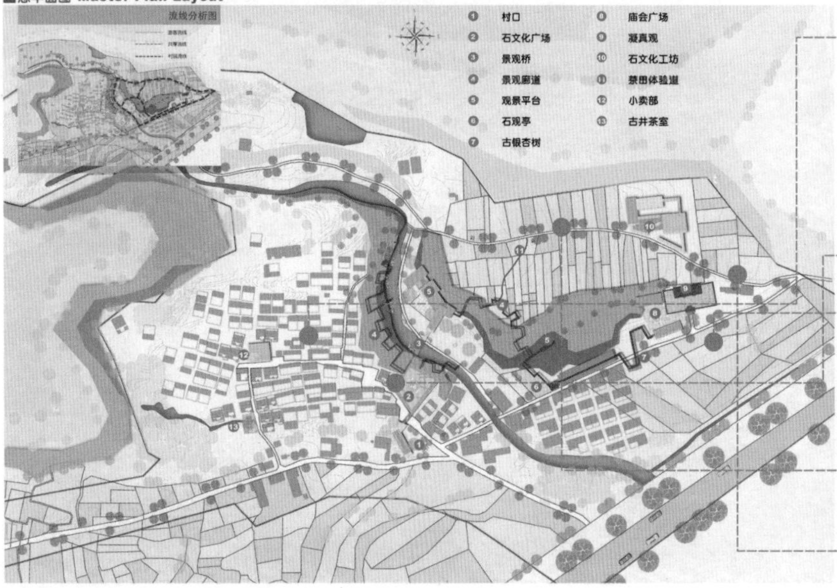

■ 道路改造意向图 Design of Road Reconstruction

■石文化工作坊设计 The design of the workshop

■小卖部节点改造 The design of the buffet

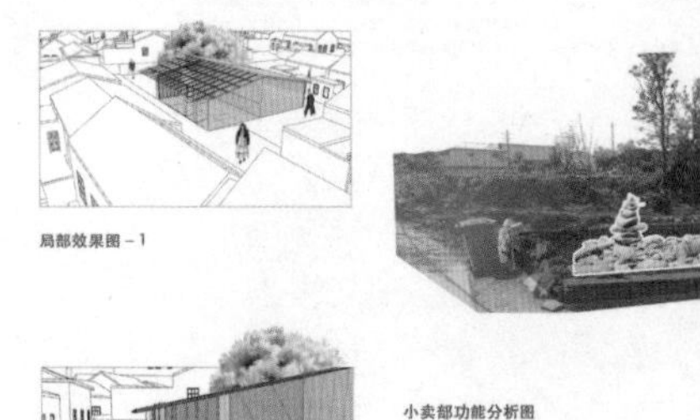

■古今茶室改造 The design of the well

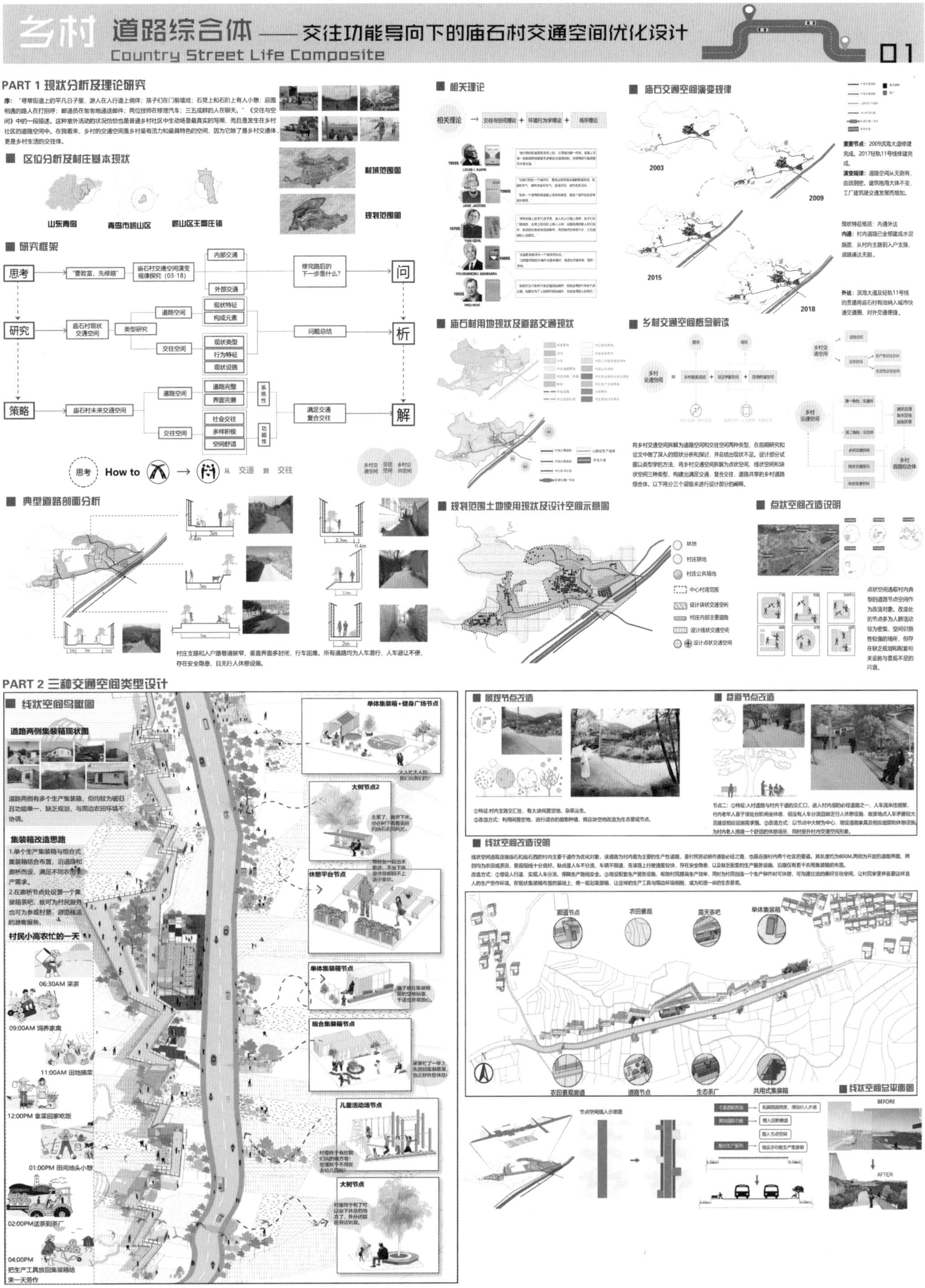

华中科技大学　庙石村乡村规划设计

乡村 道路综合体——交往功能导向下的庙石村交通空间优化设计

Country Street Life Composite

02

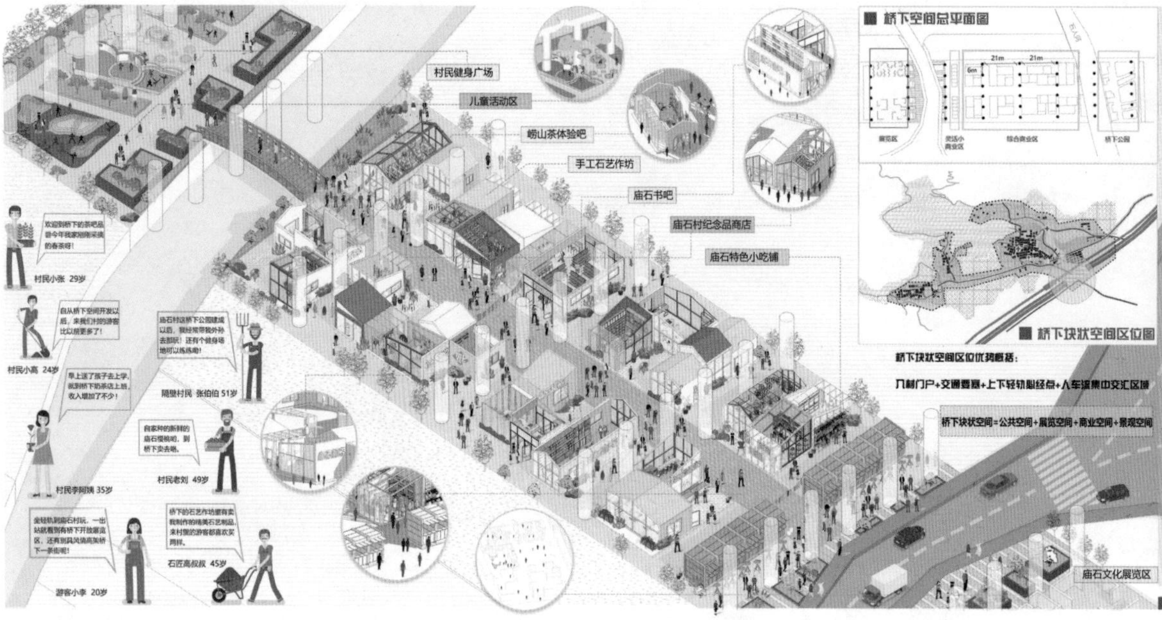

桥下块状空间轴侧图一

桥下块状空间设计解析

块状空间选取村口高架桥下处的灰空间进行重点设计。该段空间长约150M,为滨海大道高架桥下入村道路的两侧空间。该位置十分重要，为入村必经之路，人流车流集中区，伴随着轻轨11号线的开通，该区也为人群进村的必经缓冲区，且其东侧还有石人河流经，景观潜力较大，其区位优势可概括为村门户、交通要塞和重要道路交汇点。

现状不足：该空间现完全缺乏规划，杂草丛生，仅用来沿路停车，为消极空间。

改造方式：激活桥下消极空间，赋予其商业、景观和文化职能，在其中适时引入商业，让其能成为庙石村茶叶交易买卖的一个窗口；通过景观墙、构筑物等形式增加观赏性，展示庙石村独特的文化；依托流经的石人河，创造桥下宜人景观生态小空间。该区为轻轨站乘客进入庙石村必经的过渡空间，可起到缓冲外界与村内部的作用；力图将其打造为庙石村村口处的标志性景点，为庙石村带来更多的游客与机遇。

桥下块状空间爆炸分解图

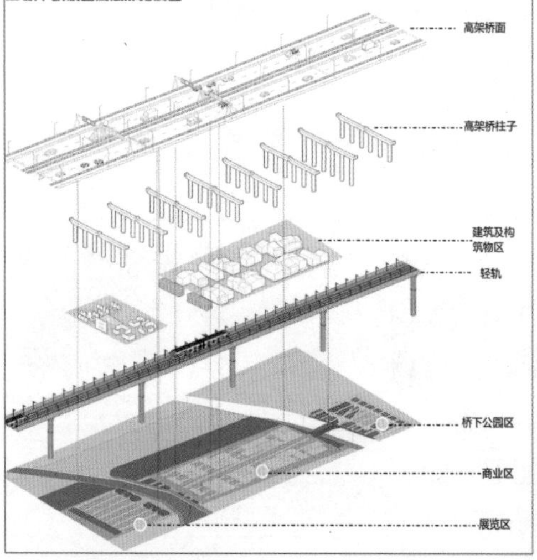

建筑细部分解及商业业态分析

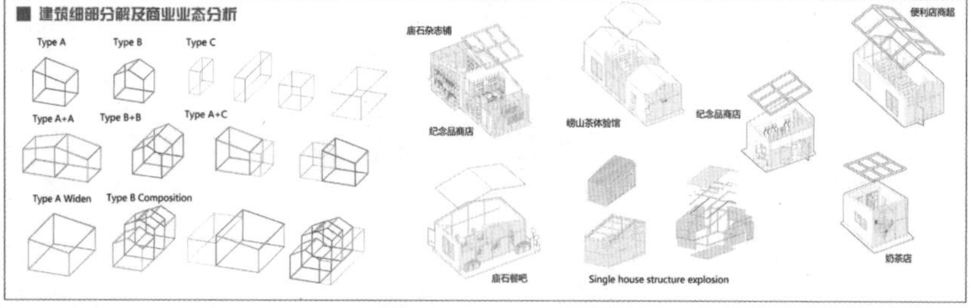

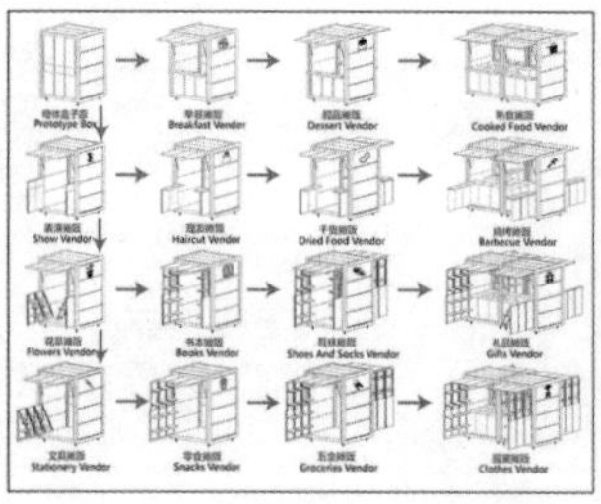

人群种类及活动分析

桥下块状空间轴侧图二

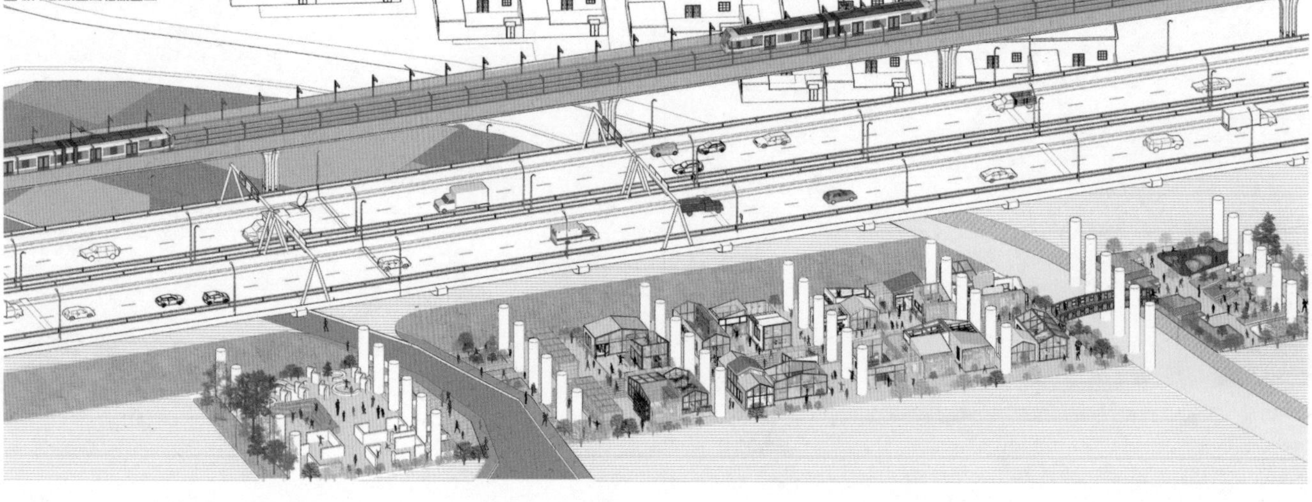

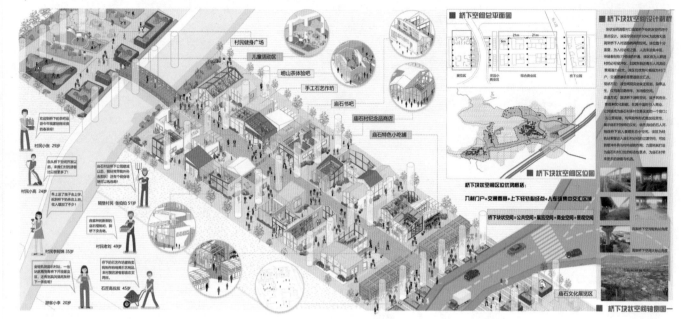

城乡规划学
张恩嘉

本次联合毕业设计起于青岛，终于武汉。历经四月，我们见过嶙峋的山脉，眺望远方的蓝海；我们深入调研的村子，参与村民的活动；我们结识了最可爱的同学，认识了最贴心的老师。在此阶段，我深刻体会到深入调研的细致性、团队合作的重要性，学习到兄弟院校同学不同的学习思路和研究视角。这次毕业设计伴随着我们本科学习阶段的结束，也开启了我们新的征程。望自己在今后的学习工作生涯中以更高的标准要求自己，以更饱满的热情迎接所有的挑战！

城乡规划学
陈永

我非常荣幸可以参加这次四校联合毕业设计，让我能够将专业理论知识同实际操作结合起来，可以突出规划专业特色，实地调查村庄建设情况，切实为庙石村的乡村建设提出有帮助的建议。感谢并肩作战的同组成员，大家一起调研，同吃同住，共同完成前期调研成果。但与此同时，也深刻地认识到自身专业素养的匮乏，以后还需要继续学习。

城乡规划学
肖雨萌

毕业设计接近尾声，一路走来，感受颇多。我们不断地穿梭于大师们的思想缝隙之间，寻求灵感的火花。在不断的反复中走过来，有过失落，有过成功，有过沮丧，有过喜悦，这已不重要了，重要的是我一路走来，历练了心志，考验了能力，证明了自己，也发现了不足。这次设计使我懂得了理论和实践相结合的重要性，也让我们意识到拓宽知识面、培养思维创新能力的重要性。只有通过不断的学习，在实践中锻炼才能提高自己的能力。

城乡规划学
文晓菲

毕业设计的过程很辛苦，需要不断地思考、推进，但回想整个过程，还是很充实快乐的。感谢导师的悉心指导，在毕业设计过程中不断地提出设计中的漏洞和改进意见，给我鼓励和支持。感谢我的同学们，在每一次的课程中一起探讨学习，共同成长。更感谢四校联合毕业设计给我这次宝贵机会。即将毕业，身份会变，善良诚信的品质不要变；环境会变，乐观包容的心态不用变；际遇会变，天道酬勤的规则不会变。愿走出半生，归来仍是少年。

城乡规划学
蒋睿捷

作为城市规划更名为城乡规划后的第一届毕业生，尤其在如今“乡村振兴战略”的大背景之下，认知和了解乡村对我们来说显得更具意义。从寒冷的三月到炎热的六月，两赴美丽的滨海城市青岛，最终于武汉完成本次设计的答辩。在我们的设计场地，一个不临海却别有风情的庙石村，我们结识了热情质朴的村民，每天都能吃到热腾腾、香喷喷的鲜美饭菜，那些与同学们同吃同住同调研学习的回忆真是弥足珍贵。非常感谢这样的契机和平台，让我们有一个辛苦但是却充实的毕业季，让我在大学的最后一个学期还能为完成一个课题而充满激情，还能结识其他三个学校优秀的新朋友，更是有机会在老师的带领下走进乡村，体验乡村，用三个月的时间深入研究乡村并表达我心中美好的乡村。非常感恩有这样一个毕业设计作为我大学的终点。

山中庙石，逸致妙世

西安建筑科技大学 Xi'an University of Architecture and Technology

参与学生：史国庆　杨　柳　罗　佳　宋心怡　张紫林
指导教师：蔡忠原　段德罡　王　瑾

教师释题：

在现阶段乡村振兴的大背景之下，我们提出乡村安全的规划主题就是因为我们觉得乡村规划不得不做，不能不做了。乡村安全的规划要点是物质空间安全和精神空间安全的两个维度。一方面，要考虑乡土社会的空间与防卫安全，建筑质量安全，景观生态安全等。此外，还应考虑乡村自身的环境与历史特色，将现代乡村发展模式与传统乡村空间结合发展，为乡村的发展注入新的活力，提升村民的生活水平与生活质量，建设美丽乡村。另一方面，受城市化和城市文化影响，传统封闭内向型村落逐步向开放外向型发展。转型过程中，做到物质空间转变和精神转变的同步性，保障现代乡土社会的心理安全，成为村庄规划设计的重要环节。

庙石村在青岛这个滨海城市中属于望海不临海、背面靠着山的山区村。村子有着崂山周边普遍的道教文化韵味、特色的山石砌筑民居，山泉滋润的崂山茶更是周边茶叶品质之最。但精神性公共空间衰败，大量新建建筑严重破坏风貌，耕地面积限制茶叶产量，大量年轻人外出务工，传统技艺消失等问题严重制约着村子的发展，未来何去何从！地铁 11 号线开通，庙石站的设立给村子带来机遇也带来挑战，抓住机遇、迎接挑战是我们规划要有的作用，庙石村的全面振兴是我们规划的终极目标。

逸緻庙石

鄉村安全視角下的青島濱海典型鄉村規劃

段德罡　蔡忠原　王瑾

史国庆　张紫林　宋心怡　罗佳　杨柳

崂山有仙虎龍駐
凝真庙宇起元統
熟阳洞上落妙石
玉皇為鄰三五甲
狐仙石下桃花地
柚岩立牆瓦遮茅
此厦東往是滄海
請入吾院覲三生

课题背景 / PROJECT BACKGROUND

面对全球化时代错综复杂的国内外形势，我国国家安全战略已从传统的单一安全观转向总体安全观，全面涵盖领土、经济、文化、技术、信息、生态、社会、粮食和资源等领域。除军事与核安全外，国家综合安全的诸多领域与乡土社会均有不同程度的关联，尤其是乡村社会关系、乡土文化、乡村生态环境、乡村经济可持续等方面，乡村社会已成为国家综合安全的主阵地之一。乡村安全正在成为国家综合安全战略的重要阵地。

十九大报告最新提出，实施乡村振兴战略。要坚持农业农村优先发展，按照产业兴旺、生态宜居、乡风文明、治理有效、生活富裕的总要求，建立健全城乡融合发展体制机制和政策体系，加快推进农业农村现代化。将乡村安全与乡村振兴相结合，成为今后乡村规划的重点。

本次规划重点应考虑两个层面的安全问题。首先是物质空间的安全，主要指基于乡土社会的空间与防卫安全、建筑质量安全、景观生态安全等。此外，还应考虑乡村自身的环境与历史特色，将现代乡村发展模式与传统乡村空间结合发展，为乡村的发展注入新的活力，提升村民的生活水平与生活质量，建设美丽乡村。

其次是精神空间的安全。受城市化和城市文化影响，传统封闭内向型村落逐步向开放外向型发展。转型过程中，做到物质空间转变和精神转变的同步性，保障现代乡土社会的心理安全，成为村庄规划设计的重要环节。

方案介绍 / PROPOSAL BRIEF INTRODUCTION

本次规划方案从乡村安全的规划主题出发，从物质安全和精神安全两个方面着眼。通过对庙石生态、文化、社会、经济及建设状况五个方面的问题和资源进行分析总结，提出我们对庙石整体的规划愿景——逸致庙石。确定村庄定位为特色农业与乡村旅游结合的田园乡村。

一方面致力于游客方面“居、够、食、游、享”的闲野之趣的营造，另一方面满足村民“致生、致富、致乐、致敬”的需求。通过对各方面问题的回应，构建生态环境与景观营造、乡村历史文化传承等五个策略。系统地完成村域的规划和村庄整体设计。设计方案遵循居民与游客“内外有别、适度融合、空间共享”的理念，最终形成“一中心多节点、两轴两带七片区”的村庄规划结构。

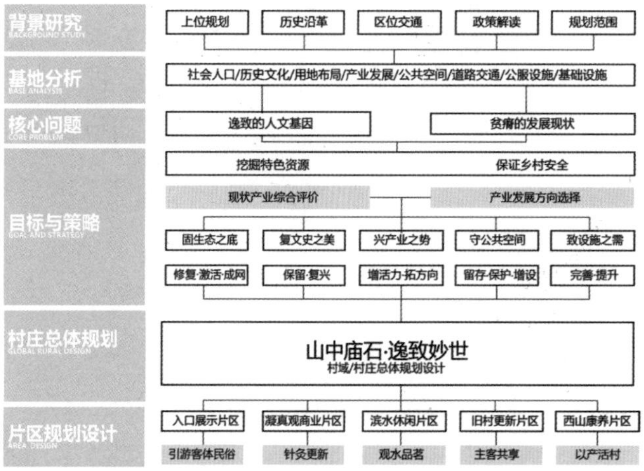

村庄安全
——青岛滨海典型乡村规划设计

地理区位

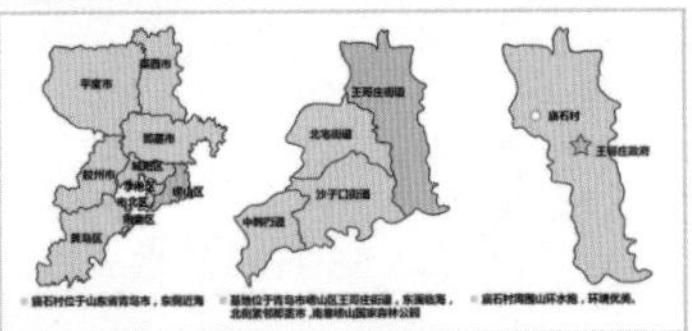

交通区位

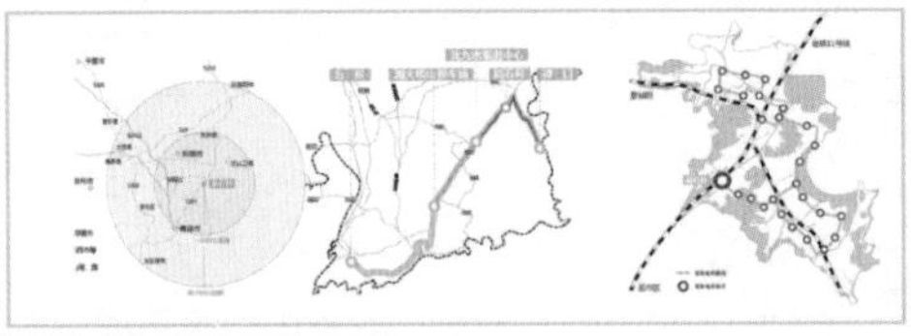

社会人口

年龄段	人数(人)	占村庄总人数的百分比	
0-9岁	27	4.38%	14.24%
10-19岁	61	9.89%	
20-29岁	57	9.30%	20.93%
30-39岁	72	11.65%	
40-49岁	137	22.19%	22.19%
50-59岁	121	19.64%	42.64%
60-69岁	63	10.29%	
70-79岁	55	9.01%	
80以上	23	3.70%	
合计	616	100.00%	100.00%

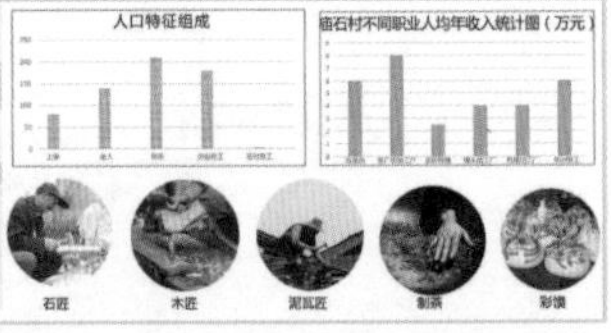

历史沿革

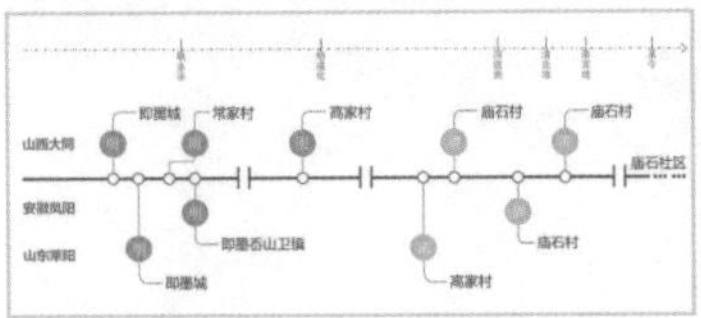

聚落演变

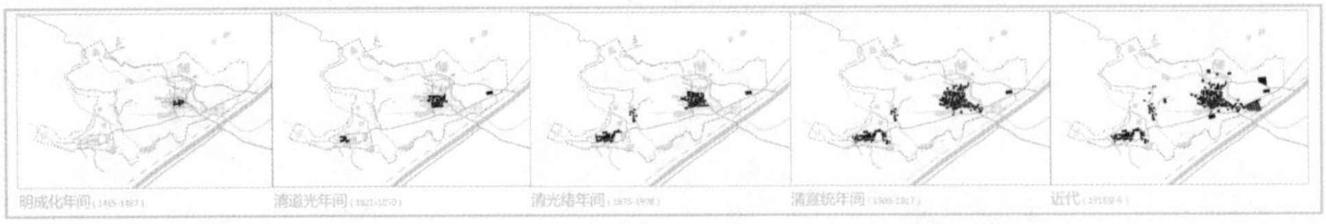

气候条件

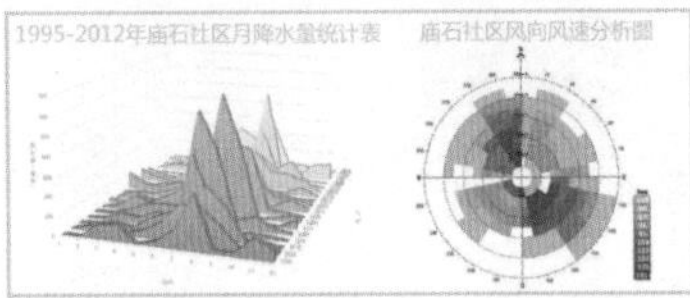

地形地貌

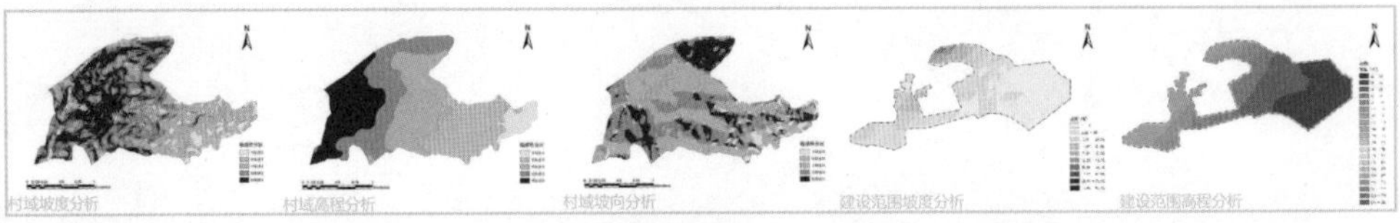

上位规划

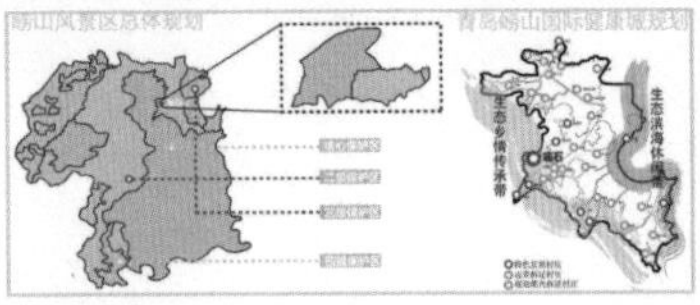

选址智慧

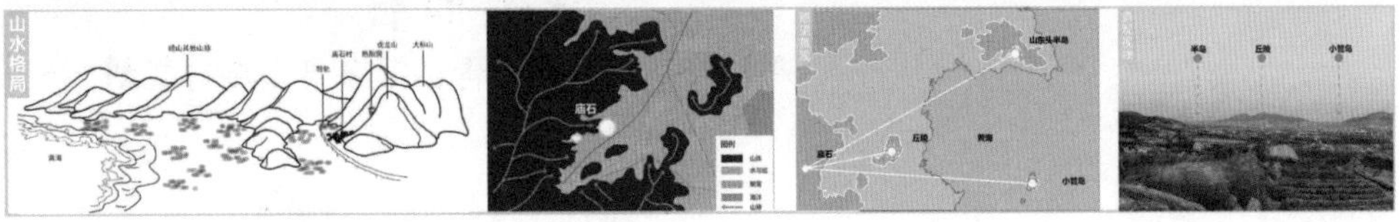

村庄布局

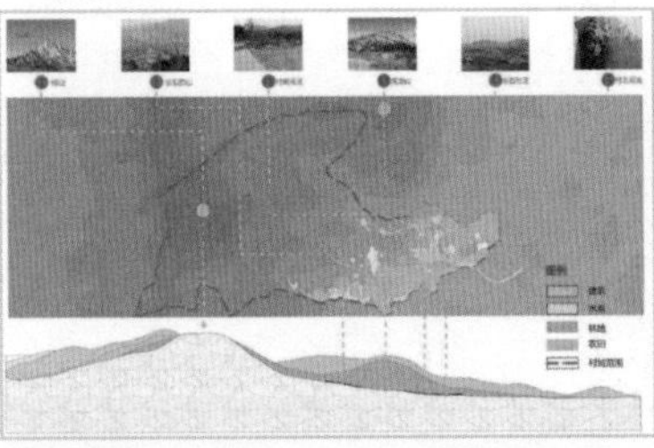

规划范围划定

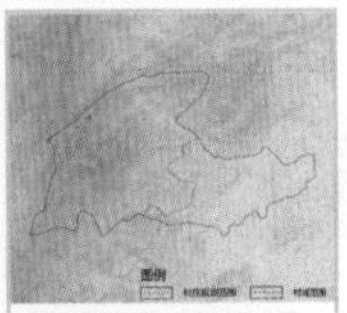

村域规划范围约3.3平方公里。村庄规划范围于南北侧与东侧以村域范围划定，西侧范围包含村庄水源地、公墓，以及村庄农田区域。

村域用地现状图

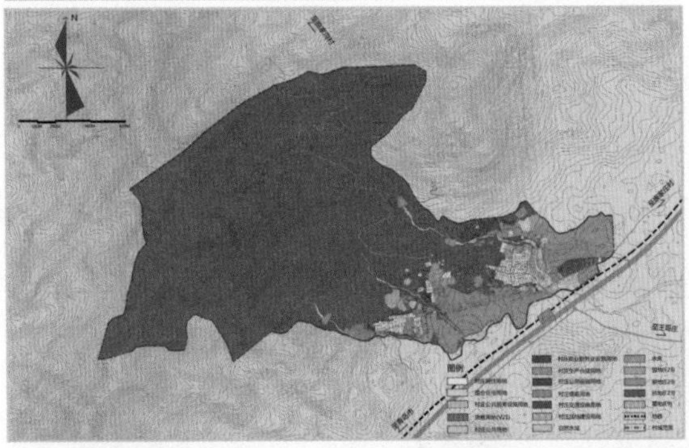

村庄布局

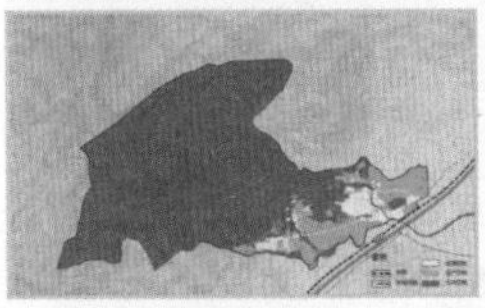

城乡用地汇总表

大类	中类	小类	用地名称	用地面积(hm²)	占城乡用地比例(%)	人均用地面积(m²)
V			[illegible]	14.81	4.49	240.42
	V1		[illegible]	9.06	2.74	147.08
		V11	[illegible]	8.18	2.48	132.79
		V12	[illegible]	0.88	0.27	14.29
	V2		[illegible]	0.93	0.28	15.10
		V21	[illegible]	0.62	0.19	10.06
		V22	[illegible]	0.31	0.09	5.03
	V3		[illegible]	1.14	0.35	18.51
		V31	[illegible]	0.07	0.02	1.14
		V32	[illegible]	1.07	0.32	17.37
	V4		[illegible]	3.18	0.96	51.62
		V41	[illegible]	3.15	0.95	51.14
		V42	[illegible]	0.03	0.01	0.49
	V9		[illegible]	1.7	0.15	8.12
E			[illegible]	313.89	95.09	5095.45
	E1		[illegible]	6.71	2.03	108.93
		E11	[illegible]	3.57	1.08	57.95
		E12	[illegible]	2.03	0.61	32.95
		E13	[illegible]	1.11	0.34	18.02
	E2		[illegible]	305.76	92.63	4963.64
		E21	[illegible]	34.05	10.32	552.92
		E22	[illegible]	271.70	82.31	4410.71
	E9		[illegible]	1.41	0.43	22.89
			城乡用地	330.10	100.00	5358.77

问题总结

1 毕设题目解读：文化安全、生态安全、乡村安全、社会安全、经济安全

2 系统解读（如何解决问题在于如何利用资源）：
- 识背景：区位/历史/社会人口/交通/政策
- 明基础：土地/文化/产业/生态/公共空间/道路交通/公服设施
- 定方向：现状产业综合评价/产业发展方向选择

3 问题总结（问题）：社会组织失衡、传统不在、生态不稳、经济陷困

4 资源总结（资源）：仙山圣水、道教文化、茶香四溢、乡建智慧、奇石皆景、幸福文化

5 主题提出：茶旅结合 田园乡村 **山中庙石 逸致妙世**

现状分析

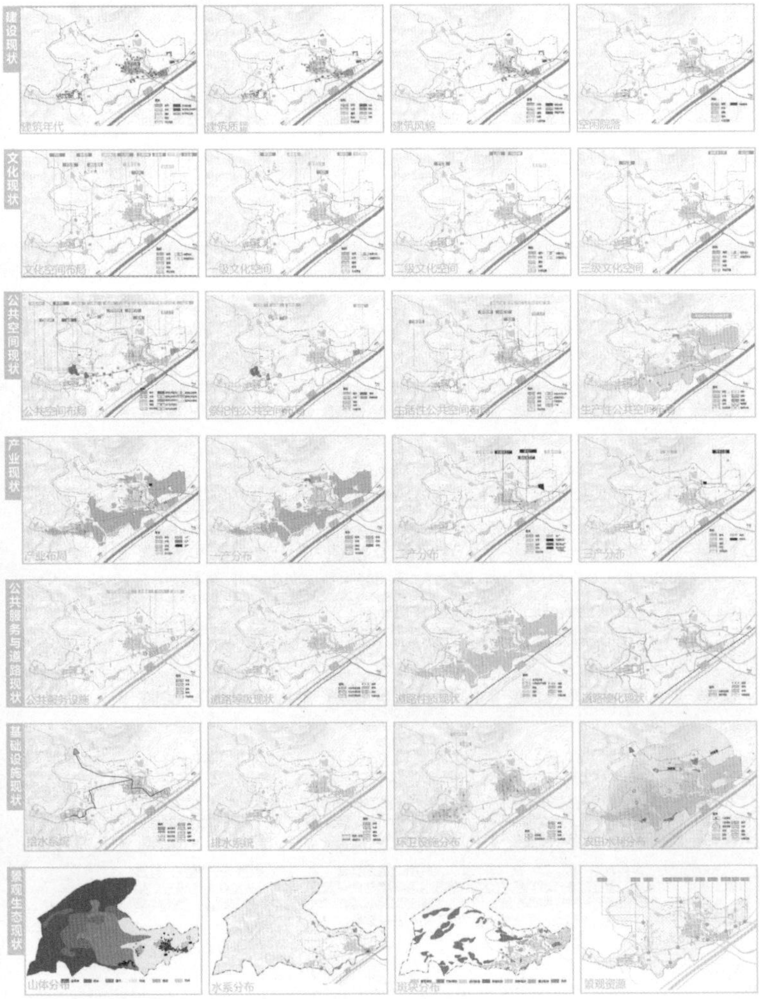

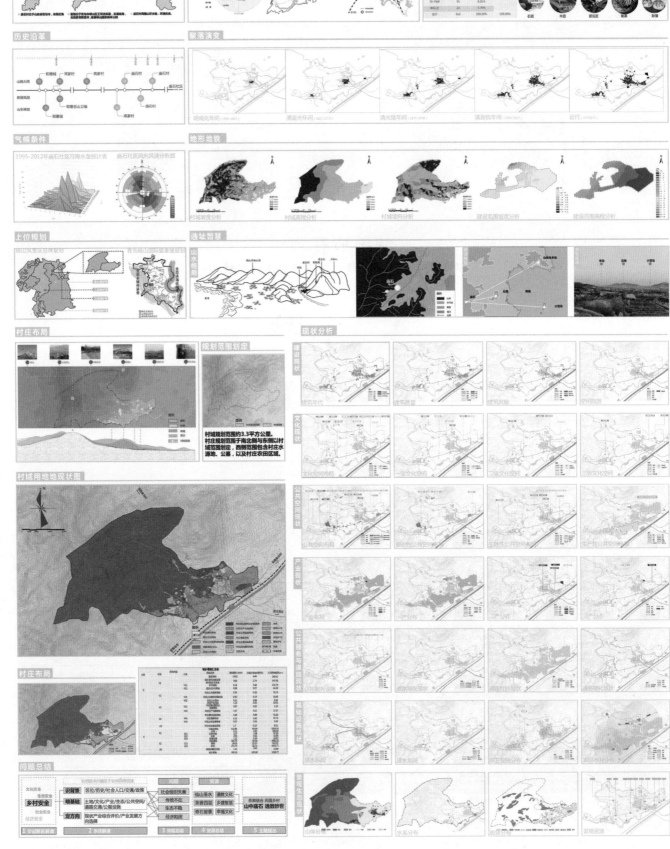

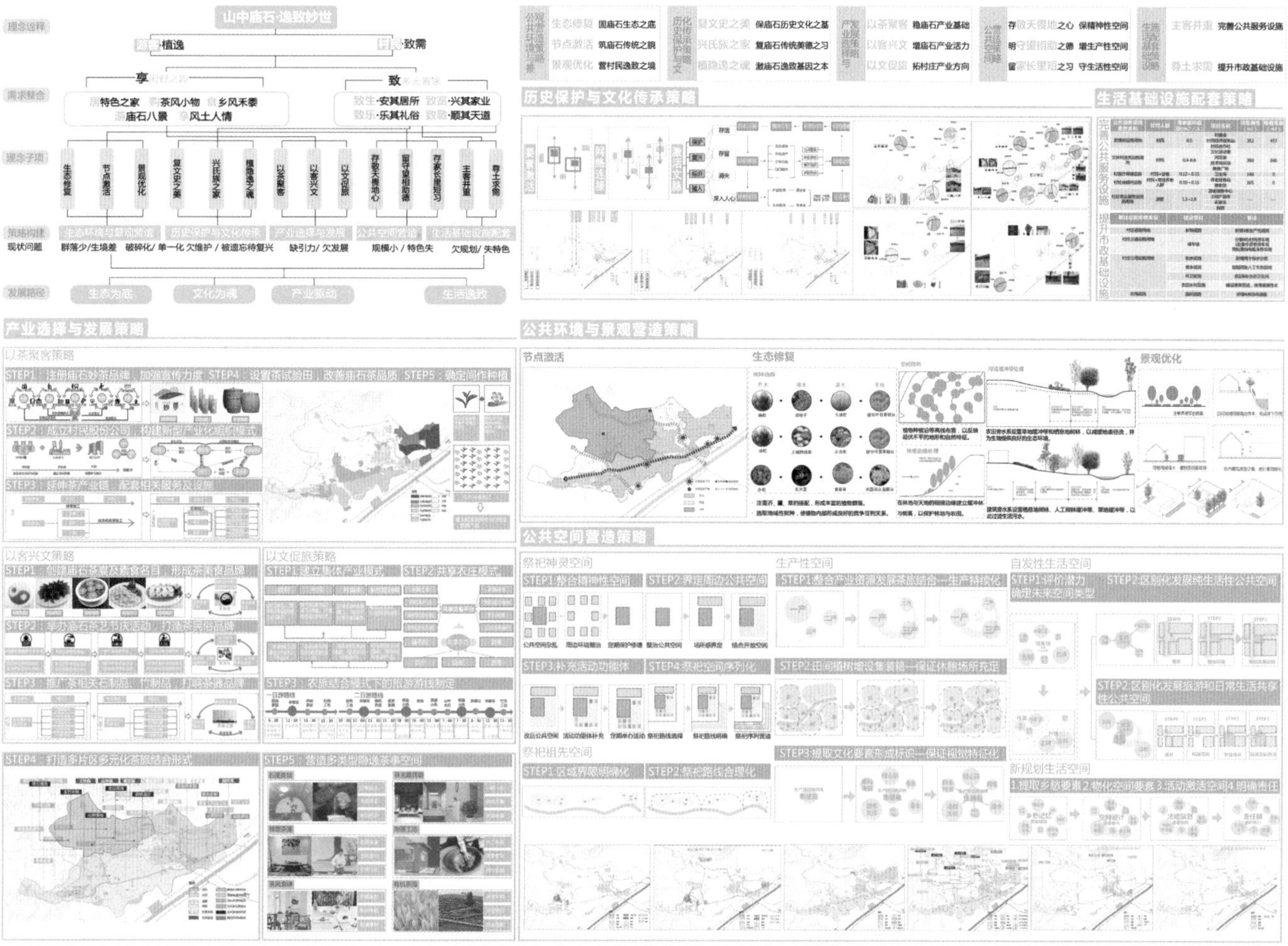

山中庙石·逸致妙世
理念诠释
需求整合
理念子项
策略构建
现状问题
发展路径
生态为底
文化为魂
产业振动
生活逸致
历史保护与文化传承策略
生活基础设施配套策略
产业选择与发展策略
公共环境与景观营造策略
以茶聚客策略
以客兴文策略
以文促旅策略
节点激活
生态修复
景观优化
公共空间营造策略
祭祀神灵空间
生产性空间
自发性生活空间
祭祀祖先空间
新规划生活空间

鸟瞰图

村域土地利用规划图

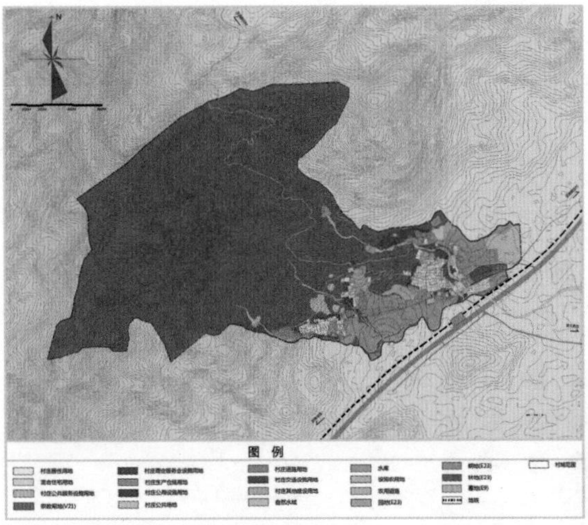

城乡用地汇总表

城乡用地汇总表

用地代码 大类	中类	小类	用地名称	用地面积 (hm²)	占城乡用地比例(%)	人均用地面积(㎡)
V			建设用地	15.15	4.59	245.94
	V1		城乡居民点建设用地 其中村庄住宅用地	9.01	2.73	146.27
		V11	住宅用地	7.39	2.24	119.97
		V12	混合式住宅用地	1.62	0.49	26.30
	V2		村庄公共服务用地	1.47	0.45	23.86
		V21	村庄公共服务设施用地	0.95	0.29	15.42
		V22	村庄公共场地	0.52	0.16	8.44
	V3		村庄产业用地	1.73	0.52	28.08
		V31	村庄商业服务业设施用地	0.58	0.18	9.42
		V32	村庄生产仓储用地	1.15	0.35	18.67
	V4		村庄基础设施用地	2.85	0.86	46.27
		V41	村庄道路用地	2.41	0.73	39.12
		V42	村庄交通设施用地	0.34		5.52
		V43	村庄公用设施用地	0.10	0.03	1.62
	V9		村庄其他建设用地	0.09	0.03	1.46
E			非建设用地	314.95	95.41	5112.82
	E1		水域	6.71	2.03	108.93
		E11	自然水域	3.57	1.08	57.95
		E12	水库	2.03	0.61	32.95
		E13	坑塘沟渠	1.11	0.34	18.02
	E2		农林用地	306.84	92.95	4981.17
		E21	设施农用地	3.84	1.16	0.07
		E22	农用道路	3.31	1.00	0.06
		E23	耕地	25.23	7.64	409.58
		E23	园地	4.82	1.46	78.25
		E23	林地	269.64	81.68	4377.27
	E9		其他非建设用地	1.40	0.42	22.73
			城乡用地	330.10	100.00	5358.77

村域旅游路线规划图

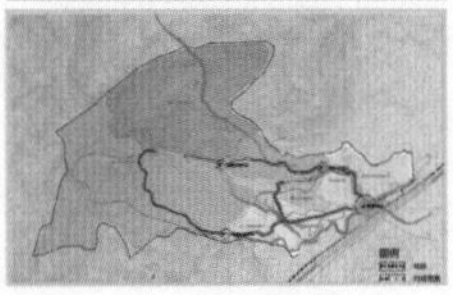

生态敏感性分析

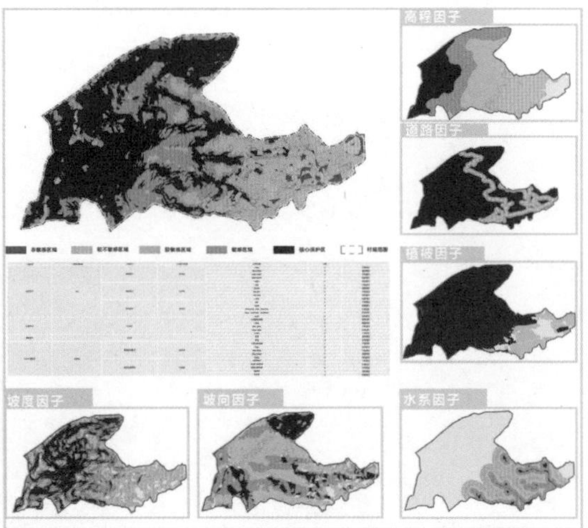

村域用地结构图

村域三生空间规划控制图

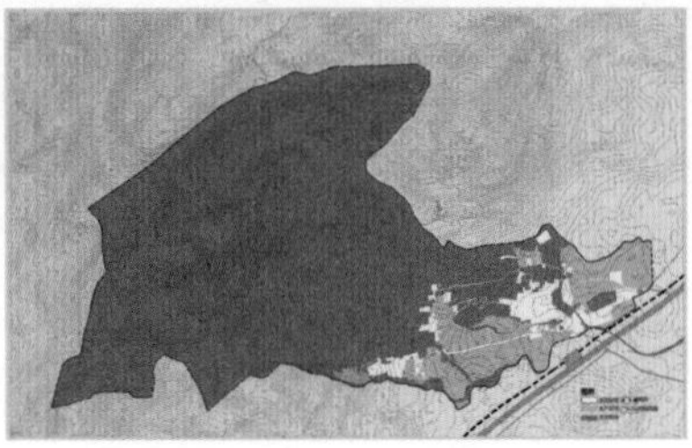

更新改造思路

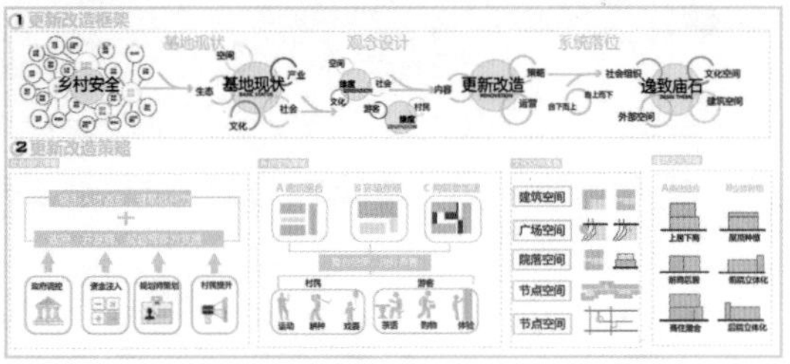

总平面图

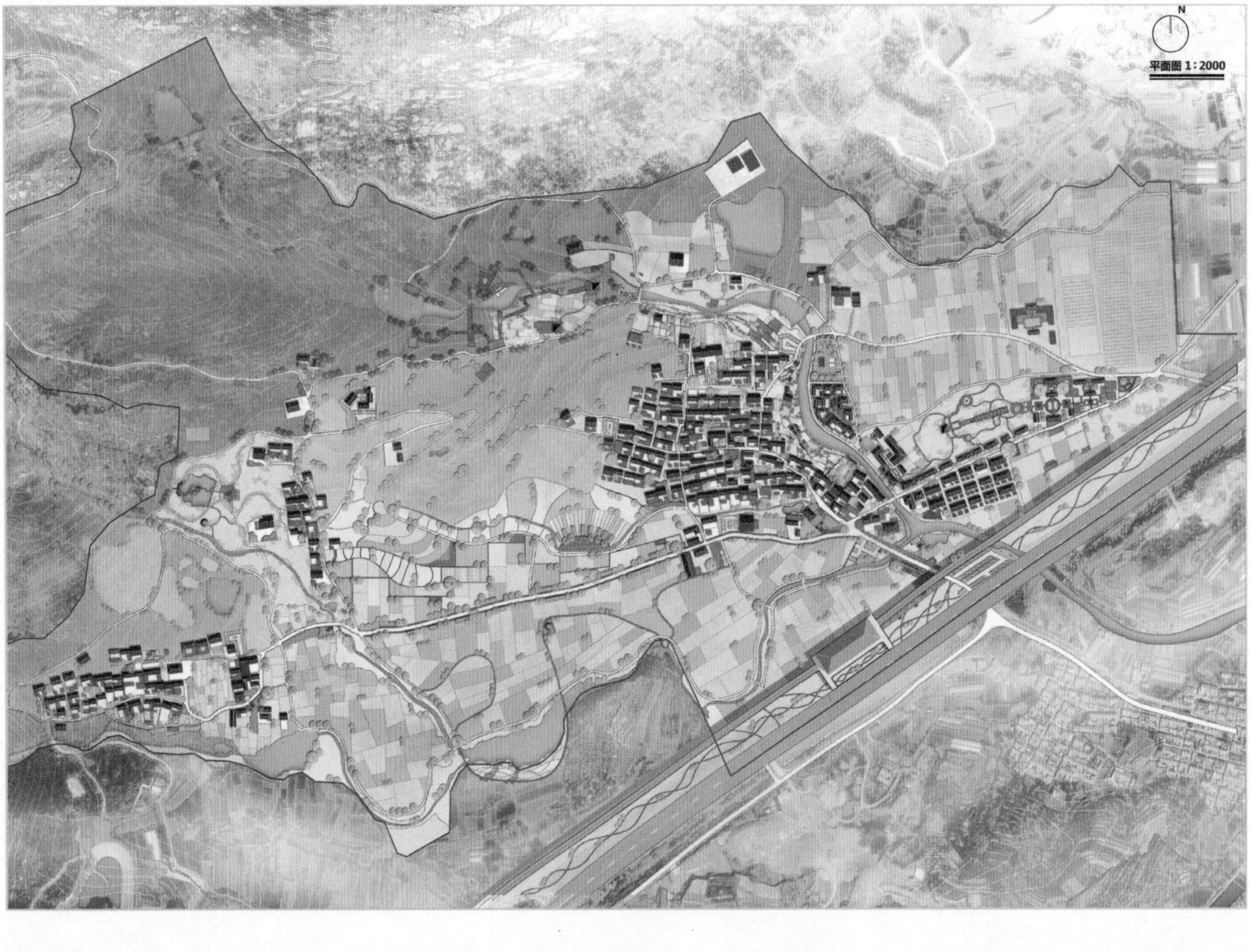

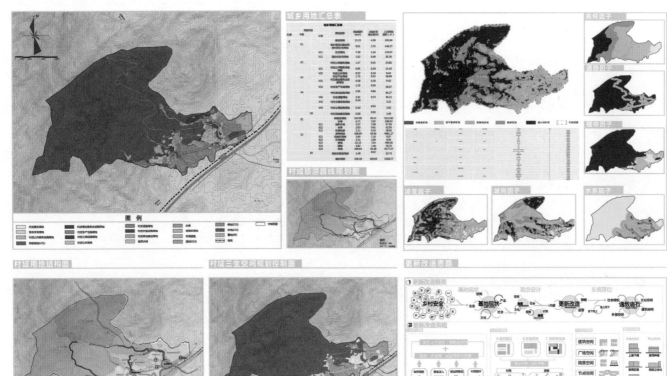

村庄运营机制构建

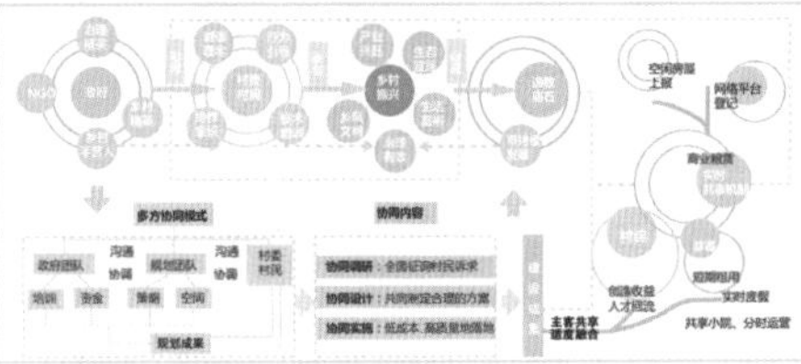

发展用地分析图

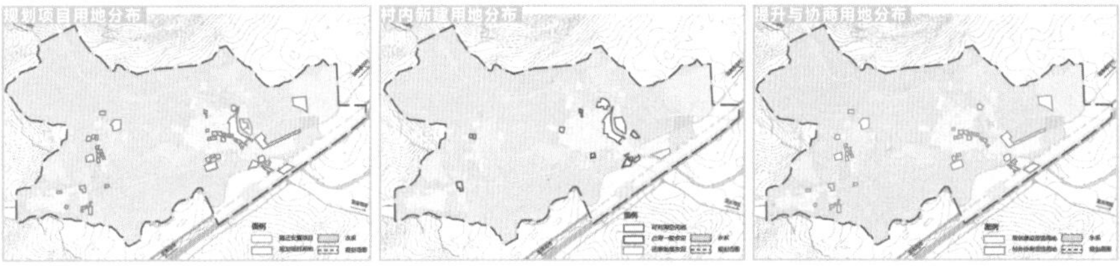

村庄建设项目库

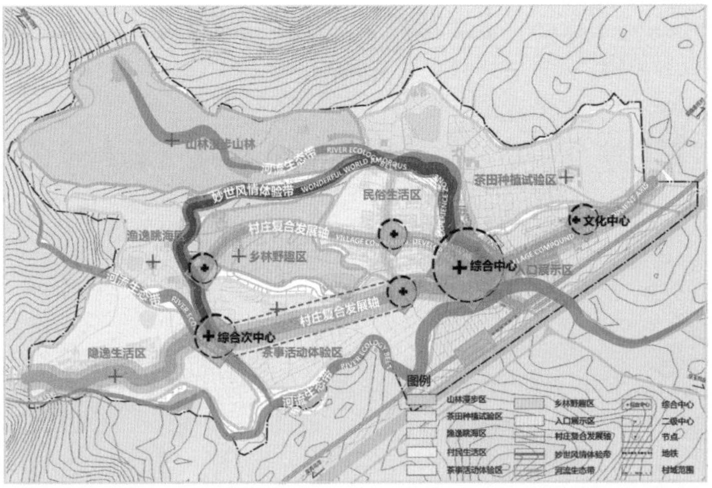

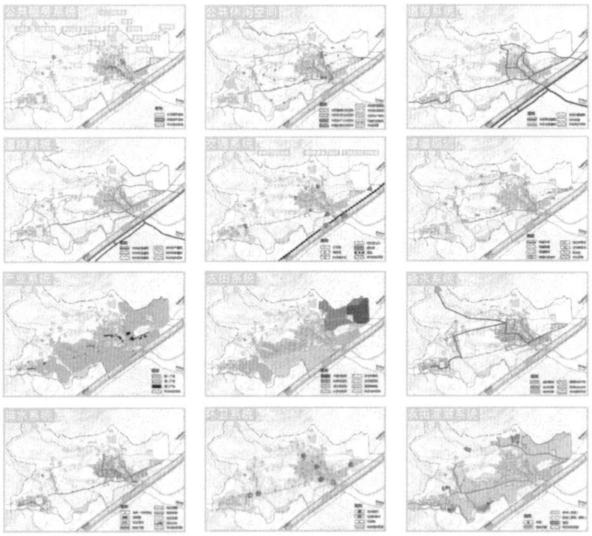

如何解决问题在于如何利用资源，我们基于茶旅结合思路打造逸致庙石，利用山、水、茶、筑、道的五大资源，留住轻轨线带来的人流，打造山林漫步区、乡林野趣区、茶田种植试验区、茶事活动体验区、隐逸生活区、民俗生活区、渔逸眺海区八个区，最终形成"三心两轴四带八区"的规划结构，解决庙石村生产生活生态及文化困境。

村庄建设项目库

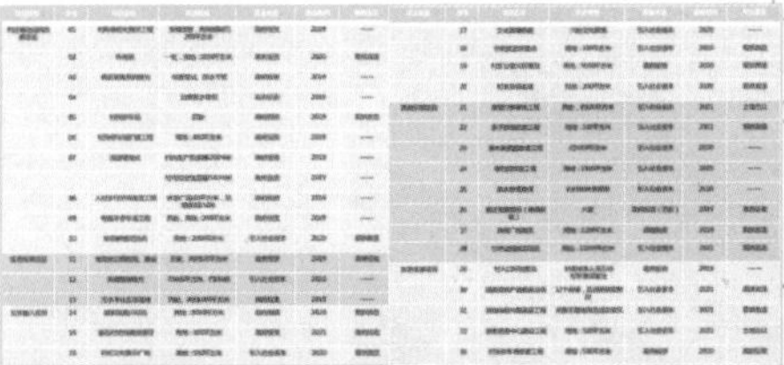

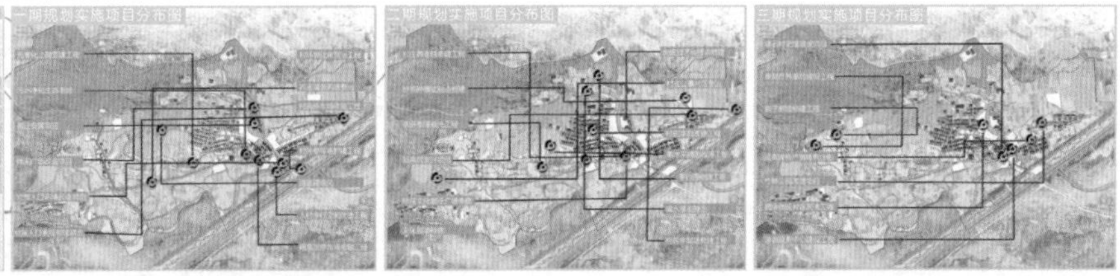

村庄鸟瞰图

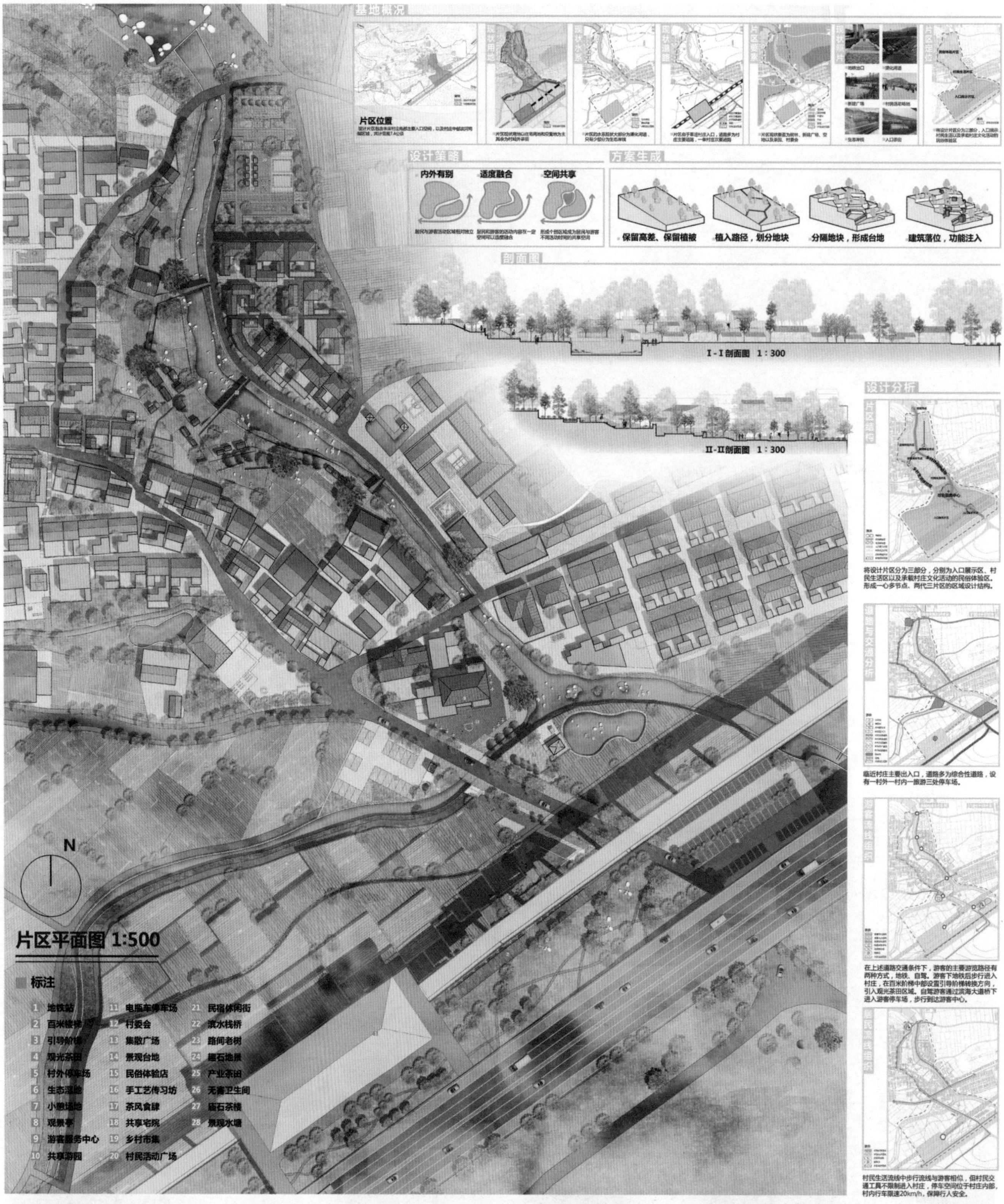

基地概况
片区位置
设计策略
内外有别
适度融合
空间共享
方案生成
保留高差、保留植被
植入路径，划分地块
分隔地块，形成台地
建筑落位，功能注入
剖面图
I-I 剖面图 1：300
II-II 剖面图 1：300
设计分析
将设计片区分为三部分，分别为入口展示区、村民生活区以及承载村庄文化活动的民俗体验区。形成一心多节点、两代三片区的区域设计结构。
临近村庄主要出入口，道路多为综合性道路，设有一村外一村内一旅游三处停车场。
在上述道路交通条件下，游客的主要游览路径有两种方式，地铁、自驾。游客下地铁后步行进入村庄，在百米阶梯中部设置引导阶梯转换方向，引入观光茶田区域。自驾游客通过滨海大道桥下进入游客停车场，步行到达游客中心。
村民生活流线中步行流线与游客相似，但村民交通工具不限制进入村庄，停车空间位于村庄内部，村内行车限速20km/h，保障行人安全。
N
片区平面图 1:500
标注
1 地铁站
2 百米楼梯
3 引导阶梯
4 观光茶田
5 村外停车场
6 生态湿地
7 小憩场地
8 观景亭
9 游客服务中心
10 共享游园
11 电瓶车停车场
12 村委会
13 集散广场
14 景观台地
15 民俗体验店
16 手工艺传习坊
17 茶风食肆
18 共享宅院
19 乡村市集
20 村民活动广场
21 民宿休闲街
22 滨水栈桥
23 路间老树
24 趣石地景
25 产业茶田
26 无害卫生间
27 庙石茶楼
28 景观水塘

基地概况

现状分析

规划解读

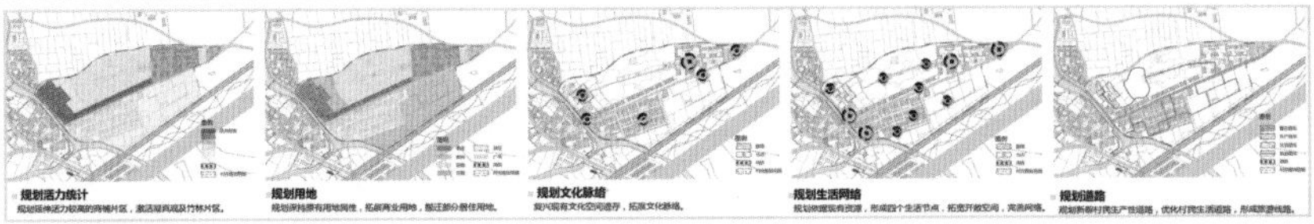

设计策略

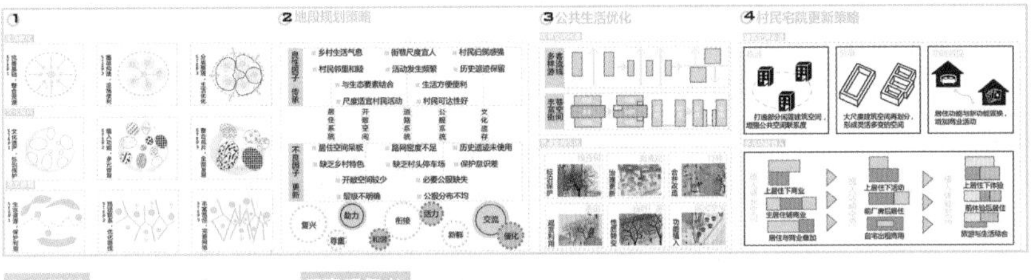

定位解析

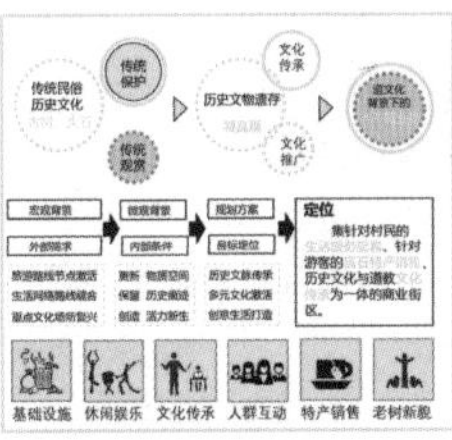

凝真观复兴

生活场景图

总平面图 1:500

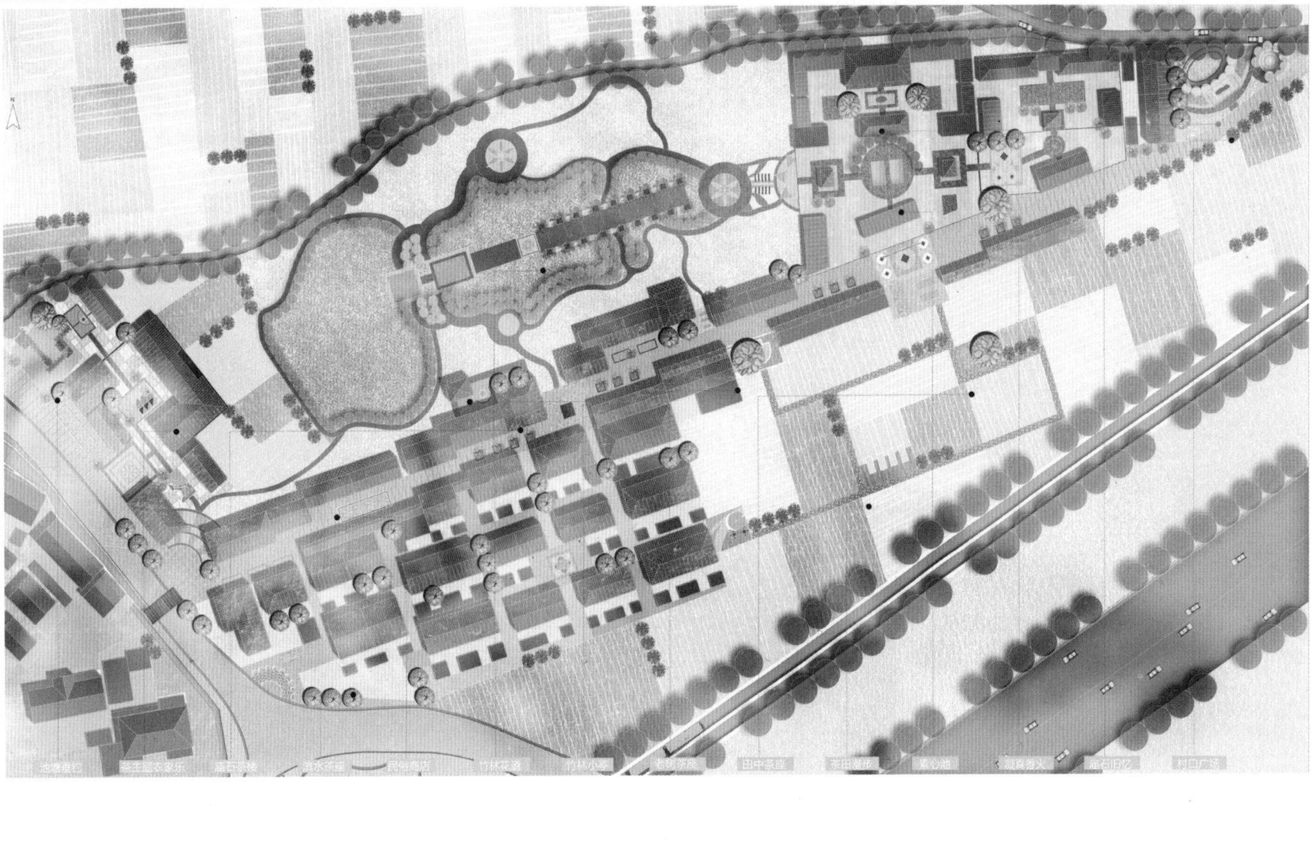

西安建筑科技大学　山中庙石，逸致妙世

村庄安全

——青岛滨海典型乡村规划设计

前期分析图

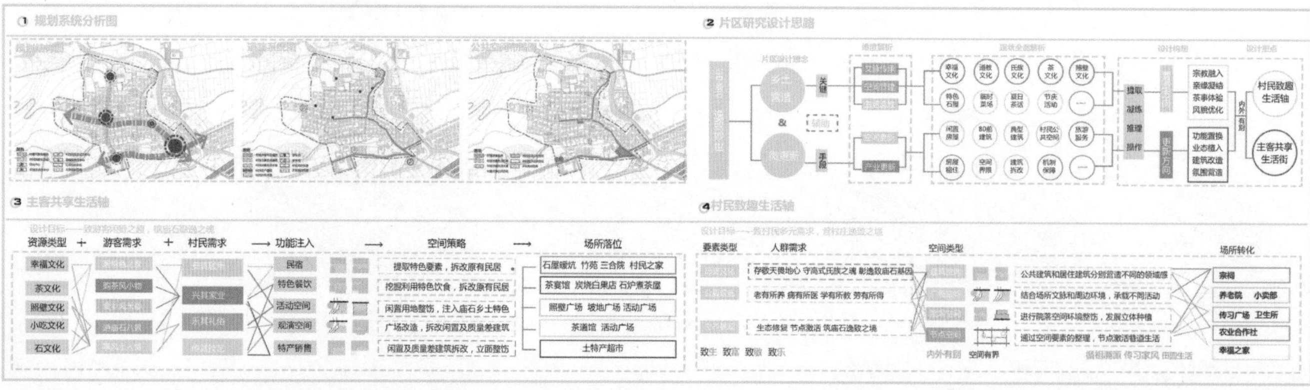

总平面图

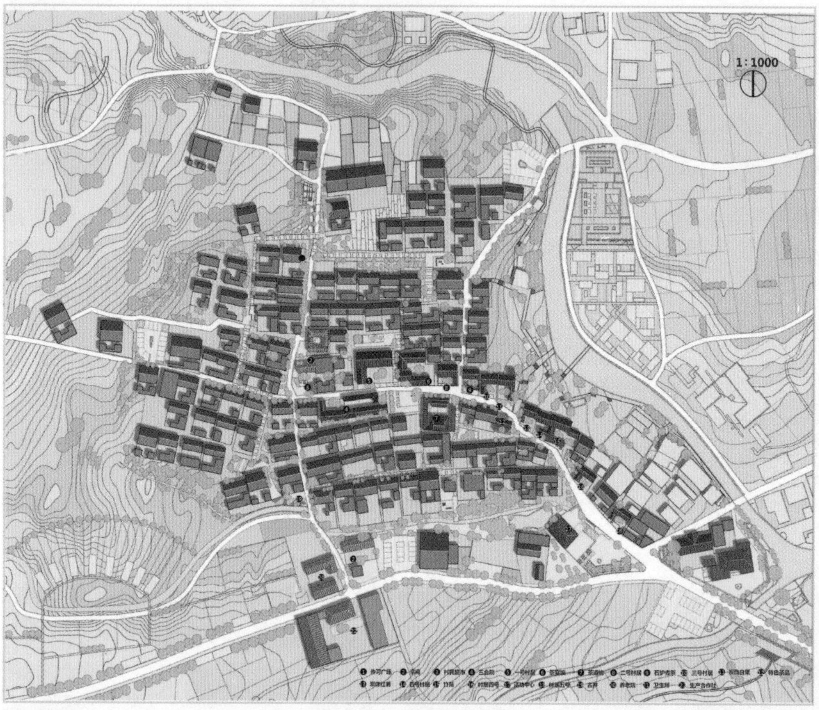

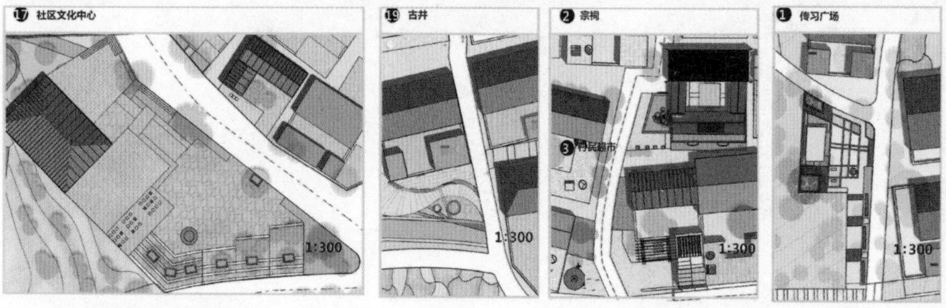

街道效果图

街道效果图

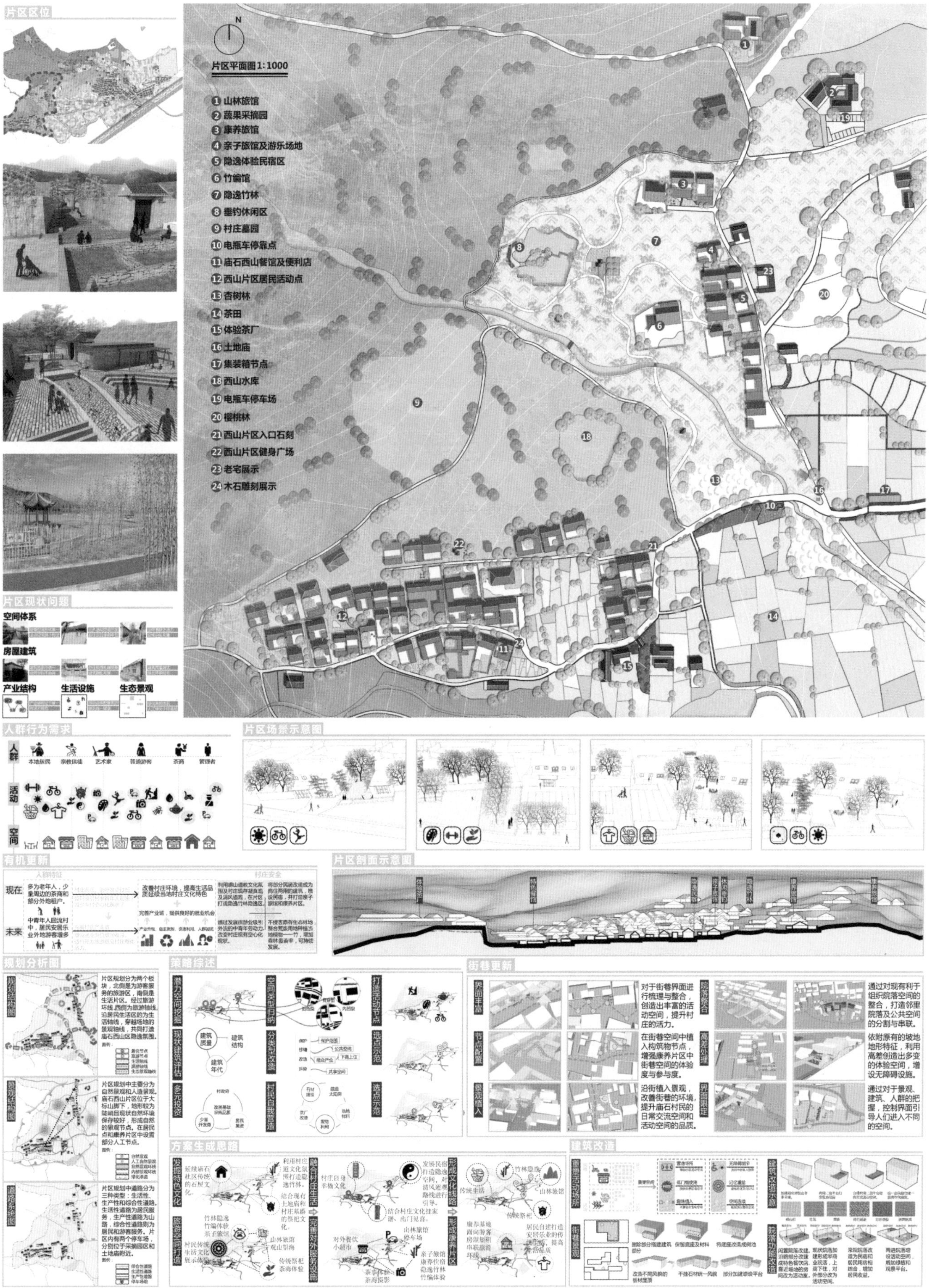

片区区位
片区平面图1:1000
1 山林旅馆
2 蔬果采摘园
3 康养旅馆
4 亲子旅馆及游乐场地
5 隐逸体验民宿区
6 竹编馆
7 隐逸竹林
8 垂钓休闲区
9 村庄墓园
10 电瓶车停靠点
11 庙石西山餐馆及便利店
12 西山片区居民活动点
13 杏树林
14 茶田
15 体验茶厂
16 土地庙
17 集装箱节点
18 西山水库
19 电瓶车停车场
20 樱桃林
21 西山片区入口石刻
22 西山片区健身广场
23 老宅展示
24 木石雕刻展示
片区现状问题
空间体系
房屋建筑
产业结构
生活设施
生态景观
人群行为需求
人群
本地居民
宗教信徒
艺术家
普通游客
茶商
管理者
活动
空间
片区场景示意图
有机更新
人群特征
村庄安全
现在
多为老年人，少量周边的茶商和部分外地租户。
未来
中青年人回流村中，居民安居乐业外地游客增多
改善村庄环境，提高生活品质延续当地村庄文化特色
完善产业链，提供良好的就业机会
产业升级
自主更新
资源利用
人群回流
利用崂山道教文化氛围及村庄现存凝真观及满风道观，在片区打造隐逸竹林隐逸区。
将部分民居改造成为商住两用的建筑，增设民宿，并打造亲子旅馆和康养片区。
通过发展旅游业吸引外流的中青年劳动力，改变村庄现有空心化现状。
不侵害原有生态林地，整合荒废用地种植当地植物——竹，增加森林覆盖率，可持续发展。
片区剖面示意图
规划分析图
规划结构图
片区规划分为两个板块，北侧是为游客服务的旅游区，南侧是生活片区。经过旅游环线，西侧为旅游轴线，沿居民生活区的为生活轴线，穿越场地的景观轴线，共同打造庙石西山区隐逸氛围。
图例：
居住节点
旅游节点
生活轴线
旅游轴线
生态景观轴线
景观结构图
片区规划中主要分为自然景观和人造景观。庙石西山片区位于大标山脚下，地形较为陡峭且现状自然环境保存较好，形成自然的景观节点。在居民点和康养片区中设置部分人工节点。
图例：
自然景观
人工自然景观
自然景观环线
内部景观环线
绿化步道
道路系统图
片区规划中道路分为三种类型：生活性、生产性和综合性道路。生活性道路为居民服务，生产性道路为山路，综合性道路则为居民和游客服务。片区内有两个停车场，分别位于采摘园区和土地庙附近。
图例：
综合性道路
生活性道路
生产性道路
停车场地
策略综述
潜力空间挖掘
现状建筑评估
多元投资
空间类型归纳
分类型改造
村民自我营造
打造活动节点
选点示范
选点示范
建筑质量
建筑结构
建筑年代
街巷更新
界面丰富
对于街巷界面进行梳理与整合，创造出丰富的活动空间，提升村庄的活力。
节点配置
在街巷空间中植入构筑物节点，增强康养片区中街巷空间的体验度与参与度。
景观植入
沿街植入景观，改善街巷的环境，提升庙石村民的日常交流空间和活动空间的品质。
院落整合
通过对现有利于组织院落空间的整合，打造邻里院落及公共空间的分割与串联。
高差处理
依附原有的坡地地形特征，利用高差创造出多变的体验空间，增设无障碍设施。
界面限定
通过对于景观、建筑、人群的把握，控制界面引导人们进入不同的空间。
方案生成思路
发掘特色文化
延续庙石社区传统的石屋文化。
利用村庄道文化氛围打造隐逸竹林。
结合现有土地庙和村庄原路的祭祀文化。
融入村庄生活
村庄自身幸福文化
发展民宿打造隐逸空间，对居民进路线进行引导。
结合村庄生文化建设、南门民宿。
形成文化线路
竹林隐逸
传统生活
山林旅馆
旅游空间打造
竹林隐逸体验亲子家庭
村民传统生活文化展示体验
山林旅馆观山览胜
传统祭祀茶商体验
完善对外服务设施
对外餐饮小超市
山林旅馆停车场
亲子旅馆康养住宿竹林竹编体验
茶田观光茶商摄影
形成康养片区
康养基地面向游客房屋旅游休闲环境
居民自建打造安居乐业的传统村落，提高居民品质
建筑改造
重塑活动场所
重塑空间
建筑改造示意
街巷重塑
院落功能置换

村庄安全

——青岛滨海典型乡村规划设计

2018城乡规划、建筑学与风景园林专业四校乡村联合毕业设计

设计理念

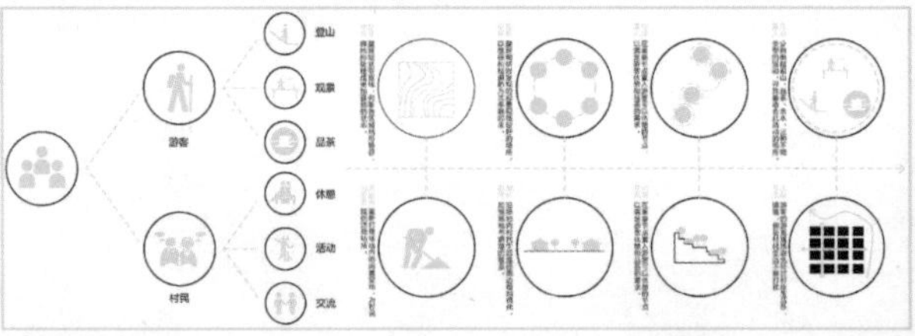

自然资源

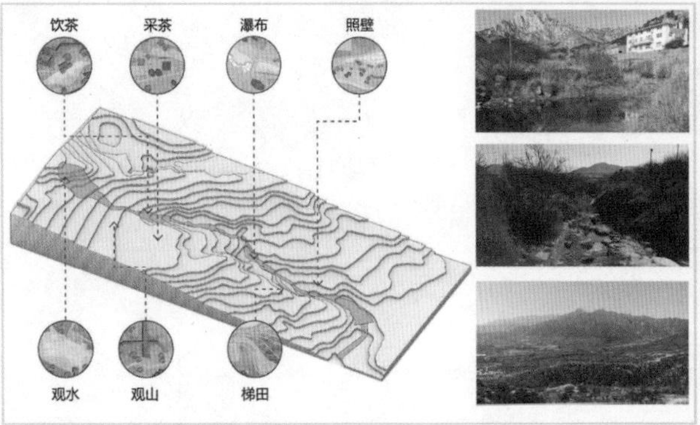

现状分析

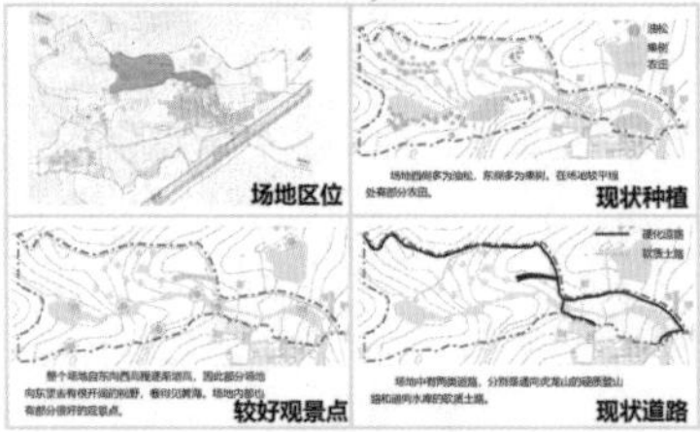

设计分析

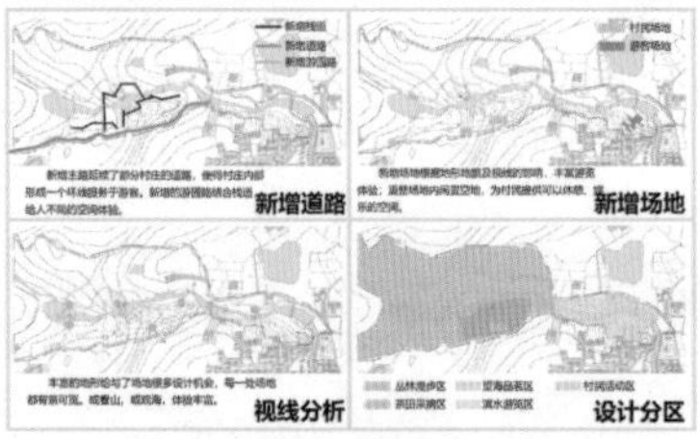

未来活动

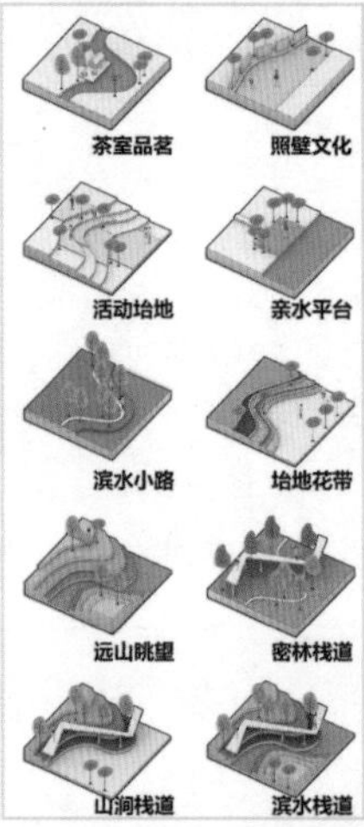

场地剖面

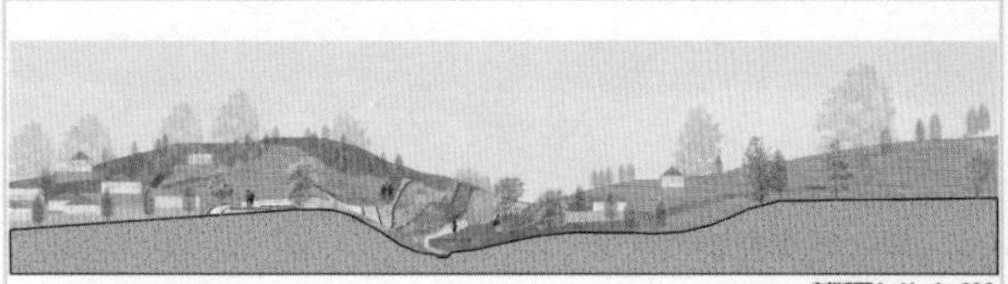

剖断面A-A′ 1∶600

剖断面B-B′ 1∶600

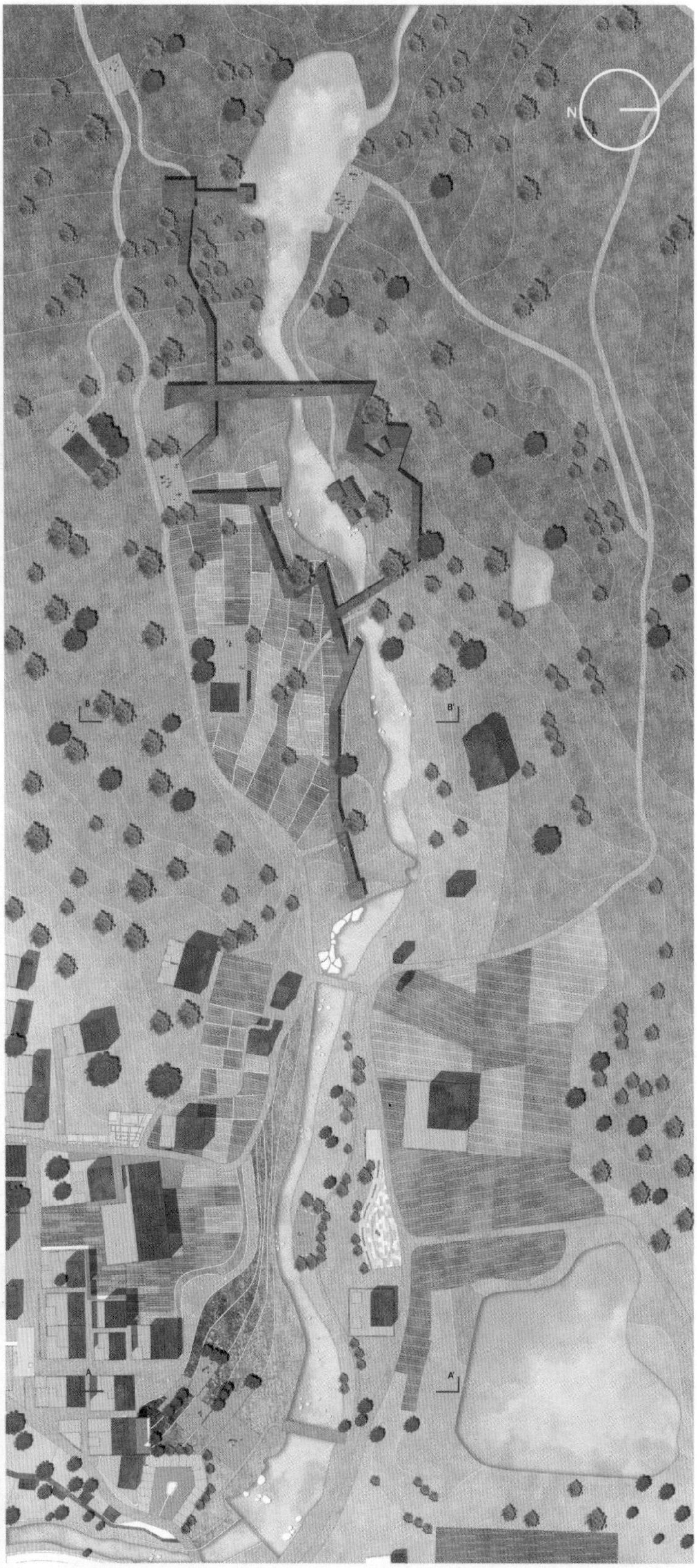

总平面图1∶600

场景图

城乡规划学
史国庆

乡村出身，规划专业。这是我选择乡村四校联合毕业设计的初衷，十八年乡村生活在我身上留下不可磨灭的烙印，五年的规划专业学习给我规划乡村、复兴乡村的愿景。一个学期的毕业设计学习生活更加让我意识到乡村和城市在规划上的不同和难点。三位老师的辛勤指导让我们做得深入，扎实。小组同学的共同努力让成果完善、丰富。作为组长，我在这段经历中受益匪浅。同时为我大学本科画上不错的句号，为我开启职业生涯新的篇章。

城乡规划学
杨柳

参加四校联合毕业设计是如此幸运，这是结束后才深刻地体会到的，从三月份青岛的调研到武汉的答辩，以及其中多少个日夜的奋斗，都给我留下了深刻的印象。驻村的实地调研过程使我体会到做乡村规划是个踏踏实实的事情，我们是在切切实实地解决乡亲们的问题；在华中科技大学的答辩过程更是体验到了每个学校的优势，学习到了更多的知识；而整个在西楼度过的设计过程，更是感谢我的每一个组员，让我明白了一个高效合作的团队该有的样子，为五年的学习过程交上一份满意的答卷。

城乡规划学
罗佳

感谢这次不同于前四年的专业学习经历，感谢老师们的指导，感谢同伴们共同的努力。五年以来从低年级建筑设计到高年级总控规及城市设计的逐步深入，对城市认知日渐深入。然而对于千千万万的村庄运行规律和规划干预手段的了解甚少，随着十九大乡村振兴、城乡融合机制的提出，乡村发展处于国家前行的战略地位。乡村毕业设计让我们紧跟行业趋势，运用多学科交叉方法深入剖析乡村发展问题，立足于以人为本的基本观念，为类似于千千万最普通的村子的庙石村谋未来、献计策，于此形成了我们的一村一品基本路径。总之，整个毕业设计学习过程，于我国乡村发展政策脉络、乡村问题聚焦剖析与乡土空间设计全方位使我有了很大收获，感谢!

城乡规划学
宋心怡

经过了三个多月的共同努力，这次乡村毕业设计终于画上了圆满的句号。从前期的调研到之后的汇报讲评以及最终的答辩，每一个阶段都和组里的伙伴一同奋斗前进，感受到了团队合作的力量和动力。本科期间并没有过多的接触乡村方面的规划设计，做过的多为城市的设计方案，所以这也是报名乡村四校这个联合毕业设计的一个原因，想在本科的最后阶段补上自己的一个空白。乡村和城市非常不同，要考虑到村民的传统生活格局，村中的土地权属和村子的经济状况，麻雀虽小，五脏俱全，这次的经历让我学到了很多。在以后的学习生活中我会继续努力，不会懈怠。

风景园林学
张紫林

作为风景园林系的学生，一直以景观学的视角做设计。此次能有机会参加联合毕业设计，与规划系的老师和学生相互讨论交流，以更加多元的视角看待问题，实在收获颇丰。我们作为设计师，总是先入为主的讲述自己对场地的预期，但乡村问题十分复杂，并不是我们想当然就可以解决的。在与规划系同学的讨论中，他们以一种更加理性、客观的思维去分析问题。整个毕业设计虽然一直处于高压工作状态，但是对场地的理解、现状的熟悉程度、各方面因素的考虑，是任何一次设计都比不上的。最后希望自己可以在以后的每一次设计中，都能达到此次毕业设计所考虑问题的深度。

围城乡愁，山中庙石

昆明理工大学 Kunming University of Science and Technology

参与学生：黄煦童 舒 森 许启鸿 马 明 赵 华
指导教师：吴 松 赵 蕾 杨 毅

教师释题：

实施乡村振兴发展的战略，一方面，应是坚持农业农村优先发展，依据产业兴旺、生态宜居、乡风文明、治理有效、生活富裕的总要求，推进农业农村现代化，另一方面，则是乡村安全在乡村规划中的落实。乡村发展不同于城市，村民与“三生空间”休戚与共，乡村安全是乡村发展的基础。尽管乡村安全涉及生态、经济、社会、文化四个方面，由于各村各情，需要有的放矢。

潺潺溪流、悠悠青山伴着林果茶田。让人流连忘返的田园庙石村在青岛滨海典型乡村中属于山区村庄。村庄规模不大，因种茶制茶而小有名气，也伴随着劳力进城、老幼相伴、基础设施不完善、环境保护意识弱的乡村问题。

2018年6月，青岛地铁11号线正式开通，并在村口设立了站点，同时青岛滨海公路也紧临村庄东侧，庙石村的发展必将和交通紧密相连且前景广阔。庙石村合理有序的持续发展规划及规划的落实即为重点。活力提升、老幼同乐、村庄整治亦成为庙石村村庄安全规划的构成。

围城•乡愁

区位分析

王哥庄镇在崂山区的位置
王哥庄街道位于山东省青岛市崂山区境东部，崂山东麓，仰口湾畔，距区政府驻地2 5千米。东部及南部濒临黄海，西北与城阳区惜福镇相连，西部、西南部与北宅、沙子口两街道接壤，北与即墨鳌山卫、白庙两镇为邻。

庙石村在王哥庄镇的位置
庙石村位于崂山区东北部，距王哥庄镇驻地正西3.5千米处，滨海大道55–56千米处西侧，距青岛市区约30千米。村前紧邻滨海大道，东面有王沙公路，交通便利。

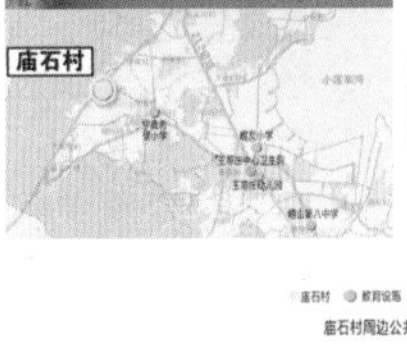

庙石村周边公共服务设施

庙石村与周边村庄的关系
村庄东与常家社区接壤，东北邻何家社区，北面与唐家庄社区相邻，南面靠近囤山社区、黄泥崖社区。西部、西北部是连绵环绕的群山，西望可看到大标山全貌。

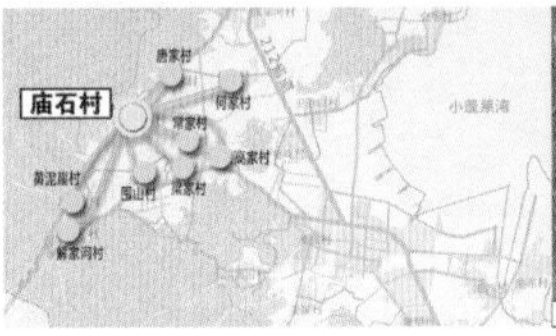

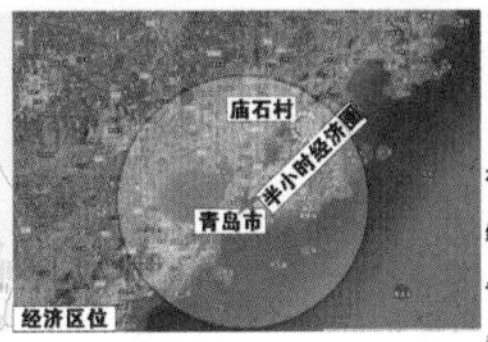

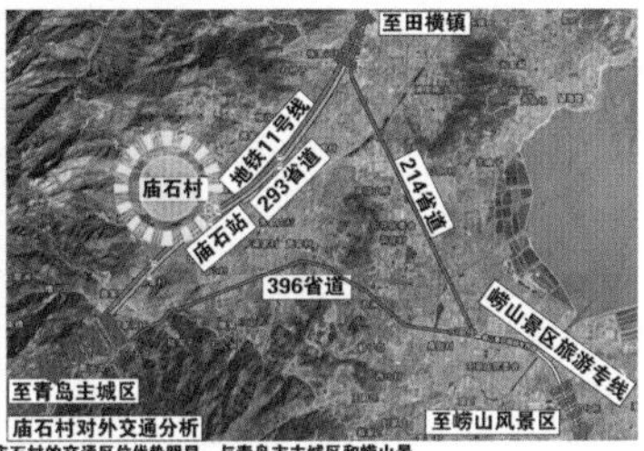

庙石村对外交通分析

庙石村的交通区位优势明显，与青岛市主城区和崂山景区都有着便利的交通和紧密的联系，具体分析如下：
（1）从青岛城区至田横镇的地铁从庙石村经过，并设有庙石站。
（2）城市快速路滨海公路经过庙石村，经过庙石村的公交线路有3条。
（3）庙石村通过214省道经过王哥庄街道与崂山旅游景区专线相衔接，直线距离仅3.5千米。
（4）庙石村距青岛市主城区25千米，在青岛市的半小时经济圈内，且庙石村至流亭国际机场仅27千米路程。

图例
地铁
城市快速路
二级公路
三级公路
公交车站
地铁站
半小时经济圈

上位解读

崂山风景区总体规划(2010—2025)　青岛・崂山国际生态健康城概念规划

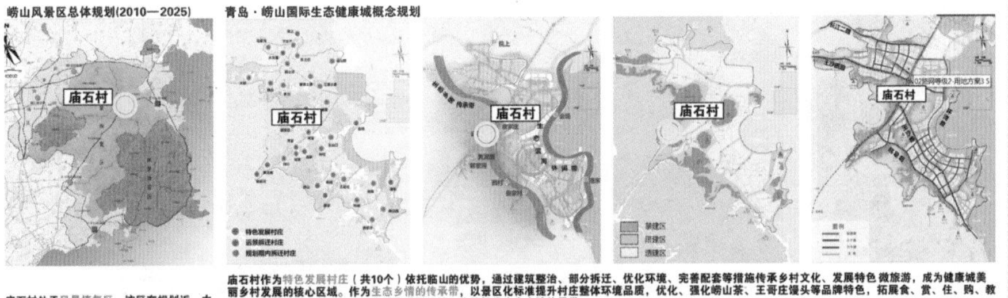

庙石村处于风景恢复区。该区在规划近、中期主要是以生态环境保护、植被恢复为主。

庙石村作为特色发展村庄（共10个）依托临山的优势，通过建筑整治、部分拆迁、优化环境、完善配套等措施传承乡村文化、发展特色微旅游，成为健康城美丽乡村发展的核心区域。作为生态乡情的传承带，以景区化标准提升村庄整体环境品质，优化、强化崂山茶、王哥庄馒头等品牌特色，拓展食、赏、住、购、教等产业相关功能，打造茶乡、农园旅游目的地，构筑健康生态乡情传承带。
庙石村村域内位于限建区以及禁止建设区域。未来发展以经济作物种植为主，适当发展生态旅游业。禁止大规模建设，可适当兼容绿地广场等融于自然的低强度景观建设和小规模旅游相关公共服务设施建设。青岛地铁11号线和青岛滨海公路在村东侧经过，交通方面规划区域通过轻轨（地铁）、有轨电车及绿色公交等措施，构建高效、低碳的城市交通系统。

规划对象

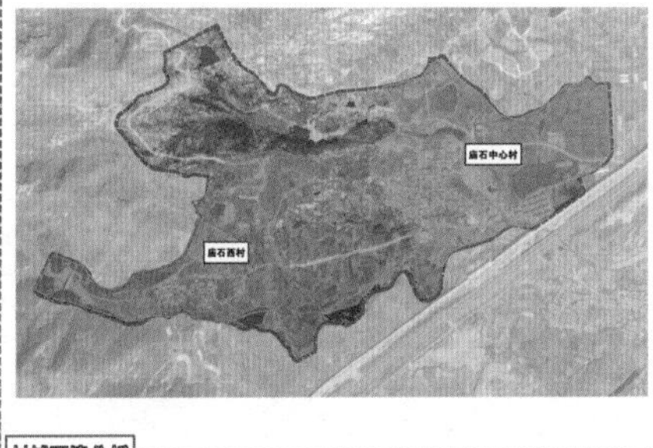

历史沿革

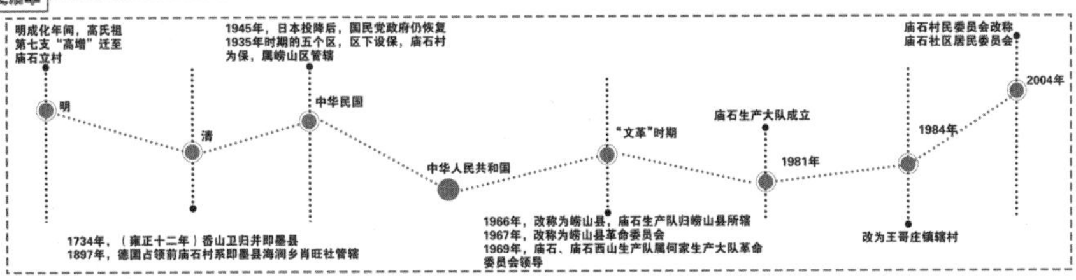

村域环境分析

庙石村位于山东省青岛市崂山区王哥庄街道办事处驻地西北4.1千米处，崂山的东北麓。在村西山岗上，有一突起方形岩石，色赤黄，悬空探出，岩上平坦，面积如三间屋大，岩石托起坐落其上的山神庙，此庙东面的村落便叫庙石村。该村三面环山，南北长1.5千米，东西长2.5千米，占地面积3.25平方千米，由西山、村中心、村东楼区3个自然村组成。

思维体系

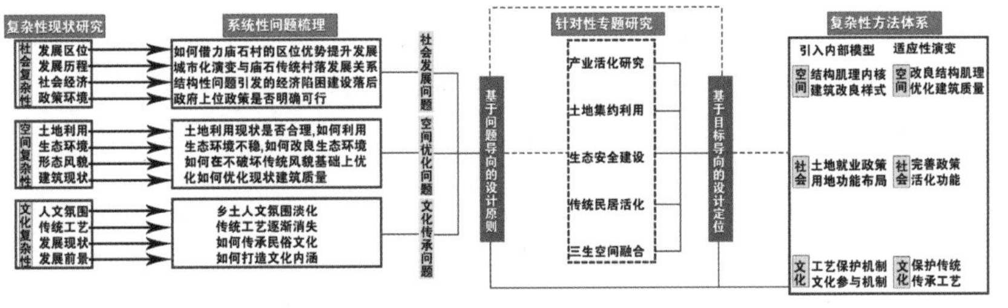

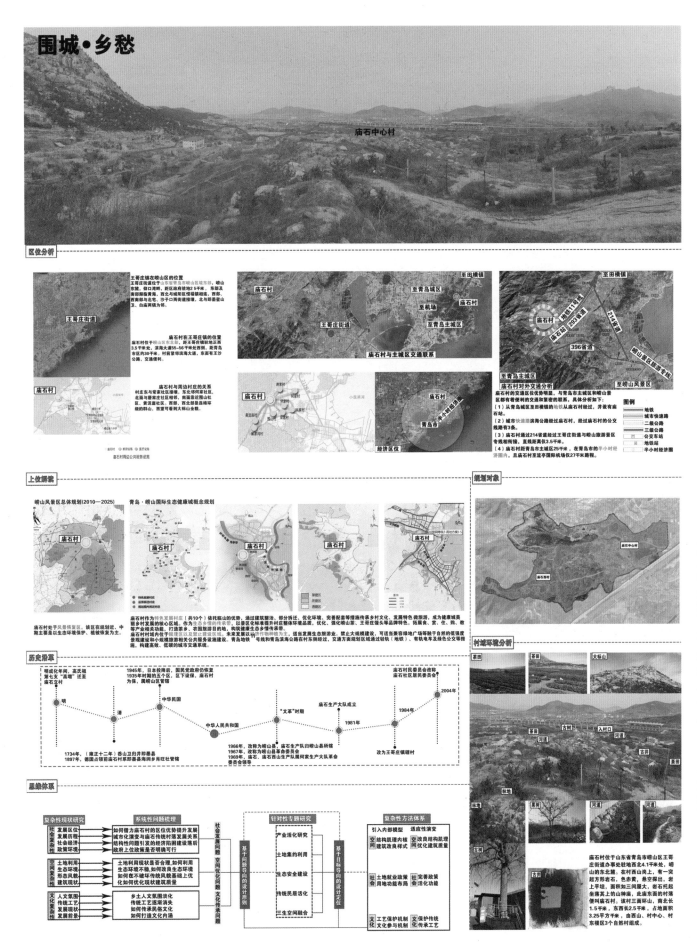

村庄安全
——青岛滨海典型乡村规划设计

设计解题

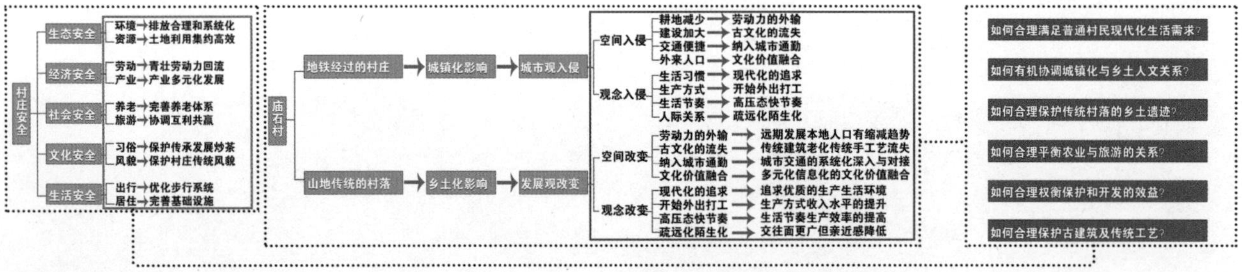

现状情况

村域土地利用现状图

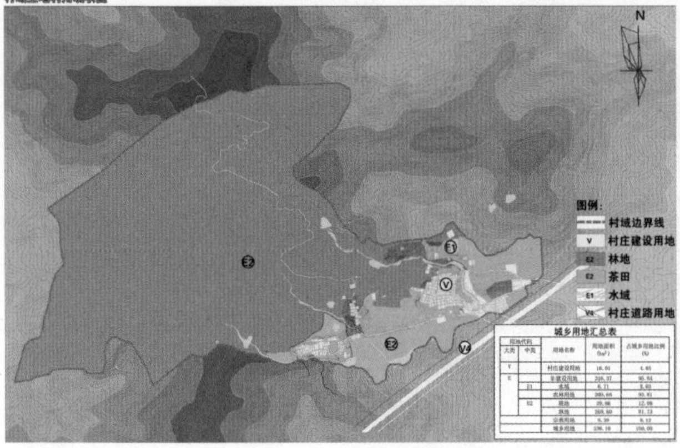

村庄规划区内土地利用现状图

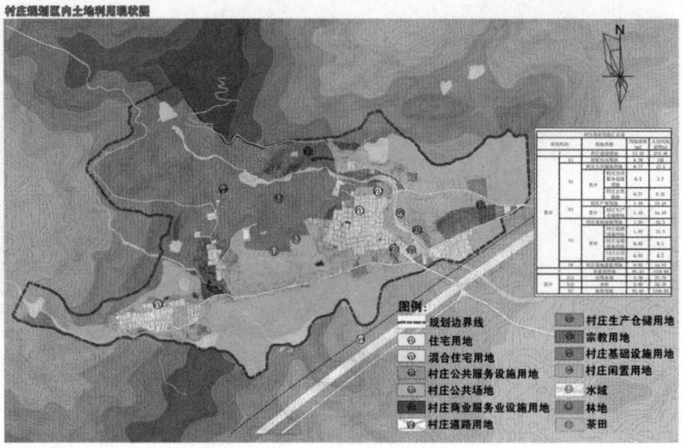

产业现状

建筑现状

庙石村全景
庙石村背靠大标山，坐看崂山湾，地理位置优越，全村建筑风貌较为统一，传统建筑都是土木瓦石建筑，石砌墙体围合成院落，新建建筑沿用石砌地基，围墙变成砖砌，但屋顶都是沿用人字形瓦屋面，并且基本都是红瓦，墙体色彩也保持与石头相近的米黄色。

特色石砌墙
庙石村一直保留着青岛特色的石砌墙，从以前的堆砌到干插到砌筑，形成了别具一格的围墙，石块的大小形状和风格记录着建筑的历史。

传统民居、院落
庙石村传统民居形式为干插式建筑，石木结构，多为瓦屋顶，以院落为主要形态，以干插石砌墙围合，传统街巷多为门前石铺路面、台阶，石铺街道，宅前有个种花草树木的小院，院落中一般会有树，入口有个门厅，开门见福，出门见喜。

街巷、宅前空间
村内有许多位于民居宅前保存完好的古树，与街巷共同组合成形色各异的公共空间，不仅具有良好景观效果，也给村民提供了休憩闲聊的空间，承载着村民的记忆。

建筑质量

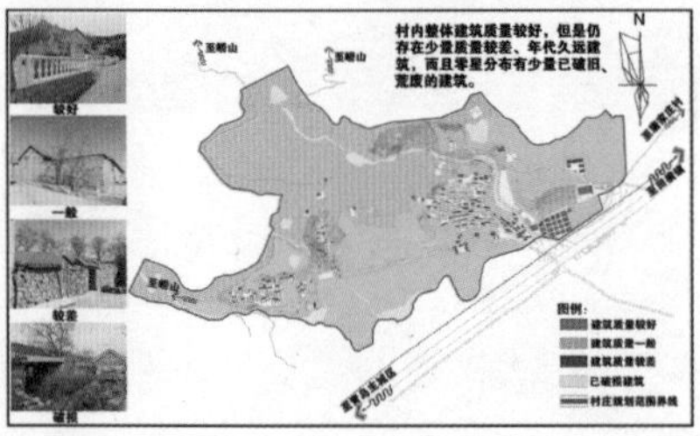

建筑年代

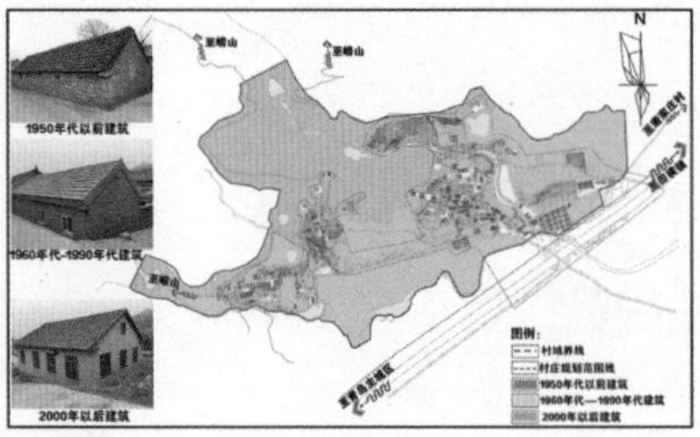

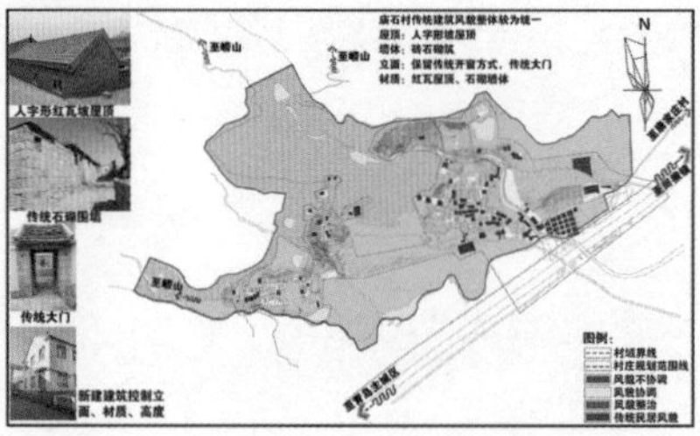

建筑肌理

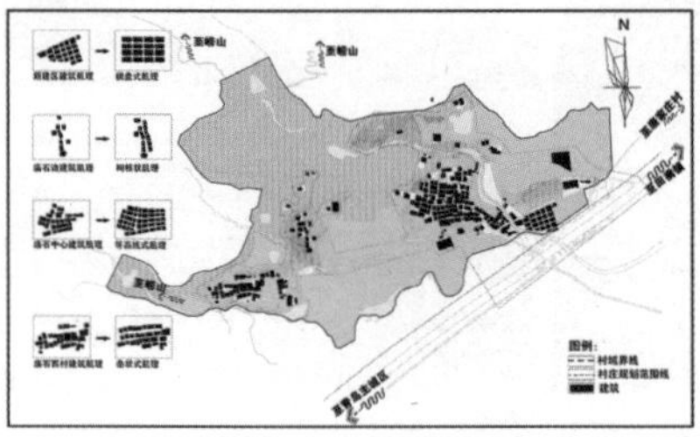

街巷肌理

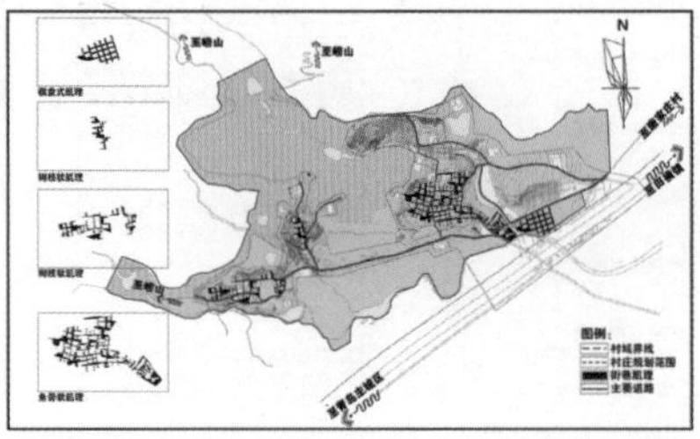

给水排水

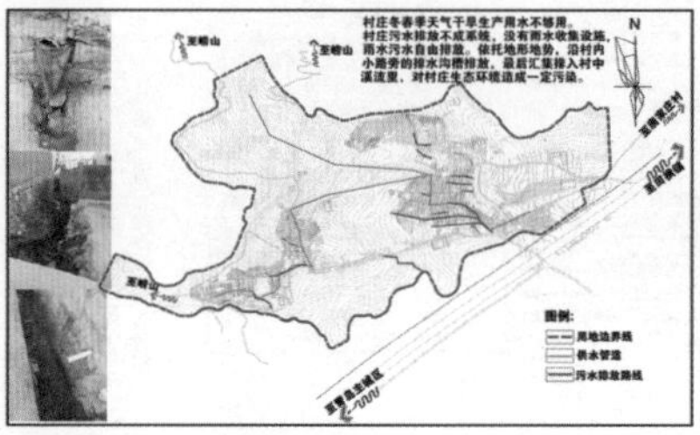

基础服务设施

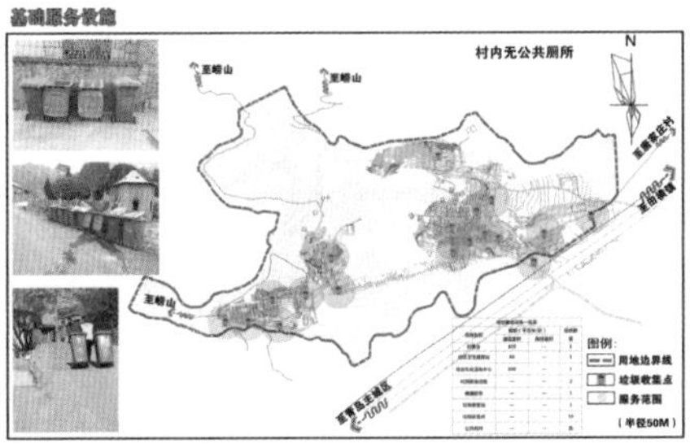

公共服务设施

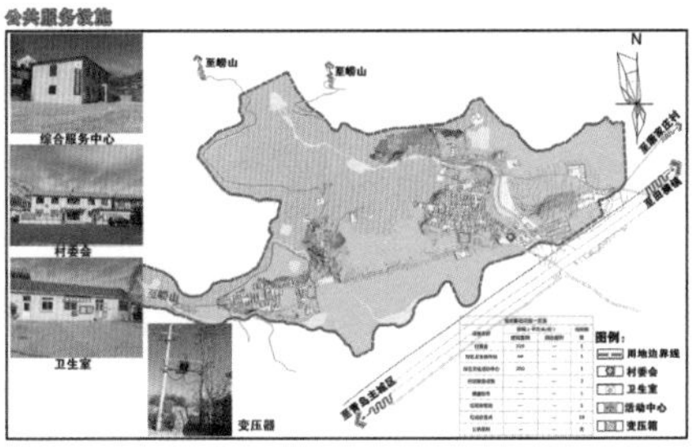

村内道路

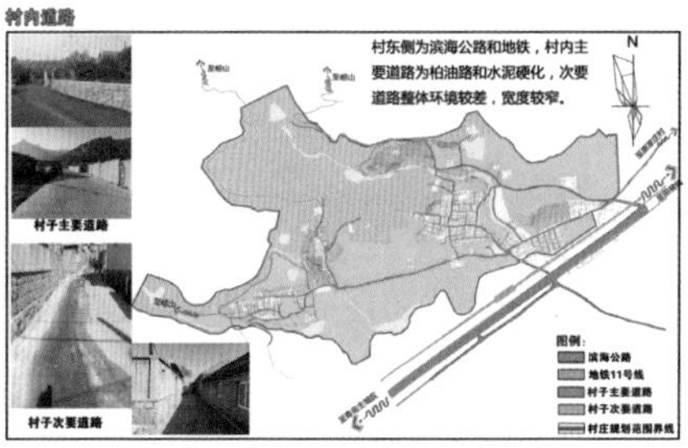

核心问题

乡村生态环境日益恶化

乡村特色文化逐渐消失

主导农业经济水平低下

乡村公共空间活力不足

乡村设施建设粗暴滞后

发展定位

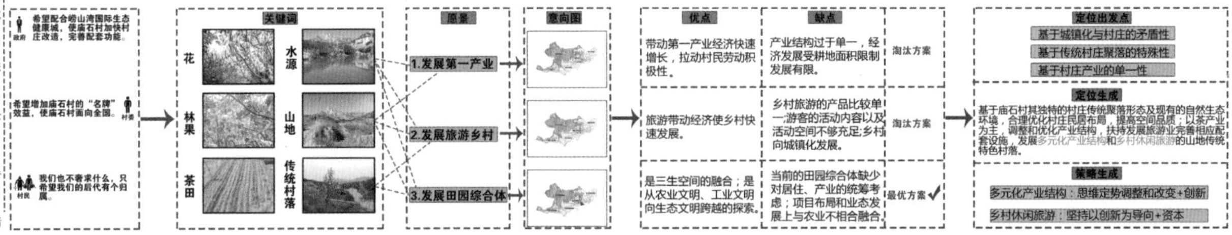

空间分析

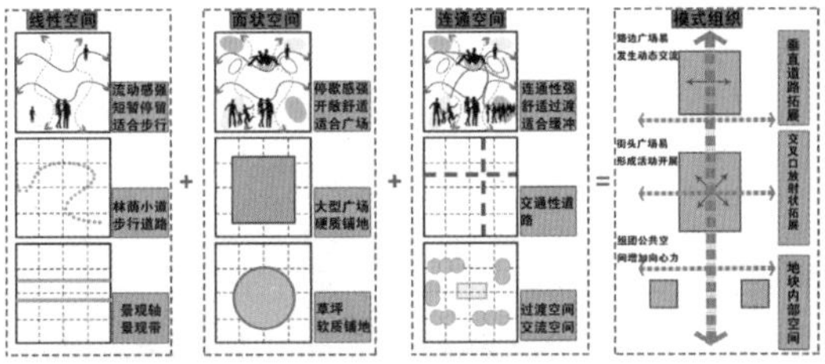

生态示意

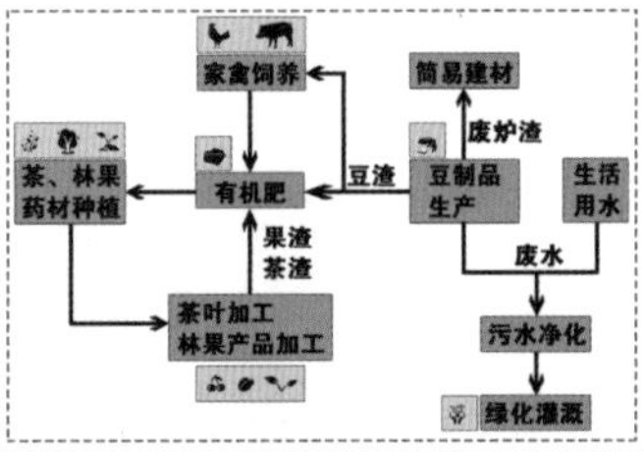

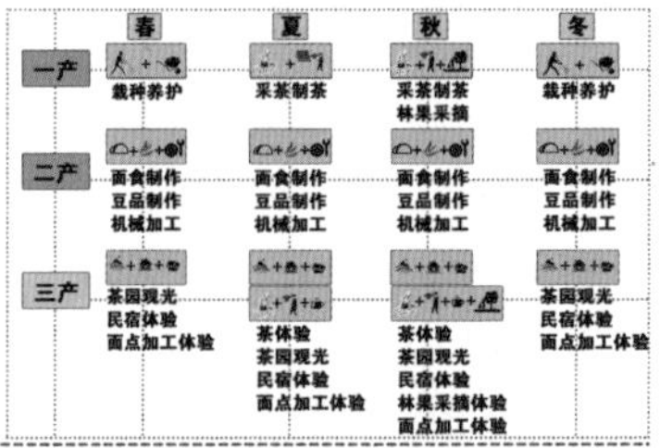

两类生活

“城里人想进来”——游客需求

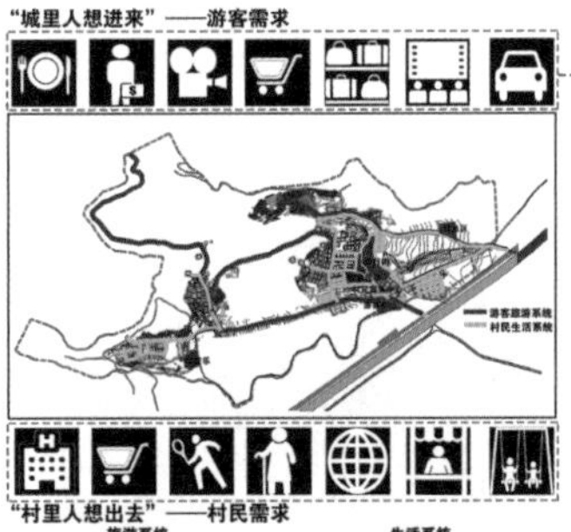

“村里人想出去”——村民需求

旅游系线

游客旅游系统以村内主路为主线，各个设施分布在路两侧，以游客中心为终点，西村与中心村形成回路，形成与村民正常生活互不干扰的旅游流线，同时合理规划休息区，植入各种符合游客需求的服务，满足不同需求。

生活系线

村民生活系统从中心村进入村子，周边设置集中停车，便于人车分流。在村口设村民服务中心，将功能进行整合集中，服务整个村子，同时也便于管理。

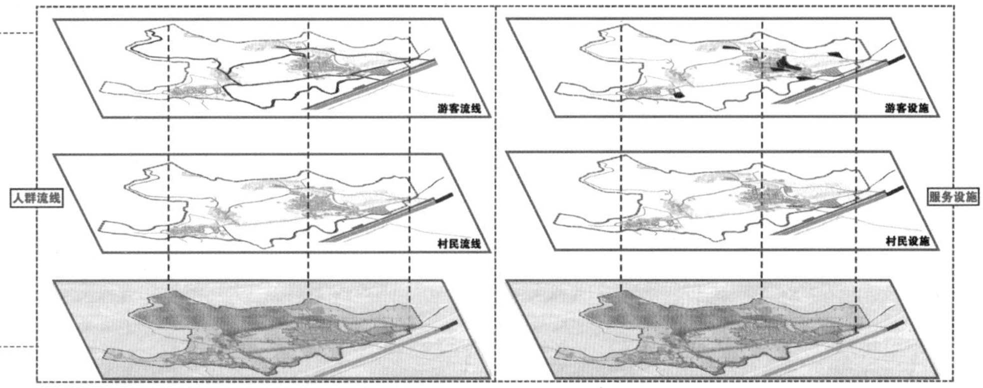

土地利用规划图

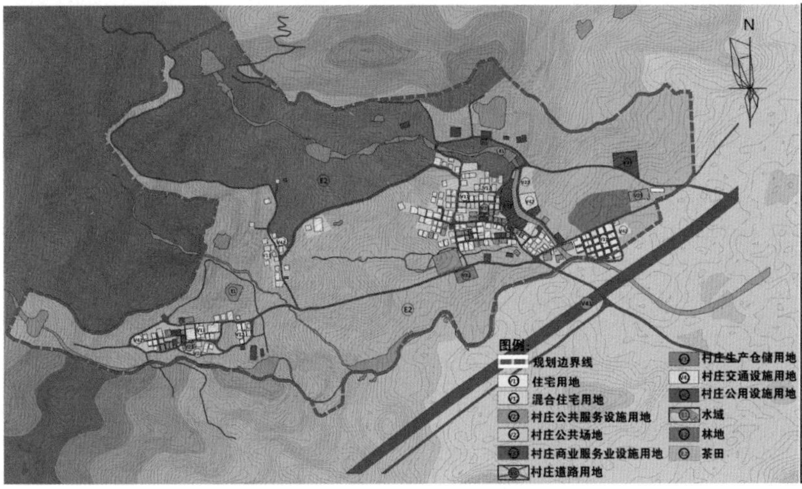

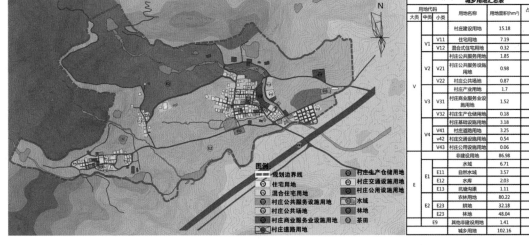

城乡用地汇总表					
用地代码			用地名称	用地面积(hm²)	占城乡用地比例(%)
大类	中类	小类			
V			村庄建设用地	15.18	14.86
	V1	V11	住宅用地	7.19	7.04
		V12	混合式住宅用地	0.32	0.31
	V2		村庄公共服务用地	1.85	1.81
		V21	村庄公共服务设施用地	0.98	0.96
		V22	村庄公共场地	0.87	0.85
	V3		村庄产业用地	1.7	1.66
		V31	村庄商业服务业设施用地	1.52	1.49
		V32	村庄生产仓储用地	0.18	0.17
	V4		村庄基础设施用地	3.18	3.11
		V41	村庄道路用地	3.25	3.18
		v42	村庄交通设施用地	0.54	0.53
		V43	村庄公用设施用地	0.06	0.06
E			非建设用地	86.98	85.14
	E1		水域	6.71	6,57
		E11	自然水域	3.57	3.49
		E12	水库	2.03	1.99
		E13	坑塘沟渠	1.11	1.09
	E2		农林用地	80.22	78.52
		E23	耕地	32.18	31.5
		E23	林地	48.04	47.02
	E9		其他非建设用地	1.41	1.38
			城乡用地	102.16	100

规划时保留了历史较悠久的闲置古屋，部分规划为展览用地满足旅游要求，并且加设民宿服务于游客；

规划时加设了四个公共厕所、一个幼儿园、一个养老院、一个游客服务中心、滨海景观带边步行街、七个停车场（分别服务村民和游客）；

规划以整治为主，保留传统村落肌理。

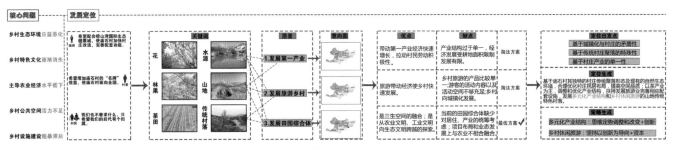

村庄安全
——青岛滨海典型乡村规划设计

规划方案

功能结构

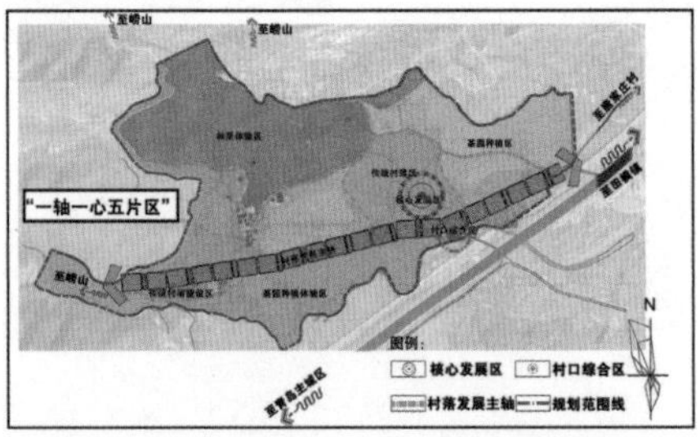

景观结构

公共服务设施

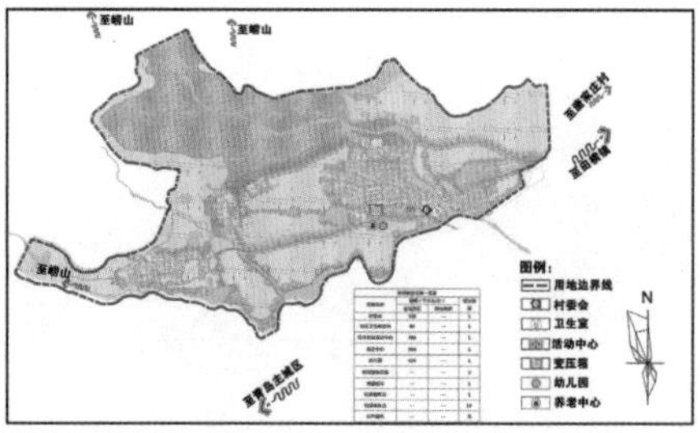

道路规划

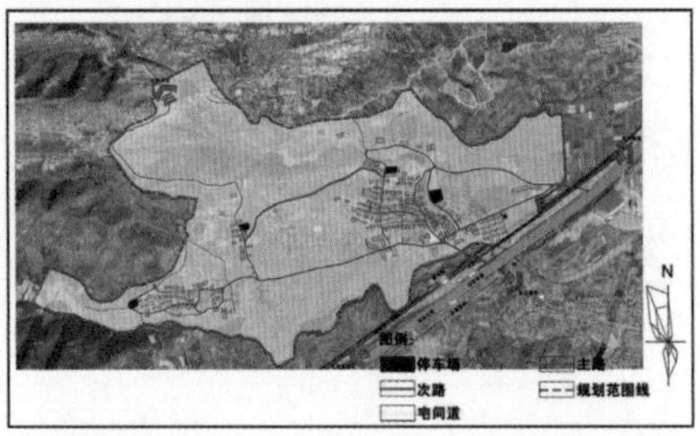

防灾减灾

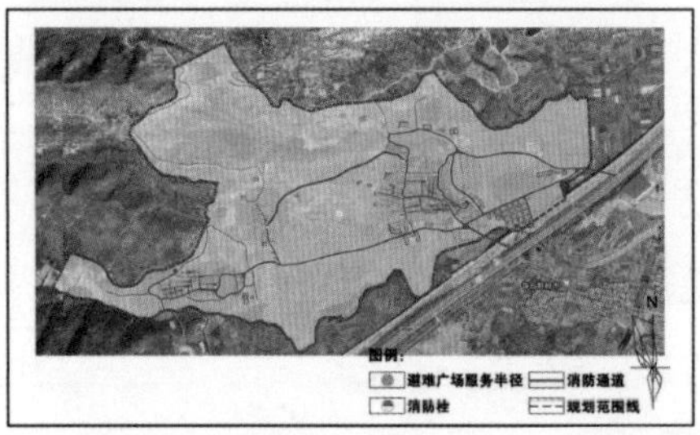

基础服务设施

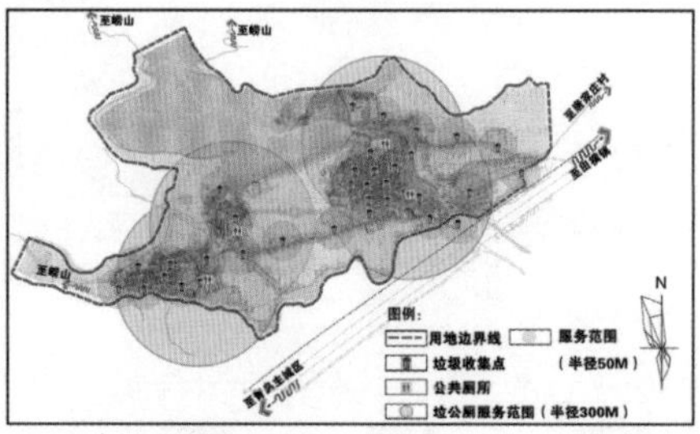

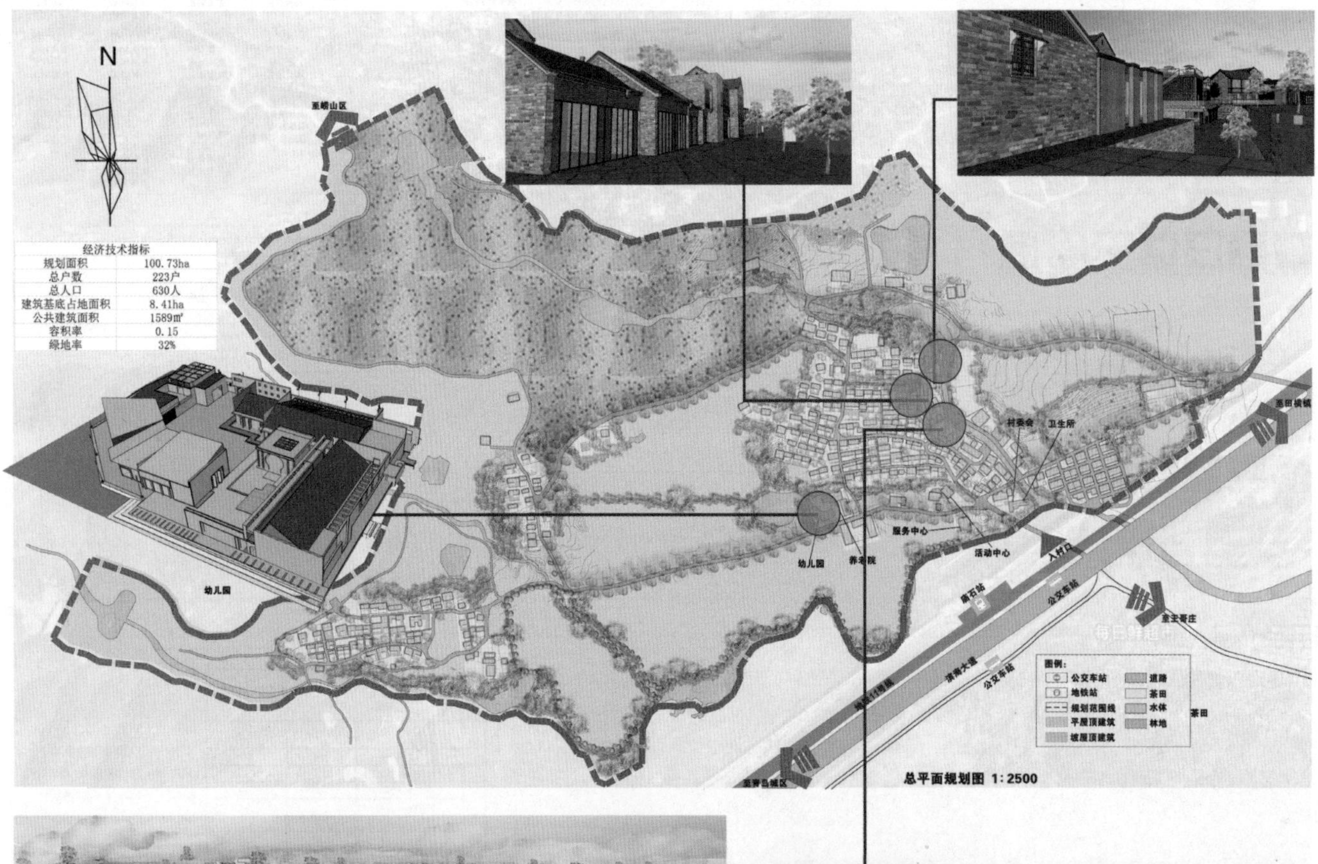

经济技术指标	
规划面积	100.73ha
总户数	223户
总人口	630人
建筑基底占地面积	8.41ha
公共建筑面积	1589㎡
容积率	0.15
绿地率	32%

给水规划

青岛农村居民生活用水定额　　单位：L/（人·d）

主要用（供）水条件	一区	二区	三区	四区	五区
集中供水点取水，或水龙头入户且无洗涤池和其他卫生设施	30~40	30~45	30~50	40~55	40~70
水龙头入户，有洗涤池，其他卫生设施较少	40~60	45~65	50~70	50~75	60~100
全日供水，户内有洗涤池和部分卫生设施	60~80	65~85	70~90	75~95	90~140
全日供水，室内有给水、排水设施且卫生设施较齐全	80~110	85~115	90~120	95~130	120~180

生活用水计算：

青岛属于气候和地域分区三区，人均每日用水量80-120升。

考虑旅游外来人口，按预测最高值计算

平均每日用水量120×（650+150）×0.001=96m³

年用水量96×365=3.50Wm³

水源地：庙石塘坝

庙石社区西北方已建有高位水库，容量为6W立方米。水为山泉水且为连续进水，能在有用水的同时有一定量的山泉流入补充。

给水管网线体制：

由于村庄地形坡地较大，本规划主要利用原有高位水库的势能差直接供水，主管管径为DN100。

排水规划

污水管线体制：

排水体制原则上按雨污分流的排水体制考虑，通过规划取消明渠排水，采用管道形式。排污管径为300DN和400DN。污水最终汇入市政管网处理。

污水量预测：

生活污水系统排水定额为其相应生活给水系统用水定额的80%，生活污水排放总量为96×80%=76.8m³/d。

雨水规划

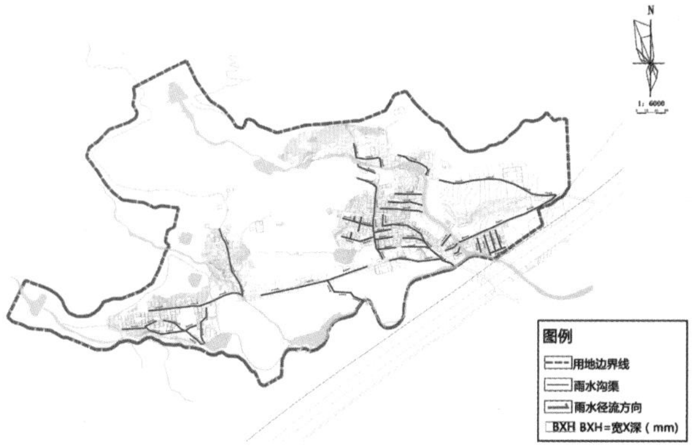

雨水沟渠体制：

雨水沟渠顺地势沿路布置，尺寸为BX-H=250mmX400mm，雨水随沟渠就近排入河道，汇集到水库或雨水花园中，最终作为灌溉用水和景观用水。

水系分析

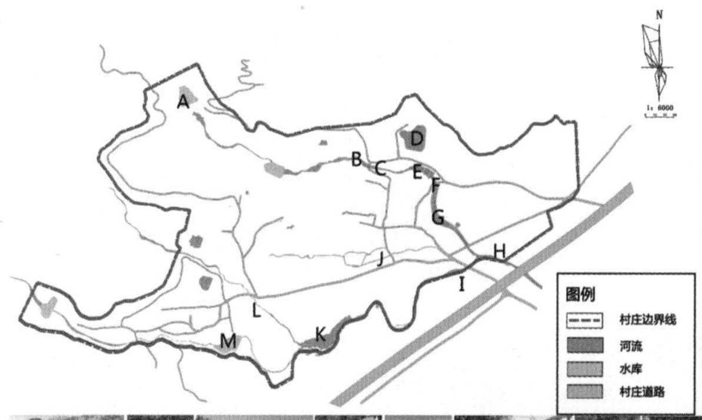

A 庙石塘坝
村庄的供水水源地，储水量9.6万立方米。需重点保护其不受污染

B 小塘坝
该塘坝位于秀水山庄附近，水质良好，风景优美，具有较好的景观性

C 河道
该河道位于B塘坝和E塘坝之间，地势变化较大，水流大部分时间较为充沛，景观性较强

D 小型水库
该水库位于村庄北部，储水量不大，用于村庄北部茶田的灌溉

E 小塘坝
该塘坝位于村庄建设区域东面桥梁附近。受上游一些村庄生活垃圾污染，水质一般，景观性也不是很强

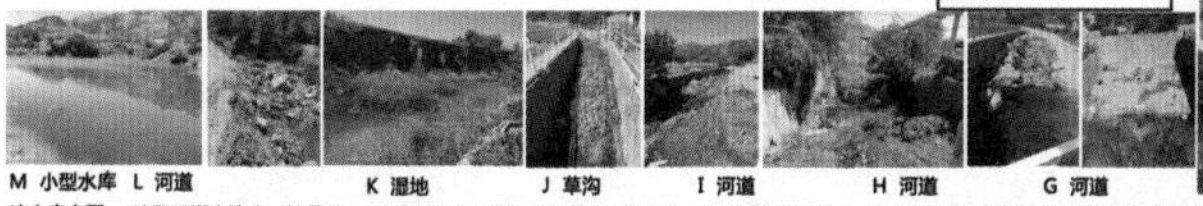

M 小型水库
该水库主要用于西村村口茶田的灌溉

L 河道
该段河道水流小，极易干涸。因河道边道路建设，导致河道两旁山体破坏裸露，需进行生态修复

K 湿地
该沼泽地属地形地貌自然形成，植被比较丰富，但景观性需要加强

J 草沟
该草沟属自然形成，比较具有生态性，对于水质净化有一定作用

I 河道
该段河道位于村口，水流量较小，周围黄土裸露，景观性需要加强

H 河道
该段河道周围植被比较丰富，但因村庄生活污水排放，景观性不好

G 河道
该段河道本身是很好的景观节点，但因水流不足，水质较差，景观性受到很大影响

F 河道
该河道受上游数个塘坝截流，水流不足，秋冬季节雨水不足，容易干涸

气候分析

1981～2016年青岛市逐年平均气温(单位：℃)

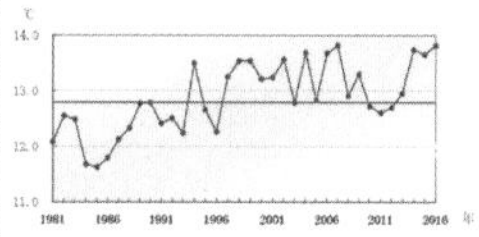

2016年青岛市年平均气温分布(单位：℃)

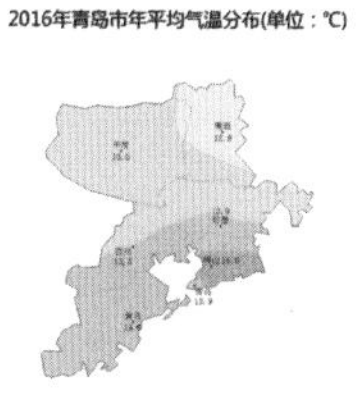

青岛市年平均气温为12.7℃，近几年有逐步上涨趋势，庙石村所在崂山区年平均气温在青岛市各市区中最高。

降雨量分析

1981年～2014年青岛逐年平均降雨量（毫米）

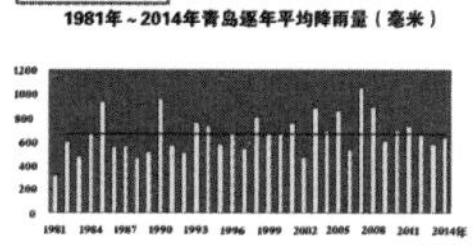

2016年青岛市年降水量分布（单位：毫米）

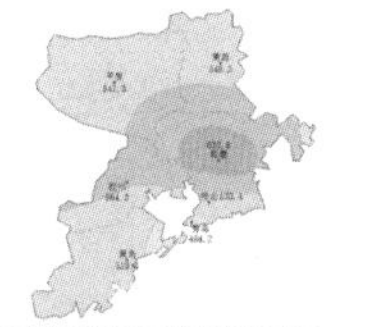

青岛市年平均降雨量为664.4毫米，近几年有下降趋势，庙石村所在崂山区年平均降雨量在青岛各市区居中。

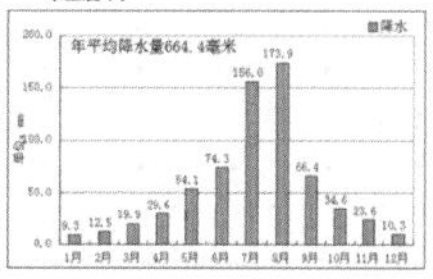

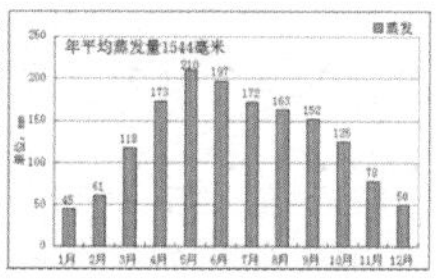

青岛市年降雨量集中在7-8月份，12-2月份降雨量最少；雨水蒸发量5-6月份最高，12-2月相对较小。

GIS分析

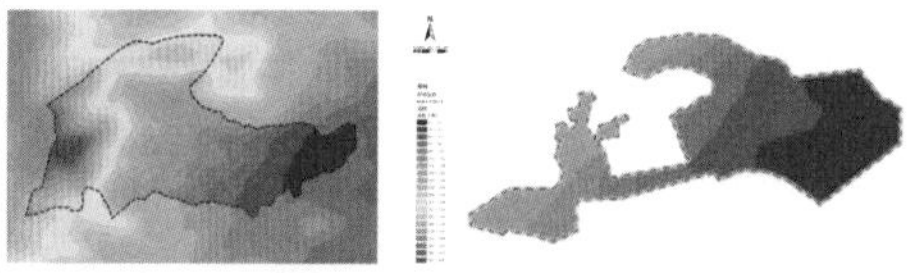

村域内最高海拔为626米，最低为12米；建设范围内最高为182米，最低为12米。

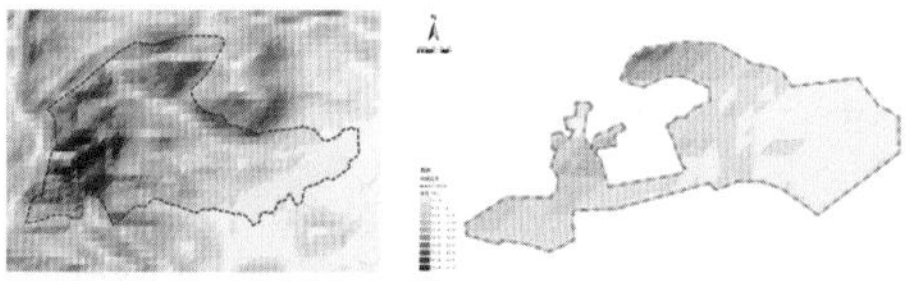

村域内土地坡度较大；村庄建设范围内土地较为平整。

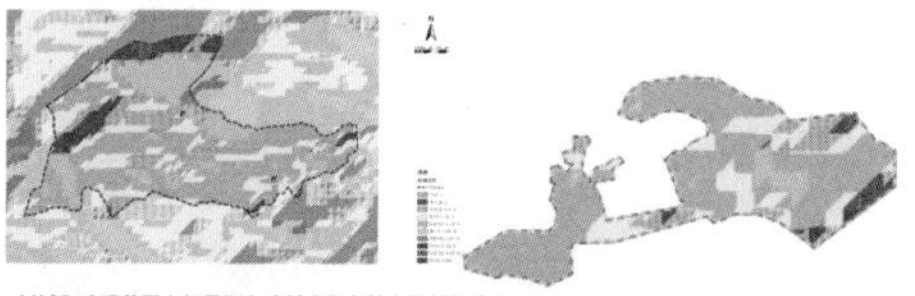

村域和建设范围内都是以东南坡向和东坡向的坡地为主。

问题总结

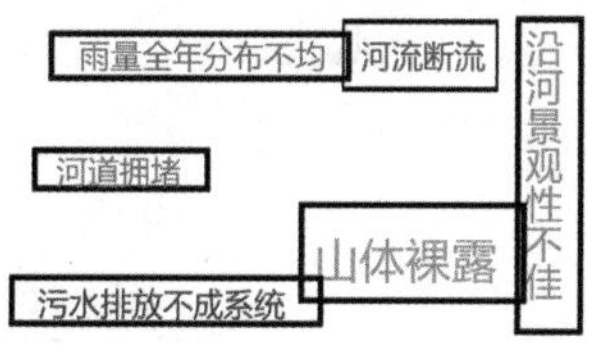

解决对策

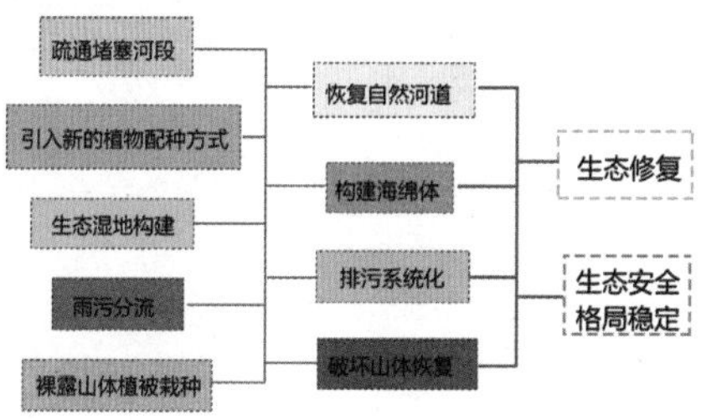

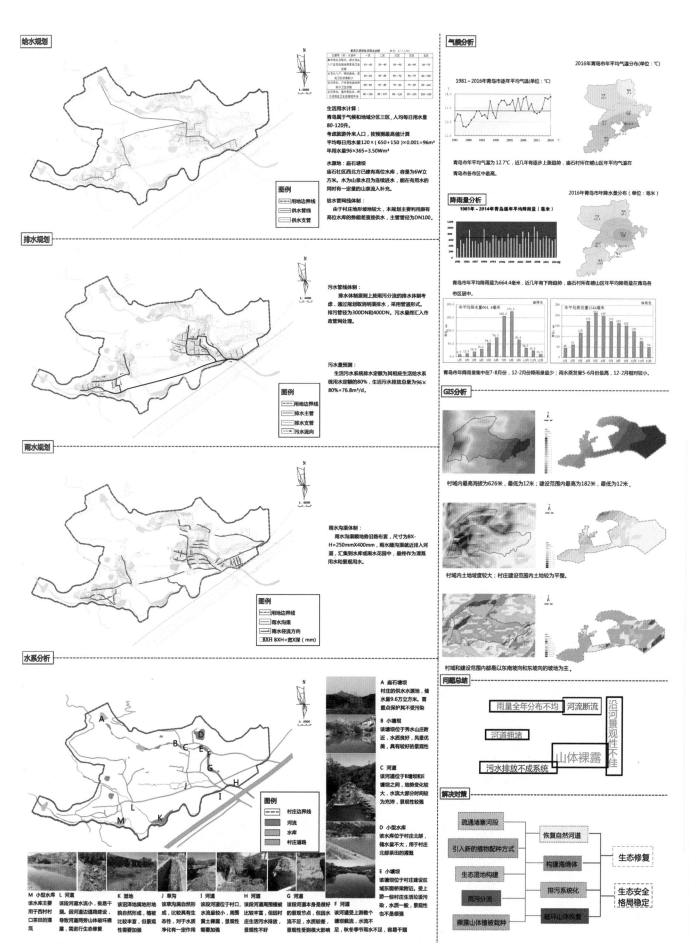

河流导则

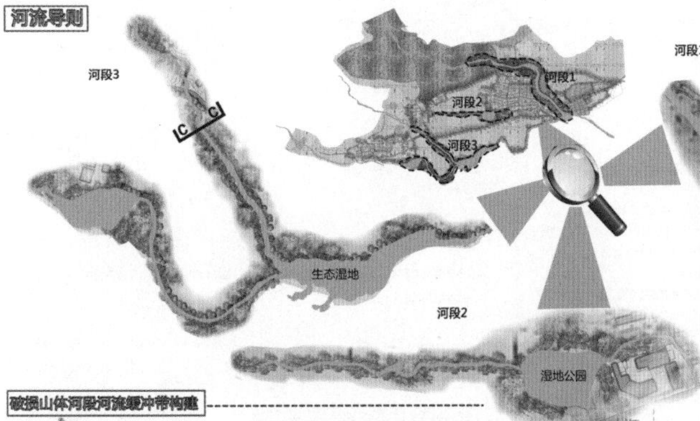

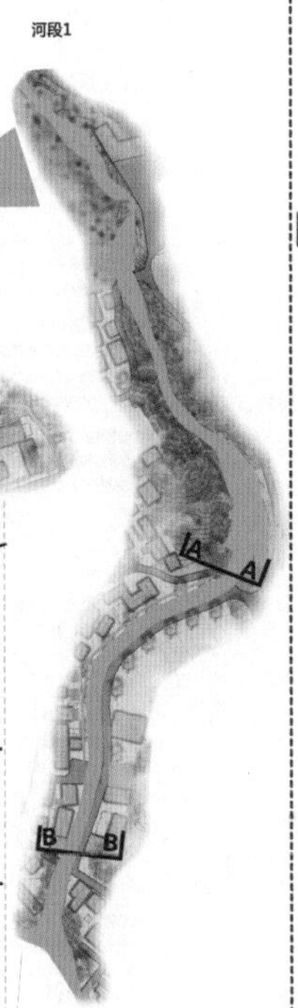

破损山体河段河流缓冲带构建

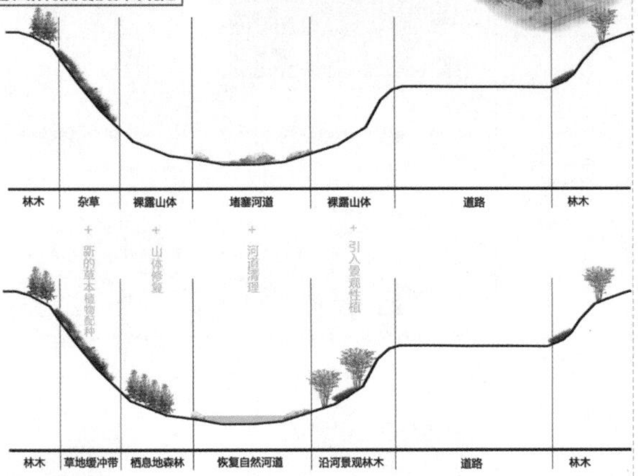

C-C剖面

水系景观营造

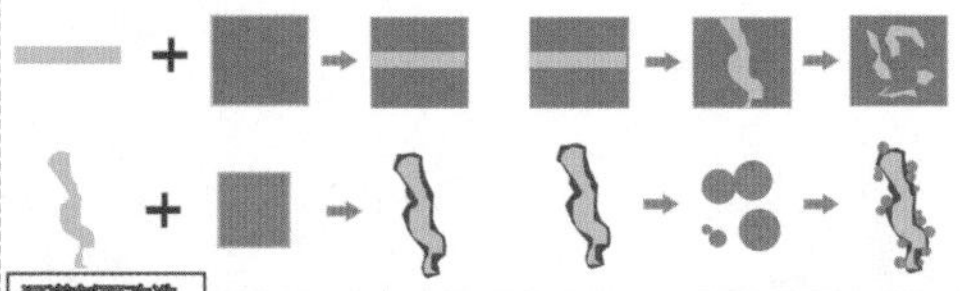

河道剖面改造

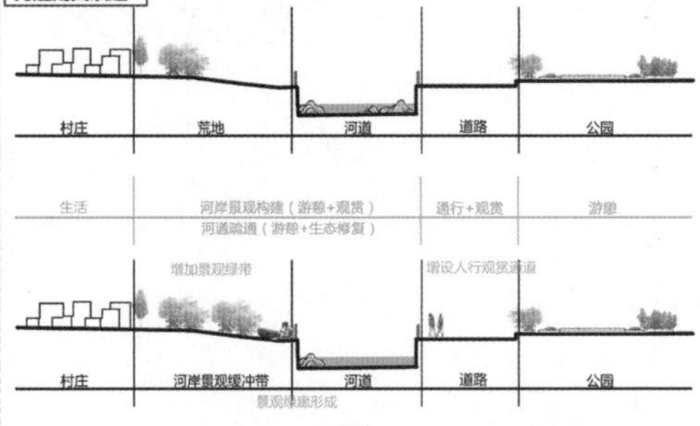

A-A剖面

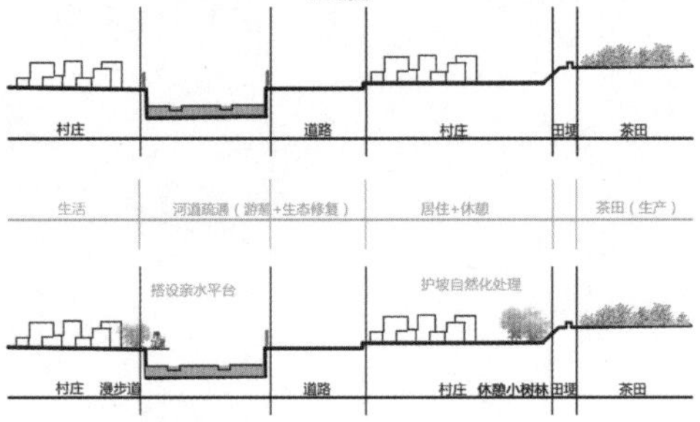

B-B剖面

沿河裸露山体修复示意

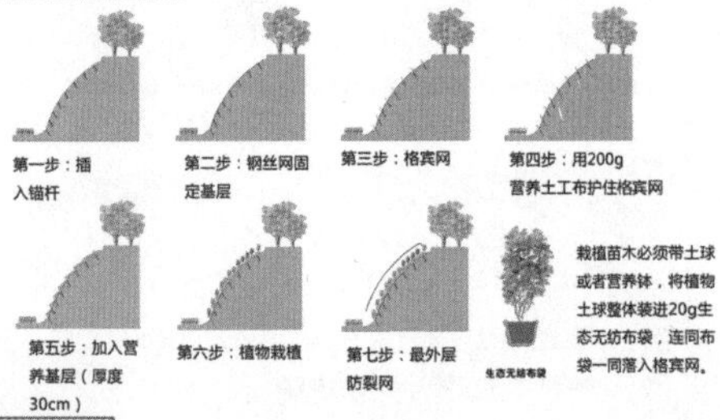

水生植物搭配参考

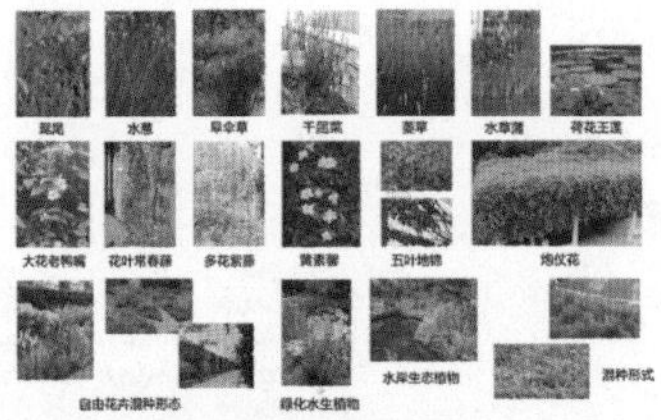

1.优先选用本土植物，适当搭配外来物种。
2.选用根系发达、茎叶繁茂、净化能力强的植物。
3.选用既可耐涝又有一定抗旱能力的植物。例如：蒲苇、旱伞草等。
4.选择可相互搭配种植的植物，提高去污性和观赏性。

水体沉淀净化过程

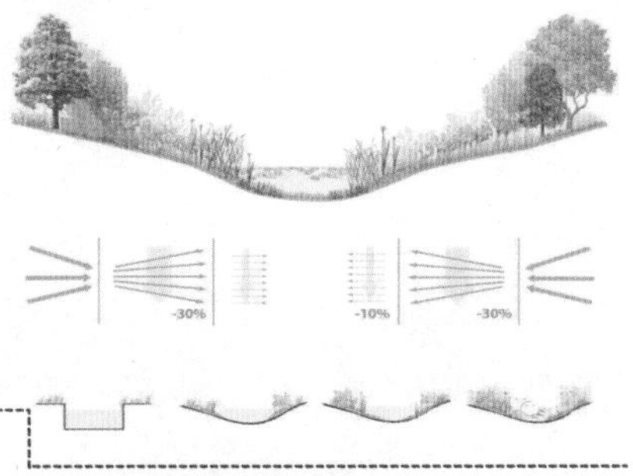

湿地公园效果图

民宿释义

利用自有住宅空闲房间，结合当地文化，以家庭副业方式经营提供住宿、餐饮等服务场所。

→ 产权的自由性 经营的副业性

除一般常见的饭店以及旅馆之外，其他具有独特吸引力的小型旅馆住宿接待设施。

→ 主题的特色性

小规模 个人经营 别有特色 的家庭旅馆	以乡村本土文化为内涵，依托风景及地域特色资源发展，乡土气息浓厚	乡村型
以家庭副业方式经营，提供旅客乡野生活之住宿处所	结合周边资源，打造特色主题，提供农业体验、生态观光等多项服务	特色型
为外出郊游或远行的旅客提供个性化住宿场所	利用自用住宅空闲房间，以家庭副业方式经营	传统型

民宿

传统民宿：追求原始化，保持最初始的形态；将以“客栈、家庭旅馆、青年旅馆”等形式存在。

精品民宿：追求高端化，向高服务、奢华小资式发展；以“原生型民宿、奢华型民宿、主题型民宿、复合型民宿”为突出。

- 野：以原生环境、原真民俗风情为特色的纯原生民宿 —— 原生型
- 奢：以高端设施、精致服务、奢华享受为特色的高端民宿 —— 奢华型
- 专：以异域风格、特色文化为主题的民宿 —— 主题型
- 合：融传统地域文化、现代技术、特色主题于一体的民宿 —— 复合型

民宿发展

- 20世纪80年代末：开始发展，由当地农民自发创办
- 2003年：“家庭旅馆”概念引入
- 2010年：“民宿”形式得到更多关注
- 2015年：我国民宿行业市场规模已达200亿元人民币
- 2017年：全国农家乐已超过190万家，民宿超4万家，民宿从业人员达到近100万人
- 预计到2020年：我国民宿行业营业收入将达到362.8亿元人民币

由资源依托型向市场驱动型拓展，由住宿补充向构筑自身吸引力转型

政策引爆

土地：《关于农村土地征收、集体经营性建设用地入市、宅基地制度改革试点工作的意见》决定在全国30个左右县（市）行政区域试点

税收：营改增，税收改革。科学设计生活性服务业务“营改增”改革方案，合理设置生活性服务业增值税税率

2015年11月19日，国务院网站发布《国务院办公厅关于加快发展生活性服务业促进消费结构升级的指导意见》国办发[2015]85号。首次点名“积极发展客栈民宿、短租公寓、长租公寓等细分业态”，将其定性为生活性服务业。将在多维度给予政策支持。推动了民宿合法化。

2016年1月27日，《中共中央国务院关于落实发展新理念加快农业现代化实现全面小康目标的若干意见》中发［2016］1号发布，其中明确指出要大力发展休闲农业和乡村旅游，有规划地开发休闲农庄、乡村酒店、特色民宿、自驾露营、户外运动等乡村休闲度假产品。

2016年3月2日，国家发展改革委、中宣部、科技部等十部门目前出台了《关于促进绿色消费的指导意见》，意见提出持续发展共享经济、鼓励个人闲置资源有效利用、有序发展民宿出租等。

客群结构

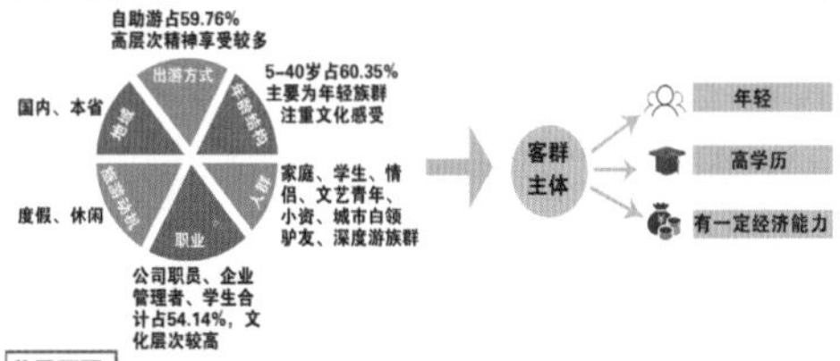

运作理念

运营模式

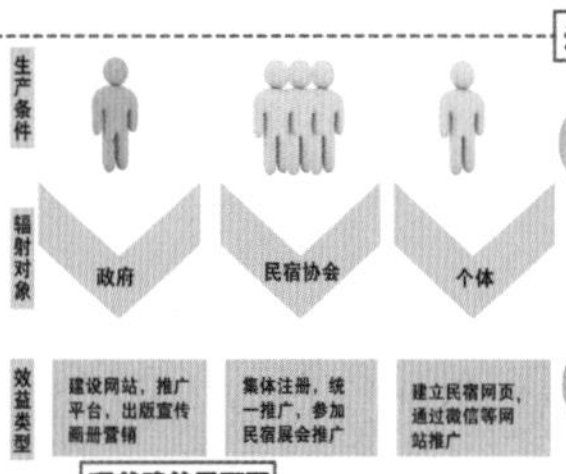

产品模式

- 基本产品：提供最基本的住宿，餐饮服务；风情/主题住宿、特色早餐
- 副业产品：餐饮、购物、休闲等配套产品；咖啡馆、餐厅、特色营销等
- 特色产品：创意民宿、休闲活动；工艺品DIY、休闲娱乐室、音乐室等
- 旅游产品：观景平台、观光大道；自然风光、风俗民情活动

总平面图

总平面图1:200

现状建筑平面图

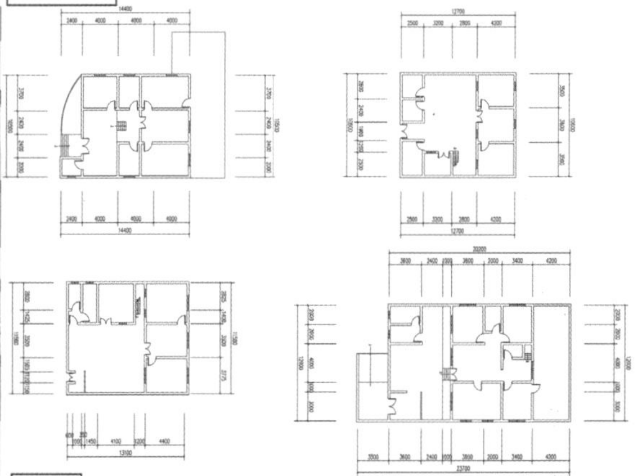

局部透视

材质表现

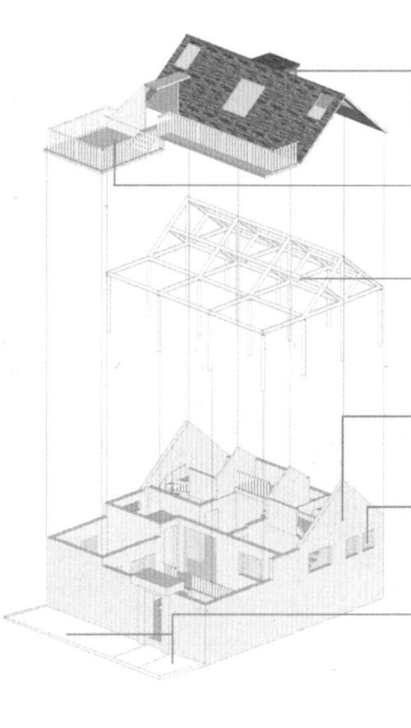

- 正房红瓦坡屋顶：红瓦屋顶是庙石村传统屋面，以红瓦为主，木材为辅
- “耳房”平屋顶：可上人平屋顶，混凝土材质加建木质围栏
- 木构架：以传统的木结构为主
- 墙体：保留农宅现状石砌墙体，利用木质格栅装饰立面
- 门、窗：双层玻璃窗，保证室内温度木质门
- 宅前小院：有条件的设置门前绿化空间，加硬质铺地，美化环境

A户型

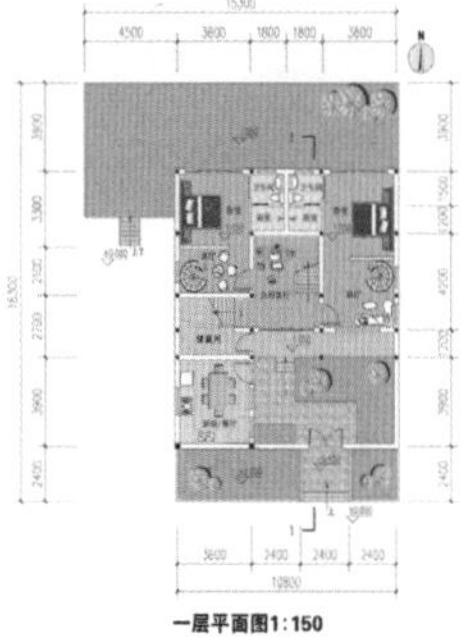

一层平面图1:150

技术经济指标	平方米
宅基地面积	227.33
建筑面积	154.83

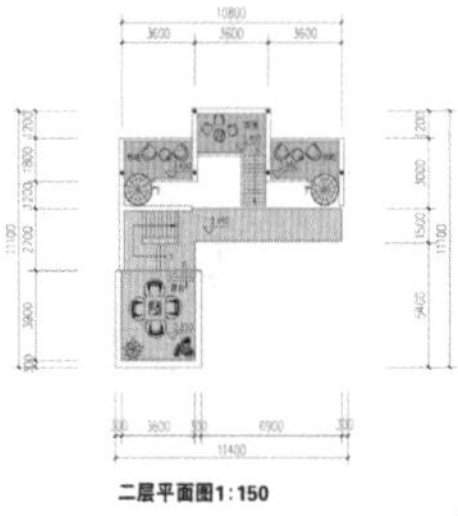

二层平面图1:150

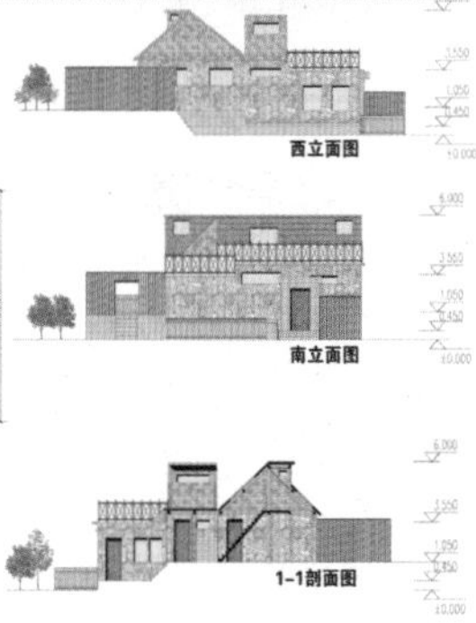

西立面图

南立面图

1-1剖面图

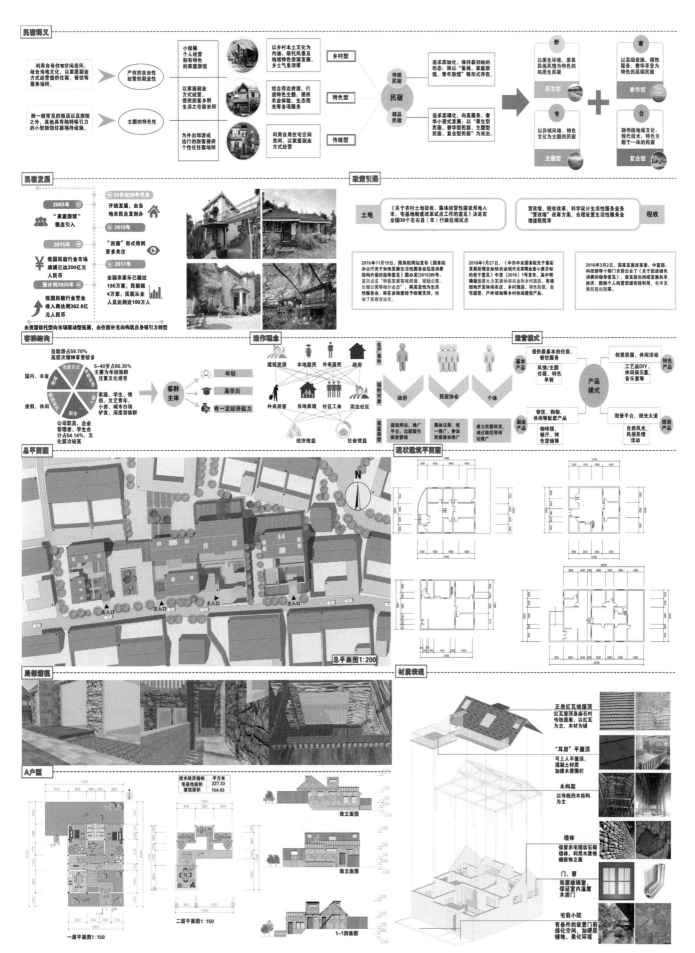

B户型

技术经济指标	平方米
宅基地面积	247.02
建筑面积	126.89

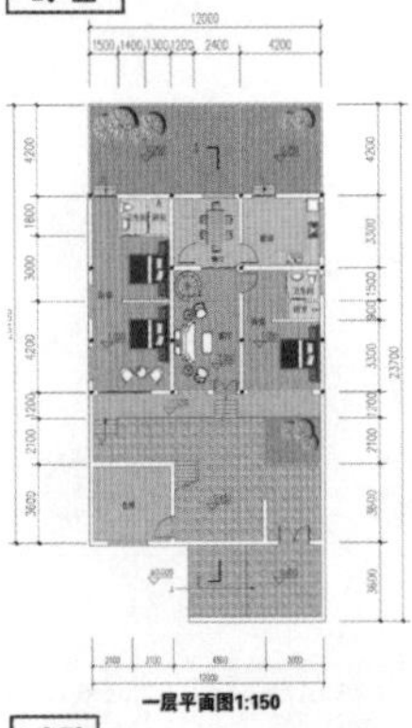

一层平面图1:150

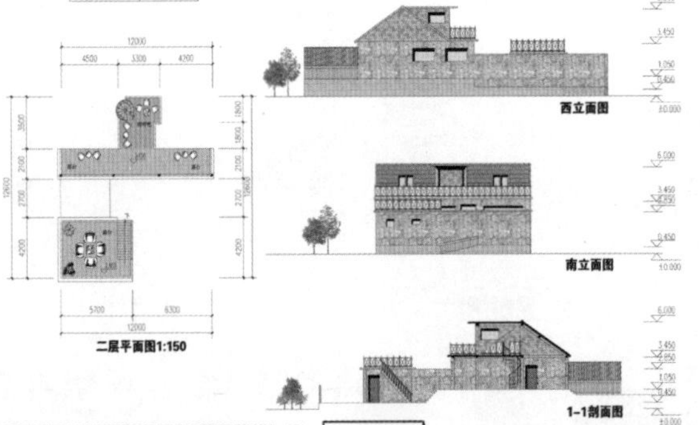

二层平面图1:150

C户型

技术经济指标	平方米
宅基地面积	164.99
建筑面积	102.30

一层平面图1:150

民居优化户型

技术经济指标	平方米
宅基地面积	171.34
建筑面积	87.42

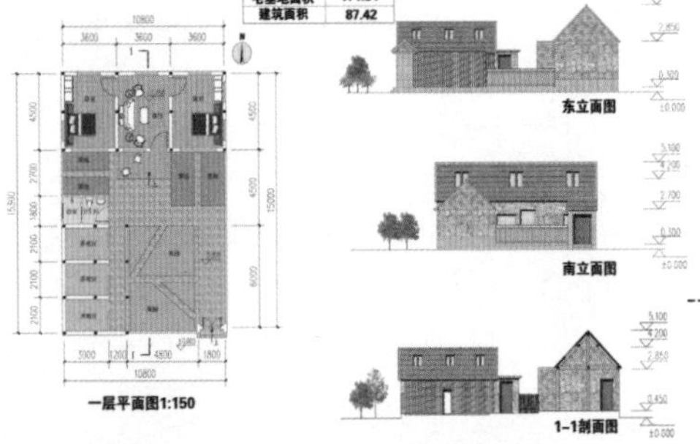

一层平面图1:150

植入庭院经济

细部构造大样

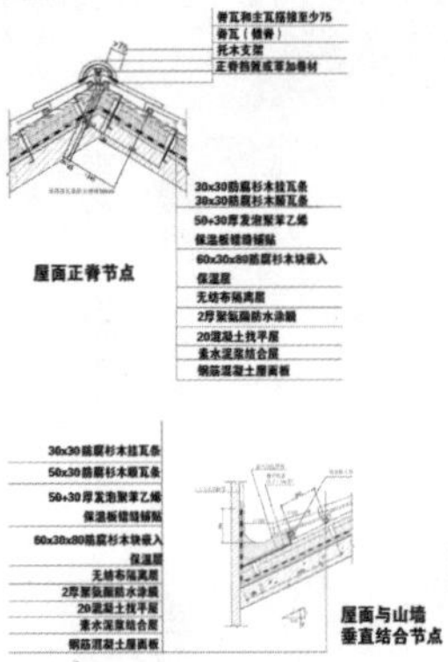

屋面正脊节点

屋面与山墙垂直结合节点

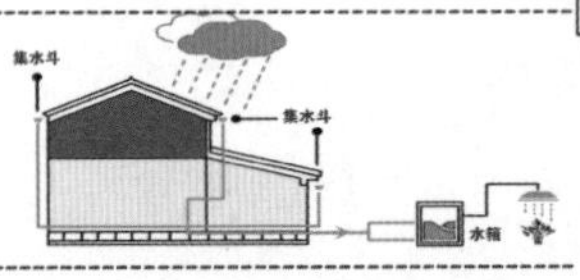

功能、交通流线图

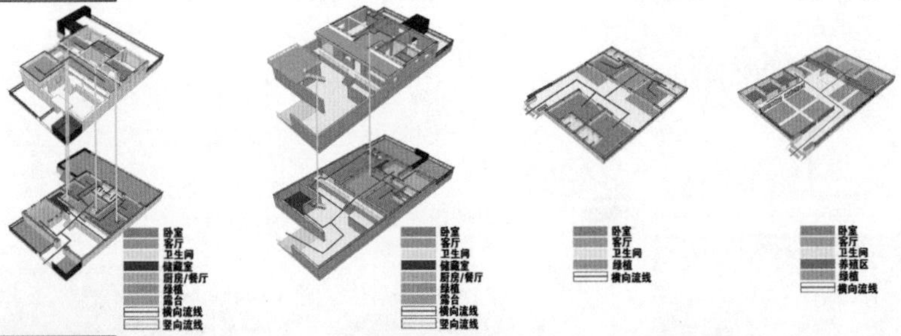

民居优化释义

生态循环结构

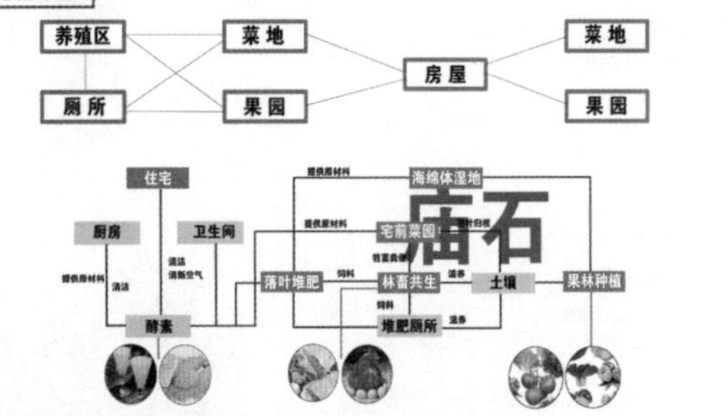

建筑空间改造

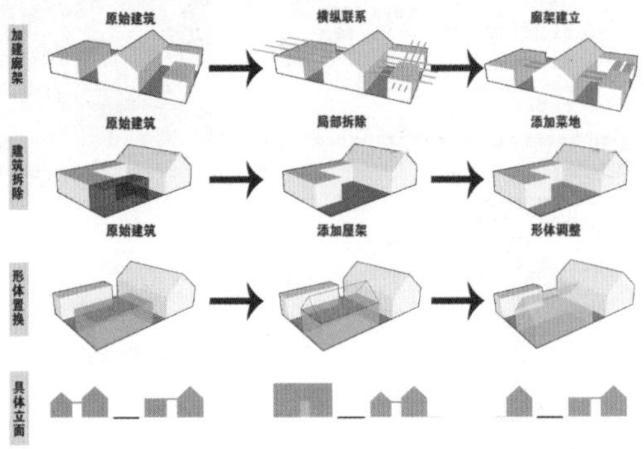

生态循环体系

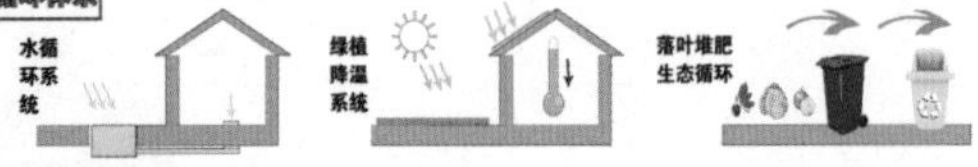

雨水收集利用系统

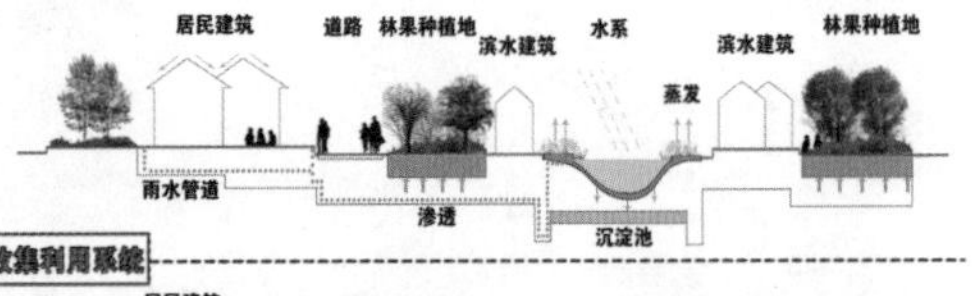

污物收集利用系统

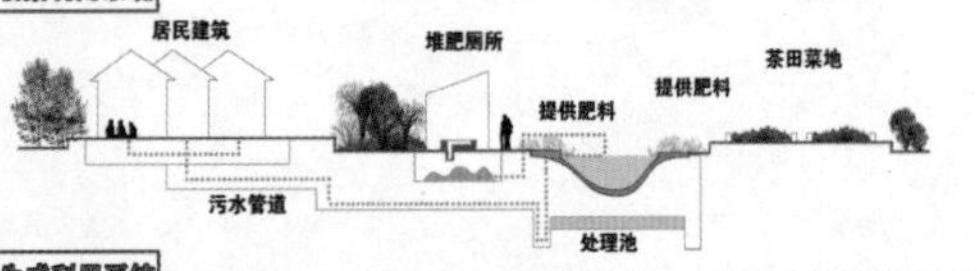

酵素生成利用系统

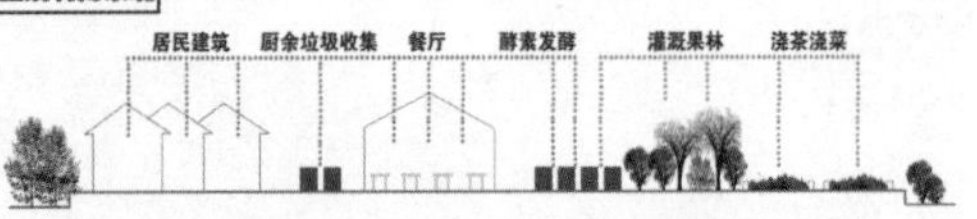

雨水收集利用系统

背景解读

休闲农业是利用农业景观资源和农业生产条件，发展观光、休闲、旅游的一种新型农业生产经营形态，是可以深度开发农业资源潜力，调整农业结构，改善农业环境，增加农民收入的新途径。在综合性的休闲农业区，游客不仅可观光、采果、体验农作、了解农民生活、享受乡土情趣，而且可住宿和度假。随着大众旅游时代的到来，乡村休闲游成为现代人越来越喜爱的一种休闲方式。

随着我国人均可支配收入的不断提高，休闲农业与乡村旅游行业市场规模也得到快速发展。根据前瞻产业研究院发布的《2018–2023年中国休闲农业与乡村旅游市场前瞻与投资战略规划分析报告》数据，截至2016年底，全国有10万个村开展休闲农业与乡村旅游活动，休闲农业与乡村旅游经营单位达290万家，其中农家乐超过200万家，年接待游客接近21亿人次，年营业收入超过5700亿元。

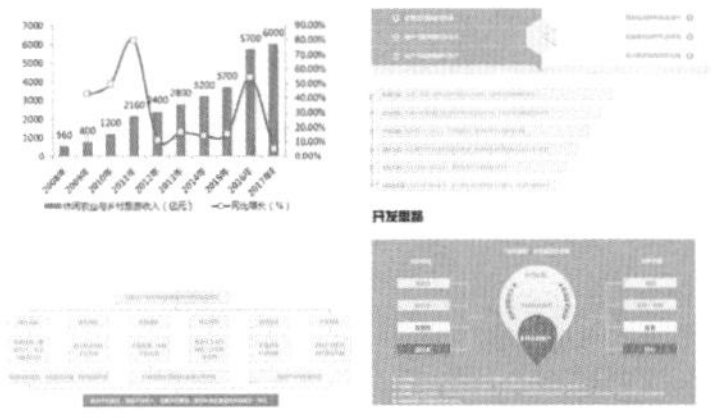

方案分析

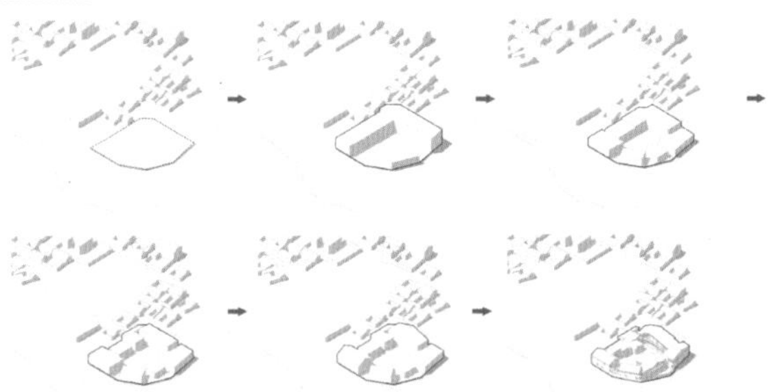

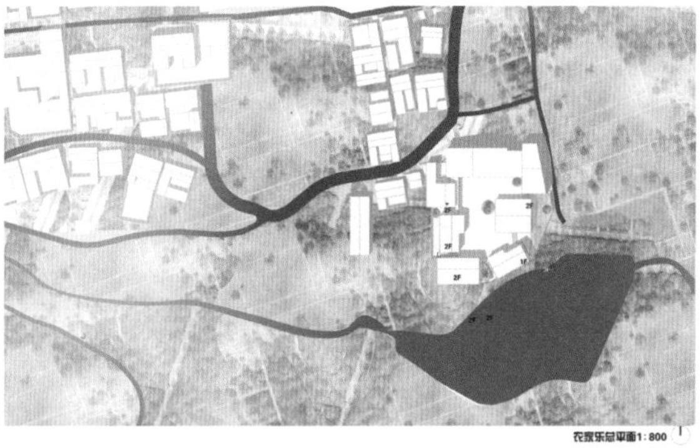

农家乐总平面图1:800

方案整体

农家乐定位于精品民宿，高端体验式农家乐，设计从院落空间构成、建筑形式、体量、材料选择等方面不仅考虑了村落原有的传统特征，同时也结合了新型农家乐的功能需求，在体验农家的民宿和农家宴的基础上，还可以体验庙石村独有的茶田风光以及采茶制茶的乐趣。

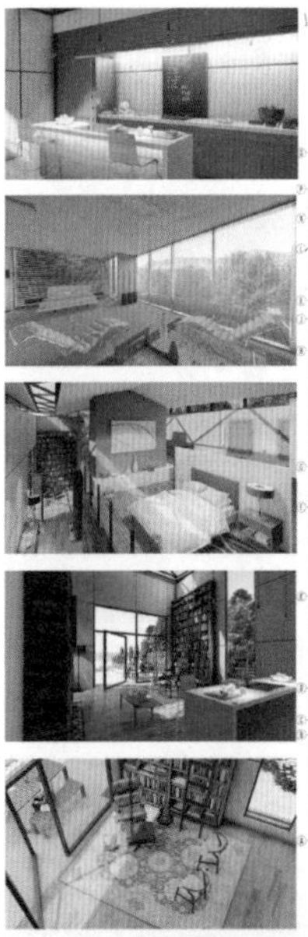

农家乐夹层平面图1:200

农家乐一层平面图1:200

农家乐二层平面图1:200

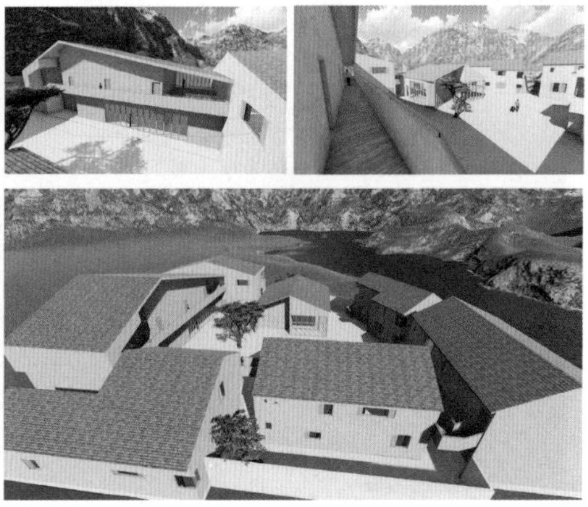

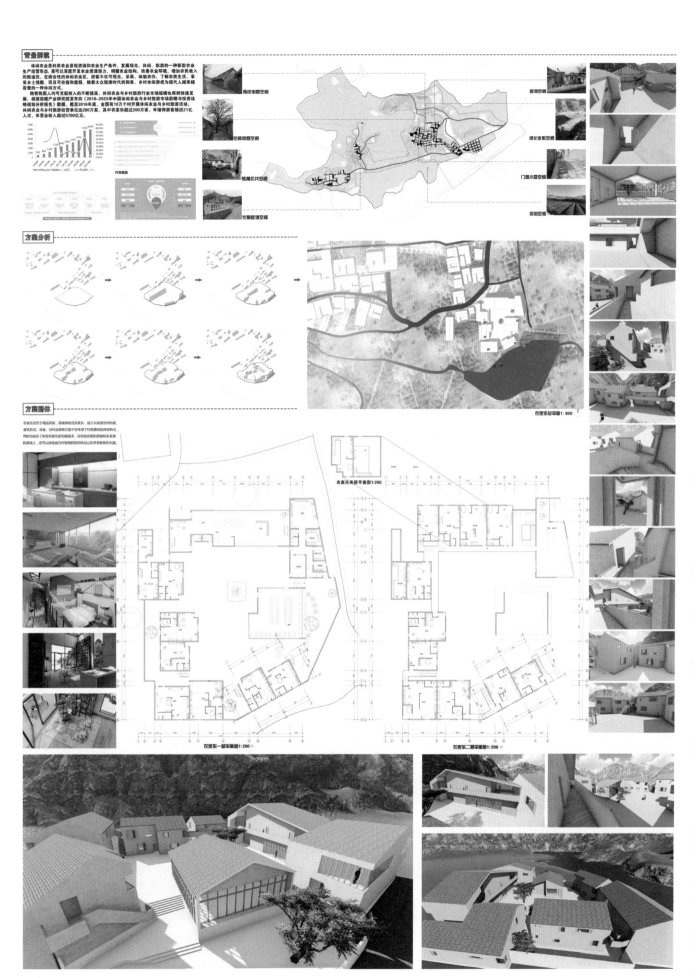

农家乐立面

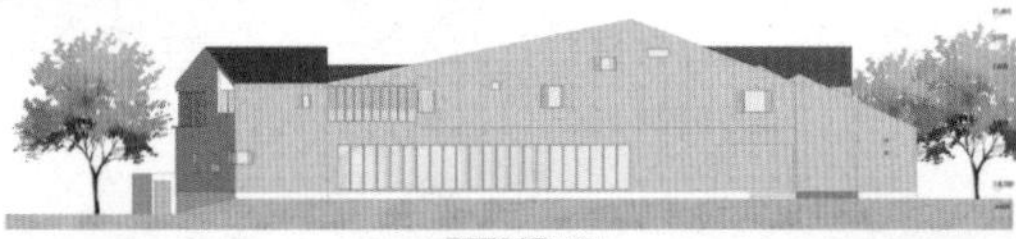
农家乐北立面1:200

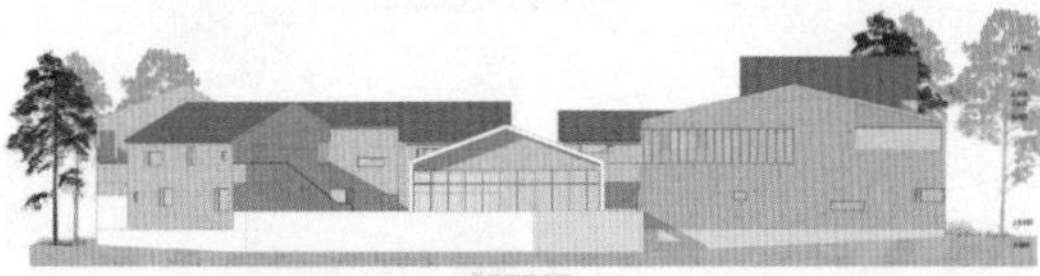
农家乐东立面1:200

农家乐南立面1:200

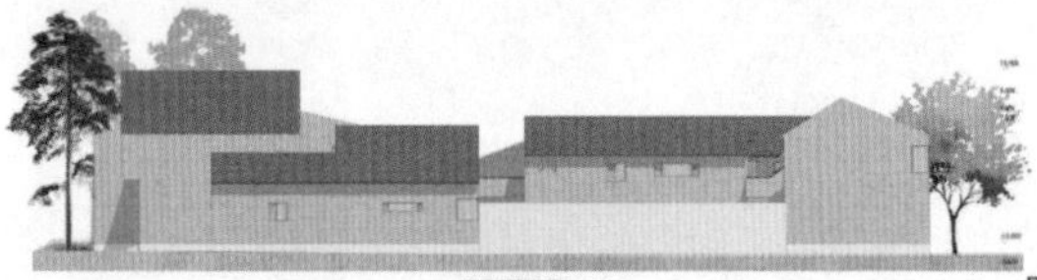
农家乐西立面1:200

节点大样

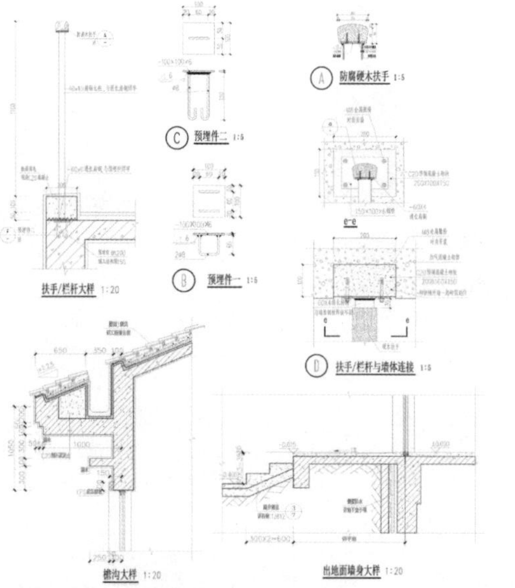

流线分析

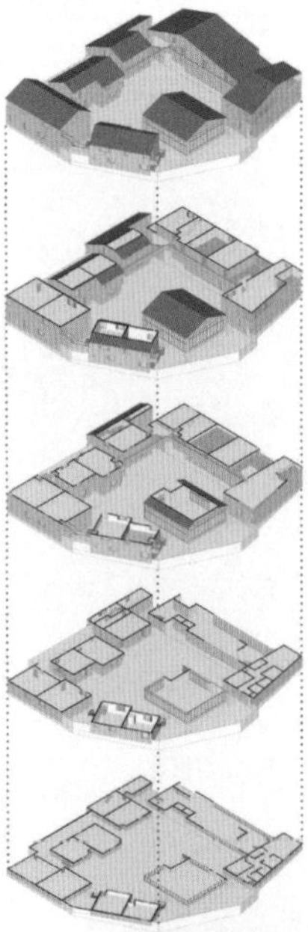

山庄立面

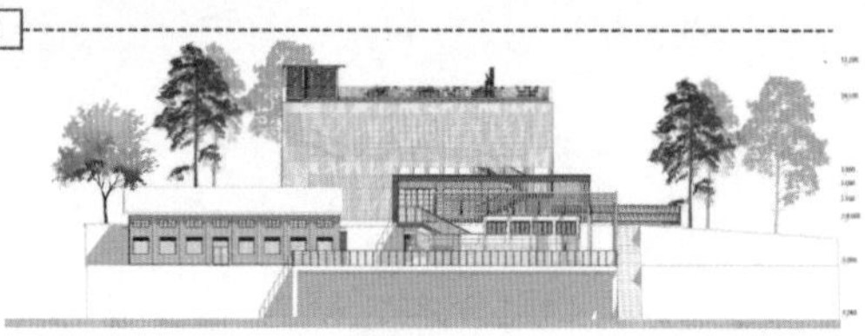
秀水山庄南立面1:200

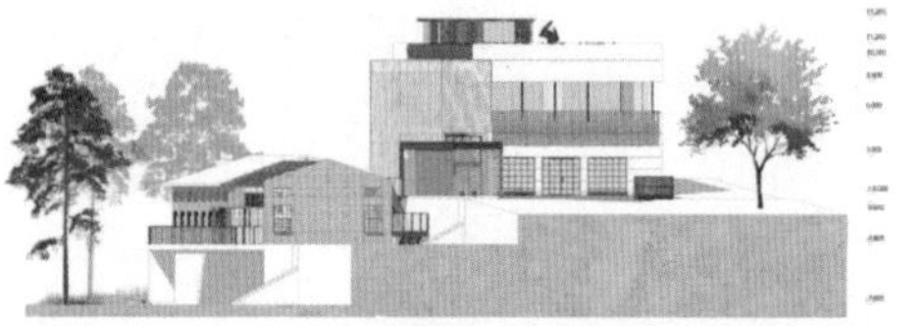
秀水山庄东立面1:200

农家乐剖面

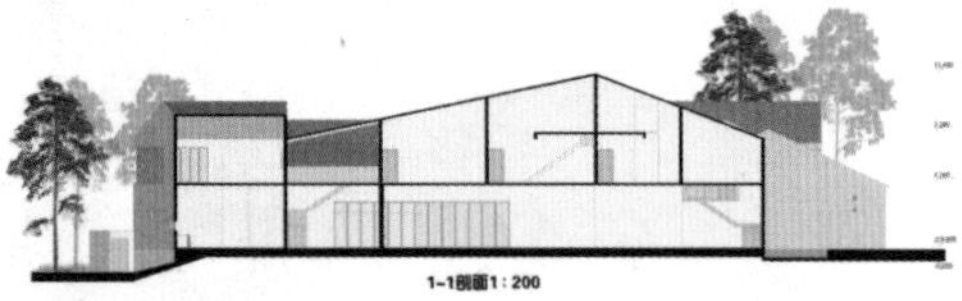
1-1剖面1:200

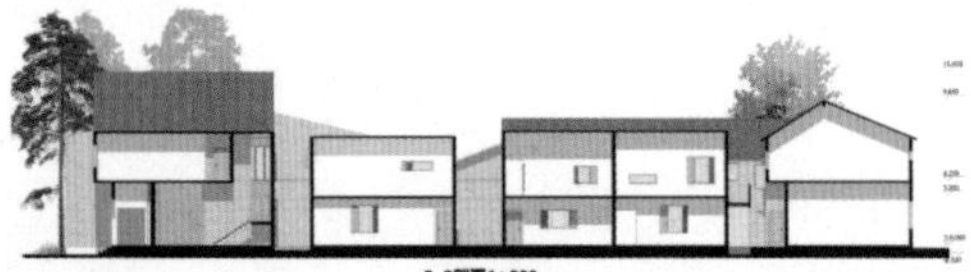
2-2剖面1:200

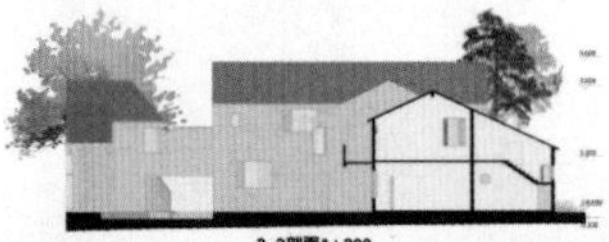
3-3剖面1:200

山庄改造总平1:800

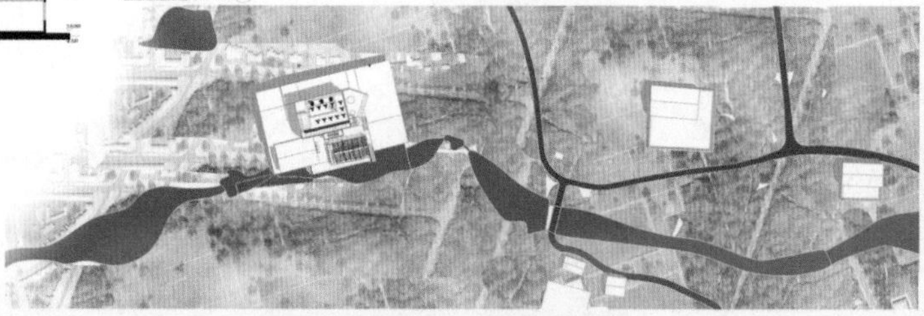

秀水山水建位于开放式休闲农家乐，山庄是基于原有功能进行的改造，设计中新增了两个体量满足山庄未来新功能的需求，改造主要从原有山庄的立面和平面改造，立面上摒弃了老山庄呆板的开窗形式，采用大面积的钢花玻璃，保证视线光线通透性的同时钢花还有遮阳效果，新增的两个体量以休闲为主，都为开放式空间，立面上也采用竖向的线条杆件，整体风格统一。平面上的功能将原来的住宿改造成一部分的公共空间，减少了住宿房间，提高住宿品质。

城乡规划学
黄煦童

大学的最后一次设计我选择了乡村规划，选择了四校联合，这次毕业设计有机会与其他学校的同学学习交流、得到其他学校老师的指导我感到非常荣幸。同时，谢谢我的指导老师吴老师对我的关心和支持，谢谢我的队友对我的鼓励和帮助。在短短的几个月里，我收获了友谊也学到了很多知识，明白作为一个规划师应该设身处地地为民众着想，设计的方案要能落到实处。当然通过这次毕业设计我也获得了很多经验，包括如何与村民沟通交流才能获取真实的信息、如何在短短几十分钟的汇报中让大家记住我的方案、如何快速制作PPT等。谢谢学校给我这次机会，让我受益匪浅。

城乡规划学
舒森

首先，要衷心感谢我的指导老师吴松老师陪我们走完这段大学的最后时光，感谢青岛理工大学与华中科技大学的老师同学为了我们的毕业设计完美收官付出的辛勤劳动。是四校联合毕业设计这个平台，让我们从天南海北走到一起，一起领略了庙石村的美丽风景，一起为了自己心中的那个庙石村而不懈努力。我在这个过程中，从其他学校的老师、同学那里学到了很多专业的知识、专业的技能，毕业设计这个阶段是个不断给自己充电的阶段，感谢他们。毕业设计的路上，和我的队友们一起努力前进，过程曲折，结果美好，感谢他们。

城乡规划学
许启鸿

我在这次四校联合毕业设计的学习过程中可谓是获益匪浅，最大的收益就是让我培养了脚踏实地、认真严谨、实事求是的学习态度，不怕困难、坚持不懈、吃苦耐劳的精神。同时，认识了来自全国各个地区的同学、朋友，从他们身上也学到了很多东西。毕业设计的顺利完成，首先我要感谢我的指导老师吴老师的帮助，感谢您提出宝贵的意见和建议，感谢您的细心指导和关怀。您默默地付出，告诉我们怎样按要求完成毕业设计相关的工作，认真地读每一个同学的毕业设计，然后提出最中肯的意见，再次向我的导师致以最衷心的感谢和深深的敬意。其次，要感谢我的所有队友，是你们的热情和包容让我有了一种家的感觉，使我们这个小团体能够顺利完成任务，取得成功。

建筑学
马明

联合毕业设计这三个月的经历，将是我毕业前的一段宝贵的回忆，回想这一段时间，在与其他学校老师、同学的交流学习中，他们的做事态度以及知识面的广阔，让我感触颇深，通过在村子里面大家一起“吃、住、行”，让我开阔了视野，也收获了与之深厚的友谊，在整个联合毕业设计的过程中，让我培养了脚踏实地、认真严谨、实事求是的学习态度，以及不怕困难、坚持不懈、吃苦耐劳的精神，在困难面前理顺思路，寻找突破点，一步一个脚印地慢慢来实现自己的目标，相信这对我今后走向社会、走向工作岗位是至关重要的。另外，也感谢教我的吴老师以及组员们，感谢你们对我的关怀、指导和帮助。

建筑学
赵华

这次联合毕业设计收获良多，不仅跟不同专业的队友一起合作，还有不同专业、不同学校的老师悉心指导，认识了其他三个学校的很多优秀的同学并成为朋友，华中科技大学同学专业的分析、西安建筑科技大学同学严谨的论证、青岛理工大学同学细致的调研都让我受益匪浅，来自全国各地的师生聚在青岛庙石村这个美丽的村庄，一起探讨在建设美丽乡村背景下的村庄安全问题：村庄如何发展，一起为庙石村未来发展献计献策。经过这次毕业设计，让我对村庄规划有了一个全新的认识，关注点更加全面，论证分析更加有条理、有依据，逻辑清晰，在今后的工作生活当中也将受用终生。同时，十分感谢老师们的辛勤指导，特别是吴松老师与我们同甘共苦，在她的精心指导下我们圆满完成了这次毕业设计。

成果展示

壹 港东村

贰 庙石村

叁 黄山村

huáng shān

黄山

黄山村座落于崂山东麓、王哥庄街道办事处驻地东南11.8公里处，东面崂山湾，隔海与大管岛、狮子岛相望，西依黄山崮，南邻黄山口村，北邻长岭村，整个地势西高东低。现有村民330户，975人，有林、隋等姓氏，其中林姓约占全村总人口的70%。

改革开放后,该村开辟茶园140亩，建起了青岛茗绿茶厂、青岛碧华隆茶厂、青岛玉玺天茶厂，其中青岛茗绿茶厂生产的茗绿茶先后荣获青岛市第二届绿茶评比一等奖，并成为青岛市绿色食品协会推荐食品。该村还新建了容量1.5万立方米的黄山水库和 3000余立方米的塘坝，解决了茶园灌溉的难题。

仰观山，俯听海，茗香四时朝暮

青岛理工大学 Qingdao University of Technology

参与学生：李茹佳　张雅婷　李春晖　侯冬冬　李一鸣　高鹏飞

指导教师：王润生　王　琳　田　华　祁丽艳

教师释题：

本次规划对象黄山村坐落于崂山东麓，东面崂山湾，西依黄山崮，南邻黄山口村，北邻长岭村。整个地势西高东低，所展现的景观风貌具有岛城特质。村庄现状安全发展进程中存在的问题主要集中体现在：产业抗风险能力提升、生态环境整合活化、空间利用优化配置、文化创新传承发展四个主要方面。产业方面，黄山村与周边村落产业相近，且都着重发展旅游，将会在竞争崂山风景区旅游资源的过程中形成竞争；生态环境活化方面，海参鲍鱼等产业撤出，产业面临转型威胁，季节性消费明显，不能持续吸引客流；空间利用方面，村庄地理位置优越，依山依海依城，有青茗，有日出，风水宝地，但后续可利用土地资源较少，地形地势复杂，工程难度大，现状绿化及设施分布散乱，不成体系；文化方面，传统文化的衰落使乡村逐渐丧失了自己的特色。

出于对充分利用现状资源的考虑，我们对产业、生态、空间、文化四个要素进行了分析，从策略上寻求黄山村的发展。产业安全方面，我们从三产方面进行了思考，以稳步发展第一产业，促使第二产业转型，提升第三产业比重为发展目标。在生态安全方面，着重在驳岸设计、智慧村庄、海绵城市方面进行了分析，以探索生态理念在黄山村本土适用性。空间安全方面，出于空间分类研究和加强多样空间的联系的目的，我们从居住空间、公共空间、道路空间、邻里空间四个方面展开讨论。文化安全方面，则更多地考虑了对于现有资源的宣传以加强黄山村的开放性。

区位解读

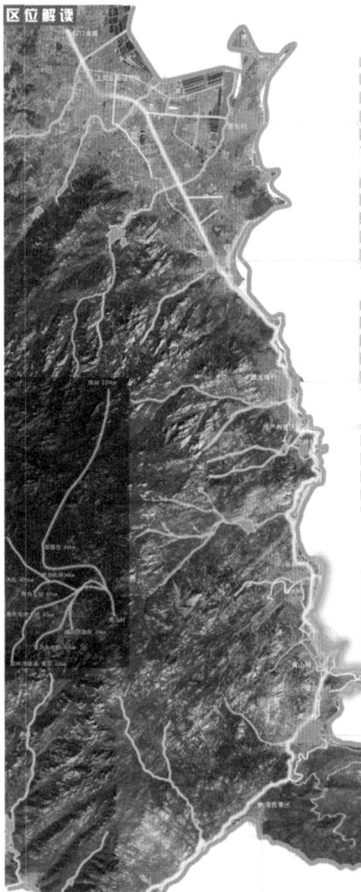

港东村，距黄山村约10km，1097户，2876人，生产总值1.2亿元，人均收入3.5万元，主导产业为海洋捕捞。

仰口社区，距黄山村约8km，500余户。主导产业为旅游服务和海洋捕捞。

雕龙嘴村，距黄山村约6km，500余户，1200余人，生产总值8000万元，人均收入3万元，主导产业为茶叶种植和海产捕捞养殖。

华严寺景区，距黄山村约5km，年旅客接待量约为300万人。

黄山村，360户，1080人，生产总值7000万元，人均收入4万元，主导产业为海产养殖捕捞、茶叶种植和旅游服务。

青山村，距黄山村约1km，800户，2400人，生产总值2亿元，人均收入3万元，主导产业为海产养殖捕捞、茶叶种植和旅游服务。

沙子口街道，距黄山村约10km，辖39个社区居委会，总人口56305人。

太清宫、巨峰景区、崂山主要风景区，距黄山村约4km，年旅客接待量约为3000万人。

区位解读

青岛位于山东半岛东南端、黄海之滨，是山东及黄海流域最大的入海口，是环渤海经济圈的组成部分。青岛为海滨丘陵城市，拥有广阔腹地，区位优势明显。

青岛有七个行政区（市南区、市北区、四方区、李沧区、崂山区、城阳区、黄岛区总面积10654平方千米。

崂山区位于青岛市东部,东、南濒黄海，西邻青岛市市南区、市北区，西北邻李沧区，北接青岛市城阳区和即墨市。辖区陆域面积395.8平方千米，海域面积3700平方千米，海岸线长103.7千米。辖5个街道。

王哥庄街道办事处位于崂山区境东部，崂山东麓，仰口湾畔，距区政府驻地2 5千米。全街道总面积131.4平方千米，东部及南部濒临黄海，海岸线曲折蜿蜒，长达52千米，沿海滩涂1666.67公顷，辖区内目前有王青公路、北王路、王沙路等干线作为对外交通联系道路，另有多处码头、海路直通多出口岸，具有很强的口岸优势。

黄山村坐落于崂山区崂山东麓，王哥庄街道办事处驻地东南11.8千米处，东面崂山湾，西依黄山崮，南邻黄山口村，北邻长岭村，整个地势西高东低，三面环山，一面临海。距离市区较远，交通仅仅依靠S212省道与外界相连，距离市区约1个小时车程。

历史沿革

萌芽期：明万历年间，黄山大部分山岚、土地属于即墨一兵部尚书家族产业，居住着黄山佃户。后有隋、林、张、王姓的先祖相继迁入。在黄山崮东侧临海处建村，故以山命名黄山村。

清代时期 殖民期：明清时期，黄山村属莱州府。1898年3月，德国以"曹州教案"为借口，强迫清政府签订了《胶澳租借条约》，占领青岛。1914年日本取代德国侵占青岛。

民国时期 稳定期：1922年，中国收回青岛主权，设胶澳商埠督办公署。1929年7月，南京国民政府将其改为青岛特别市。1936年青岛市郊扩大，黄山村所处的崂山东部地区划归青岛市管辖。

中华人民共和国成立时期 发展期：1938年，青岛崂山再次被日军侵占。1949年6月，崂山地区解放，属青岛市崂山行政处崂东区环海乡管辖。

开放后期 繁荣期：改革开放给黄山村带来了发展的大好机遇，村内开辟茶园，建起茶厂，茗绿茶远销海内外。2004年黄山村村委会改为社区居委会。

上位规划

根据《青岛崂山风景名胜区总体规划(2005-2020)》和《青岛市海域和海岸带保护利用规划》以及崂山区生态健康城概念规划，黄山村处于崂山风景名胜区的重要节点位置，出于生态保护和景区整体发展配置,要求黄山村采取限制化、精致化发展模式，海岸水产养殖将于2018年末被取缔，取而代之的是以生态康养为主的海洋生态健康村落建设。

安全分析

养分—土地与人口安全

村庄建设用地共11475.67㎡，其中，公共服务用地、产业用地、基础设施用地分别为7839.14㎡、17347.69㎡、4596.84㎡。

村庄非建设用地共770793.29㎡，其中水域2038.22㎡，农林用地721051.64㎡，其他非建设用地47703.43㎡。

土地使用现状

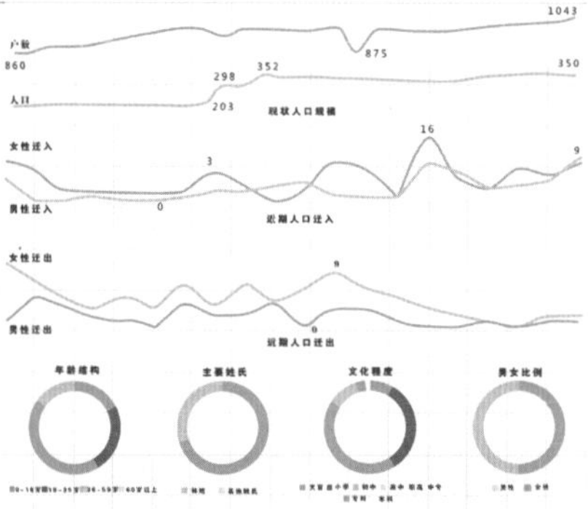

--1929年：村中没有小学，求学者读私塾，读私塾的人员寥寥可数。

1929年夏：沈洪烈的指导下，将黄山村北的私塾"北馆"改为"三立"（官立、庙立、族立）学校。学生可以免费入学。

中华人民共和国成立前：村中文盲、半文盲占绝大多数，小学以上毕业不足20人。

中华人民共和国成立后：由于政府对教育事业的高度重视及人民生活水平的提高，学前儿童的入学率、升学率大幅度提高。

1982年：第三次全国人口普查显示，黄山大队总人口872人。高中21人，初中120人，小学353人。12周岁及12周岁以上识字和不识字人285人。

实施九年义务教育以来，村中除有病儿童外入学率100%。

1986年：黄山村村民文化水平以小学、初中偏多。分别占比33%和43%。其中本科生和文盲占比最少，分别为2%和3%。

教育人口发展进程

阶段一：因地理位置所限，黄山村劳动力主要以海上捕捞和农业为主。

阶段二：开始有石匠行业。

阶段三：海上又增添了养殖业、运输业。

阶段四：从事农业的劳动者大批转行。一部分人进入太清风景旅游区从事个体经营服务业，一少部分男劳动力从事建筑业。

阶段五：村内大部分家庭劳动力从事茶叶种植。因地处风景区内，严禁采石，石匠职业1980年代后期逐渐消失。

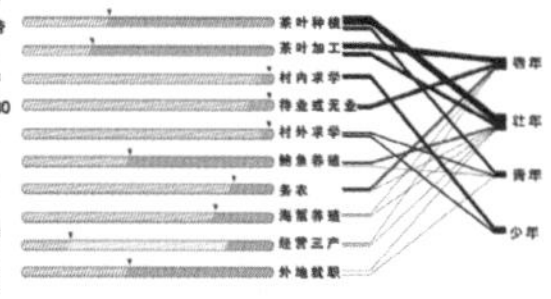

职业人口发展进程

动力—经济产业安全

集体经济前 农渔时期

村民以农业、渔业生产为主，冬季海上运输为主要的经济来源。

地处偏僻、交通不便，收入甚微，部分青壮年被迫闯关东。

1956-1982 渔石时期

大集体期间，农、渔、副业全面发展，经济收入主要靠渔业和石业。

产业种类略有丰富，但依旧以农业、渔业为主，主要扎根于地域因素。

1983-1990 多样化发展时期

1983年体制改革后，至1990年，仍以渔业、石业、建筑业、海洋养殖业为主要经济来源。

产业种类逐渐丰富，开始呈现规划化的产业经营模式（1983年体制改革：撤销人民公社，建立乡、镇政府，促进农村经济增长）。

1990年后 茶、渔、旅游业突出时期

坚持创新，开拓，拼搏全面深化改革，充分利用有利条件，将劣势转为优势，以渔业、茶业和旅游服务业为龙头产业，带动各行业的发展。

出现了旅游业、体验式产业等第三产业让黄山村的产业有核心领导，使经济等不断进步发展。

产业发展历程

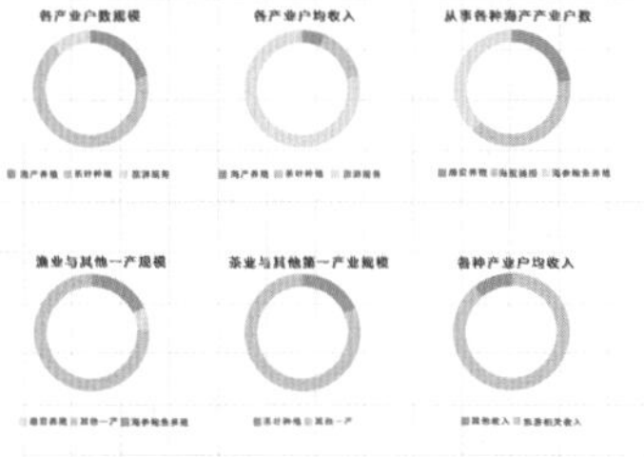

各项产业发展现状

小型商业片区

主要为小超市、小卖部、农家乐等村民住宅用地。在黄山村的分布特征：散点分布，大面积聚集在主要道路两旁。

鲍鱼海参养殖片区

1990年代开始的鲍鱼养殖业是黄山村部分村民致富的主要产业，其主要分布在东北沿海一线。分布特征：呈带状分布，占据了主要的海岸线。

茶叶加工片区

茶叶轻加工产业主要分布在黄山村省道的两侧，作为黄山村茶业的衍生产业，有着独特的地域特色，良好的发展前景。呈集中小片区分布。

农耕茶叶片区

黄山村有着不小的林地面积，然而由于较大的山地坡度，实际可利用山地面积受到较大的限制，导致户均种植面积仅为1亩左右。

村内产业分布现状

南长岭村：村内企业：微型农机、食品饮料厂、微肥厂、成型煤厂、电熔耐火材料厂、防水材料厂。主要农产品：辣椒、美洲南瓜、黄瓜、杨桃、葡萄柚。村内资源：煤、橄榄石、石墨、高岭岩、钾长石、镁盐。

黄山村：黄山村坐落于崂山东麓、王哥庄街道办事处驻地东南11.8公里处，东面崂山湾，隔海与大管岛、狮子岛相望，西依黄山崮，南邻黄山口村，北邻长岭村，整个地势西高东低。现有村民330户，975人，有林、隋、张、刘等姓氏，其中林姓约占全村总人口的70%。

黄山口村：村内企业：家具城，麻纺厂，食品饮料厂，摩托车配件厂。主要农产品：西葫芦，洋葱，杨桃，豆瓣菜，枣子，酸橙，南瓜，菠萝蜜，豌豆。村内资源：煤，绿石，黑铜矿。

周边村庄产业现状

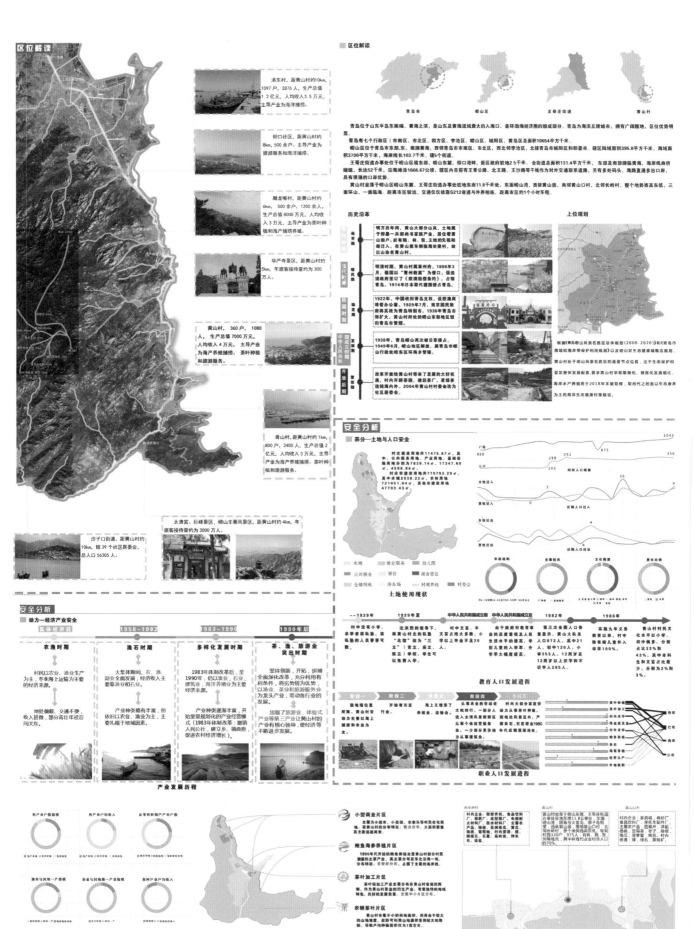

村庄安全

——青岛滨海典型乡村规划设计

道路交通安全

道路交通现状　道路交通优劣势分析　主要车行道分析　主要步行街巷分析

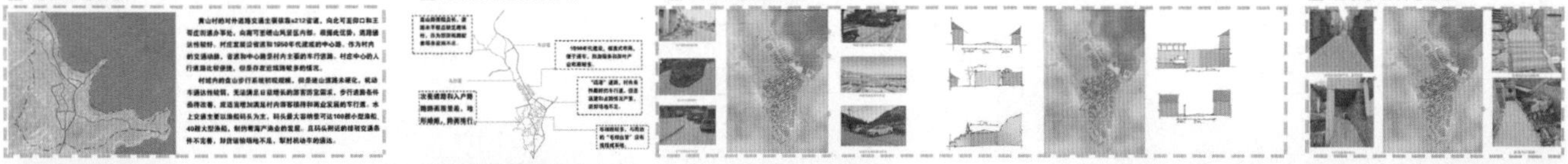

步行游览路线分析　公共交通及水上交通分析　停车分析

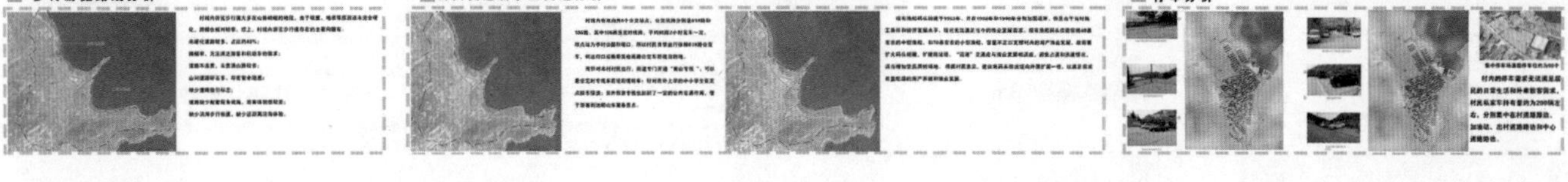

景观生态安全

区域层面景观分析　院落层面景观分析

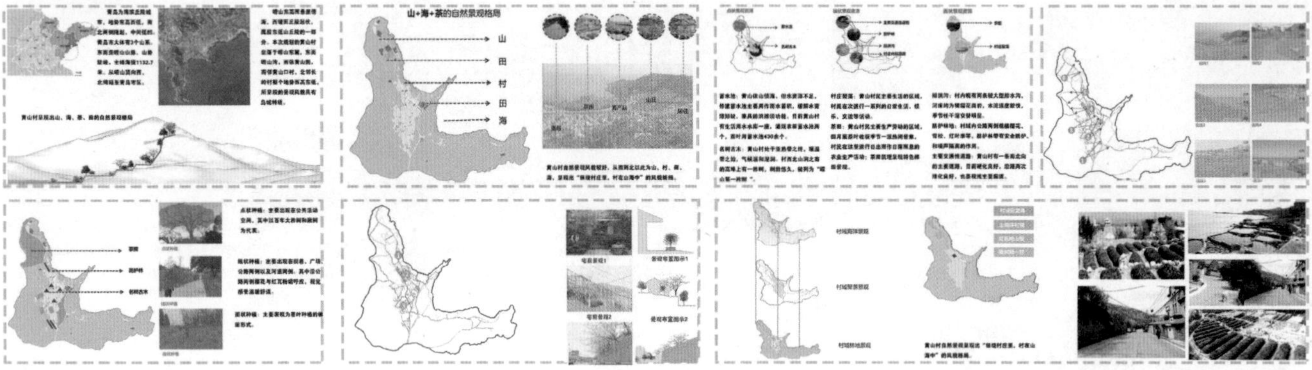

文化活动安全

公共空间的分类　公共空间现状　人群公共空间活动轨迹分析

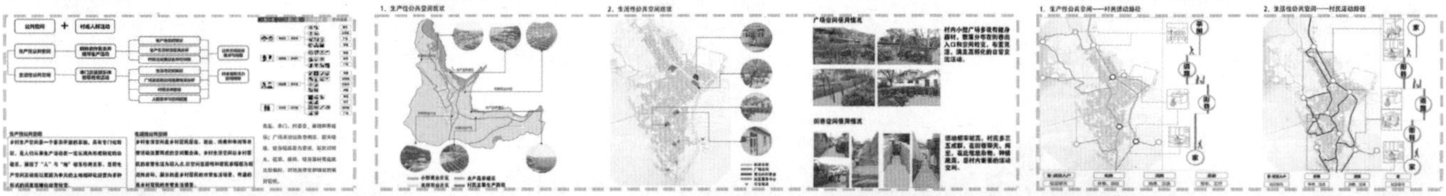

公共空间现状难点与问题　村庄现状活力挖掘

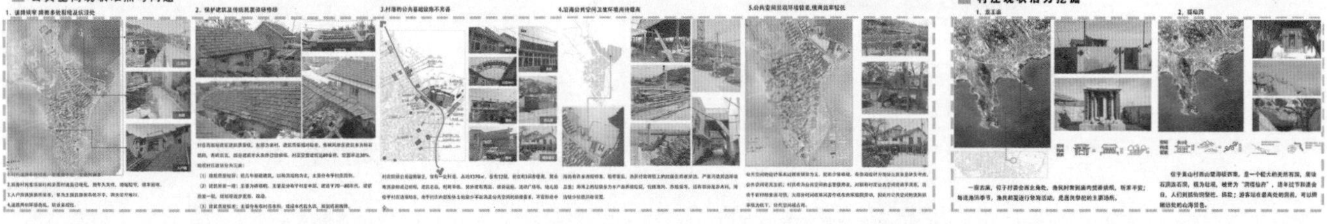

建筑院落安全

村域层面现状分析

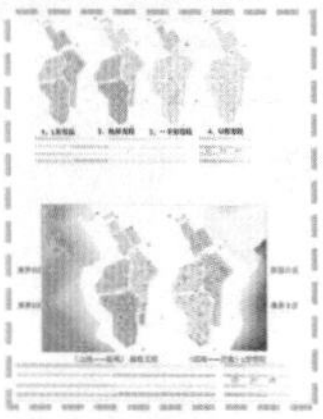

院落层面现状分析

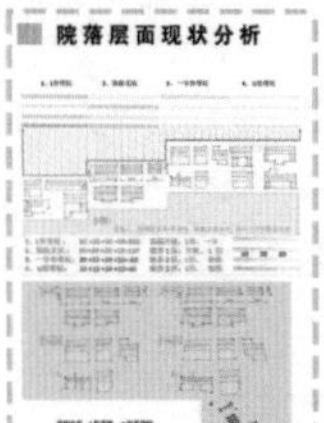

建筑层面现状分析

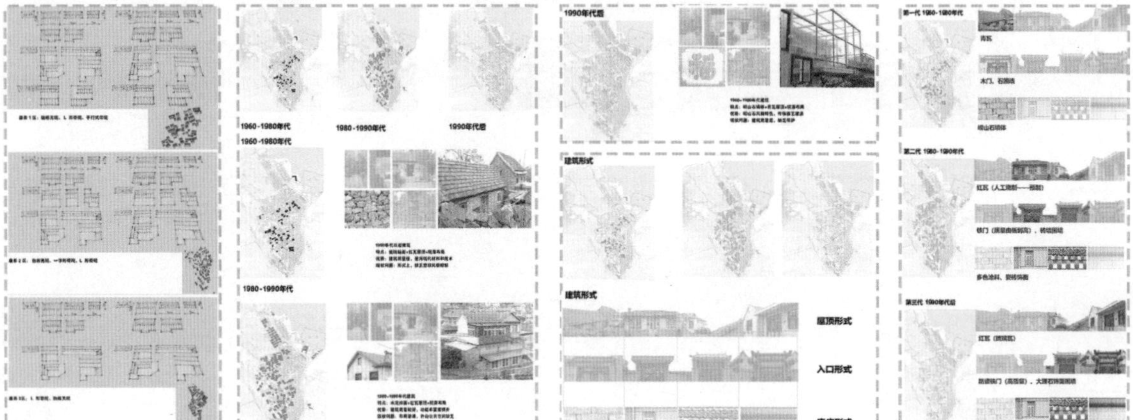

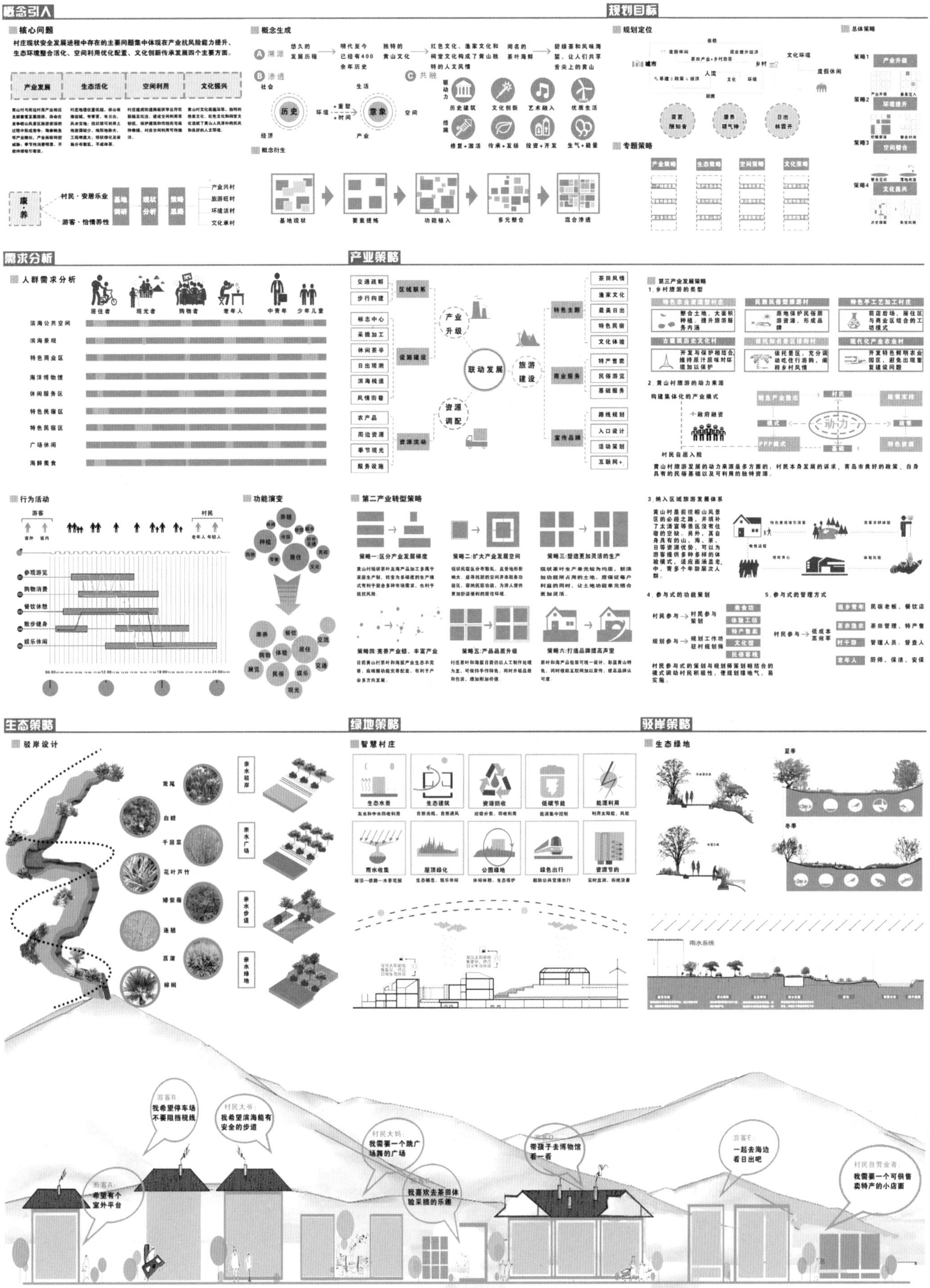

青岛理工大学　仰观山，俯听海，茗香四时朝暮

村庄安全
——青岛滨海典型乡村规划设计

空间复兴策略

优势&问题

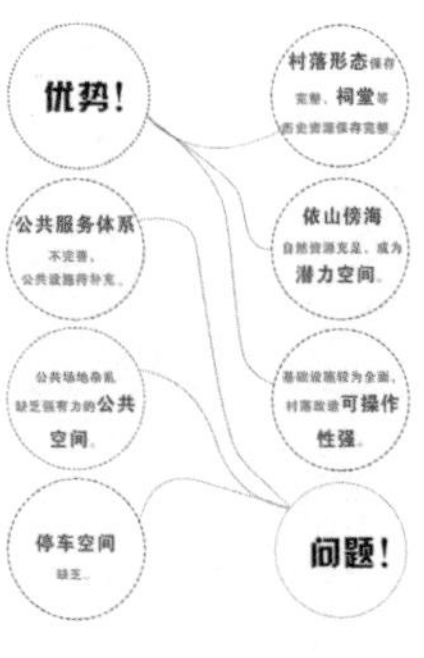

设计手法

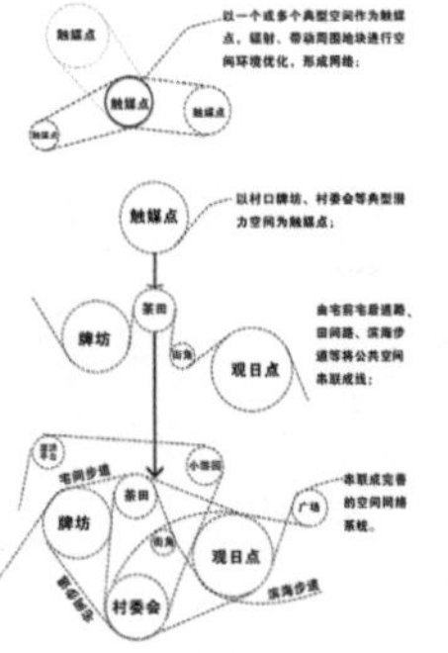

居住空间

1.住宅优化示范户

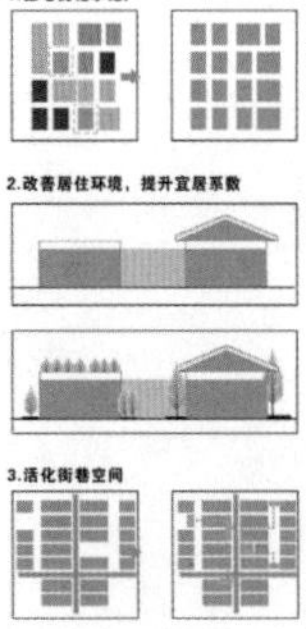

通过政府优惠补贴，从各居住街道挑选出住宅示范户，鼓励村民进行自家住宅优化，包括庭院空间绿化与宅前立面特色化，由此提高全村住户对住宅的审美追求，彰显黄山村的独特风采。

2.改善居住环境，提升宜居系数

提升居住环境，从户型、院落等方面优化，改造成更宜居住宅。

3.活化街巷空间

植入地方文化符号，提高空间标识度；植被造型多样化、本土化，优化院墙绿化装饰，避免户户门前尽相同；优化街巷空间，配置休闲设施，提高人行空间趣味性，增强街巷滞留时间。

4.住宅门户空间优化

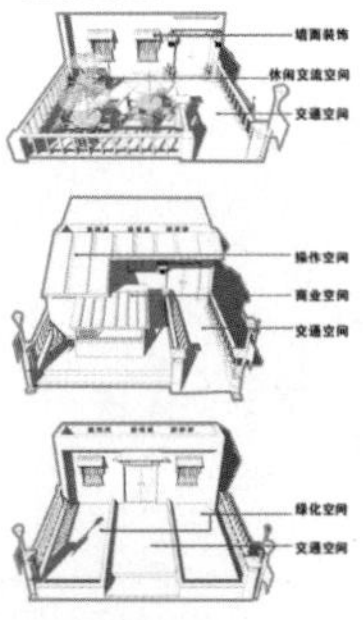

公共空间

1.现有公共空间重构

对现状村民经常活动的公共空间进行优化，植入空间要素、活动内容等。

2.碎片空间再开发

通过对废弃老房子重新改造、闲置空地加建利用、低利用率二层住宅空间改造利用，整合打造公共空间系统。

3.完善公共服务设施

增设村民活动中心、图书室、展览馆、村民广场等公共服务与文化设施，提升村民生活质量。

道路空间整治

村庄道路系统是村域范围内由不同功能、等级、区位的道路，以及不同形式的交叉口和停车场等设施，以一定方式组成的有机整体。既是组织村庄各种功能用地的“骨架”，又是村庄生产活动的动脉。

1.村民活动热点图

村庄中各活动力点不是散乱分布或随意出现的，而是依附于道路的网络，同道路而生。

2.对道路功能的思考

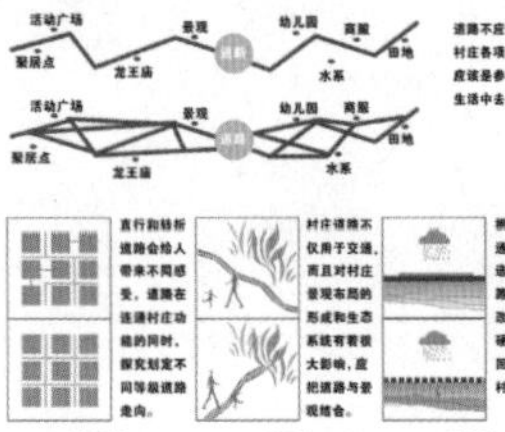

道路不应仅是串联村庄各项功能，而应该是参与到村庄生活中去。

直行和转折道路会给人带来不同感受，道路在连通村庄功能的同时，探究划定不同等级道路走向。

关于道路的连通性

村庄道路不仅用于交通，而且对村庄景观布局的形成和生态系统有着很大影响，应把道路与景观结合。

关于道路的观赏性

捕捉道路的通行功能，选择透水性路面材质，改变大面积硬地铺装，回归海绵乡村。

关于道路的生态性

3.交通性道路整治策略

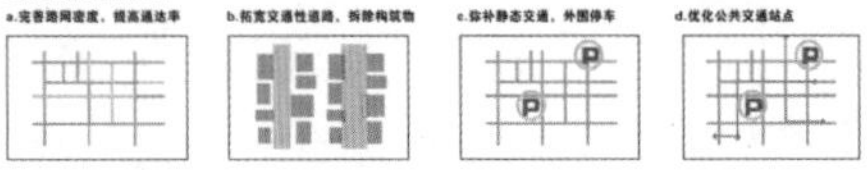

4.生活性道路整治策略

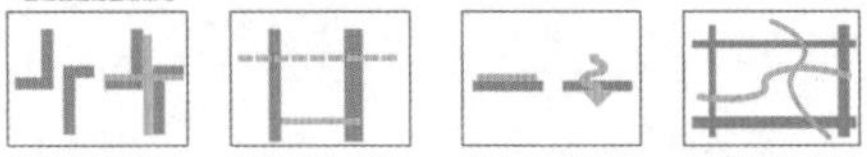

对连通性差的道路进行重组，充分结合地形的前提下，尽可能选取直线，改变不当的道路肌理。

避免道路间距过大，引发不必要的绕路，进行人流分析，选择适当地块增设道路，缓解现状生活性道路压力。

不以通车为主的道路就地取材，采用当地石块铺面，或者直接采用砂石路面，体现出原生与自然。

在村庄内部及溪水过渡绿化带中形成景观性步行道；在原住民居住区内形成富有地方特色的街巷。

邻里空间营造

1.组团划分

每户院落作为交往微空间，重点处理好不同私密程度之间的过度。

每7到10户人家为最小组团，围绕绿地形成交往小中心，其出入口与绿地相连。

每3到4个组团围绕绿地、硬质铺装等形成更大的组团，即村民交往中空间。

每3到4个更大的组团围绕绿地、祠堂或保护建筑进一步结合形成组群，即交往大空间。

2.碎片空间利用

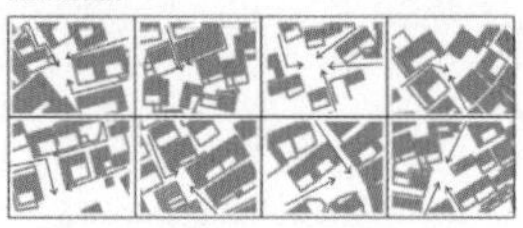

包括空置宅基地、宅前、道路的交汇处和转角处等，形成邻里相互接触的偶遇圈，强调互动性，针对性地提出解决方案进行引导，通过休闲设施的设置、绿化的丰富和人群针对性进行邻里空间活化。

3.院落空间整理

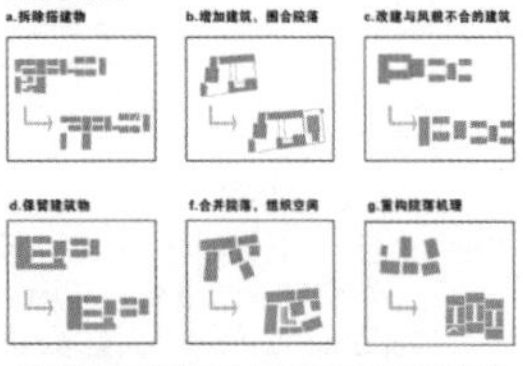

通过拆除破坏院落肌理的搭建建筑物，增加院落中破碎严重或已消失的建筑，改建传统院落中被私自重建但不合传统风貌的建筑，保留传统院落中后人加建的风貌良好的建筑物，合并两个风貌破损严重、建筑缺失较多的院落等来组织公共空间，还原传统院落格局。

文化策略

1.文化潜力因子发掘

2.文化发展策略

a.多媒体网络平台推广

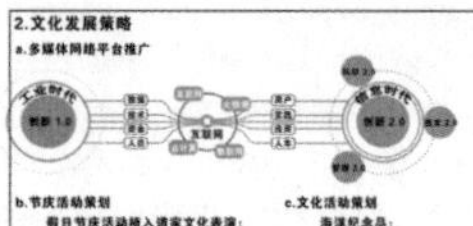

运营黄山村官方网站
同步微信公众平台
文化活动发布
渔家故事
茶业在线销售

b.节庆活动策划
假日节庆活动植入道家文化表演；
渔家文化节；
茶文化展室；
龙王庙庙会；
红色旅游探索线。

c.文化活动策划
海洋纪念品；
汽车挂件；
儿童玩具。

开发黄山村APP
村民生活帮
民宿预定
景点介绍
旅游线路规划
节庆活动报告

平灾结合策略

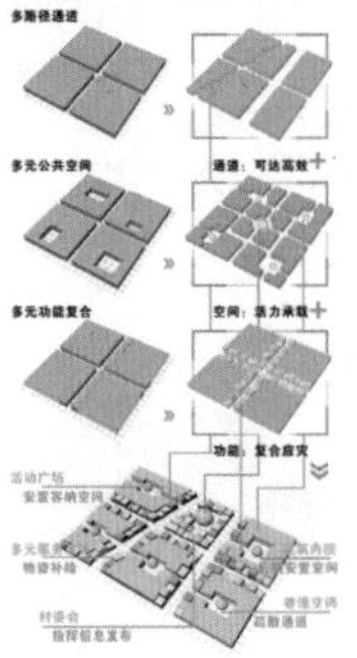

平灾结合的功能转变

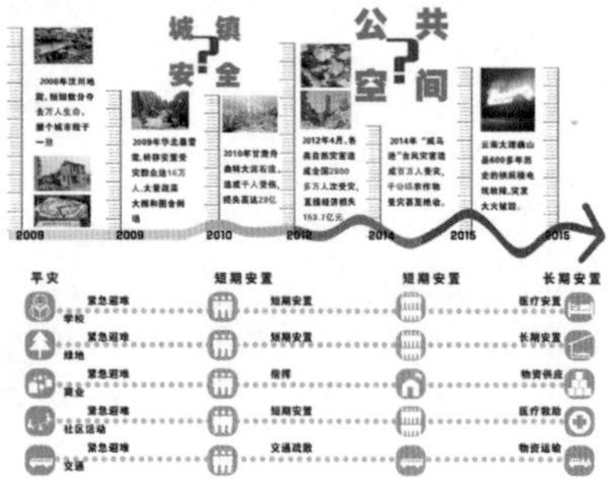

平灾空间示意

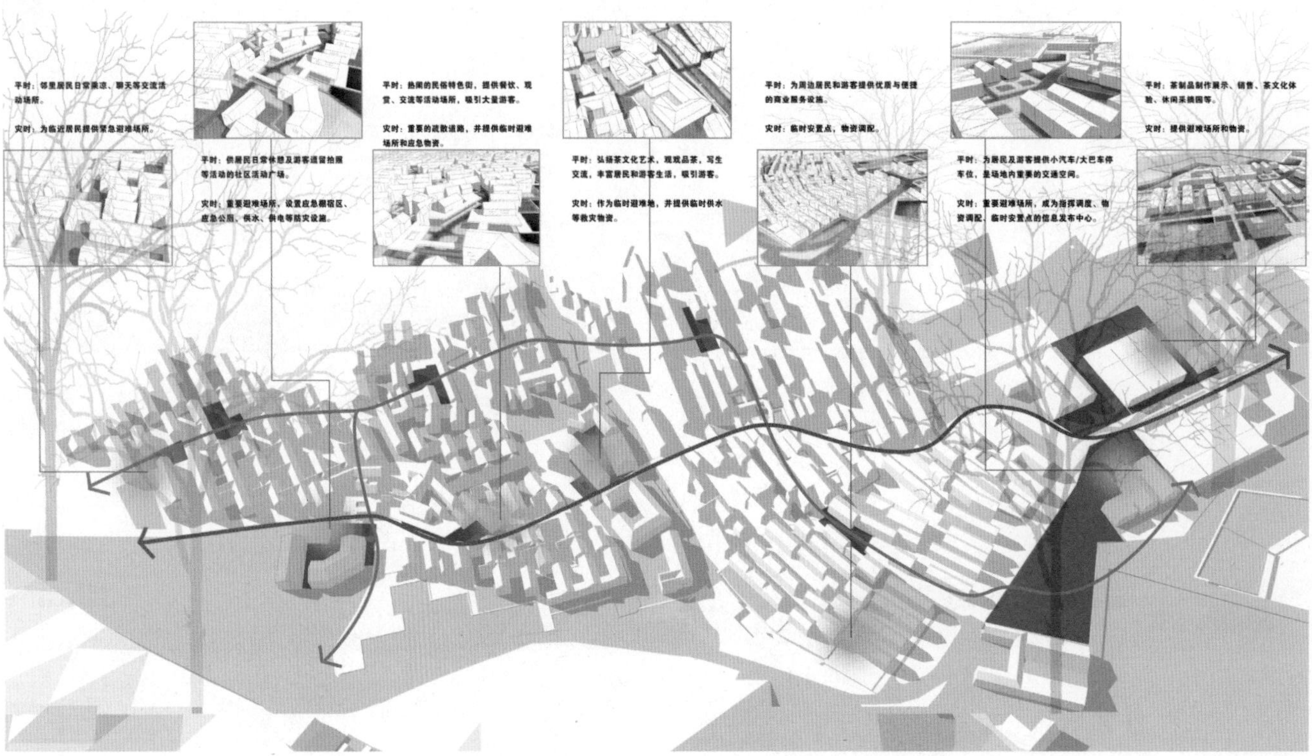

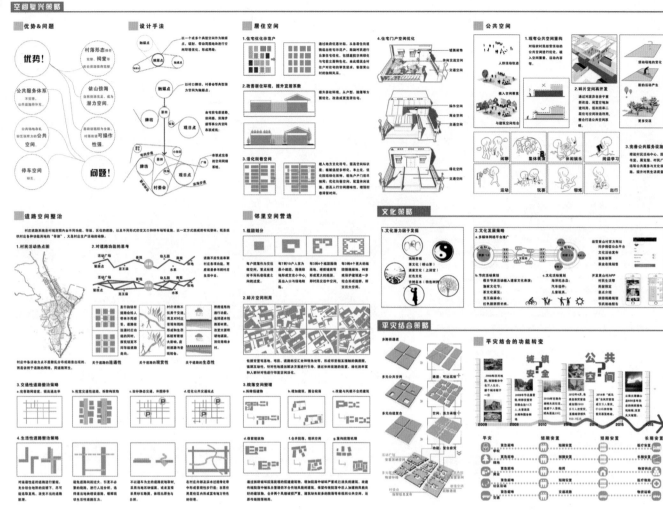

规划方案

■ 规划结构图

■ 功能分布图

■ 景观结构图

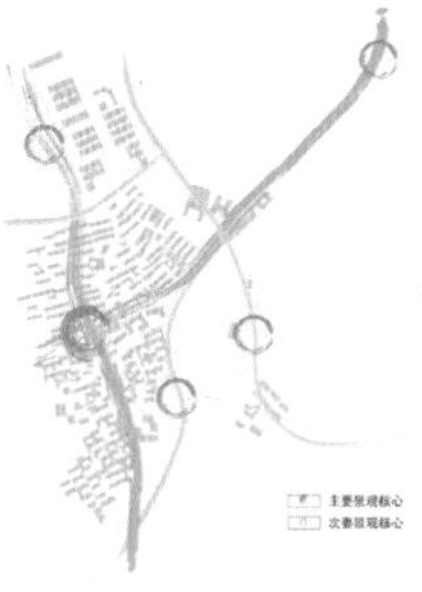

■ 视觉廊道图

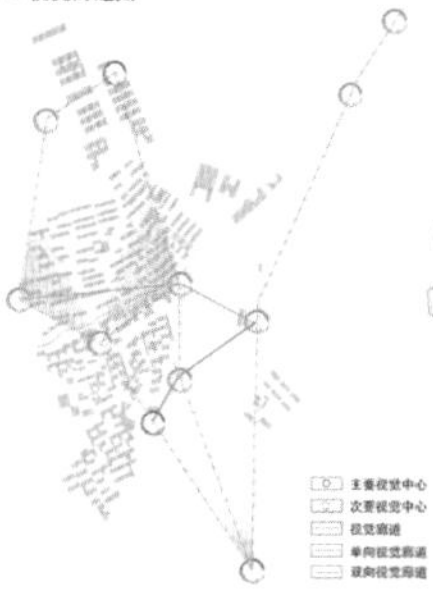

■ 道路交通图

■ 空间演变图

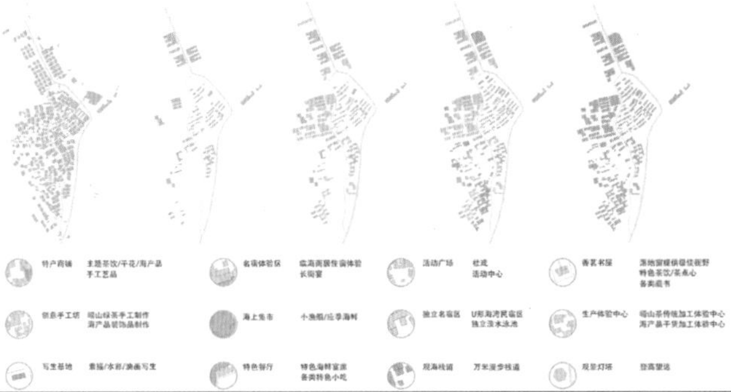

■ 鸟瞰图

总平面图

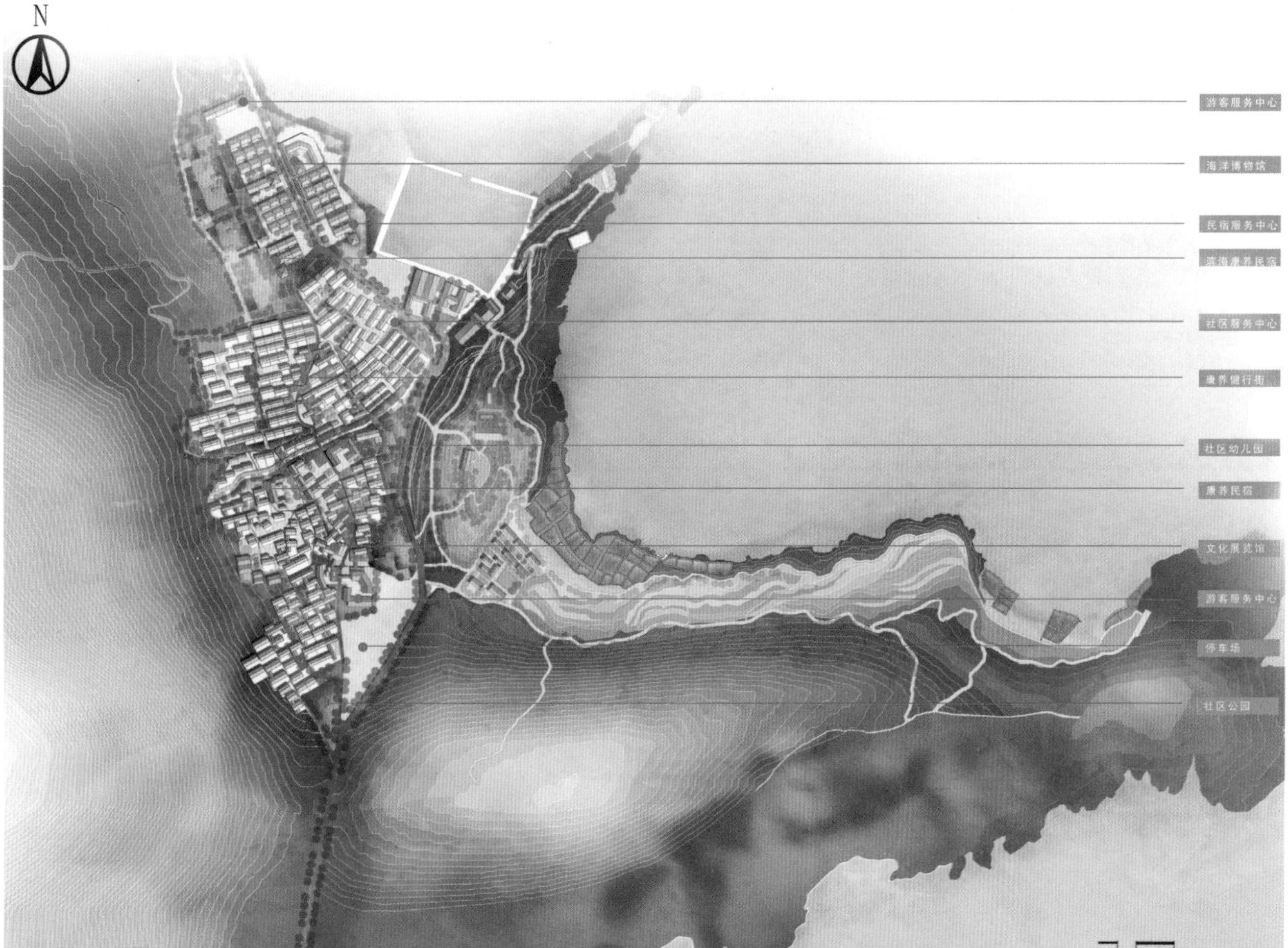

黄山村规划效果图

■ 春季线路规划线路图　■ 秋季线路规划线路图　■ 夏季线路规划线路图

■ 春季游览路线规划

确定游线

春季游线分大尺度和小尺度，大尺度游线为春季游线与外界交通的联系，小尺度游线则为联系山水资源的内部游线。

淡旺季分明，使得许多游客都有参与活动的意愿。质朴大方，又亲切周到。

■ 秋季游览路线规划

安排有序

首先必须保证与康养片区外的其他片区交通联系的畅通和便捷，其次要保证足够数量的停车位和停车服务。

在规划时要注意动态游览与静态观赏相结合。各类主题活动可以全年式、阶段式等方式开展。

■ 夏季游览路线规划

激励参与

景区的内部游线要遵循主题原则，合理利用山地资源原则，不断地运用山间阴凉资源，保持产品的多样性。

准备好足够的休憩设施，更要有专门的人员在活动场地对他们服务，使游客能够真正体验其中的乐趣。

夏春秋旅游线路节点透视图

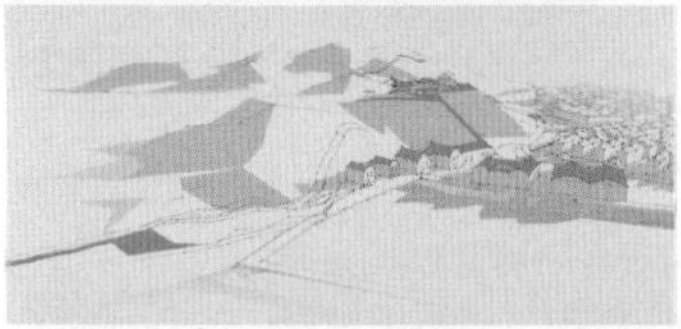

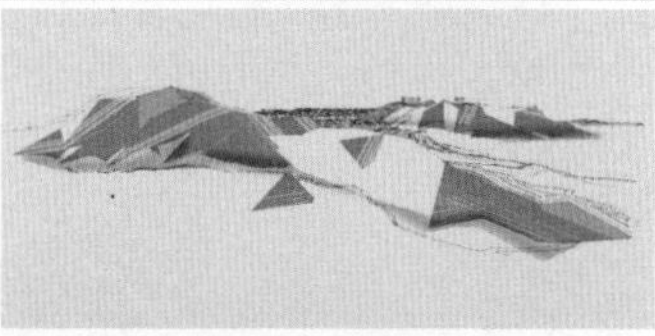

■ 春季游线滨海公共节点　■ 秋季游线滨水公共节点　■ 夏季游线山地公共节点

春季游线——茶园片区规划结构分析图

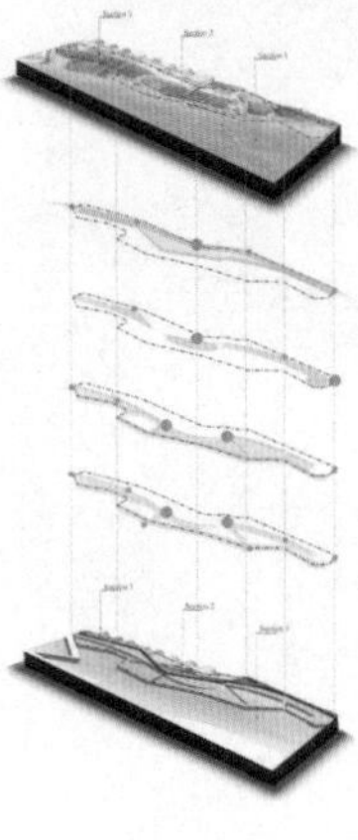

■ 滨海规划结构图

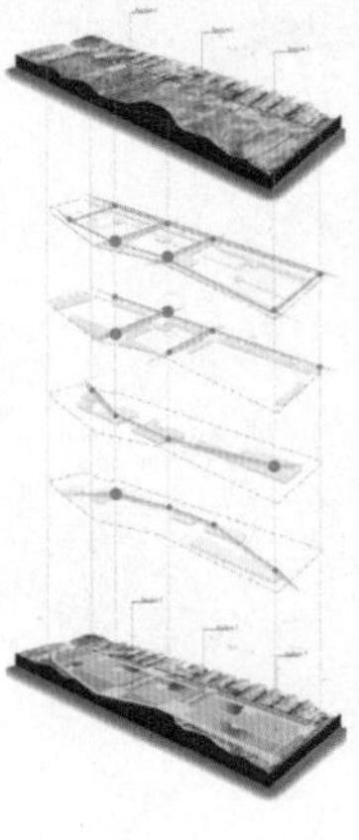

■ 茶园规划结构图

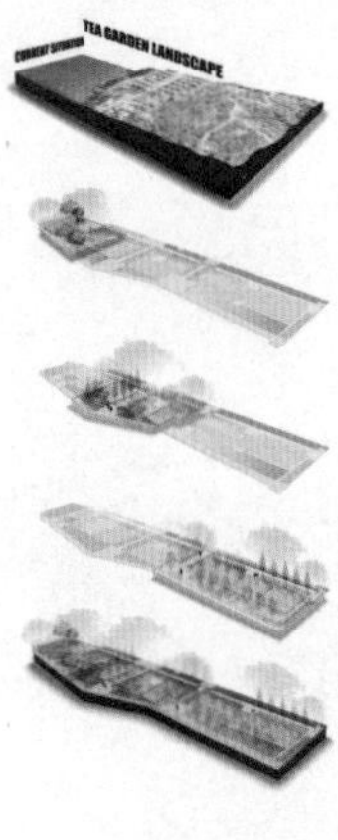

■ 茶园业态规划图

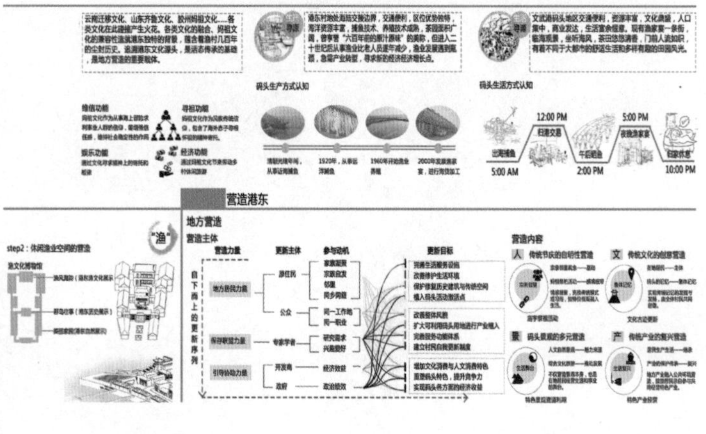

■ 茶园片区规划鸟瞰图

茶园平面图

茶园分析

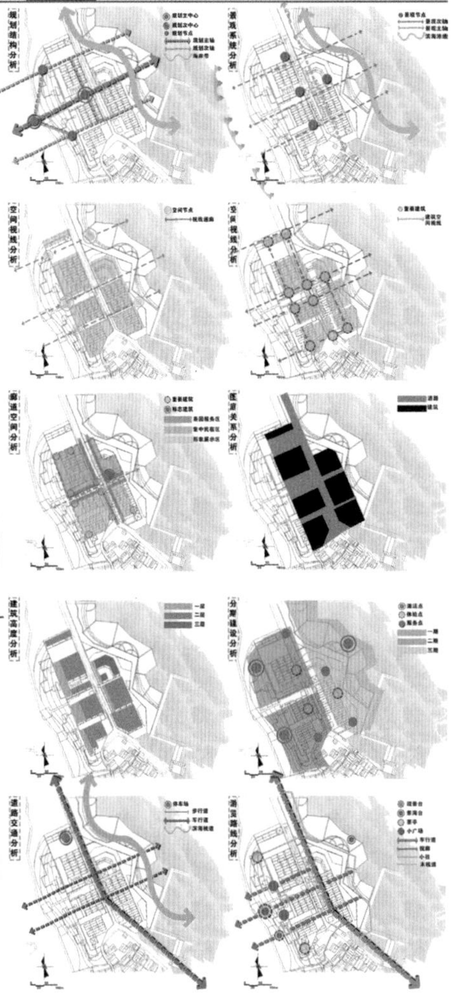

问题分析

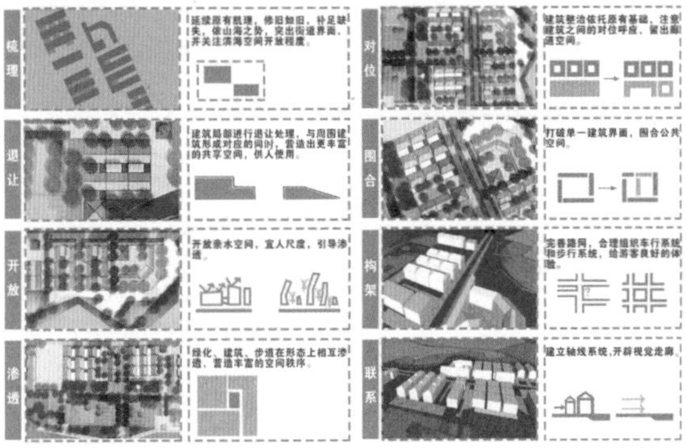

方案生成

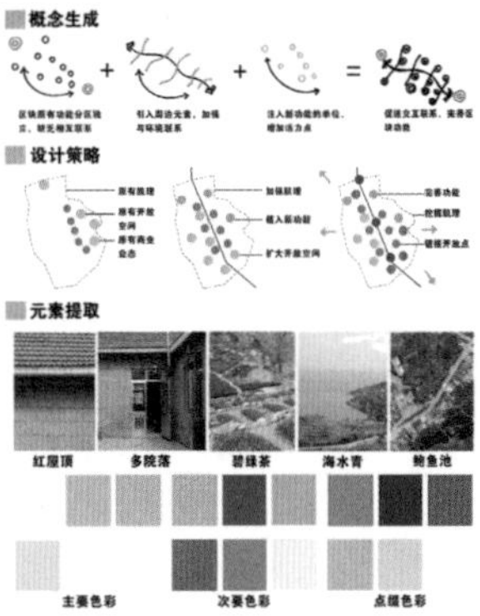

天际线

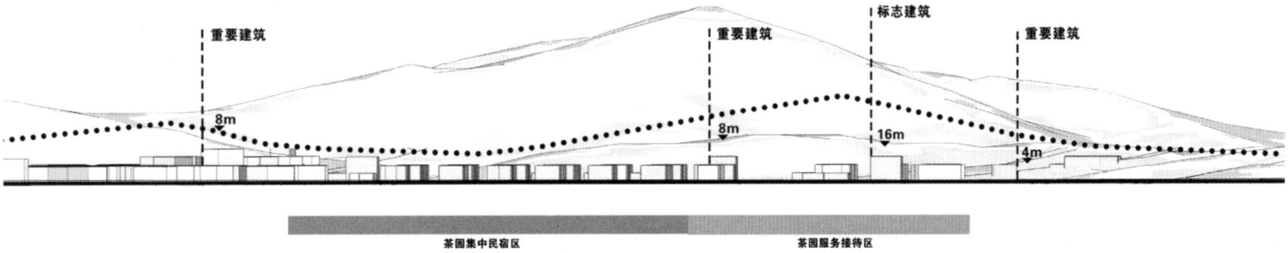

效果图

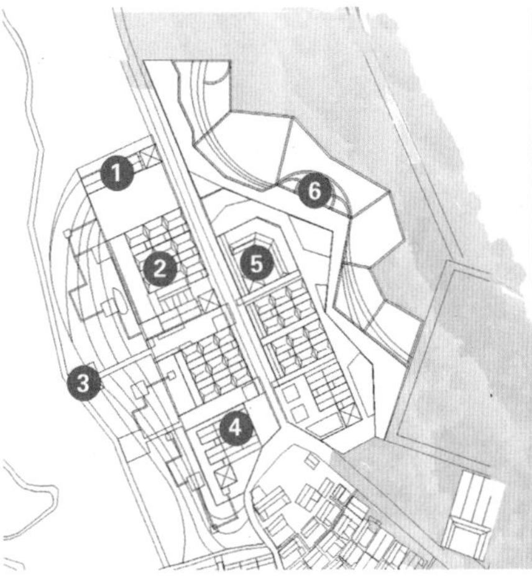

居住片区改造

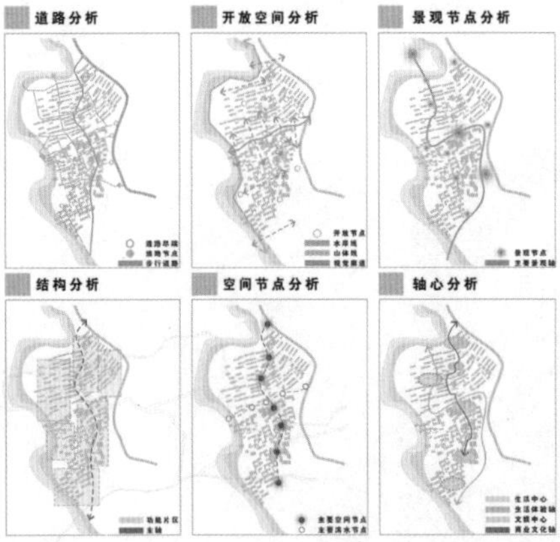

民俗街设计分析

保留主街，保护街道肌理尺度	拆除建筑，开拓东西道路	增加建筑功能	拓展开放空间	修整屋顶平台成开放空间
保留现状主街，梳理现状肌理，增强其商业文化氛围，同时基于其街道宽度导致的有限容纳量，道路分时段控制人流车流。	拆除建筑质量差且无保护价值的建筑，保证建筑风貌与安全，以此疏通被阻碍的交通，同时加强东西向交通，并延伸至场地中的其他重要节点。	在被拆除建筑的空地上增加茶楼等，将保留的建筑进行改造，成为文化参观功能建筑，置入特色餐饮、听戏阁、露天茶吧等功能，以此提高街道的吸引力。	在主要街道的交汇处以及重点建筑前设立开放空间，供游客驻留，同时在这些公共空间处设立戏台、茶室、水景、绿地等，供游客欣赏，增强街道的趣味性。	充分利用天井为特色进行改造，制造有趣的景观节点，在屋顶上展开，并通过架设连廊从立体上增加步行环境与公共空间，将各个开放空间串联的同时，丰富步行系统。

街巷与院落空间更新

商—住空间

商业街的建筑整改原则以"选取保留，多数整改"为原则，力求在原有肌理状态下，形成灵活多变的私密院落空间与公共空间，将方便人的生活作为设计的第一考虑要素改善当地住户居住环境，同时植入新的功能，使人们有更多休闲娱乐的去处。

人群活动路线分析

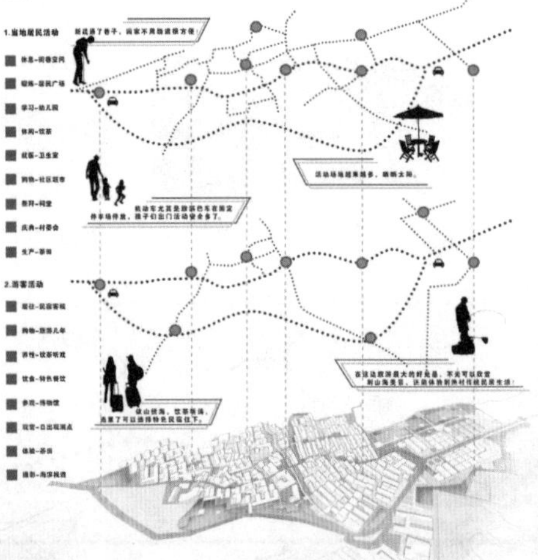

效果示意

街巷活力空间示意

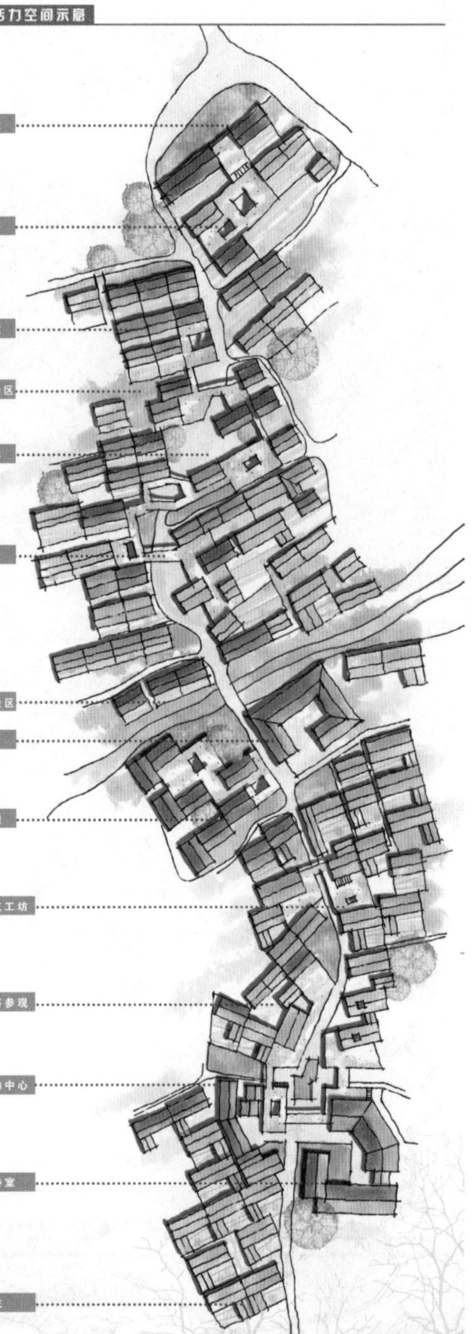

整体分析

村域功能分区

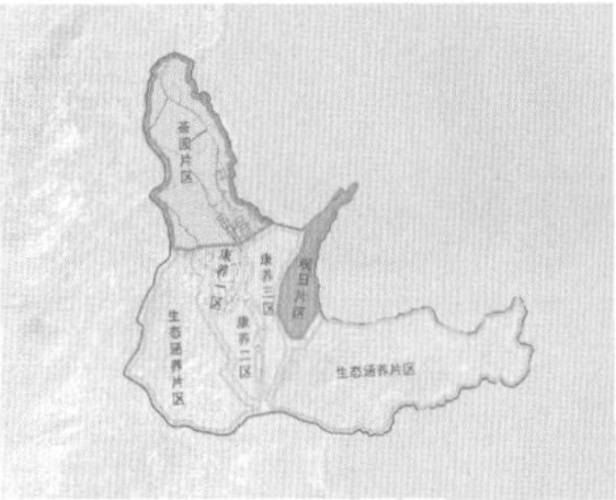

按照建筑布局和整体设计，可以将整个村域分为北侧的茶园片区，三处康养片区，东侧临海的观日片区、西南和东侧山体的生态涵养片区。各个片区功能布局合理，共同打造成亲子田园、康养山庄、日照海岬的集旅游、住宿、观日为一体的多功能综合黄山村。

康养片区位置

康养片区面积占据村庄建成区的绝大多数，位于村庄建成区的中心位置，主要进行民宿和民居的改造。

康养片区规划结构

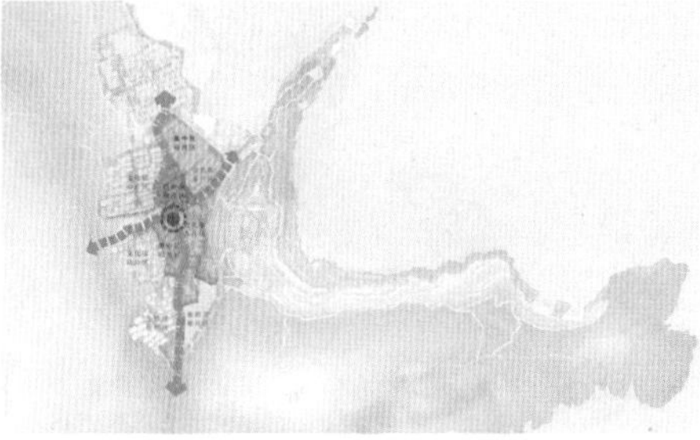

保护建筑改造

功能分区

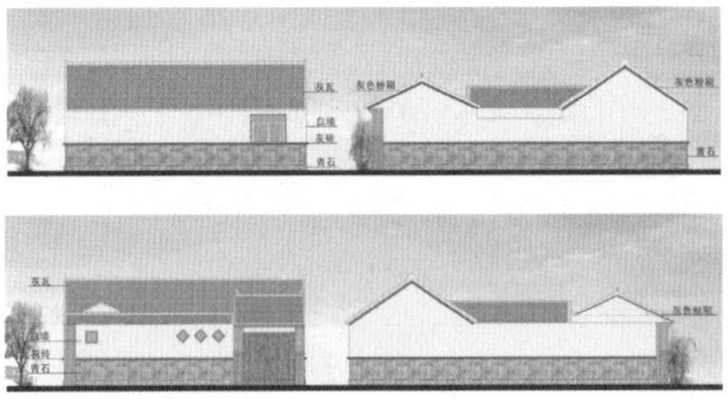

建筑形式

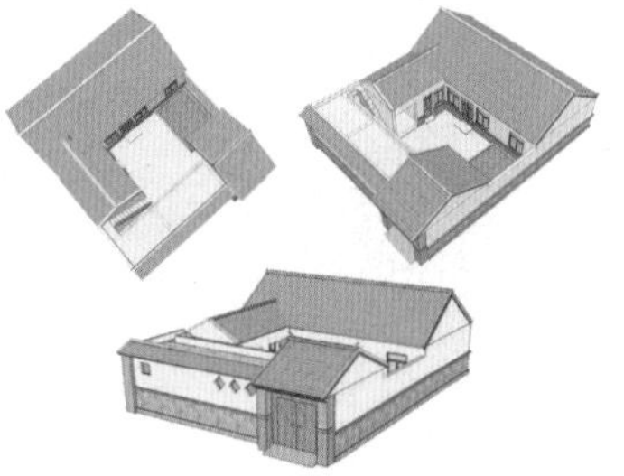

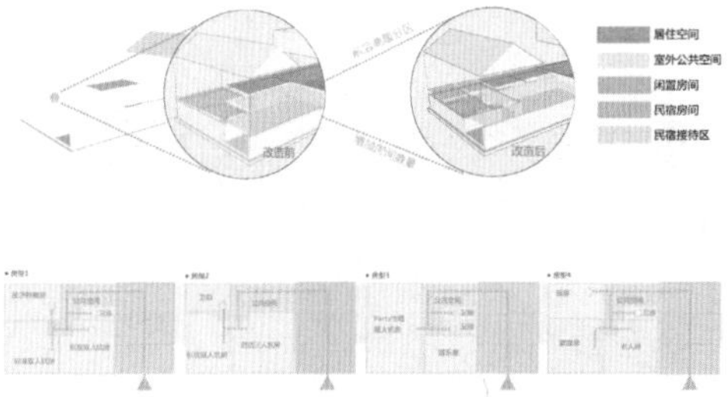

居建改造

居建布局

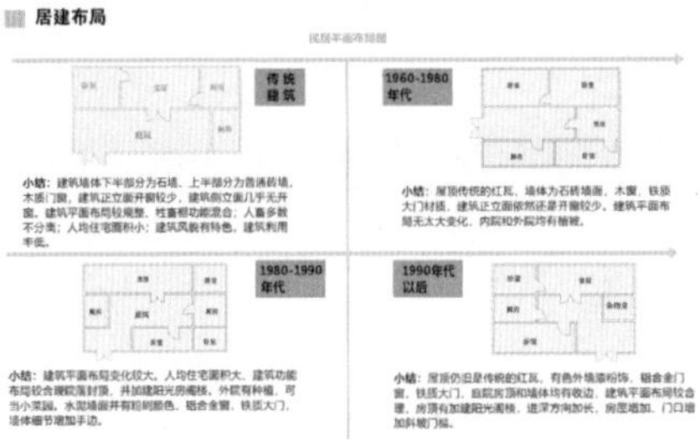

居建改造

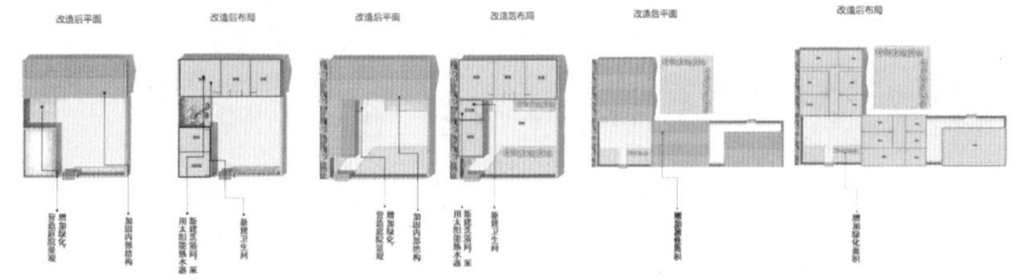

空间改造

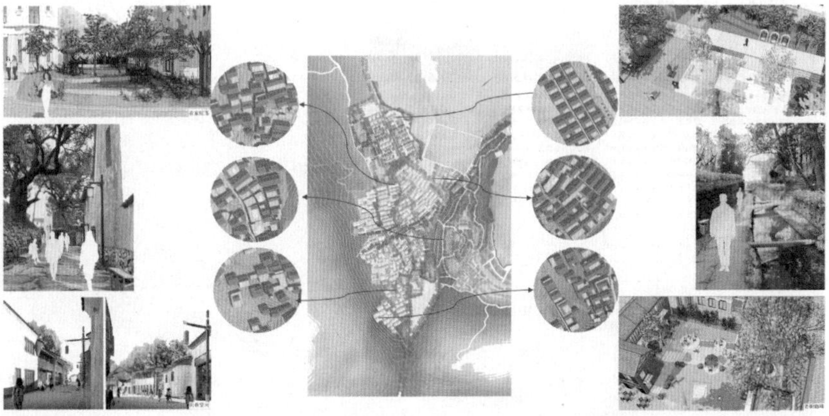

民宿改造

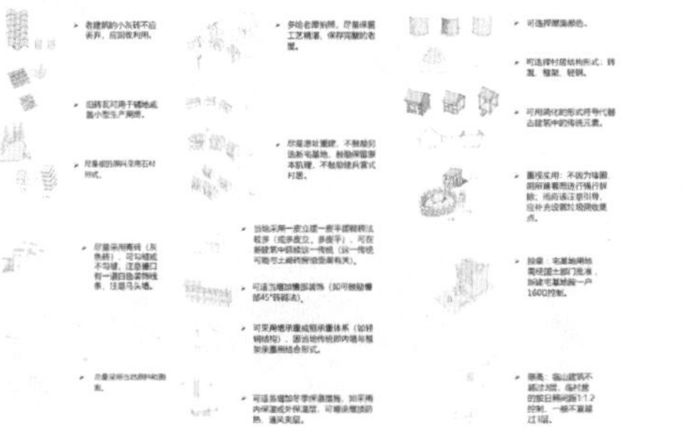

建筑意向

规划策略

总平面图

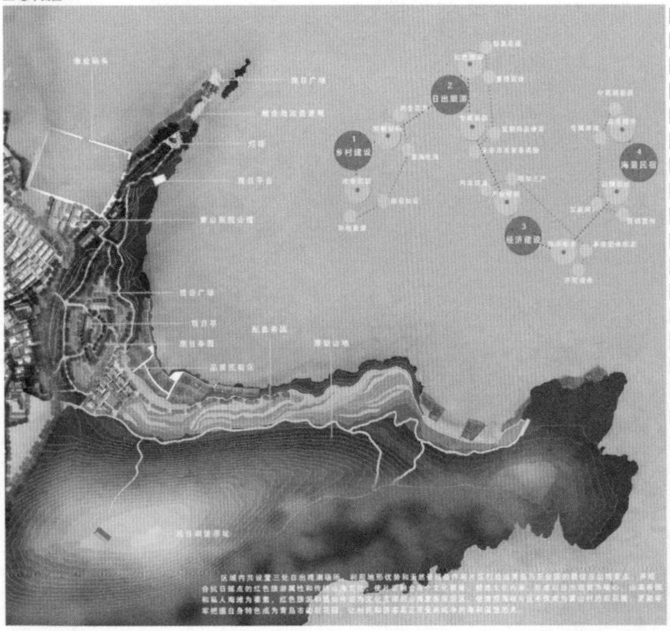

概念解析

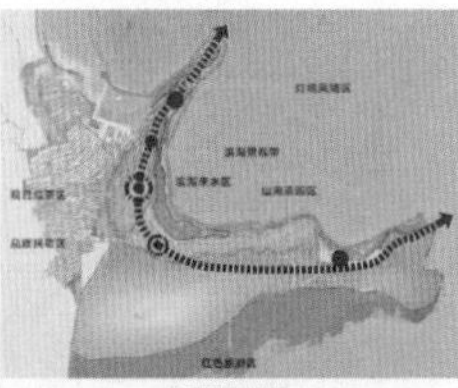

清隔海峡片区结构以"黄山后花园"为核心，各节点沿海岸线分布，确保了各功能片区以主要轴线串联，各功能区相互呼应，山、海、茶园融为一体。

一核一轴六片区的分布模式将自然景观、改造景观和居住功能利用山势变化区分开。

片区结构分析图

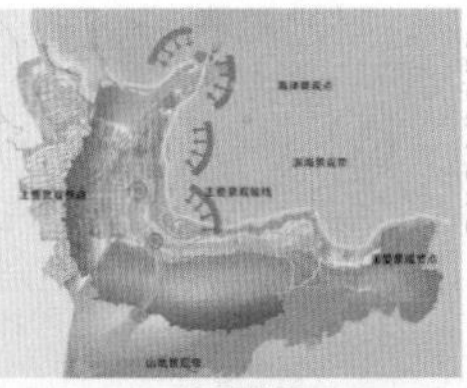

景观结构以"黄山后花园"为中心，日出观测点、滨海景观带、山地景观带和灯塔景区沿轴线布置，与红色文化旅游区形成了三角轴线结构，各景观片区相互配合却由山势地形分隔开。

景观系统分析图

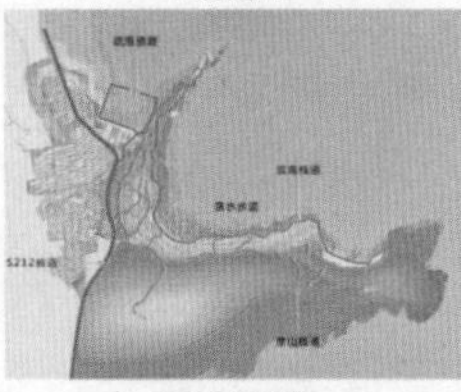

片区内道路交通主要以步行交通为主，道路宽度满足消防要求和实用频率较低的货物车辆实用要求。

以S212省道为界，省道以东为片区内步行道路交通，盘山栈道和滨海栈道依地形盘旋在山海之间。在岸线处设有的滨海步道和在废旧鲍鱼池内设有亲水步行道和平台，充分满足游客对海洋的亲近感。

道路交通系统分析图

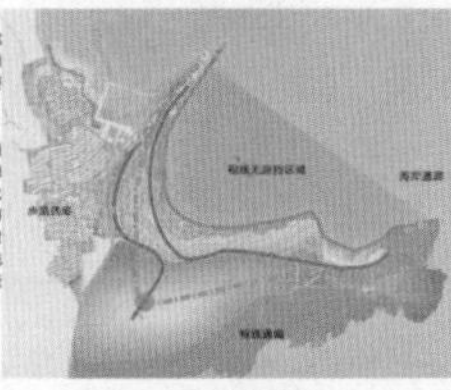

片区内的重要通廊包括海岸通道、步行通道和视线通廊。

海岸通道分布较多的亲水景观和步道；步行通道承载着独特的山海景观；而视线通廊则是根据地形山势变化，呈现出完全无遮挡的视线区域，满足游客对观日、赏海和品茶的需求。

重要通廊示意图

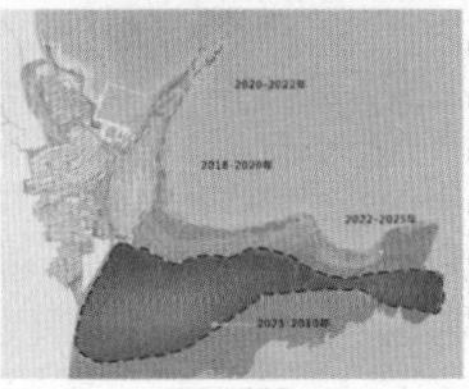

片区内建设时序按照"黄山后花园"、"灯塔风情区"、"品质民宿及景观区"和"山地红色旅游区"的顺序开发建设。

争取在2020年前完成对"黄山后花园"的初步改造，将观日点呈现给游客。之后进一步推进灯塔、品质民宿和红色旅游的景区建设。

建设时序示意图

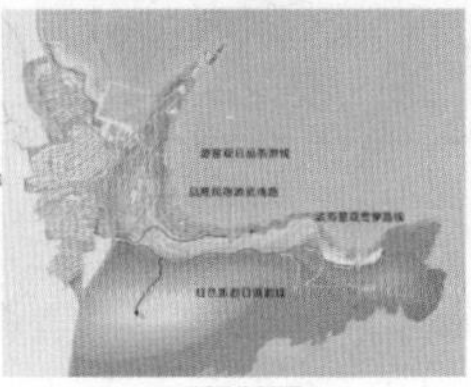

游览流线主要分为观日品茶游线、品质民宿游线、滨海徒步景观游线和红色旅游观日落游线。各游线之间既有独立的出入口互不干扰，又能以盘山小路相互连接，实现各功能之间的联系。

游览流线分析图

产业发展策略

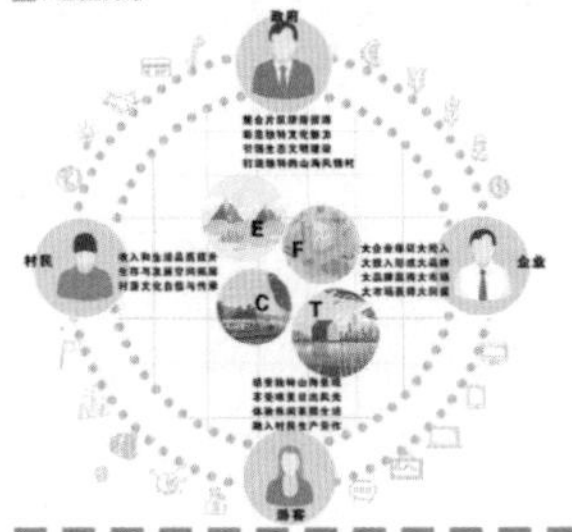

	主要产业	附加产业	带动就业
观日品茶	旅游观光 茶叶种植 茶叶加工	茶叶深加工 茶叶销售 餐饮住宿	个体经营户 景区管理 餐饮服务
精品民宿	餐饮服务 住宿服务 住宅短租	茶叶销售 旅行团接待 旅游服务	个体经营户 旅游代理商 餐饮服务
灯塔风情	旅游观光	婚纱摄影 旅游摄影 渔业旅游	旅游服务 摄影耗材 渔业耗材

重要节点剖析——景观轴线

"黄山后花园"山体剖面图

"精品民宿区"山体剖面图

产业发展进程策划

过渡阶段

通过集体出资和协商，将"黄山后花园"内的耕地异地置换，将鲍鱼池取缔并保留现状，烂尾建筑产权置换。将片区内的土地权属全部更新为集体用地。"黄山后花园"进行改造升级，对观日点进行前期建设。确保"最佳观日点"的品牌确立，并对"灯塔风情区"的建设进行铺垫。大力发展观光旅游。

起步阶段

在前期观光旅游发展的基础上，逐步开展观日品茶旅游业，将"黄山后花园"打造成可以品茶观日的花园式景点，并且加速推进灯塔建设，使灯塔不仅能够指引航向，更能参与到旅游服务中。从而提高片区旅游吸引力，并增加旅游服务产业附加值。

深化阶段

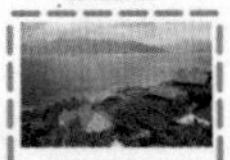

在原有观光旅游的基础上，开展品质民宿的开发建设，将"精品民宿区"内的私人住宅改造成对游客有绝对吸引力的海景民宿，并且加强对相关区域景观条件的改善。将片区由"吸引人"转变到"留住人"，进一步通过完善旅游服务配套从而提高旅游服务产业的附加值。

完善阶段

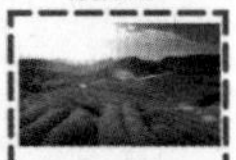

开发红色旅游线路，增加文化底蕴，以抗日据点为根源，以蓬仙传说为支撑，开展形式多样的红色文化旅游，加以自然观光，将黄山头进行深层次的改造升级，并与黄山村相联系，吸引外地旅行团，依托黄山村的旅游品牌进一步提升黄山村的旅游知名度。

空间廊道指引

品质民宿区意向指引（一）

品质民宿区意向指引（二）

空间整体建设指引

景观小品及建筑指引

建筑小品风格：充分体现山海元素，多采用半遮蔽亭子和木栈道相连，与海岸线相呼应，突出山海特色，面朝大海，春暖花开。

小品形式：大面积游憩原木平台、架空木栈道和日出亭子，加以公厕配套。

小品色彩：见附图。

屋顶形式：四坡屋顶、不规则屋顶。

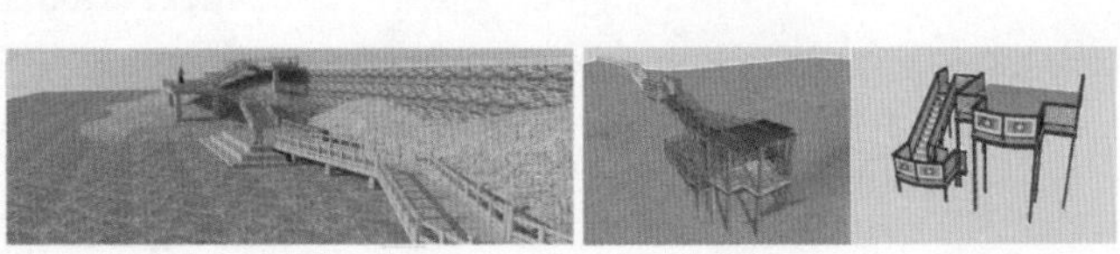

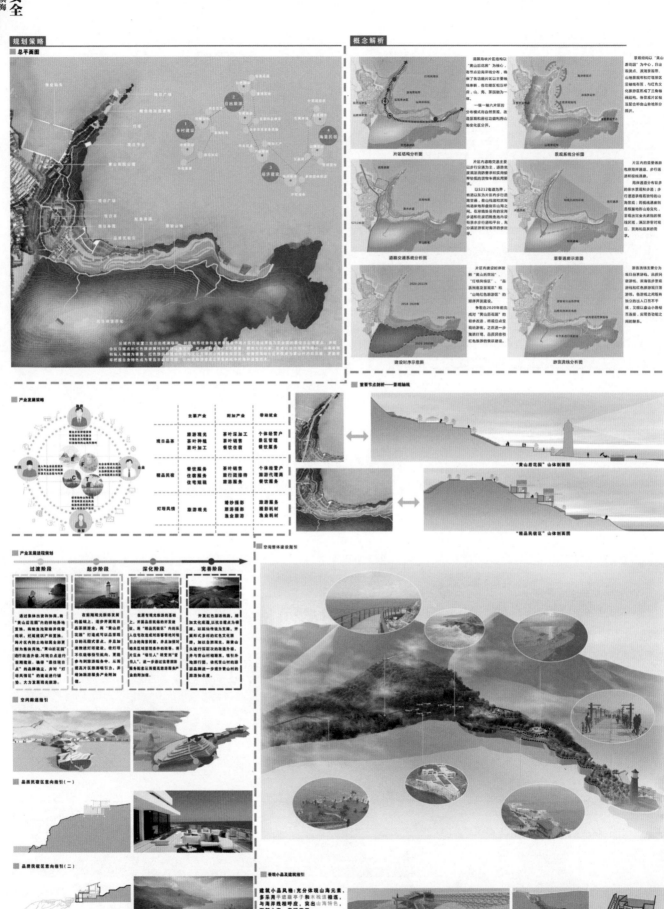

城乡规划学
李茹佳

从浪漫奔放的岛城到热辣明媚的江城，从春寒料峭的三月到骄阳似火的六月，从对基地陌生好奇到时时处处喊着“我们村”，十分荣幸能以参加“全国四校乡村联合毕业设计”的形式来结束我的大学五年。

从前对村庄规划认知太浅，总是以理性思维机械式地去规划、去设计，每每把“乡土人情”放在嘴边，却在真正实践的时候忽视。如何落地、如何操作、如何服众、如何真正服务于村民，是我们应该俯下身子去考虑的事情。让理想与现实握手言和，需要专业素养，更需要大爱情怀。感谢王润生、王琳老师对我们的鼓励与指导，感谢黄山村村民的包容与热情，感谢四所学校的小伙伴的激励与陪伴。关于规划设计，我们还有很长的路要走，联合毕业设计之后，愿我们之后的方案中带着青啤的爽冽、小龙虾的鲜香、肉夹馍的香醇和鲜花饼的甜美，一路回味，一路飘香。

城乡规划学
张雅婷

联合毕业设计的时间转瞬即逝，恍惚间已经走到了大学的尽头，回首这半年时间，点点滴滴犹如在眼前，从好奇到困惑，进而豁然开朗，我们探索团队合作。在未知面前我们总是在瑟瑟发抖中选择坚强，尽管在很多方面稚嫩得像棵小草，也曾因不理解而彷徨，但更多的是坚持下来的喜悦和感激的泪水，大家都尽力了。记得第一次调研，我便体会到了农村生产生活的复杂性和地域性，很多事看似小事，对于村民来说却是不可退让的大事，我感动于很多村民对于山海的敬畏和已在城市鲜有的信仰，这太可贵；村支书带着我们走了一天的路，我从他身上看到了一个汉子的担当，不在意奉献和得失的担当，这也太可贵。很多夜里我反思、完善着自己，为彷徨的自己找到了初心所在的路，我将牢记这次难得的体验，以真心换真情，认真对待每件事、每个人，或许我不是那么优秀，但我一定要做实事，相信未来的自己定不负初心。

城乡规划学
李一鸣

从天南海北聚集青岛，再从青岛到武汉，一起感受过冬日海风，感受过火炉武汉，一起调过研，一起做过图，一起“杀过狼”，在村里的日子一去不复返，但是留下了难忘的友谊。给各校老师们汇报过PPT，看过图，阐述过方案，时间虽短，仍然让我们受益匪浅。在这整个过程中，与其他学校的老师同学们相互学习、互相进步，也是一个开阔眼界、弥补不足的过程，这是整个学习生涯中弥足珍贵的经历。在与村民的互动中，方案设计和实际情况的出入，让团队展开了激烈的讨论，来自四所学校的老师、同学们一起在讨论中学习交流；在实地的调研踏勘中，如何更好地利用自然景观，并且与山势相融合成为了大家关注的焦点，大家集思广益通过头脑风暴终于达成了一致；回到各个学校中，大家会因为地形图的出入和合图的意见在网上交流，相互学习先进的理念与方法……一切的经历，都将会成为学习和成长经历中不可磨灭的回忆。

城乡规划学
李春晖

大学在毕业设计的紧张与焦躁中即将走到终点，毕业设计考查我们五年来所学，它要求我们将所学到的知识能够融会贯通、熟练应用，培养我们的综合运用能力以及解决实际问题的能力。从调研到答辩，从初春到夏至，一路争吵着讨论方案，一路互帮互助解决困难，一路有说有笑一起成长，也曾迷茫也曾质疑也曾停滞不前，但没有什么是小组齐心协力头脑风暴解决不了的，过程中遇到的困难，解决困难时意识到的专业不足，毕业设计仿佛一次检阅，让我明白自己的知识还很浅薄，社会在变化发展，我们也要更加努力奋进！最后谢谢老师在毕业设计期间给我们的支持和帮助，愿青岛理工大学蒸蒸日上！

城乡规划学
侯冬冬

从三月初的基础调研，到四月中旬的中期汇报，再到六月初的终期答辩，历时三个月的乡村规划画上了圆满的句号，这是我第一次接触乡村规划，也由此爱上了乡村规划。在这次规划过程中，我们不但深入了解了黄山村的风土人情，而且在与本校和其他三校同学接触的过程中，学习了他们的设计思维、设计方法和解决设计问题的方式，大大提高了作为一名规划设计人员的设计素养和设计能力。此次毕业设计是在王润生老师和王琳老师的悉心指导下完成的，设计过程中的点点滴滴都渗透着老师们的心血和汗水，感恩老师们的指导。同样，也十分感谢在毕业设计期间对我们进行过帮助的其他高校的老师和同学，使我们能够交出一份满意的毕业设计。随着这次毕业设计的结束，我的大学生活也接近尾声，在未来的道路上我会谨记老师的教诲，为成为一名优秀的规划师而不断努力。

城乡规划学
高鹏飞

从武汉到昆明，从昆明到西安，从西安到青岛，2018年从青岛到武汉，四年如四季一轮回，四校联合村庄规划经历了四年又回到了出发点。三月的青岛，寒风还没有褪去，来自四所学校的近100名师生来到了青岛崂山区的三个小村庄。经历了三个月的规划设计，六月的武汉，烈日灼烧，顶着大太阳的毕业班成员们完成了最后的答辩。

四校联合毕业设计，是各个学校相互交流、互相切磋的舞台，在整个学习过程中，我们得到了成长，收到了友谊，有着各自的成果。每一位联合毕业设计的师生都有着让人学习的地方。短暂的毕业设计结束了，但是漫长的专业学习才刚刚开始，毕业设计给我们画上了本科阶段的句号，又引出了之后生涯的破折号。祝愿大家在今后的学习、工作中继续成长。

多维视野下基于村庄安全的黄山村规划设计

华中科技大学 Huazhong University of Science and Technology

参与学生：李　璋　舍慧玉　余伏音　黄一方　周　然

指导教师：罗　吉　洪亮平　贾艳飞

教师释题：

黄山村用“面朝大海、春暖花开”来形容再合适不过。她依山傍水、碧波无涯，海产丰富、民风淳朴，保持着原汁原味的海岛渔村风貌和生活方式，如同避世的“桃园”，不为快速、商业化的生活所打扰。若不是近几年乡村旅游热潮的兴起，村庄兴起了农家院，打破了她的宁静，我们也许根本不会走进她、打扰她。

但随着驻场时间的延长和深入了解，黄山村自身的特点和发展诉求也越来越清晰。在她优渥的自然环境和质朴的村风民俗背后，不仅存在内生发展动力不足、人口老龄化、年轻劳动人口流失等村庄发展的共性问题，同时也被崂山风景区其他村庄同质化竞争所困扰；社会结构的转变和游客的到访也打破了村庄原有的稳固社会组织，冲击着这里的传统文化和生活方式。黄山村的规划不但要在快速城镇化与区域统筹发展的大背景下，为黄山村找到适宜的发展方向和后续经济发展动力，更要稳定社会关系、维系村庄特色，探索增加村民收入、提高村民生活质量、共享发展成果、增强环境特色的方法和途径。

此次四校联合毕业设计，以村庄安全规划为题，不同于传统规划强调发展，以底线思维出发，从关系民生、最为迫切的问题入手，探索村庄安全规划的方法与途径。黄山村作为典型的滨海村庄，又位于崂山国家风景区内，增量规划、外延发展显然不合时宜，用水安全、海防安全、社会安全、产业安全是关系民生的重中之重，利用存量空间的优化应对外部发展的不确定性，有机地、渐进地解决村庄空间发展症结才是释题关键。设计小组以全面的现场踏勘和深入的村民访谈为基础，明晰问题，了解需求，从社会、经济、生态、空间、景观等五方面构建了系统的安全规划框架，并在取得村代表和村民的认可后，细化为可供操作、便于实施的行动计划，旨在为村庄安全的空间发展提供切实可行的规划方案。

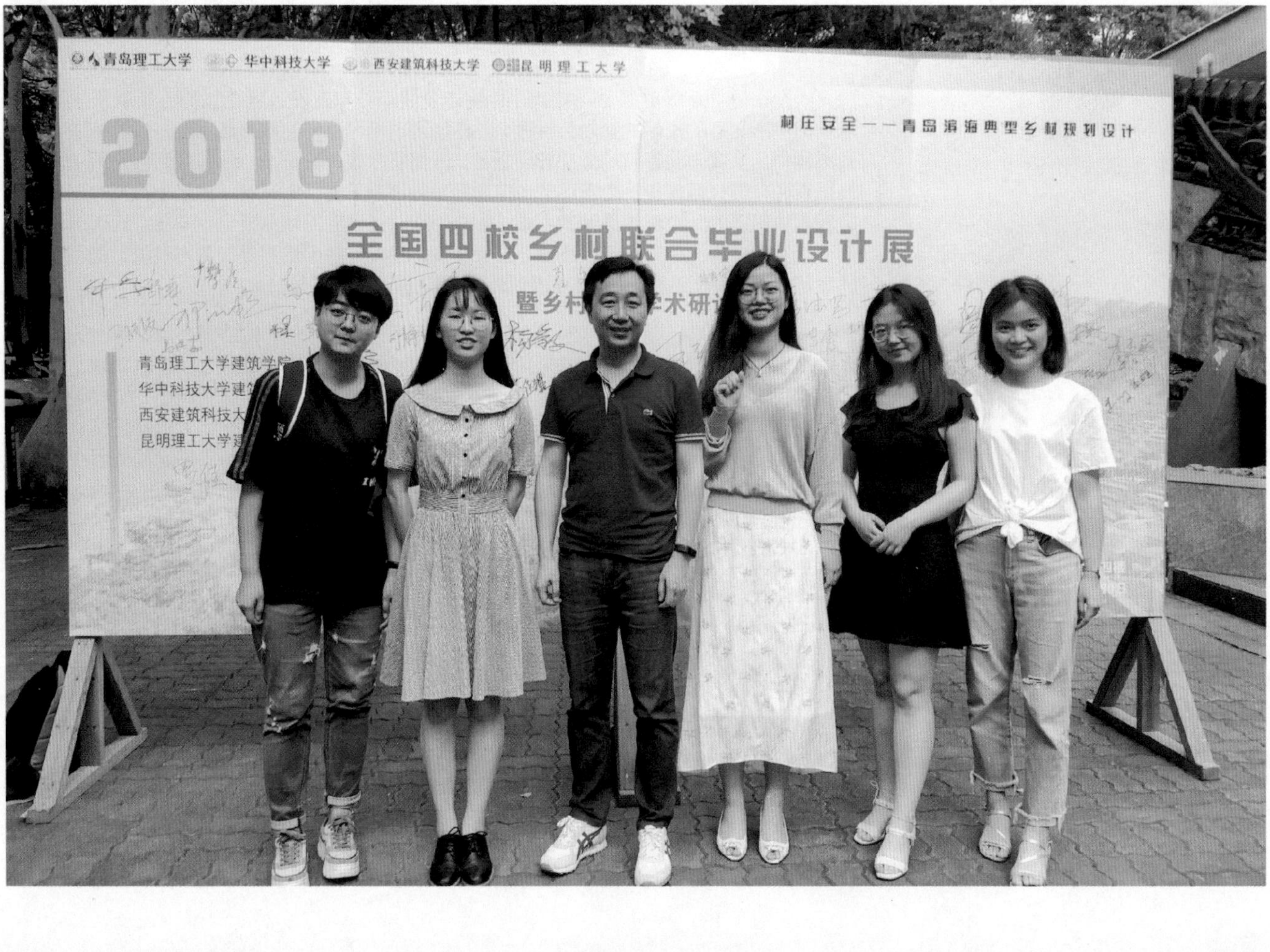

庐傍山筑，海色满院 乡村空间资源化视角下黄山村土地利用规划及居住空间更新设计

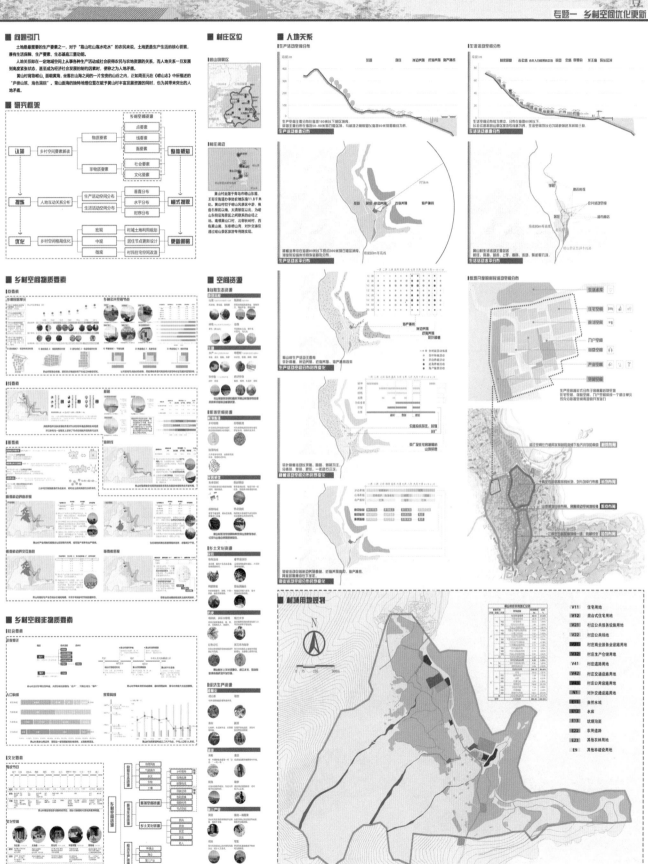

壹

专题一 乡村空间优化更新

问题引入

土地是最重要的生产要素之一，对于“靠山吃山靠水吃水”的农民来说，土地更是生产生活的核心要素，兼有生活保障、生产要素、生态基底三重功能。

人地关系即在一定地域空间上从事各种生产活动或社会获得农民与农地资源的关系，而人地关系一旦发展到高度紧张状态，甚至成为经济社会发展的制约因素时，便称之为人地矛盾。

黄山村背靠崂山、面朝黄海，坐落在山海之间的一片宝贵的山谷之内，正如周至元在《崂山志》中所描述的“庐傍山筑，海色满院”。背山面海的独特地理位置在赋予黄山村丰富发展资源的同时，也为其带来突出的人地矛盾。

研究框架

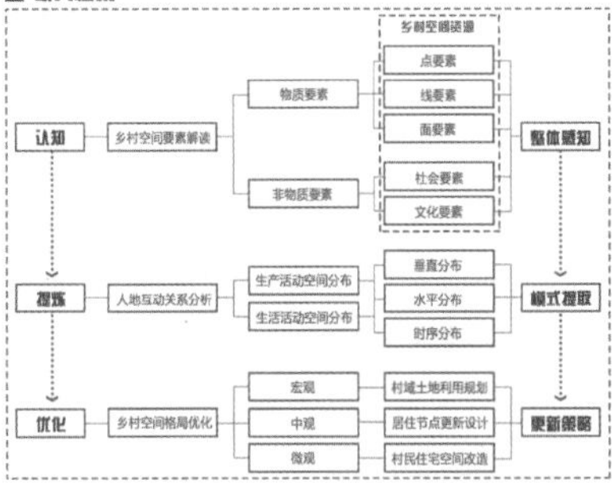

乡村空间物质要素

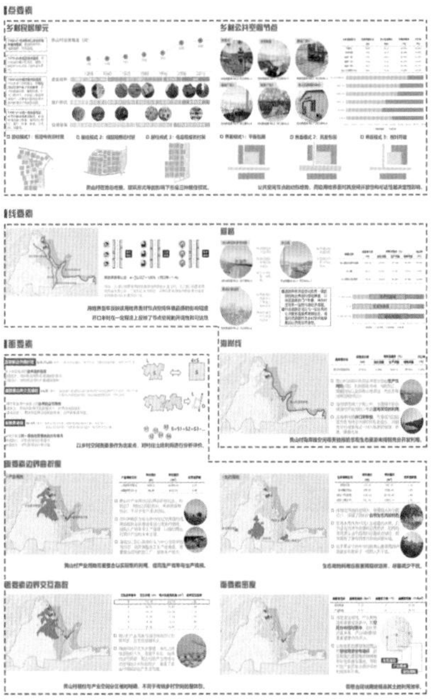

乡村空间非物质要素

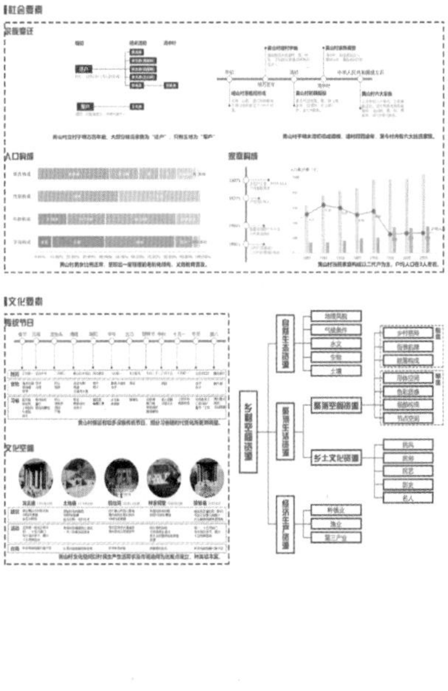

村庄区位

崂山风景区

村庄周边

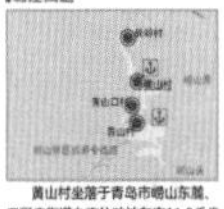

黄山村坐落于青岛市崂山东麓、王哥庄街道办事处驻地东南11.8千米处。黄山村位于崂山风景区中游，棋盘石景区以南、太清景区以北，为崂山东侧沿海景区之间联系的必经之地。南邻黄山口村，北邻长岭村，西临黄山崮、东依崂山湾，对外交通仅通过崂山景区旅游专用路实现。

空间资源

人地关系

生产活动空间分布

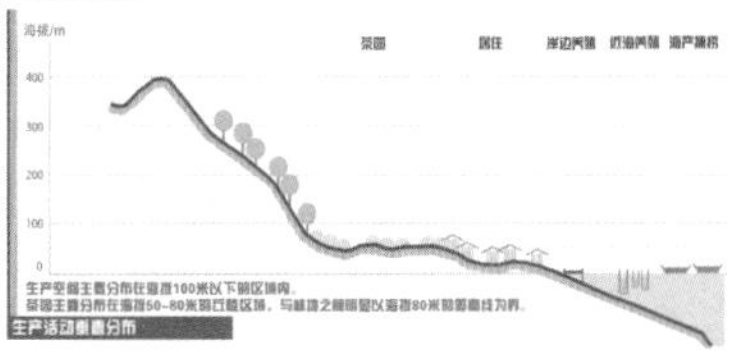

生活活动空间分布

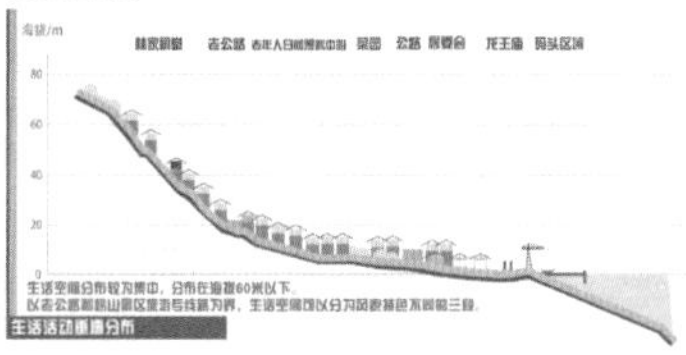

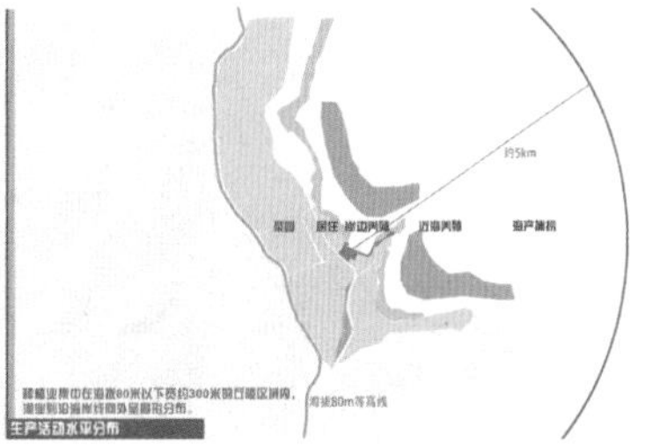

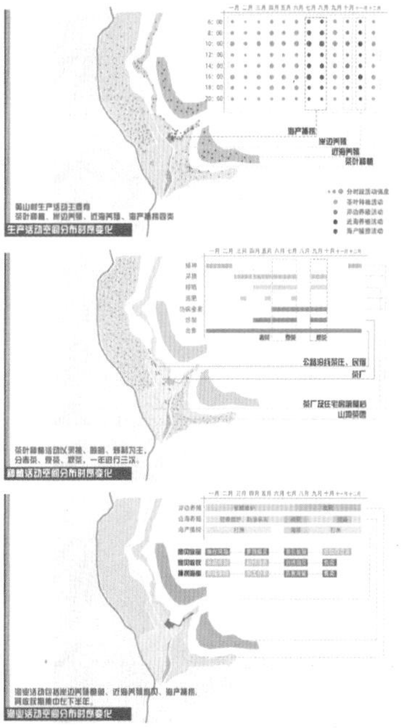

低层尺度村民活动空间分布

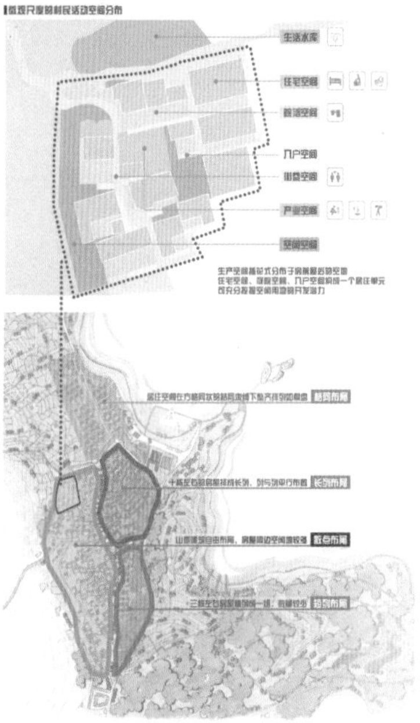

村域用地规划

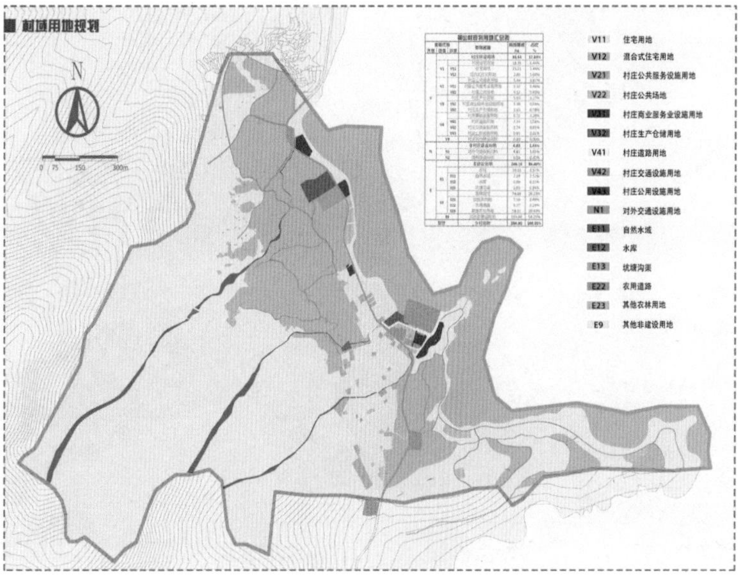

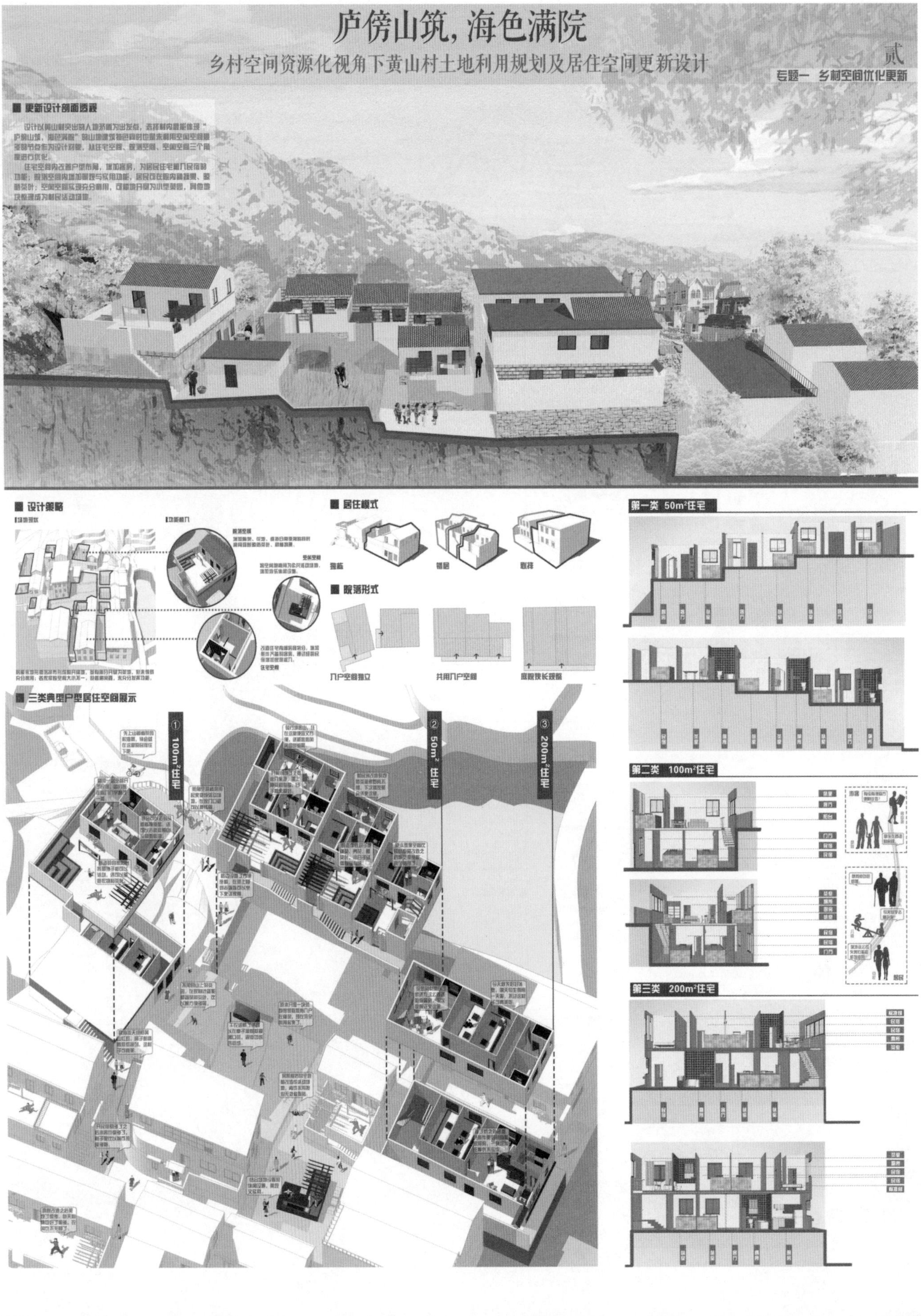
庐傍山筑，海色满院
乡村空间资源化视角下黄山村土地利用规划及居住空间更新设计
贰
专题一 乡村空间优化更新
更新设计剖面透视
设计以黄山村突出的人地矛盾为出发点，选择村内最能体现“庐傍山筑，海色满院”的山地建筑特色同时也是未利用空间空间最多的节点作为设计对象，从住宅空间、院落空间、空闲空间三个角度进行优化。
住宅空间内改善户型布局，增加客房，为居民住宅置入民宿的功能；院落空间内增加景观与实用功能，居民可在院内种植蔬果、晾晒茶叶；空闲空间实现充分利用，可整块开垦为小型菜园，其他地块整理成为村民活动场地。
设计策略
场地现状
功能植入
居住模式
独栋
错居
联排
院落形式
入户空间独立
共用入户空间
底院狭长规整
三类典型户型居住空间展示
① 100m²住宅
② 50m²住宅
③ 200m²住宅
第一类 50m²住宅
第二类 100m²住宅
第三类 200m²住宅

海味茶韵 淳朴人家——泛旅游化视角下黄山村产业发展策略与产业空间更新设计

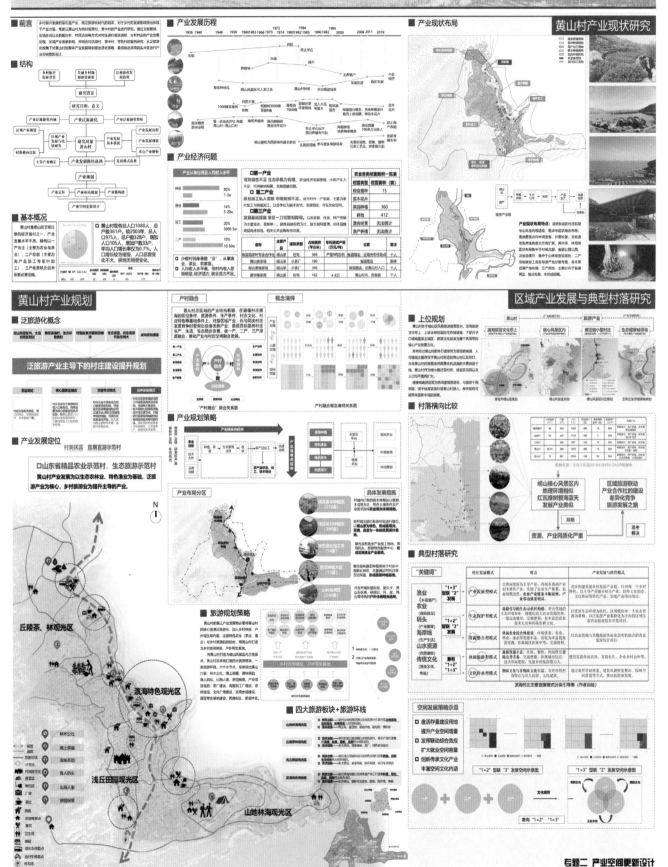

前言

乡村振兴发展的基石是产业，而泛旅游化时代的到来，对于乡村的发展影响突出体现于产业方面。笔者以黄山村为例对滨海村、景中村的产业进行研究。通过文献查阅、实地走访以及数据分析、村民访谈等方式对村庄进行现状调研，分析村庄的产业发展历程、区域产业发展影响，并结合对滨海村、景中村、特色村的案例研究，从泛旅游化视角下对黄山村的整体产业发展规划提出活化策略，最后挑选滨海码头片区进行产业空间更新设计。

结构

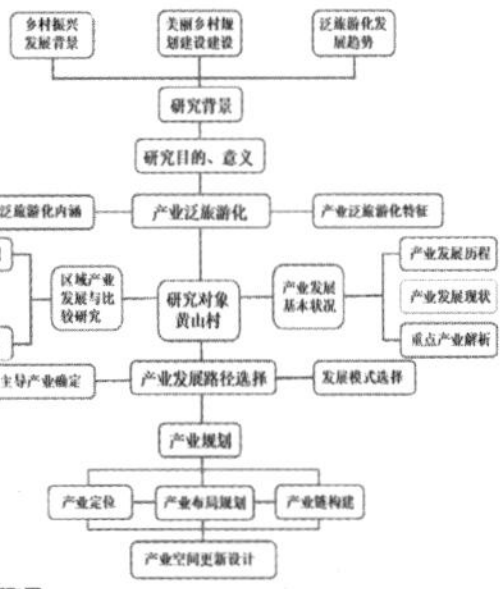

基本概况

黄山村是崂山区王哥庄镇的经济渔村之一，产业发展水平不高。结构以一产为主（主要为农业与渔业），二产较弱（主要为海产品加工与茶叶加工），三产极度缺乏且未配套必要设施。

□ 黄山村现有总人口1080人，总户数361户。较2003年，总人口975人，总户数328户，增加人口105人，增加户数33户，年均人口增长率仅为0.7%。人口增长较为缓慢，人口总数变化不大，耕地无明显变化。

产业发展历程

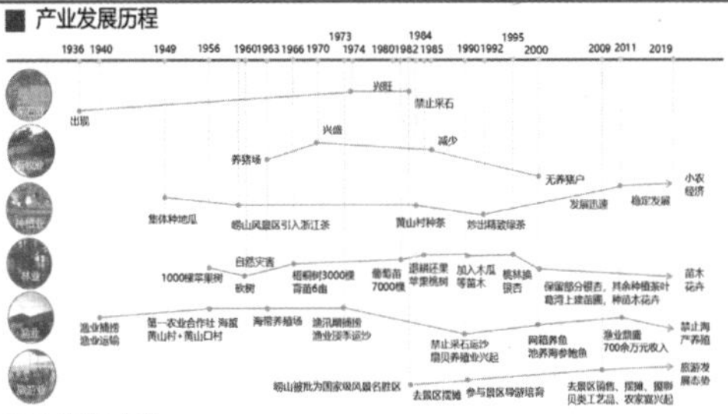

产业经济问题

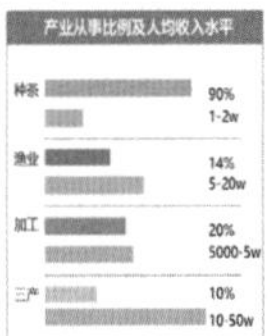

□ 少数村民身兼数"业"，从事渔业、茶业、农家宴。
□ 人均收入水平高，但村内收入差距明显，经济活力、就业活力不足。

□第一产业

可持续性不足 生态承载力有限。农业经济发展缓慢，小农户实力不足，可用耕地有限，发展规模受限。

□ 第二产业

茶业加工私人垄断 市场规模不足。依托村内一产发展，主要为茶叶加工与海蜇加工，以合作社为基本形式，发展稳定，存在优化空间。

□第三产业

发展基础薄弱 景区一刀切管制障碍。以农家宴、住宿、特产供销为主要业态，类别单一。居民自建自营为主，缺乏指导管理，总体规模效益尚未显现，相关公共设施有待完善。

农业各类经营面积一览表

经营类型	经营面积（亩）
粮食播种	15
苗木花卉	
茶园种植	360
耕地	412
混合经营	无法统计
渔产养殖	无法统计

名称	主要产品	建筑类型	占地面积（平方米）	年利润或产量（万元/吨）	位置	备注
海宫苑茶叶专业合作社	崂山茶	住宅	369	产量9吨左右	省道路边，近观光车停靠点	个人
黄山街茶场	崂山茶	小茶厂	180		省道路边	集体
崂山茗禄茶场	崂山茶	小茶厂	340		省道路边，近黄山村入口	个人
碧华隆茶苑	崂山茶	住宅	162	4-8万	黄山村内，近省道	个人

产业现状布局

黄山村产业现状研究

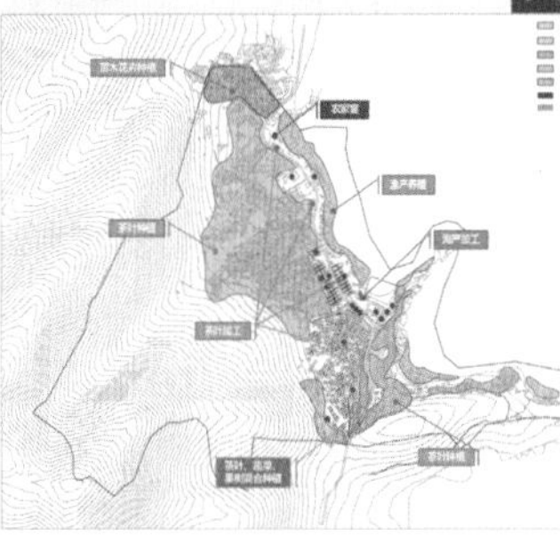

产业现状布局特点： 自然形成的村庄肌理与山体走向相适应；散点与团状结合布局；围绕居民点向中间密集，外围松散；沿省道与海岸线向南北方向扩展。其中茶、林用地团状布局集中于村域北部，省道公路以西，沿省道展开，集中于山体坡度较缓处；二产用地按加工类型与源产地分散布置，基本靠近源产地布局；三产用地，主要分布于省道两边，散点布局，未形成规模。

黄山村产业规划

泛旅游化概念

崂山风景区内，太清宫景区附近 | 典型滨海村，生态环境良好 | 村民自发开展旅游接待 | 生态资源、农业资源开发空间大 | 成功经验借鉴

泛旅游产业主导下的村庄建设提升规划

景区模式	核心服务区模式	交通节点模式	延伸发展模式
村庄本身即为景区，如江苏周庄、安徽西递宏村、北京爨底下等。	村庄本身位于旅游景区的入口处附近，具有发展为核心服务区的先天优势，如黄山景区入口处的山岔村翡翠新村、九寨沟景区入口处的彭丰村等。	村庄本身不具备成为核心服务区的功能，但是处在旅游黄金线的必经交通节点，同时又是服务中转的功能，可依托此优势进行开发，如九寨沟路上的林坪美寨、冀泉村即是此类。	村庄在旅游区辐射范围之内但是距离旅游区较远，本身既不是景区，也不具核心服务区优势，也不是交通节点，只能依托旅游区的辐射效应获得旅游延伸带动的村庄。景区周边村庄参与食品供应、工艺品生产、旅游衍生开发等。

产业发展定位

村美民富 宜居宜游示范村

□山东省精品农业示范村、生态旅游示范村

黄山村产业发展为以生态农林业、特色渔业为基础，泛旅游产业为核心，乡村旅游业为提升主导的产业。

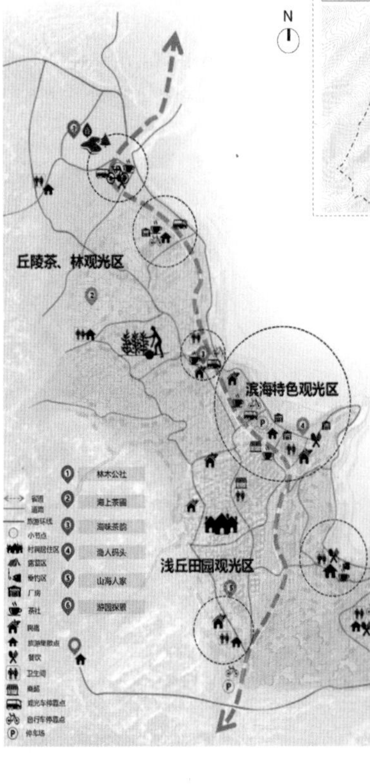

产村融合

要从村庄区域的产业结构着眼，在遵循村庄拥有的区位条件、资源条件、生产条件、村庄文化、村庄特色等基础条件上，对接区域产业，在与同类村庄发展竞争时要突出自身优势产业；最后目标是将村庄生产、生活、生态同步改善，使一产、二产、三产深度融合，推动产业与村庄空间融合发展。

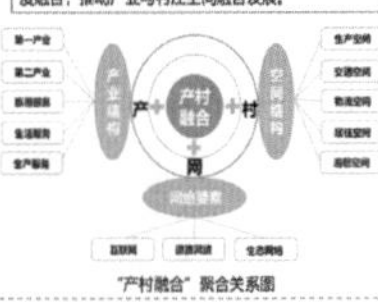

"产村融合"概念关系图

概念演绎

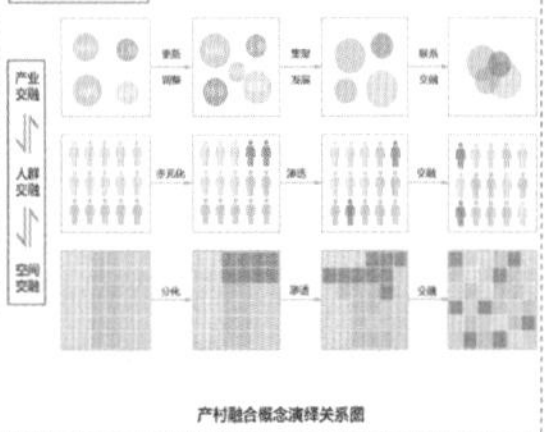

产村融合概念演绎关系图

产业规划策略

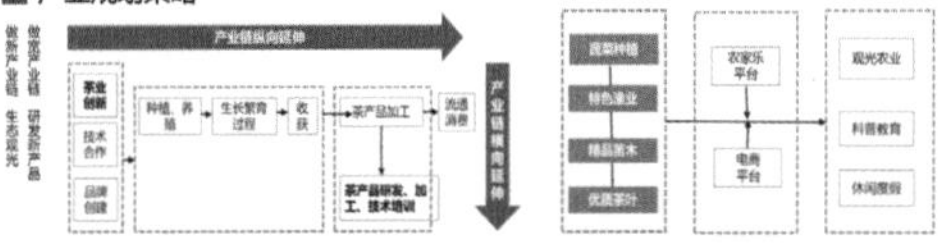

产业布局分区

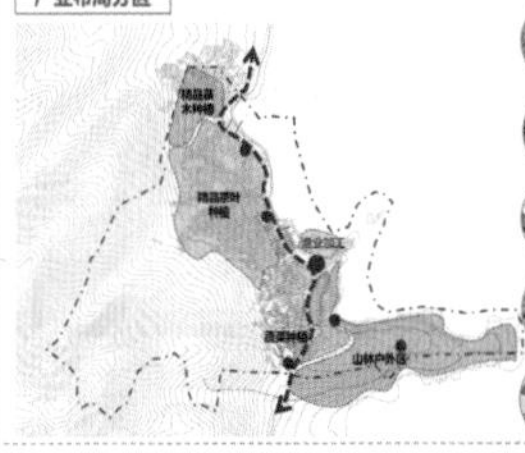

具体发展措施

- 精品苗木种植区（210亩）：村域内已有的苗木种植区以桃树、木瓜等为主，结合土壤条件及产业需求形成**农业观光休闲场地。**
- 精品茶叶种植区（380亩）：将村域北部已有茶叶区进行整合，以崂山茶为特色，**形成集观光、采摘、品尝为一体的优质茶叶基地。**
- 特色渔业加工区（14亩）：整合现有渔业产业加工用地，围绕码头、旅游综合服务中心，**形成沿海渔业产业基地。**
- 蔬菜种植片区（15亩）：整合现有蔬菜种植用地于村庄中部狭长地带，主要满足村民日常生活所需，**形成蔬菜种植基地。**
- 山林休闲区（240亩）：开发村域东部东沟、里尖子、黄山头区域，形成日、月、星、海、石等特色的**户外休闲观光场所。**

旅游规划策略

黄山村的第三产业发展势必要将黄山村的核心资源泛旅游化，加入乡村体验、户外写生等内容，注重特色农业（茶业、渔业）与乡村旅游的的结合，将黄山村打造为乡村休闲体验、户外写生基地。

将黄山村打造为崂山风景区内三级景点，黄山村未来将打造四大旅游板块，一条旅游环线，六个小节点，总体突出黄山六景：林木公社、海上茶園、海味茶韵、渔人码头、山海人家、游园探景。产业项目包括：茶厂建设、海蜇加工厂建设、茶体验馆、文化广场建设，滨海步道建设、露营写生基地建设、民宿街区、景观林场。

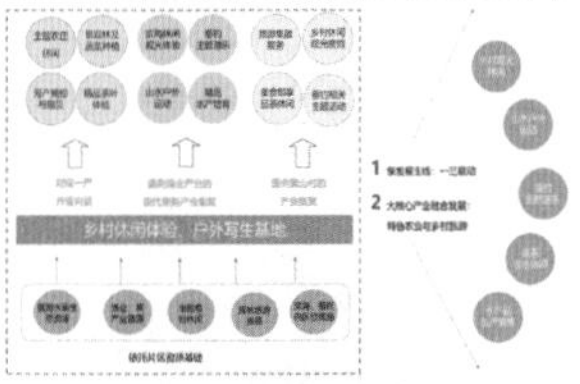

四大旅游板块+旅游环线

山地林海观光区	□ 旅游主题——依托山地林海资源以及优质茶叶片区打造山地探险、生态观光、休闲写生三大特色项目。 □ 景点设施
丘陵茶林观光区	□ 旅游主题——依托起伏丘陵地貌以及特色茶叶、苗木产业打造集茶 、科普、摄影、品茶四大特色项目。 □ 景点设施
浅丘田园观光区	□ 旅游主题——依托浅丘田园风光以及特色民居打造集民宿、农家生活体验两大特色项目。 □ 景点设施
滨海特色观光区	□ 旅游主题——依托滨海地貌以及特色渔产加工打造集料理、写生、品茶、民宿四大特色项目。 □ 景点设施

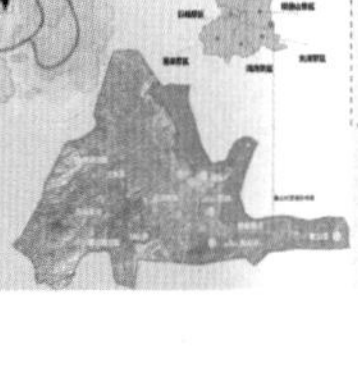

区域产业发展与典型村落研究

上位规划

黄山村处于崂山区风景旅游度假区内，滨海旅游文化带上，上承王哥庄国际生态健康城，下穿沙子口锦城直至主城区，旅游文化应该为整个滨海带的核心产业发展方向。

未来经过黄山村的车行道依然为现在的省道，人行路线主要存在于黄山村附近的青山村以及仰口。未来黄山村的发展依然需要依托滨海的主要旅游干线。黄山村作为缩小搬迁型村庄，建设区范围以及人口均不宜再扩大。

健康城南部设置为休闲度假旅游区，与旅游干线相接，该干线与滨海村落黄山村接入，未来极有可能带来国际市场的游客。

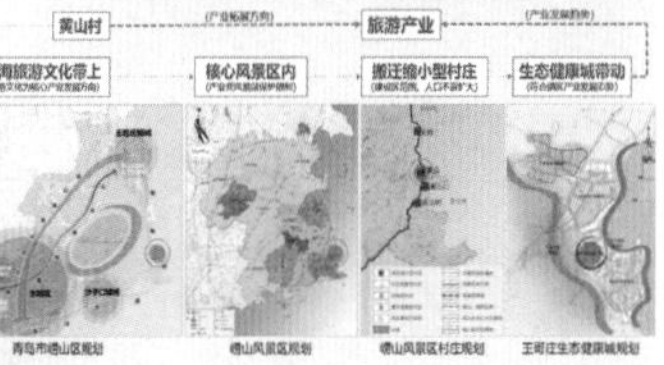

村落横向比较

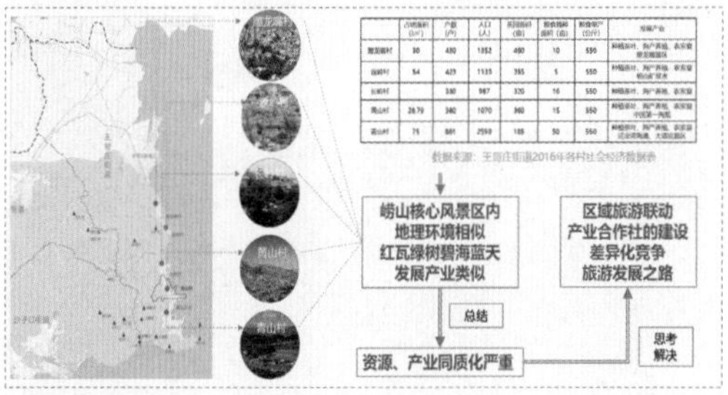

典型村落研究

"关键词"

渔业（丰富渔产）
农业（自给自足）
码头（产业集聚）
海岸线（生产生活）
山水资源（自然禀赋）
传统文化（渔业文化、传说）

"1+3"型联"2"发展
"1+2"型联"3"发展
兼有"1+2""1+3"

村庄发展模式	特点	产业发展与经营模式
产业发展型模式	以休闲旅游为主导产业，将现有基础产业衍生特色产业，实现了农业生产集聚、农业规模经营，**农业产业链条不断延伸，产业带动效果明显。**	初步构建美丽乡村旅游产业链，针对每一个乡村特色，以主导产业融合相关产业，衍伸文化创意、文化休闲等特色产业，加速产业带动效应。
生态保护型模式	**旅游引导的生态示范区构建**，突出优越的生态环境和单一规模化的大农业资源优势，一般远离城市，交通便利，有丰富的农业技术人员和传统农耕文化。	以优质生态环境为依托、以规模化单一大农业资源为基础、以泛旅游产业集群化为方向的区域生态农业旅游综合开发项目。
资源整合型模式	**休闲农业综合体建设**，环境优美，农业、林业、渔业等资源丰富，有较为丰富的旅游资源，距离城区距离中等，交通便利。	以农业资源与其他旅游休闲业态有机融合的农业旅游综合项目。
休闲旅游型模式	**旅游资源丰富，住宿、餐饮、休闲娱乐设施完善齐备**，交通便捷，距离城市较近，适合休闲度假，发展乡村旅游潜力大。	建设家庭休闲农场、家庭农庄、企业乡村会所等。
文化传承型模式	**物质文化与非物质文化丰富**，具有传统村落特点与名人故居、文化建筑。	通过典型景观恢复、建筑风貌恢复整治、园林空间营造等方式，推动旅游业发展。

滨海村庄主要发展模式分类引导表（作者自绘）

空间发展策略示意

□ 盘活存量建设用地 提升产业空间增量
□ 发挥联动综合效应 扩大就业空间容量
□ 创新传承文化产业 丰富空间文化内涵

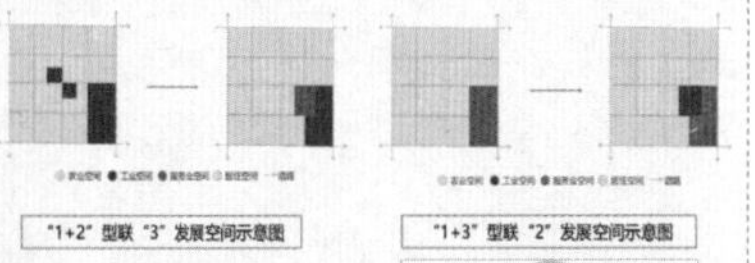

"1+2"型联"3"发展空间示意图　　"1+3"型联"2"发展空间示意图

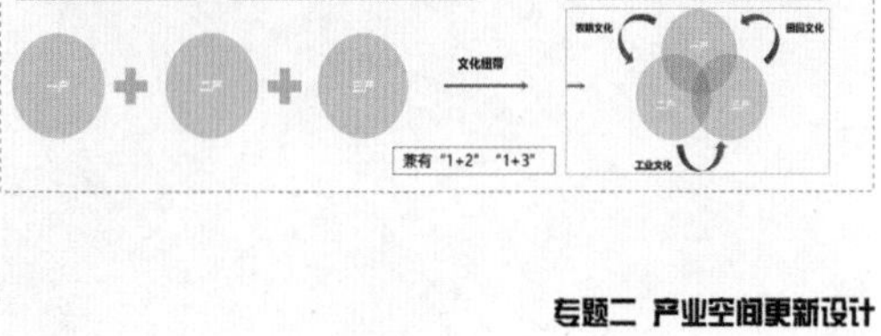

专题二 产业空间更新设计

海味茶韵 淳朴人家——泛旅游化视角下黄山村产业发展策略与产业空间更新设计

效果图

场地更新

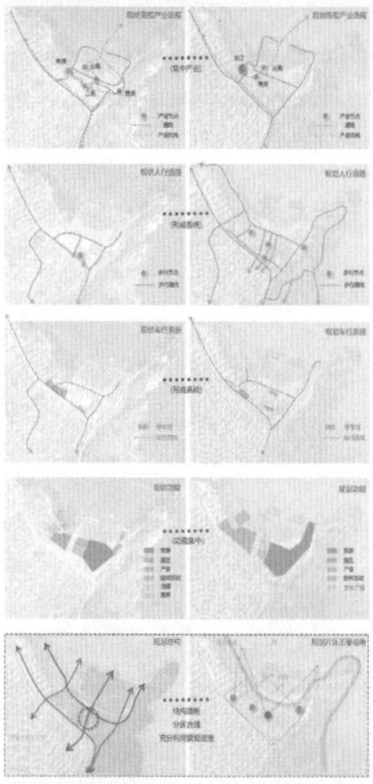

滨海产业空间现状

本次规划选择黄山村特色产业生产基地—滨海码头进行产业空间更新设计，码头空间为黄山村作为滨海渔村的主要特色展示空间，同时也是主要产业海蜇捕捞加工的主要空间。现存村委会、海洋馆、海蜇加工厂、腌海蜇的水泥池、放渔具的仓库、特色渔家酒店等。

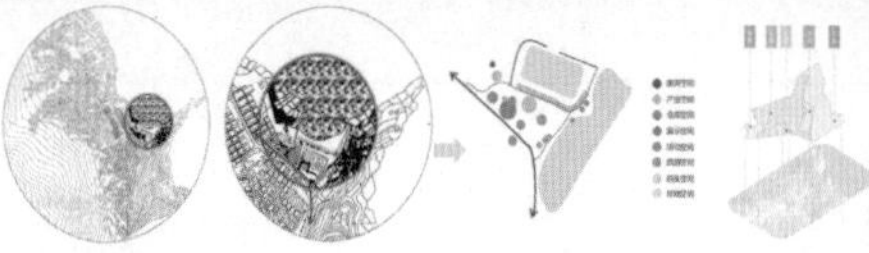

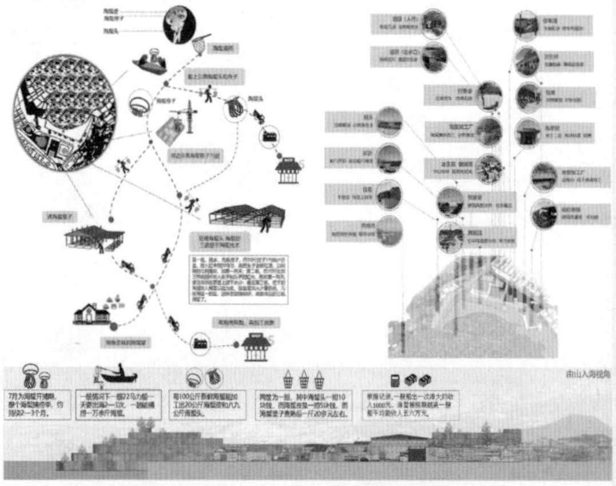

节点小透视

产业空间更新设计

茶馆设计

选取滨海片区风景良好的位置设立黄山村小茶馆。茶馆内以黄山茶、崂山石为主要展示内容，设立茶艺展示、品茶休闲活动空间。

立面设计

总平面

海洋馆改造与海蜇厂更新设计

整合现状海蜇产业的厂房与地块北部，厂房与海蜇加工展示空间相结合并通过廊道与海洋民俗博物馆相连接，厂房为大体量的框架结构，展示空间为传统石房建筑。

主要人流来向一个从海边码头环线来的人流，一个是从省道来的人流，还有一个是从村子进入片区的人流。合理有序组织人流是此次设计的主要理念，重新更新设计整个建筑内部空间。

分析图

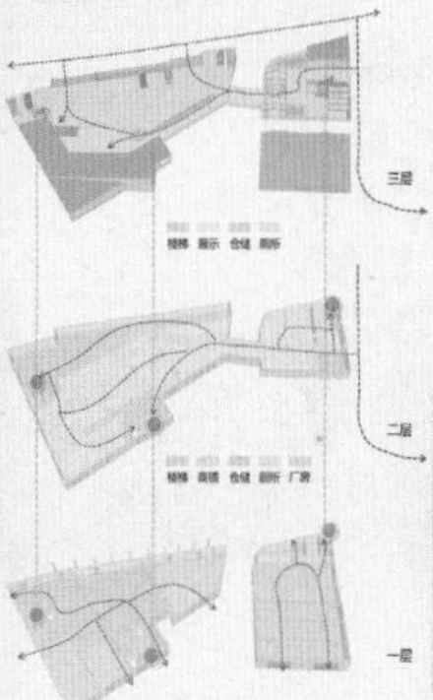

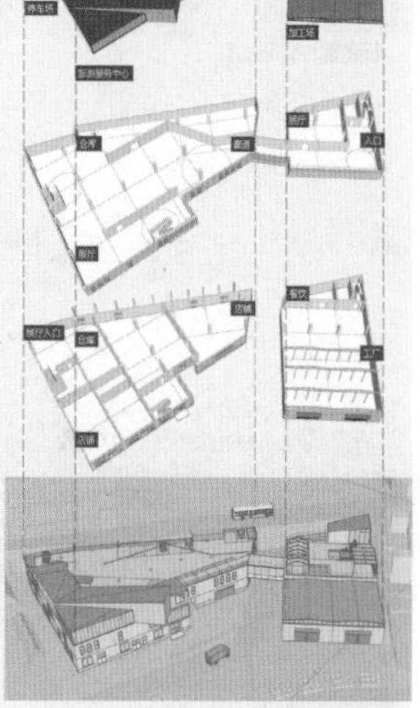

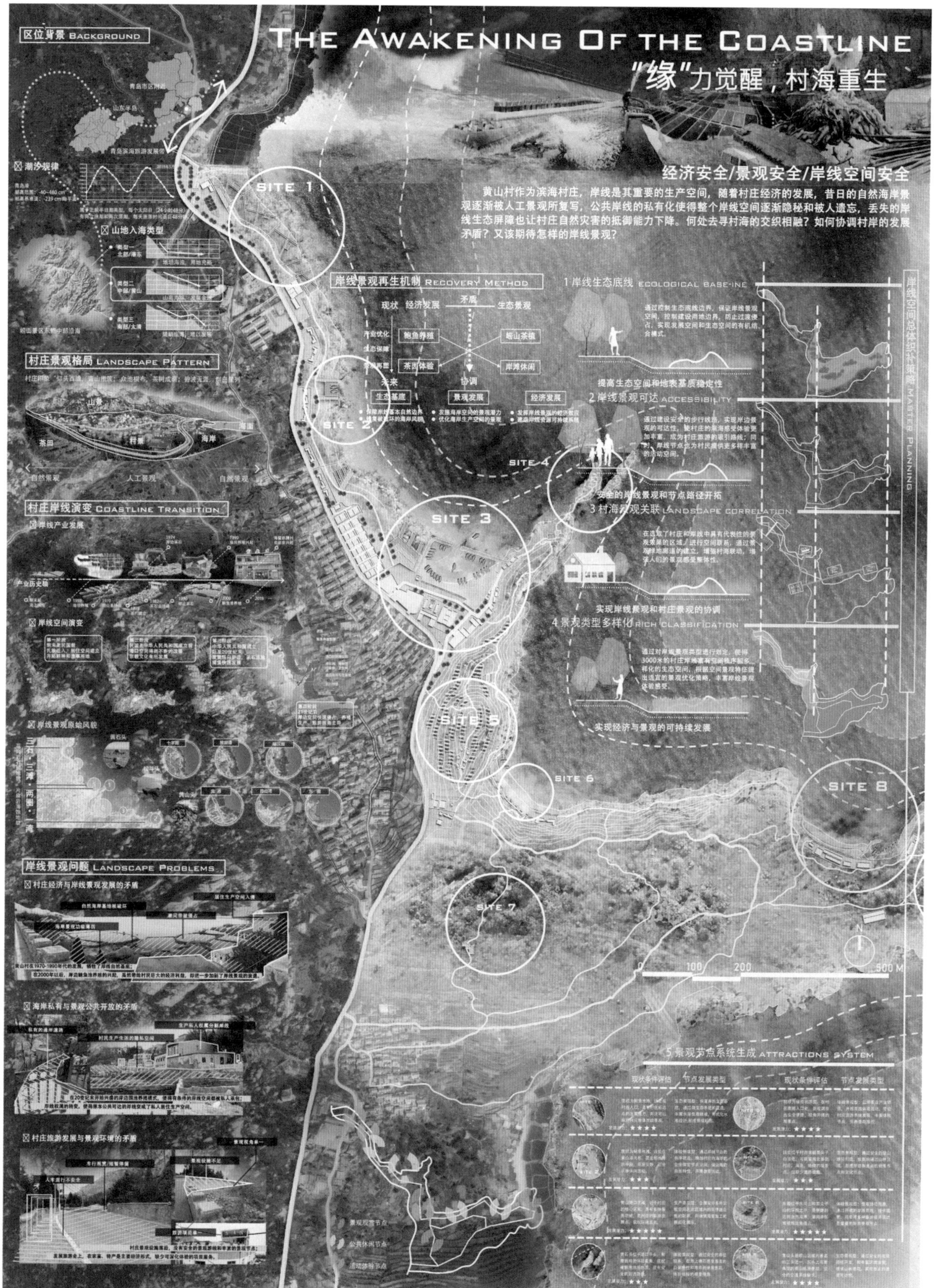

THE AWAKENING OF THE COASTLINE
"缘"力觉醒，村海重生
区位背景 BACKGROUND
潮汐规律
山地入海类型
村庄景观格局 LANDSCAPE PATTERN
村庄岸线演变 COASTLINE TRANSITION
岸线产业发展
岸线空间演变
岸线景观原始风貌
岸线景观问题 LANDSCAPE PROBLEMS
村庄经济与岸线景观发展的矛盾
海岸私有与景观公共开放的矛盾
村庄旅游发展与景观环境的矛盾
经济安全/景观安全/岸线空间安全
黄山村作为滨海村庄，岸线是其重要的生产空间，随着村庄经济的发展，昔日的自然海岸景观逐渐被人工景观所复写，公共岸线的私有化使得整个岸线空间逐渐隐秘和被人遗忘，丢失的岸线生态屏障也让村庄自然灾害的抵御能力下降。何处去寻村海的交织相融？如何协调村岸的发展矛盾？又该期待怎样的岸线景观？
岸线景观再生机制 RECOVERY METHOD
现状 经济发展 矛盾 生态景观
鲍鱼养殖
崂山茶植
茶园体验
岸滩休闲
未来 协调
生态基底
景观发展
经济发展
1 岸线生态底线 ECOLOGICAL BASE-LINE
提高生态空间和地表基质稳定性
2 岸线景观可达 ACCESSIBILITY
安全的岸线景观和节点路径开拓
3 村海景观关联 LANDSCAPE CORRELATION
实现岸线景观和村庄景观的协调
4 景观类型多样化 RICH CLASSIFICATION
实现经济与景观的可持续发展
5 景观节点系统生成 ATTRACTIONS SYSTEM
现状条件评估
节点发展类型
岸线空间总体统筹策略 MASTER PLANNING
SITE 1
SITE 2
SITE 3
SITE 4
SITE 5
SITE 6
SITE 7
SITE 8
0
100
200
500 M

THE AWAKENING OF THE COASTLINE

经济安全/景观安全/岸线空间安全

“缘”力觉醒，村海重生

分区再生策略 PARTITIONING REJUVENATION STRATEGY

ZONE 1
长滩区
实现功能目标：
村庄入口的景观界面
提供安全的滨海休闲空间
鲍鱼养殖业的出路寻求

ZONE 2
黄山港口区
实现功能目标：
村庄核心风貌区域
生产活动的展示
游客服务与生产活动组织

ZONE 3
东岗茶园区
实现功能目标：
丰富的体验活动组织
便捷安全的景观道路系统
村庄产业链条的延伸

ZONE 4
黑尖子生态区
实现功能目标：
低影响景观资源开发
系统化的生态体验
安全可达的景观路径

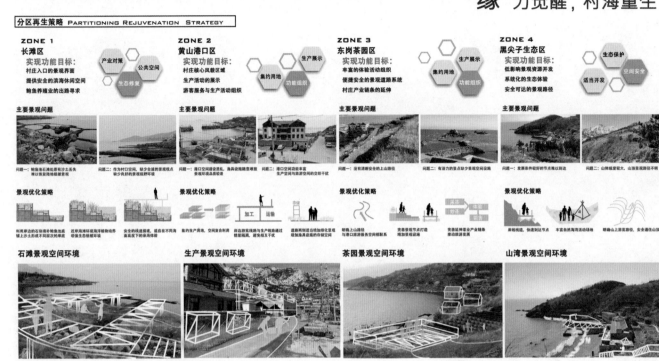

主要景观问题

问题一：鲍鱼池石滩处原有沙土丢失难以恢复陆地植被景观
问题二：作为村口空间，缺少合适的景观视点缺少良好的景观视野环境

主要景观问题

问题一：港口空间建设混乱，渔具设施随意堆放景观环境品质较差
问题二：港口空间功能丰富生产空间与旅游空间的交织干扰

主要景观问题

问题一：没有清晰安全的上山路径
问题二：有潜力的景点缺少景观空间设施

主要景观问题

问题一：发展条件较好的节点难以到达
问题二：山体坡度较大，山顶景观路径不明

景观优化策略

利用岸边的石块填补鲍鱼池底铺上沙土形成不同层次的岸底
近岸海滩环境海洋植物培养增强生态植被环境
安全的栈道搭建，适应在不同海面高度下的亲海体验

景观优化策略

集约生产用地，空间复合利用
岸边游览线路与生产线路通过错层隔离，避免相互干扰
道路两侧适当增加绿化景观增加渔具设施的存储空间

景观优化策略

明确上山路径与港口旅游服务空间相联系
完善景观节点打造增加景观设施
完善延伸茶业产业链条推动旅游发展

景观优化策略

岸线栈道，快速到达节点
丰富自然海湾活动场地
明确山上游览路径，安全通往山顶

石滩景观空间环境

生产景观空间环境

茶园景观空间环境

山湾景观空间环境

节点设计 SITE DESIGN

节点平面图

☒设计方案形成

鲍鱼池拆除 潮间带生态恢复

填补岸底恢复坡状岸线，由鲍鱼池的性质，遂采用折线的方式塑造岸线节点。通过多级岸线塑造不同的潮间带生态系统，以岩相和泥滩潮间带为主。

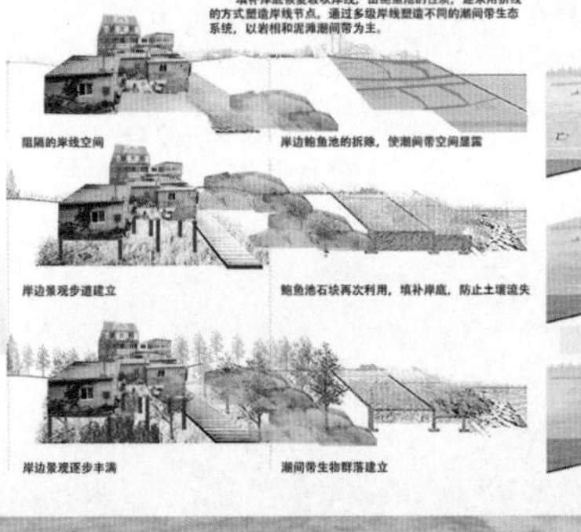

阻隔的岸线空间
岸边鲍鱼池的拆除，使潮间带空间显露
岸边景观步道建立
鲍鱼池石块再次利用，填补岸底，防止土壤流失
岸边景观逐步丰满
潮间带生物群落建立

潮间带淹没模拟

在海水低潮时，显露潮间带空间，可以下到最底层空间，赶海寻找海洋生物的踪迹。每一层阶梯都由石块搭建，在上面覆土，逐渐恢复生态风貌时，提供休闲空间，防止景观土流失。阶梯式设计感受海潮的不同高度，并提供多样化的活动场地。

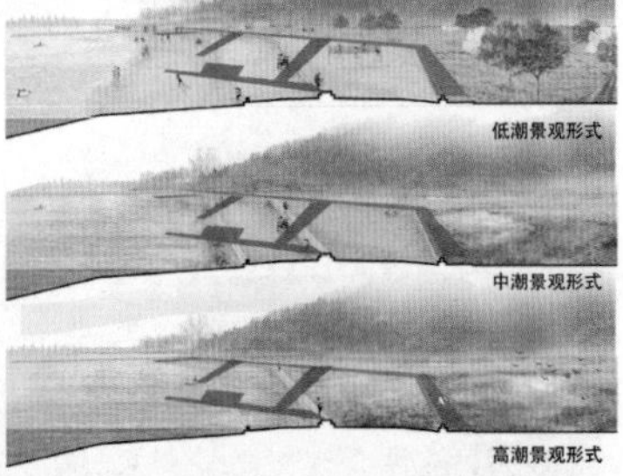

低潮景观形式
中潮景观形式
高潮景观形式

节点透视图

山海径——路转山海观，以启茶乡情。

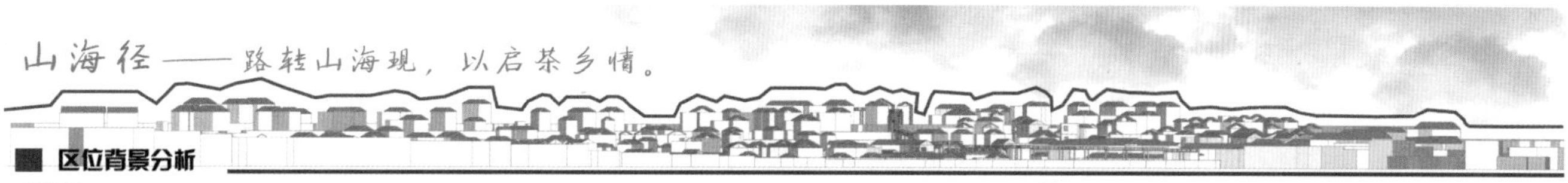

区位背景分析

地理区位

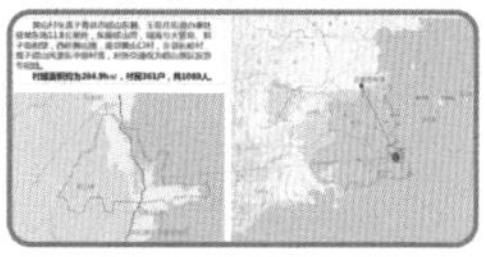

资源概况

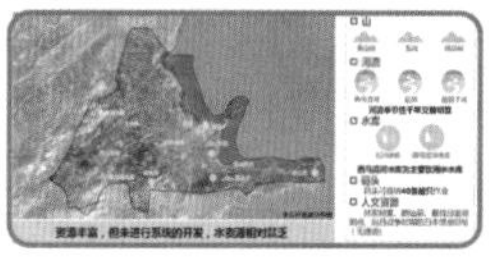

山水格局

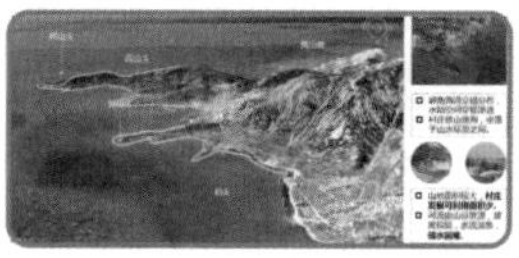

历史演变

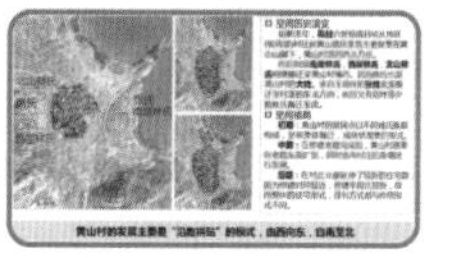

文化风貌

村域现状公共空间分析

主要公共空间分布

道路旁空间

院落空间

空间活动强度

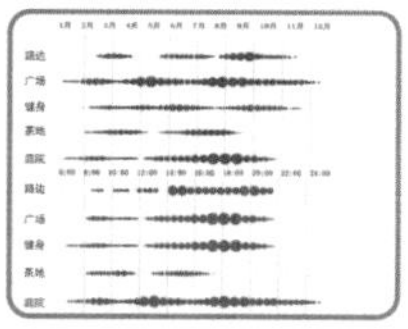

妇女活动举例

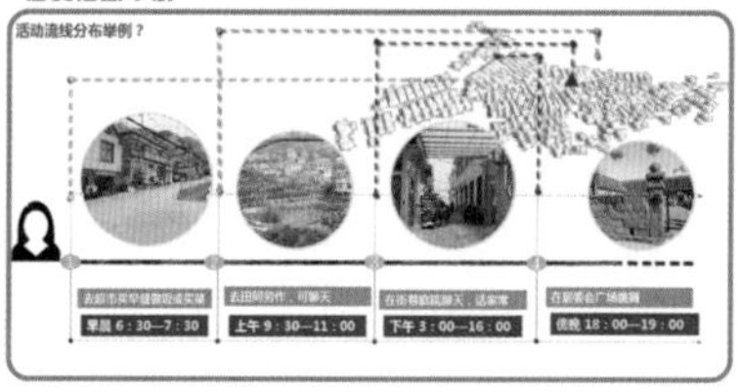

老人活动举例

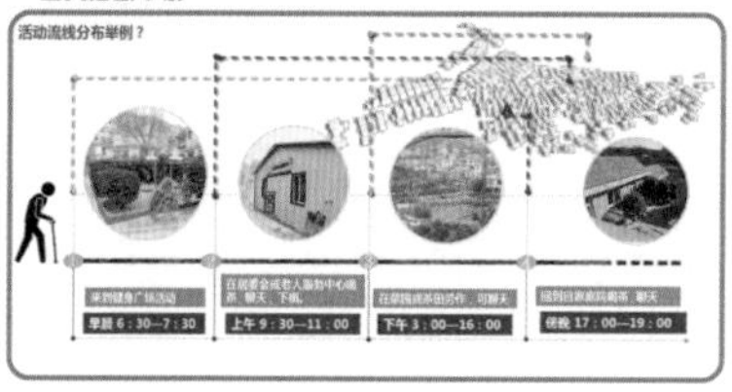

公共空间总体改造策略

公共空间改造策略

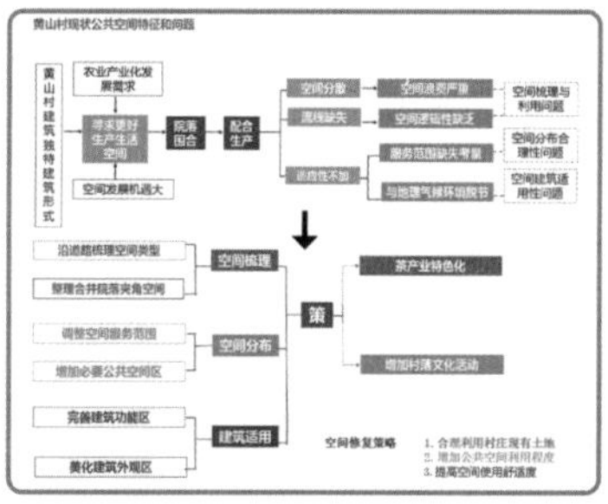

公共空间服务范围提升策略

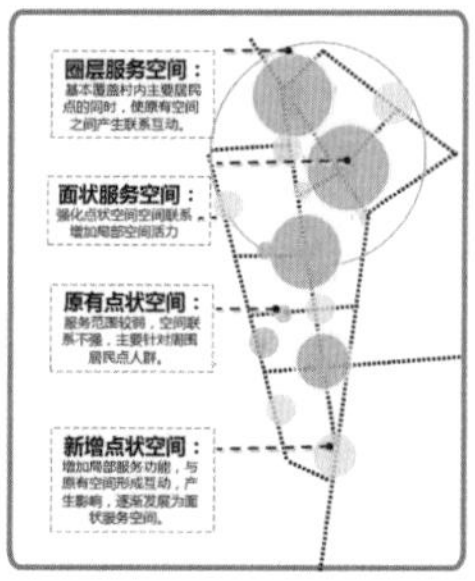

公共空间点轴发展策略

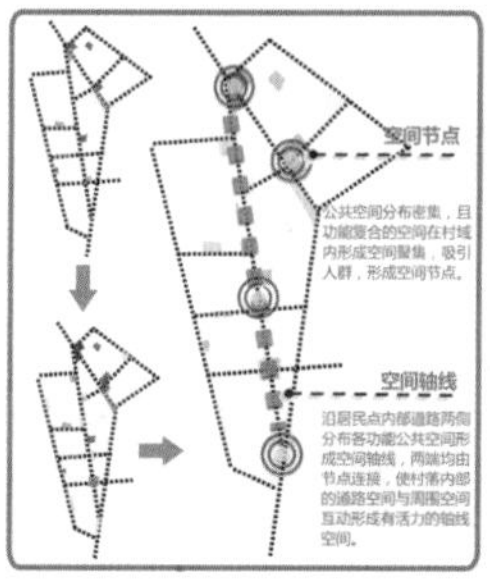

公共空间点具体改造

公共空间改造设计选址

改造场地立面图

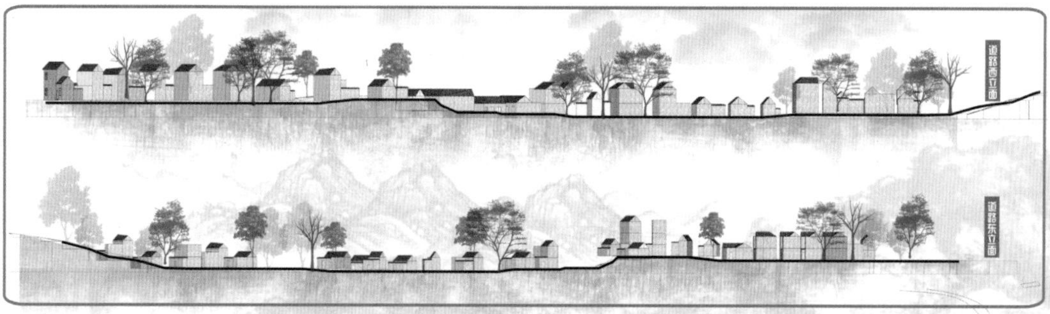

改造场地选址

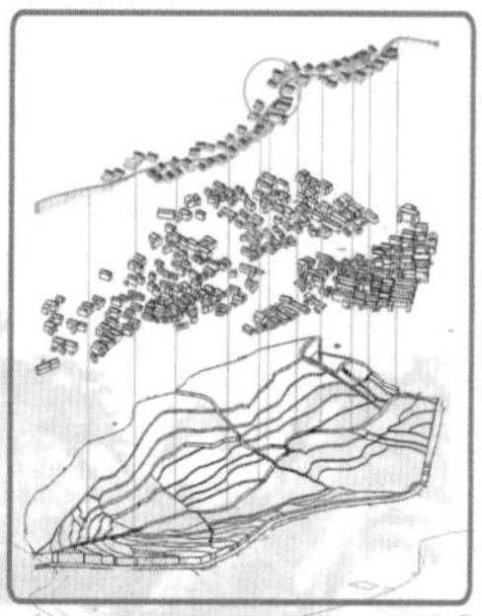

村域街景透视效果图

人谓，山海不可平，可山亦有路，海亦有舟，寻路凭舟，
高山栽德，阔海承志，山海之间亦可望乡情。

村域公共空间规划平面图 1:500

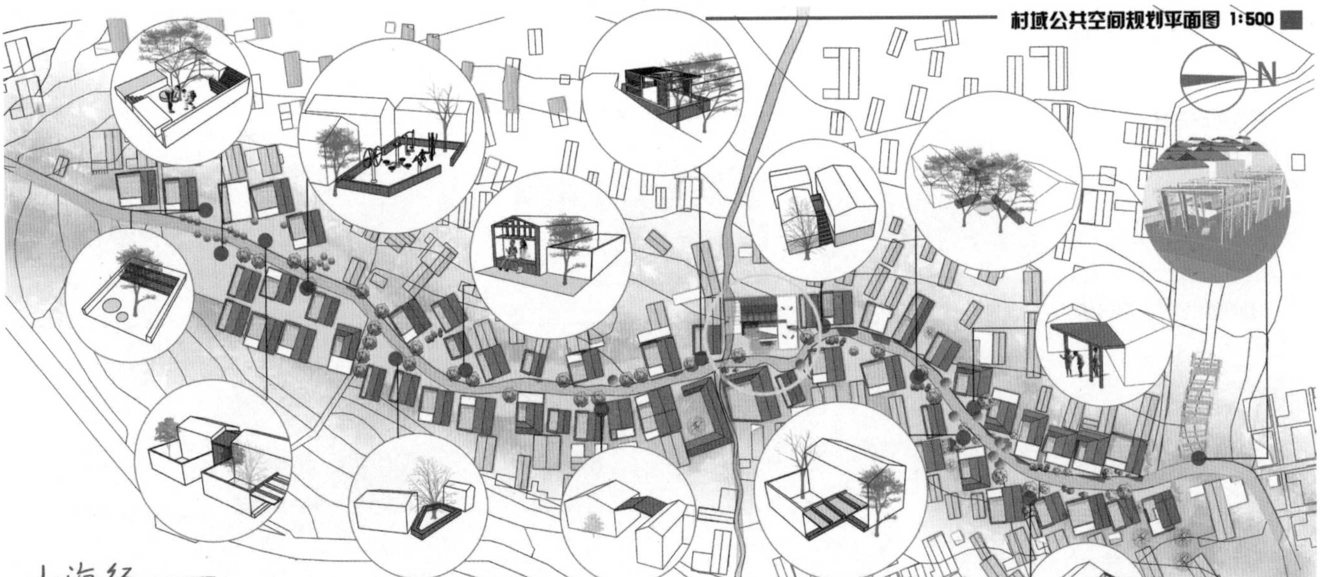

山海径——

茶花万里黄山路，峰高景鞋，村柳拂桥，海阔潮水起；
落日西斜茶台影，侍间言欢，谊切苔岑，离人乡情归。

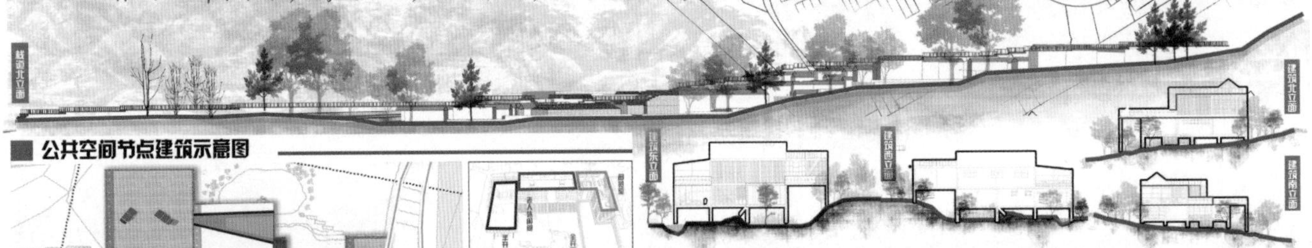

公共空间节点建筑示意图

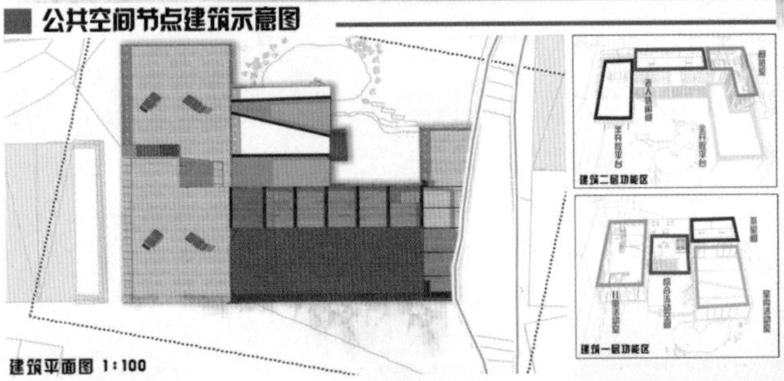

建筑平面图 1:100

建筑立面示意图

建筑透视图

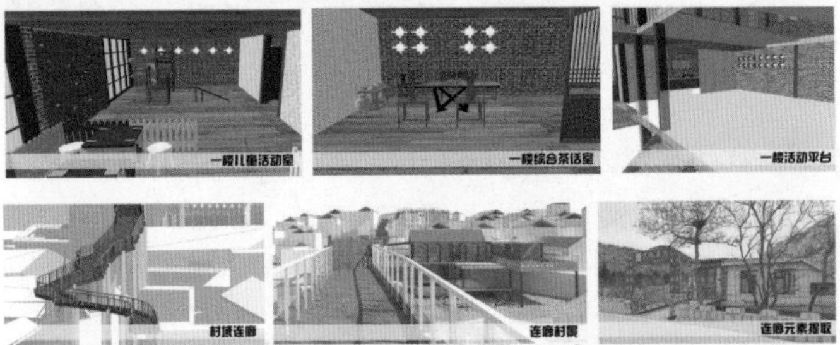

公共空间建筑效果图

栈道村域透视图

沧海之滨，水难为——滨海缺水乡村水资源优化利用与水景观融合研究

Water resources optimization & Water landscape design in Villages

■ 研究背景 Background

我国滨海地区有着较大的人口数量、较快的经济发展水平，却也是我国淡水资源匮乏的地段。黄山村，就是在这样的滨海缺水环境中的一个村子。村庄的生产、生活发展都因为水资源的严重匮乏而受到限制。本次研究，从乡村规划的角度出发，黄山村的水资源保护及优化利用提出新的思路。同时，因为黄山村未来发展重点在于旅游业，我们将水资源利用与水景观设计进行一定程度的结合，以实现景观提升。

■ 区位分析 District Analysis

■ 研究框架 Research Framework

- 探寻淡水的"源" ——→ 水资源现状
- 剖析缺水的"因" ——→ 水资源供需
- 提供驻水的"路" ——→ 利用优化策略
- 设计倚水的"景" ——→ 景观详细设计

水资源现状、水资源供需 → 提出问题（宏观）
利用优化策略、景观详细设计 → 解决问题（微观）

■ 水资源现状 Water Resource

河流资源

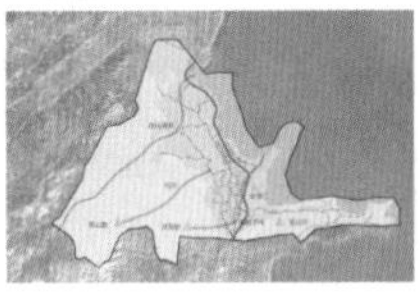

黄山村村域内三条河流呈"川"字并流，河床面积近20000㎡

- 西马滩河 ——→ 饮水水源
- 后河 ——→ 灌溉洗涤
- 南副子河 ——→ 灌溉

河流特点

季节性枯水，花岗岩河床，山势陡峭，水流湍急

降水资源

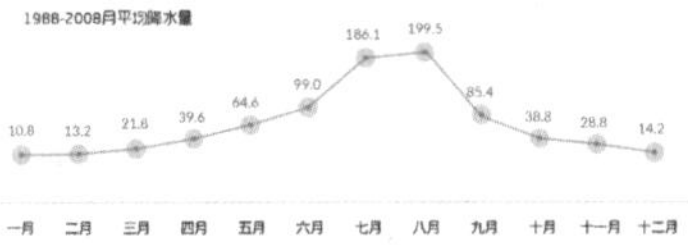

降水量特征

村域内月降水量振幅较大

历年平均降水为84.3天，占全年总天数的23%，7月份最多，平均13.6天，一月份最少，平均3.4天。

1951-1987年统计，历年平均降水量为738.5毫米，最大为1975年1426.1毫米，最小为1981年的273.2毫米。1988-2009历年平均降水量800.8毫米，最大为2005年1235.3毫米，最小为1992年452.4毫米。

降水季节性特征

降水季节差异大

村域内冬天降水最少，春秋次之，唯有夏季降水较为集中。而村域内的河流也常常因为雨水匮乏而出现断流，唯有夏季有较多水源，后河与南副子河更是无雨便会干旱。

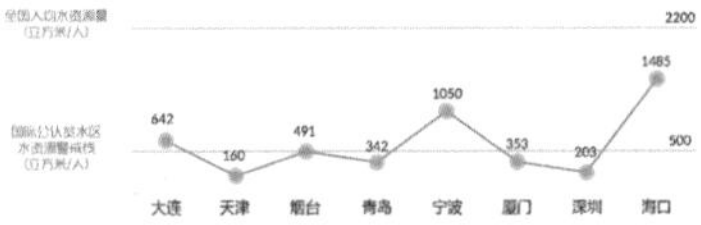

青岛市缺水现状

滨海城市中人均水资源量都低于全国人均水资源量，而其中又有相当大的一部分城市人均水资源量位于国际公认缺水区水资源警戒线一下。其中就包括我们的研究对象黄山村所在城市青岛。而青岛市的全市多年平均降水量为688.20mm，降水的空间分布趋势约为自东南沿海800.00mm向西北内陆递减至600.01mm。黄山村则位于降水年平均值约为800.00mm的东南沿海地区，但仍处于水资源匮乏的地区。

■ 供水设施 Water Supply

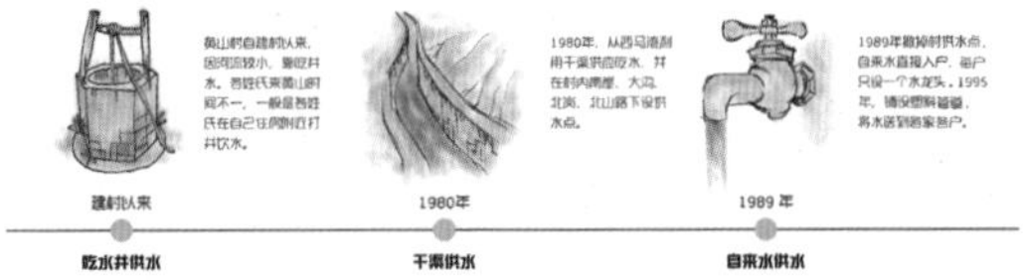

井水供水

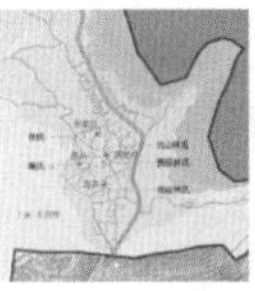

古井分布情况

依照姓氏族群的分布

- 隋氏——西井
- 北山林、西屋林——西窑井——最好的井
- 南崖林——南井
- 张家——张家井——水质差用于洗涮
- 大沟井——水质差用于洗涮

现状井水分布

随着村庄的发展，村民新建住宅，扩张宅基地占地范围，许多村里的老井都已经不见了踪迹。现在村内仍然还在使用的只剩下南井与西窑井两口。井水与自来水管道相连接，作为自来水的补充水源使用。

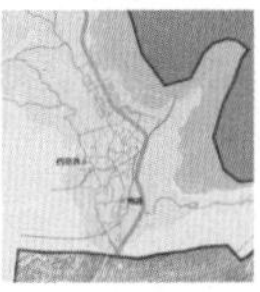

自来水供水

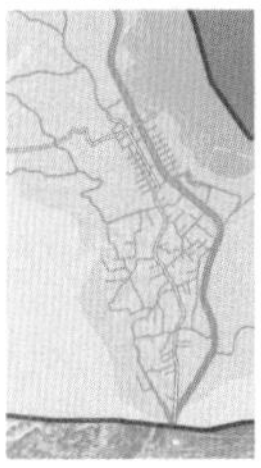

黄山村的自来水主要来源有两处：一处是黄山水库蓄积的水，一处则是王哥庄镇铺建的泉心河水库的供水。而两处水源地的水在村域内汇集至一处，再通过给水管网输送至各户家中。黄山村内的给水干管主要是两条，一条是东西走向，将水由西部的水库输送至东部的村落。另一条干管则是由北至南，沿着村落内部的道路，同时落中部的道路将水输送至村落的南北部区域，然后再由小的输水管道，将水从干管输送至各家各户，方便居民使用。

自来水管道 → 各家各户

■ 水资源利用现状 Water Resources Usage

农业用水

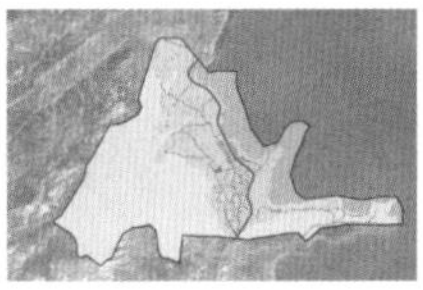

- 茶田用地：300亩
- 农田用蓄水池：0.45万立方（2个）
- 茶田蓄水池：1.8万立方（430+）
- 后岗蓄水池：3000立方米
- 总茶田灌溉蓄水量：2.1万立方

水源为蓄水池，水源有调蓄能力，可按下式确定灌溉面积：

$$A=\frac{\eta KV}{10\sum IiTi}$$

式中：

- A——可灌面积，公顷
- K——塘坝复蓄系数，K=1.0~1.4 取1.2
- η——蓄水利用系数0.6~0.7；取0.6
- V——蓄水工程容积，立方米
- Ii——灌溉季节各月的毛供水强度，mm/d 取6 mm/d
- Ti——灌溉季节各月的供水天数，d 取旺期45天

经计算：可灌溉面积为5.6公顷，即84亩，远远达不到现有的300亩

农业用水主要涵盖蔬菜灌溉、茶田灌溉以及海产加工等几个部分。尤其是茶田灌溉的方面，茶叶是黄山村现在覆盖面积最广的产业，而茶田的灌溉情况会直接影响到茶叶的品质，并最终影响到茶叶售卖的价格，影响村民的收入。

生活用水

生活用水主要包括餐饮用水、洗浴用水及浣洗用水等几个方面。农村生活用水的话包括牲畜养殖用水。应对生活用水的水资源短缺，村民们现状处理方式主要是蓄水。普通人家利用缸罐、水盆等设施，为停限期的供水做准备。在停止自来水供应时，使用存储的自来水做饭、洗漱。相对而言耗水量较大的洗衣与洗浴则较为不便。一些条件较好的人家，或是开农家宴的人家会设立私家的家用蓄水池，连接在自来水管道上，在限时供应自来水的时间，便会用蓄水池蓄水，并通往自来水管道，不会影响到生活用水的需求。私人蓄水池供应情况良好，但是个人建设，成本较高，而且服务的人群较为有限，利用效率不高。

■ 水资源优化利用策略 Optimization Strategy

蓄水设施建设

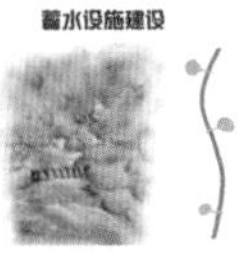

将山上的水留下来

在黄山上以浅水坝与蓄水池相结合的方式，拦截住流速较快的河流和顺坡而下的雨水，以达到将水留住的意图。

雨水景观设计相结合

同时，浅水坝可以选用崂山的原石或是山上的原木搭建。蓄水池同样可以作为景观设计的节点，增强黄山村的观赏性。同时也可以使得蓄水池与雨水花园设计相结合，在提升景观效果的同时，达到对雨水、沟渠流水蓄观、储水的功能。

农田水利建设

灌溉 排水 防涝 防治盐碱

主要的农田水利建设手段包括对田地间的灌溉排水系统进行修整，比如采用蓄水、引水以及跨区域调水的方式与措施，调节水资源的空间分布情况，以及采用灌溉、排水的措施改善，调节农田的水分保有量，提高土壤的农业生产水平。

对于黄山村而言，可以利用的农田水利建设方式就是利用沟渠或是输水管道将蓄水池或是水库于农田相连接。

水资源分级利用

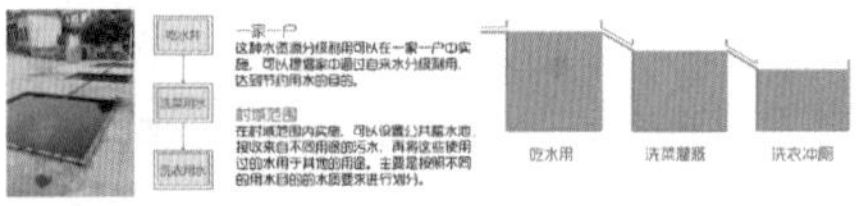

一家一户

这种水资源分级利用可以在一家一户中实施，可以提倡家中通过自来水分级利用，达到节约用水的目的。

村域范围

在村域范围内实施，可以设置公共蓄水池，接收来自不同用途的污水，再将这些使用过的水用于其他的用途，主要是按照不同的用水目的的水质要求进行划分。

水资源循环利用

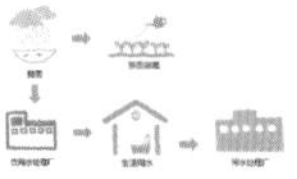

水质要求较低活动：农田灌溉、冲厕、道路清洗

水资源循环利用，主要是指工业、生活的废水经过一定程度的处理之后，得到可以满足一些生产生活活动的水质要求的用水，使得水资源可以得到循环的利用。黄山村可以建立小型的污水处理厂，对村内的污水进行一定程度的物理化学净化，以实现有限水资源的循环利用，这将能在一定程度上改善黄山村的水资源短缺现状。

■ 水资源优化利用方案 Optimization Program

河流功能划分

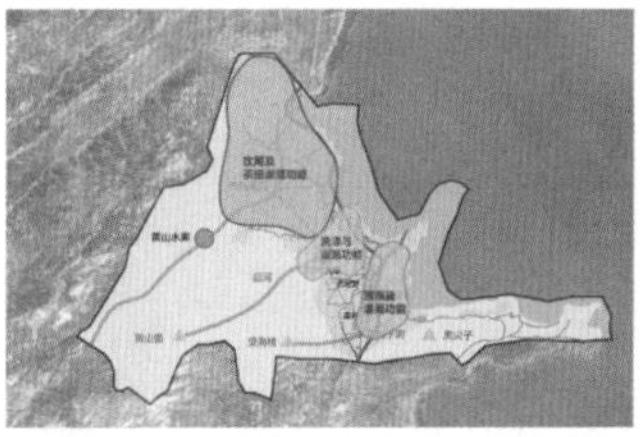

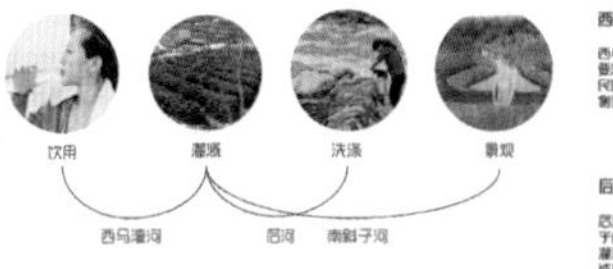

- 西马滩河 ——→ 水量较小，贯穿茶田 ——→ **饮用及灌溉**
- 后河 ——→ 水量较小，水质较差 ——→ **灌溉及洗涤**
- 南副子河 ——→ 水量较小，沿村落河道 ——→ **景观及灌溉**

西马滩河

西马滩河因为水流量最大，水质较好，而且主要河道贯穿村庄北部的茶田，因而主要用作村民饮用水及茶田灌溉功能。考虑在西部河道两侧设立新建的蓄水池，蓄积河水，用于灌溉。

后河

后河水量不及西马滩河，且水质不佳，不适用于饮用。现有的后河水库主要用于周边的茶田灌溉以及居民的洗涤功能。因此对于后河的功能界定不改变其原有功能，仍用作灌溉与洗涤的功能。

南副子河

南副子河河道较窄，水量有限，但是在丰水期仍可以达到满水位。部分河道穿过南部农田，考虑修建沿河道的蓄水设施，用于南部的田地灌溉。同时，南副子河的河道贯穿南部村落，邻近崂山风景区旅游专线道路，而且河道形式蜿蜒美观，因而考虑进行河道景观改造。

灌溉蓄水池建设

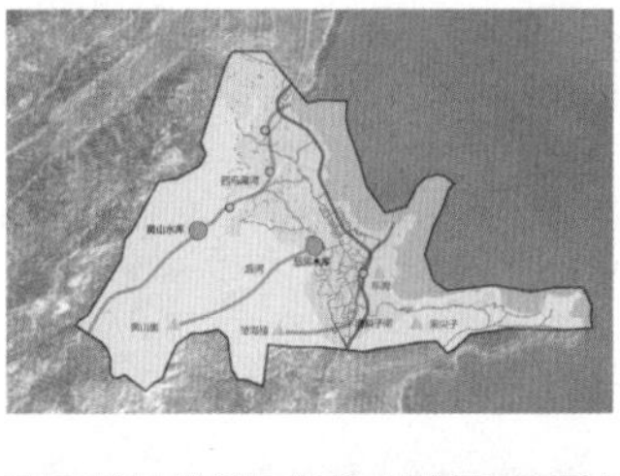

方案设计

方案设计中可以将较大型的蓄水池设置于河道两侧，在丰水期主要蓄积河水，枯水期蓄积雨水。而在茶田内部，可以采用加深现有蓄水池深度的方式，提高其蓄水能力。现有的小型蓄水池，分布散乱而且池子较浅，蒸发率高，同时在灌溉时的损耗也相对较大。

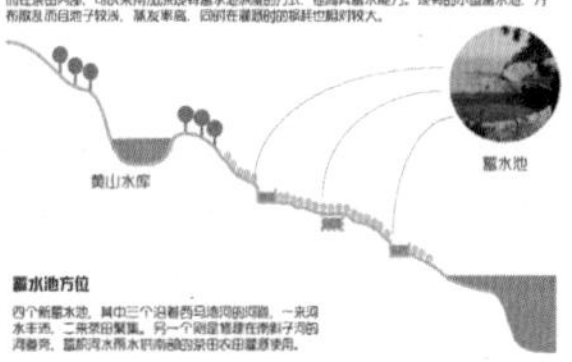

蓄水池方位

四个新蓄水池，其中三个沿着西马滩河的河道，一来河水丰沛，二来茶田聚集。另一个则是修建在南副子河的河道旁，蓄积河水雨水供南部的茶田农田灌溉使用。

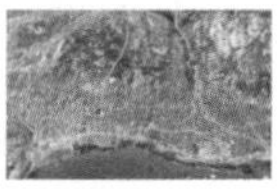

水量平衡计算：

$$A=\frac{\eta KV}{10\sum IiTi}$$

式中：

- A——可灌面积，公顷
- K——塘坝复蓄系数，K=1.0~1.4 取1.2
- η——蓄水利用系数0.6~0.7；取0.6
- V——蓄水工程容积，立方米
- Ii——灌溉季节各月的毛供水强度，mm/d 取6
- Ti——灌溉季节各月的供水天数，d 取45天

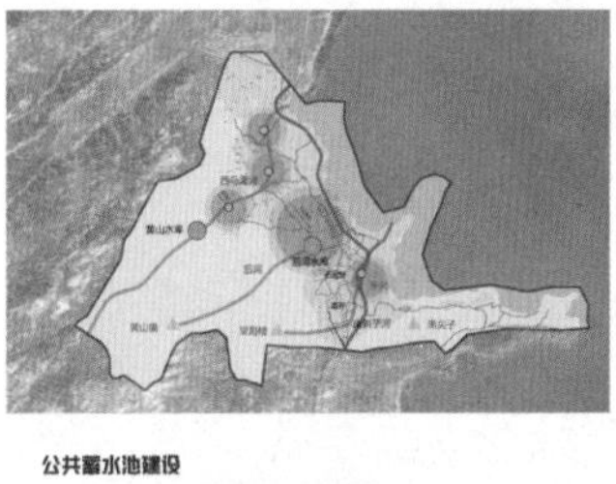

蓄水池服务半径

- 350立方米蓄水池 ——→ 2亩茶田灌溉，60米半径范围
- 3000立方米蓄水池 ——→ 120米半径范围

在新建蓄水池的选址上，主要考虑的是在山体坡度较为平缓的地方建立，并且其分散的程度可以保证最大限度的覆盖茶田的面积。而在南部的南副子河的蓄水池选址，则是在排水沟与南副子河河道的交汇处。一来此处丰水期容易积水倒灌，二来此处位邻近南部田地。同时还是可能满足距离茶田近而又不影响茶田的布置，因此都主要设置在茶田周边的荒地处。

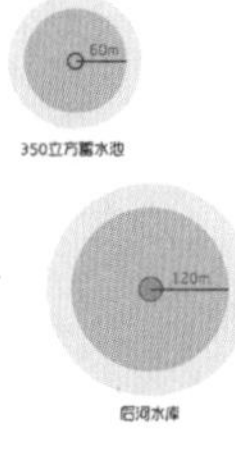

公共蓄水池建设

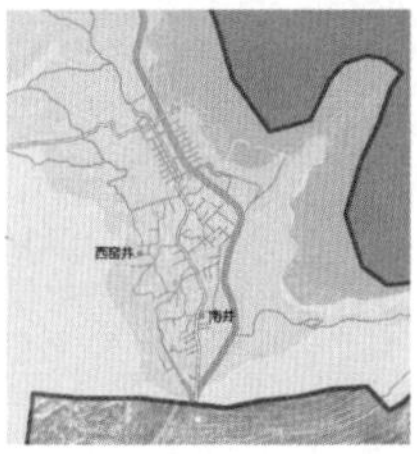

公共蓄水池，指的是在村落中分布的供村民应用的储蓄用水。据访得知，黄山村村民平均月用水量大致为2-3吨/月（取2.5吨/月），黄山村现有人口为1080人，因此黄山村的村民月用水量约为2700吨，即对于蓄水容量而言为2700立方。平均下来，村落每天的需要的用水量为90立方，而每人每日的用水量大概为0.08立方。在枯水期，黄山村限制供水期间，常使用的政策为停水两日，供水一日。故而若修建公共蓄水池，满足5天的蓄水量，即可在一定程度上解决限制供水给居民带来的生活困扰。这样的条件下，所需要的蓄水池总量为450立方。按照80-100立方的容量，设置五个左右的蓄水池。

村民平均月用水量大致为2-3吨/月（取2.5吨/月）

- 全村1080人 ——→ 村民月用水量约为2700吨；村落日用水量90立方米；每人每日的用水量为0.08立方米
- 限制供水期间 ——→ 停水两日，供水一日

修建公共蓄水池满足5日用水量

蓄水池总量450立方米

5个80-100立方蓄水池

按照90立方米一个蓄水池的量，可以满足225口人五天的用水，即约40-50户的供水。按照如下的蓄水池服务半径覆盖范围图，可以看出，5个这样的蓄水池可以满足村域的用水需求。

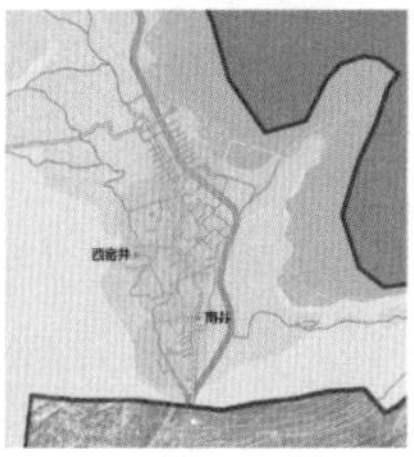

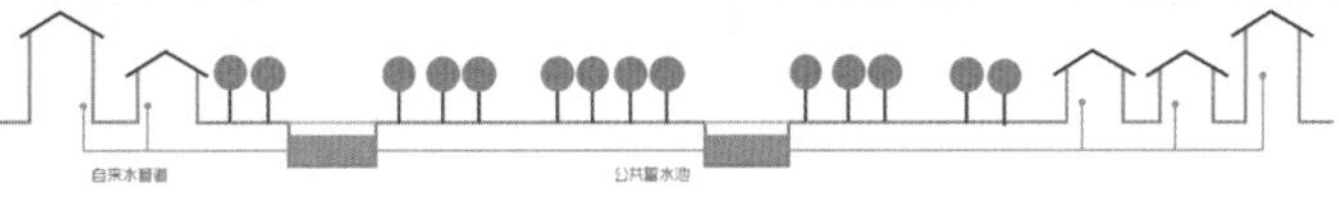

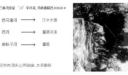

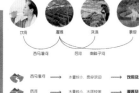

沧海之滨，水难为——滨海缺水乡村水资源优化利用与水景观融合研究
Water resources optimization & Water landscape design in Villages
设计说明 Design Description
西马鸣河
现状分析 Present Analysis
节点选址1
节点选址2
河道尺度
景观设计 Landscape Design
冲击夹角节点设计
沿岩路河道节点设计
季节性河道景观设计

城乡规划学
李璋

很高兴能够以四校联合毕业设计作为整个本科生涯的结尾，大一到大五，从专业基础技能的学习开始到了解建筑设计，从修建性详细规划设计开始进入规划相关课程的学习，最后逐步接触规划的核心课程，在这样的学习历程中，用一个研究性设计来衔接本科与后续进一步的学习似乎是再合适不过了。在参与四校联合毕业设计的过程中，从初期调研、中期汇报到终期答辩，无数精诚合作、共同奋斗的日日夜夜见证了四校师生间情谊的滋生蔓长。毕业设计不是结束而更应该是一个开始，是专业学习过程中从象牙塔迈向社会、理想国投射进实际的开始。

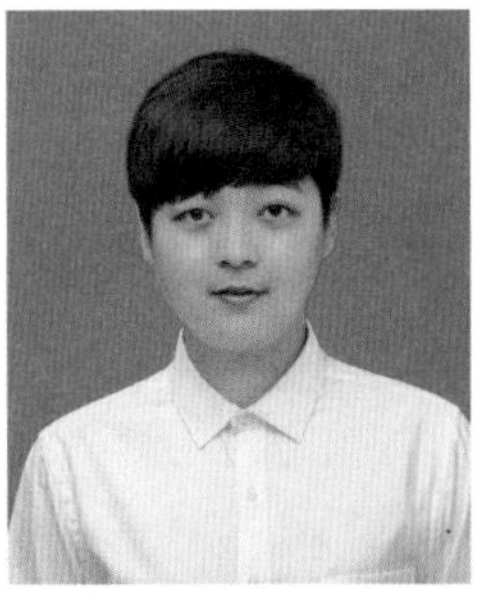

城乡规划学
舍慧玉

非常荣幸能够参与全国四校联合毕业设计，从调研到汇报，短短几个月的时间，我们快速地从熟悉村庄、剖析现状、提出规划到设计方案构思，小组成员不断讨论磨合，从各自专题角度解析黄山村。大家都在不断地成长，更在彼此合作中增进了感情。四校学生互相学习、共同进步，从研究方法到团队合作，我们在彼此身上看到太多的闪光点，更知道自己将要改进的方向。毕业答辩是我们本科学业的阶段性终点却不是学习的终点，虽有诸多遗憾，但我们始终在前进的路上。最后，感谢老师悉心指导，感恩同行！

城乡规划学
余伏音

此次参加四校联合青岛典型滨海村庄规划设计，能够与其他不同背景的三所高校——来自西安建筑科技大学设计严谨的同学、来自青岛理工大学热情好客的同学、来自昆明理工大学激情四射的同学，共同调查、研究、交流，通过汇报成果互相学习汲取优势，完善自身的专业能力。也感谢各校老师的点评指导，让我认识到在这个过程中除了要注重自身学习系统的构建，也要重视团体合作的协调性，老师们专业深入的点评意见也引发我的深入思考，这是大学时光中最为重要的收获之一。此外，特别感谢青岛理工大学师生的精心准备，让我们在青岛渡过了充实而又难忘的时光，我们虽然辛苦，虽然旅途奔波，虽然日夜探索，但这段时间的收获值得这样的付出，也将成为我们未来的启明灯。

城乡规划学
黄一方

非常感谢以四校联合毕业设计作为自己大学本科学习的一个结尾，学习到更多也感触到更多。历经四个月，联合毕业设计带给我的最真实的感受就是团队协作的魅力，大家一起在冬日的海风里调研，一起熬夜画图，当然也会一起玩游戏，相互陪伴，一起分享，收获的友谊也是四倍的。同时也非常感谢导师一路以来的悉心教导，陪我们调研，给我们做拍照记录，为我们做设计指导，才有了我们最终的成果。希望日后自己可以继续秉持联合设计的理念，做好规划的同时更要学会规划的协作精神。

城乡规划学
周然

毕业设计，是本科五年的最后一个设计任务，也是五年学习生活的最好尾声。很庆幸之前努力争取到四校联合设计的名额，这使得我的毕业设计更加深刻，更有仪式感。我们有机会前往另一个完全陌生的环境，了解一处完全陌生的村庄，认识一批有趣的同学，并最终成为朋友。两次前往青岛黄山村的调研，处于崂山的两个季节，一寒一暑，为我们展示了美丽海滨村庄的不同魅力。感谢毕业设计的导师，在设计的过程中，从选题、研究到设计细节，每一个小小的环节都十分细致地与我们一起商讨，并且提出了宝贵的建议和看法，引领我们更深入地了解乡村规划。

至臻之境、品质黄山

西安建筑科技大学 Xi'an University of Architecture and Technology

参与学生：范　旭　马琪茹　刘静怡　张笑笑　梁鹏飞
指导教师：王　瑾　段德罡　蔡忠原

教师释题：

2018年，“乡村振兴”一定可以排入热搜榜TOP10，“产业兴旺、生态宜居、乡风文明、治理有效、生活富裕”，这20字方针大家都能说得朗朗上口，它像在乡村掀起的一场进步运动，但这场运动很有必要。

乡村人才缺失、社会治理不足，这是不争的事实，早在二十世纪三四十年代，费孝通先生就指出“以往种种的乡村建设，……若没有外来资源的不断注入就不易延续”。2018年，中央一号文件明确提出吸引人才下乡，因此如何基于乡村资源，“留得住”人、“进得来”人，是乡村振兴的重点所在。

黄山村位于青岛崂山景区内，学生有赋：“与子同游兮崂山，临黄山以四望，心飞扬兮浩荡，鱼鳞鳞以来迎，至臻怡然之境兮，陶思心扉，揽胜崇阿之行兮，汪洋甫畅，自是天涯存臻境，奈何世人未曾知！”这样一个具有垄断性资源的地方，却少有人知、少有人住，如何基于自然、人文及人力资源特征为村庄进行产业建构、引导村民就业转型是此次规划要解决的核心问题。

通过对资源分级分类，确定村域核心发展空间，基于市场分析、周边村庄分析和人力资源分析，明确村庄定位，同时，梳理村庄演变格局，分析村民生产生活方式，构建基于村民和游客互不干扰和相互融合的空间体系，实现“至臻”之境，大美黄山。

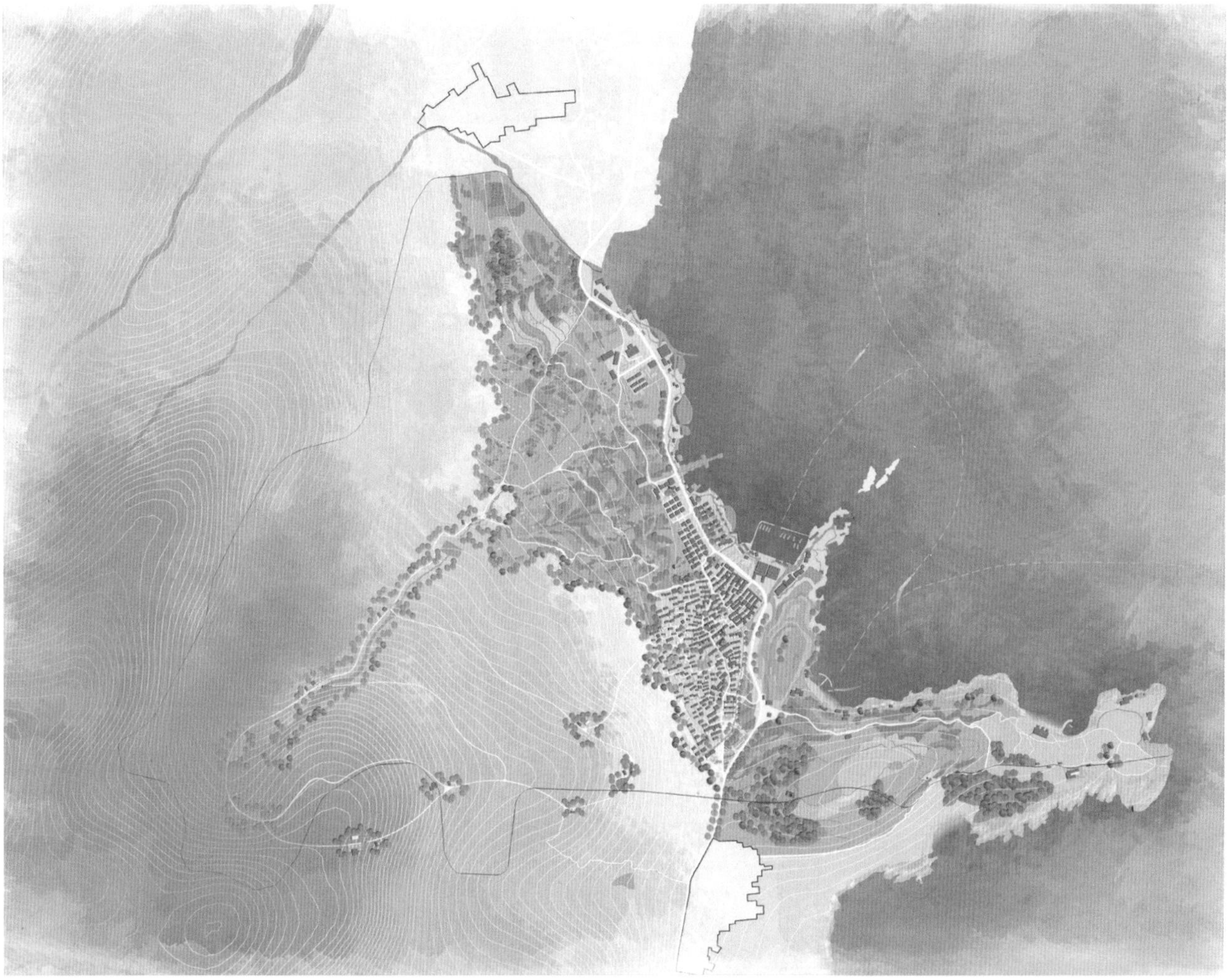

小组成员

范旭 城乡规划

马琪茹 城乡规划

刘静怡 城乡规划

张笑笑 城乡规划

梁鹏飞 风景园林

指导教师

段德罡

蔡忠原

王瑾

村庄更新机制

平衡矛盾，延续生活

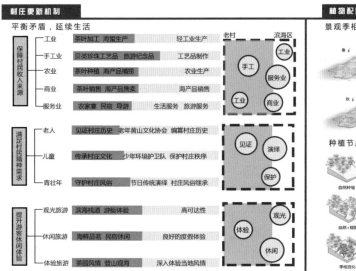

保障村民收入来源	工业	茶叶加工 海蜇生产	轻工业生产
	手工业	贝类珍珠工艺品 旅游纪念品	工艺品制作
	农业	茶叶种植 海产品捕捞	农业生产
	商业	茶叶销售 海产品售卖	海产品销售
	服务业	农家宴 民宿 导游	生活服务 旅游服务
满足村民精神需求	老人	见证村庄历史	老年黄山文化协会 编纂村庄历史
	儿童	传承村庄文化	少年环境护卫队 保护村庄秩序
	青壮年	守护村庄风俗	节日传统演绎 村庄风俗继承
提升游客休闲体验	观光旅游	滨海栈道 游艇体验	高可达性
	休闲旅游	海鲜品茗 民宿休闲	良好的度假体验
	体验旅游	茶园风情 登山观海	深入体验当地风情

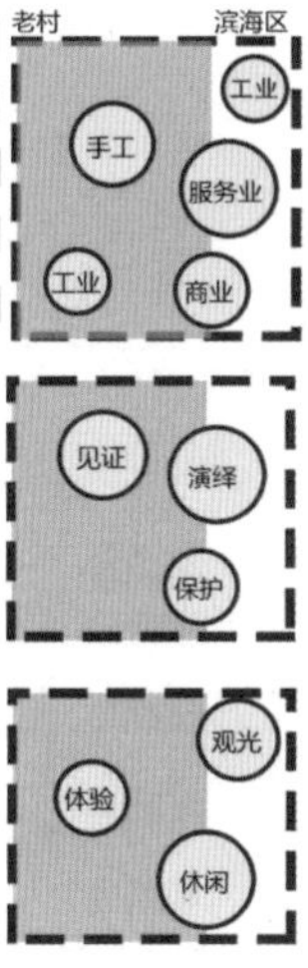

植物配置准则

景观季相表现

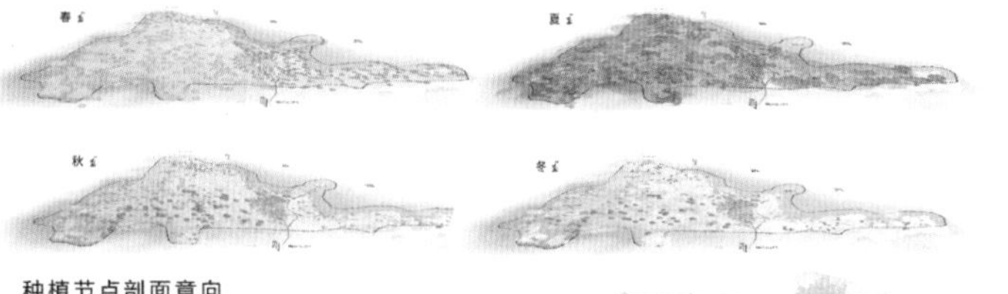

种植节点剖面意向

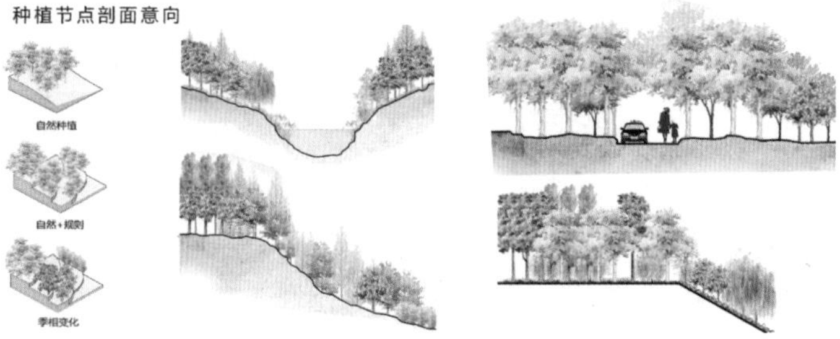

村庄安全
——青岛滨海典型乡村规划设计

思维框架

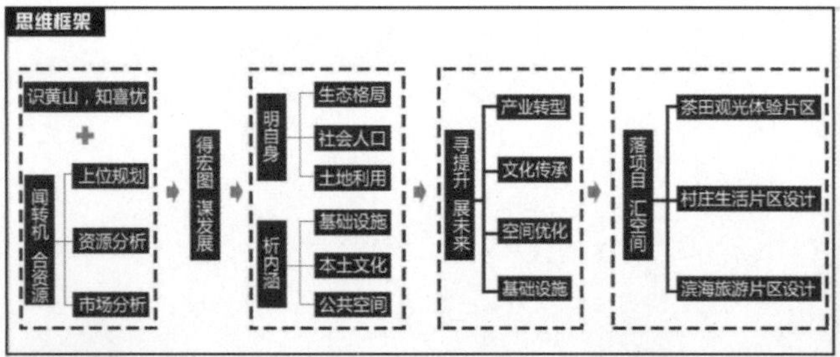

识黄山 知喜忧

闻转机 合资源

上位规划

区位分析

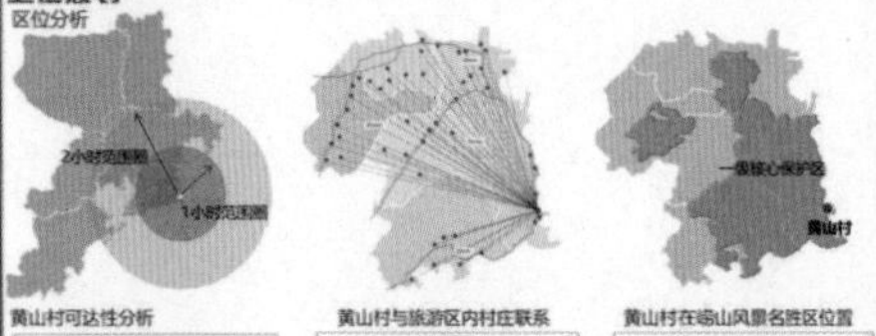

黄山村可达性分析

1. 106路由李沧区北绕崂山，通往埠口。
2. 618路由仰口开往埠口，图为公交线路经过各个节点。
3. 通过公共交通一小时、两小时可到达的范围。

黄山村与旅游区内村庄联系

1. 黄山村对外交通仅通过S212进行对外交通。
2. S212北起王哥庄街道办驻地，沿黄海之边，绕崂山西行，于沙子口连接至S214，进入较平坦、交通较为方便区域。
3. 通过一小时公交车可到达崂山风景区内各个村庄。

黄山村在崂山风景名胜区位置

在《崂山风景名胜区总体规划（2010-2025）》中，黄山村位于一级核心保护区，被列为应迁缩小型村庄。
规划要求：1、严格限制建设各类建筑物、构筑物等
2、严格控制一级保护区内村庄规模。

黄山村与崂山风景名胜区内村庄交通联系方便，可达性好；同时，也受到政策对村庄建设规模的限制

政策解读

产业振兴 — 人才振兴 — 文化振兴 — 生态振兴 — 组织振兴

产业兴旺是重点；生态宜居是关键；乡风文明是保障；治理有效是基础；生活富裕是根本。
通过综合整治乡村环境、挖掘弘扬乡村文化、提升改善乡村生活品质，勾勒出一副"形"、"神"、"魂"兼备的农村现代化美好蓝图。

山东省：深入贯彻落实十九大精神，全力推动乡村振兴。全省选择10个县、100个乡镇、1000个村开展乡村振兴"十百千"工程，打造乡村振兴齐鲁样板。

青岛市：《青岛市乡村旅游专项规划（2015-2020）》突出崂山乡村旅游集群的山海风光与山海农家主题，重点发展山林山乐、渔家风情、田园农耕及历史民俗乡村旅游。

崂山区：打造乡村振兴先行区，彰显崂山的本真之美。崂山区第十二次党代会确定了"建设宜居宜业的现代化山海品质新城，让崂山发展更出彩，让人民生活更幸福"的奋斗目标。

乡村振兴：产业兴旺、生态宜居、乡风文明、治理有效、生活富裕

站在国家乡村振兴的背景下，山东省、青岛市、崂山区均响应二十字方针，对村庄发展提出振兴策略

政策指导与控制

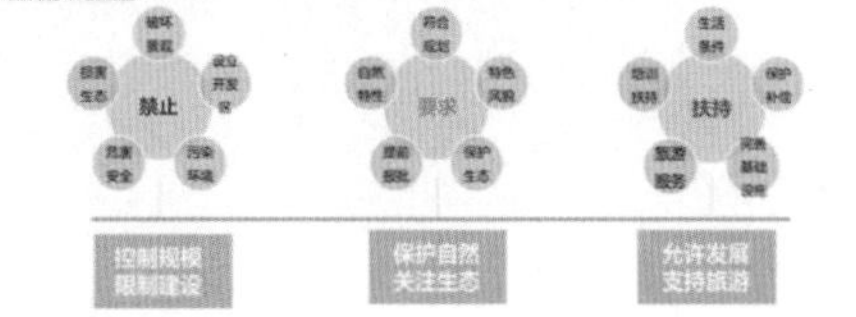

资源分析

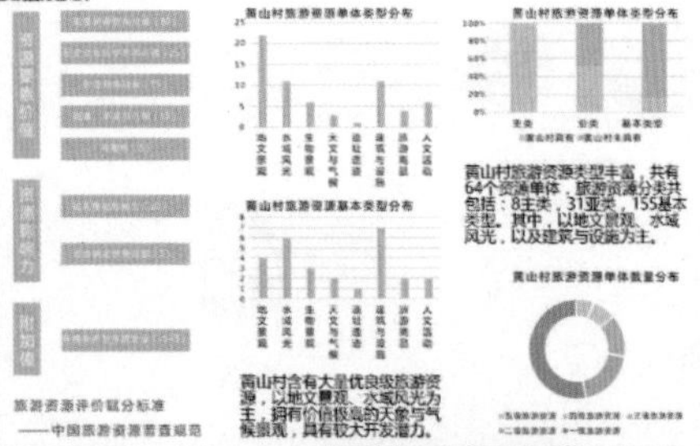

黄山村旅游资源类型丰富，共有64个资源单体，旅游资源分类共包括：8主类，31亚类，155基本类型。其中，以地文景观、水域风光，以及建筑与设施为主。

黄山村含有大量优良级旅游资源，以地文景观、水域风光为主，拥有价值极高的天象与气候景观，具有较大开发潜力。

旅游资源评价赋分标准
——中国旅游资源普查规范

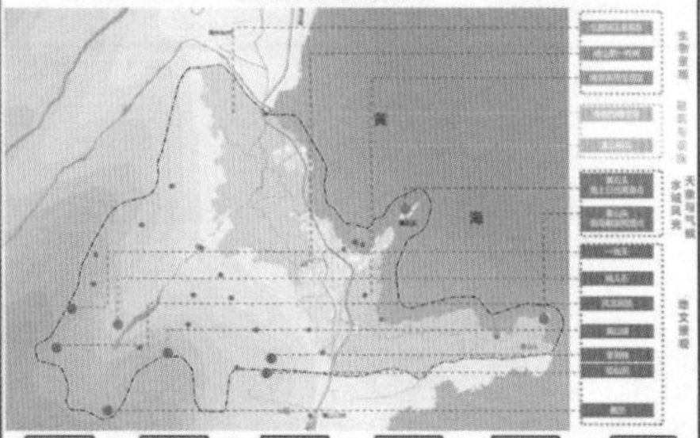

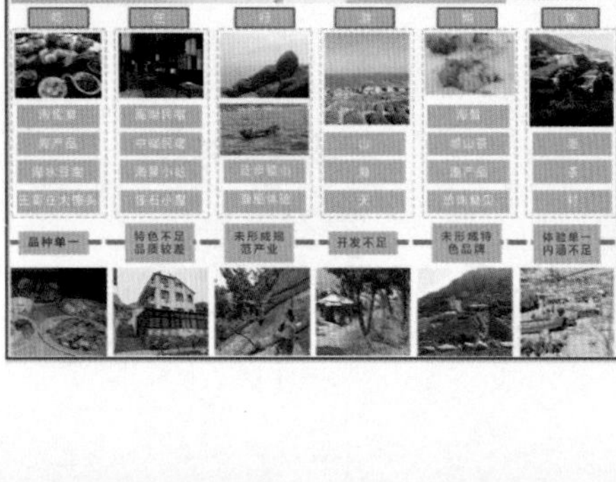

市场分析

现状区域产业分析

选取黄山村周边6个村落：晓望村、雕龙嘴村、黄山口村等，具有相似的自然资源：山海渔银茶；进行区域内产业结构的对比，如何错位发展、争夺资源。

村庄	人口（人）	年总收入（万元）	人均收入（元）	主要产业	旅游业发展
晓望	2656	8900	3.2万	茶业、旅游、工业	大力发展山谷生态旅游观光、崂山茶节等，形成了较为完善的民俗生态旅游体系。
雕龙嘴	1230	5483	1万	茶业、海产养殖、旅游服务	民宿
黄山口	252	700	5047	水产、茶业、旅游	起步阶段
青山村	2320	19300	4.2万	水产、茶业、旅游、农业、果林、工业	旅游景观资源："国家级传统村落"、立养驰、试金石湾。民宿：23家，其中100-200元/天10家，500元/天以上5家。
长岭村	930	4720	1.5万	农业、水产、工业	工业：微型农机、食品饮料厂、微肥厂、成型刷厂
返岭村	1027	9320	1.8万	农业、水产、工业、旅游	旅游景观资源：白沙滩、华严寺、天茨洞。只有2家民宿，均在200元/天以下

现状产业分布

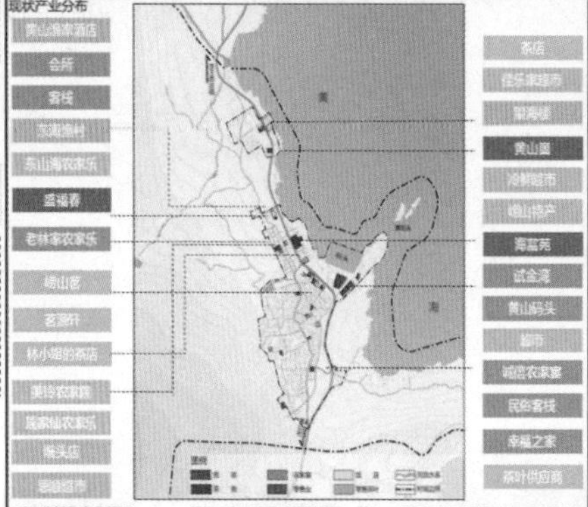

对比分析各产业得知：
茶业：青山村、晓望村茶叶品牌已得到品牌推广
渔业：整体面临限制
旅游业：已重点开发青山村、雕龙嘴村，且民宿已具规模

总结：在整体转型的背景下，黄山村自然资源足够，民宿已有基础，只有先人一步，抓住机遇，开发资源，发展不同层级的旅游方向，以旅游打通产业困境，以渔、茶辅助发展。

根据调研时现状统计：民宿共9家、农家宴4家、饭店3家、村民自营超市3家、茶叶加工点3家、茶叶零售5家。且分布多沿省道和老村主干路，具有开放性。

现状产业结构

一产	18.8%	种茶	960	18.8%	300	620	1.6
二产	71.2%	茶叶（加工及售卖）	110	2.2%	3	10	8
		海鲜捕捞及加工	860	16.9%	40	120	6
		海参、鲍鱼养殖	2650	52.1%	40	120	20
三产	10%	民宿	210	4.1%	8	24	6.7
		农家宴	80	1.6%	3	12	5.2
		饭店	50	1.0%	3	9	3.6
		导游	85	1.6%	10	10	7
		零售茶叶	60	1.2%	6	18	2.3
		零售商店	25	0.5%	5	18	1

一产 一产产值比重较小，从事人数最多，以茶叶种植为主，是维持全村村民基本收入来源。

二产 二产占主导位置，其中捕捞加工商户有3家，以渔业为主，但占最大比重的海参、鲍鱼养殖于2018年停止经营，村民收入受到巨大冲击，这是黄山村面临产业转型的推动力。

三产 三产产值比重最少，经营状况良莠不齐，处于发展雏形。

经济效益对比

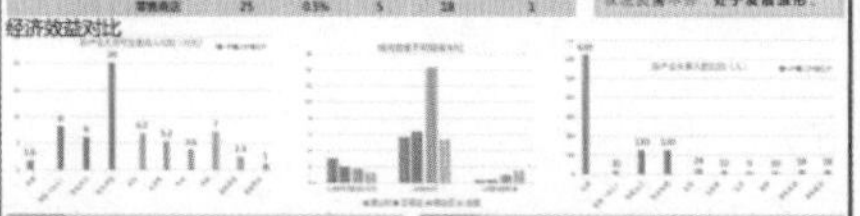

一产 种茶人数涵盖全村，但效益低，不稳定性大，在后续附属发展影响。

二产 其中渔业效益高，但因为政策限制，这一部分遭受损失，从事海参养殖的村民也要转移到其他行业。

三产 民宿、农家宴经济效益高于其他类型产业，具有转型后的发展潜力。

人均年可支配收入高于其他村镇，高于全国平均范围人均GDP，和王哥庄相当，较崂山区差距较大

人力资源

村民分布情况：55%村内劳动工作 7%村内留检人口 35%外出务工上学 3%外出留住收入

全村受教育水平：25%小学 40%初中 30%高中 5%大学

村内旅游业：60人从事 60%为25-40岁 40%为40-60岁

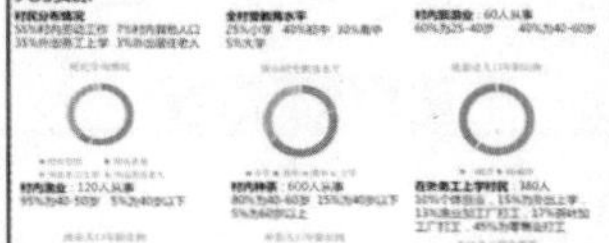

村内渔业：120人从事 95%为40-50岁 5%为40岁以下

村内种茶：600人从事 80%为40-60岁 15%为40岁以下 5%为60岁以上

在外务工上学村民：380人 10%个体创业，15%为外出上学，13%渔业加工厂打工，17%酒店工厂打工，45%为零售业打工

村内多为40—60岁村民劳作，渔业有年龄限制，从事旅游业村民偏年轻化

种茶多为60岁以上，茶叶可以作为黄山村基础产业，保证最基本的收入，不能将其作为产业转型的人员需求

全村受教育程度35%为高中及以上，具有学习新技能的能力

外出务工人员有一定创业基础，和加工技术基础，可做专业培训，有助于黄山建设。

产业转型有人力资源支撑

旅游市场环境

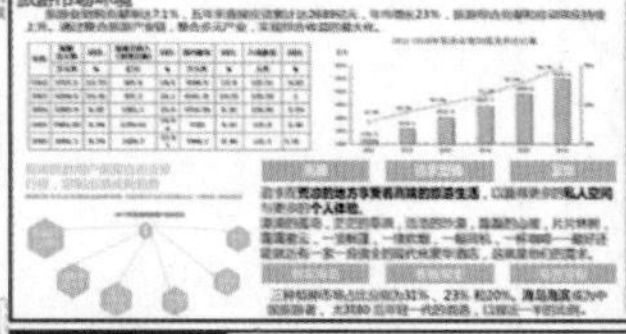

世界已经进入"旅游时代"，中国旅游业步入爆发式增长期

青岛全域旅游格局迅速发展形成已成为青岛国民经济支柱产业

发展旅游业符合市场整体走向

日益庞大的游客对高品质的生活方式与旅行体验的需求，为高端定制旅游市场带来巨大机遇；私密度、稀缺性是高端旅游的主方向

得宏图 谋发展

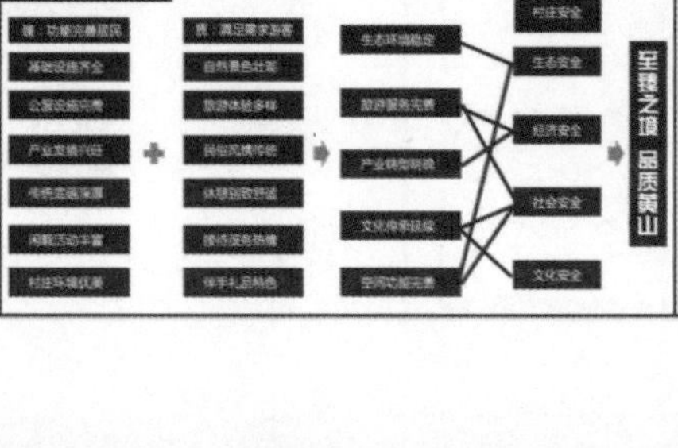

名自身 析内涵

生态安全格局

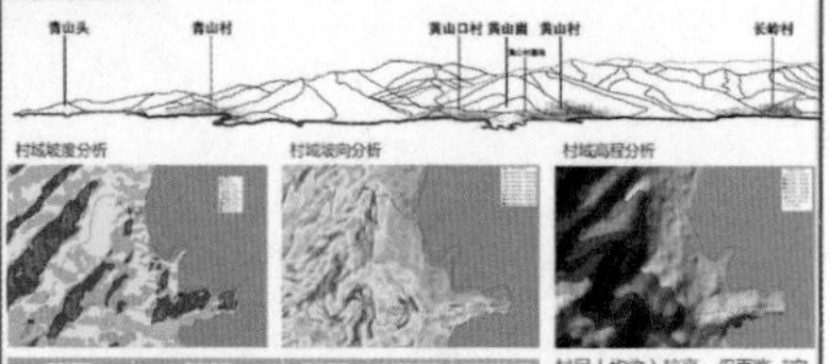

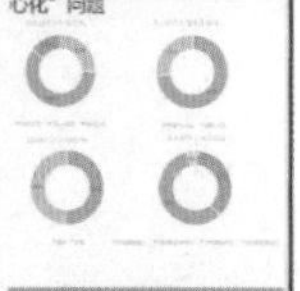

村民人均收入较高，但面临"空心化"问题

类别代码			类别名称	用地面积（ha）	占城乡用地比例（%）	人均用地面积（m²/人）
大类	中类	小类				
V			村庄建设用地	15.01	8.39	140.28
	V1	V11	住宅用地	14.36	8.02	134.21
		V12	混合式住宅用地	0.04	0.02	0.37
	V2	V21	村庄公共服务设施用地	0.15	0.08	1.40
		V22	村庄公共用地	0.20	0.11	1.87
	V3	V31	村庄商业服务业设施用地	0.24	0.13	2.24
		V32	村庄生产仓储用地	0.21	0.12	1.96
	V4	V41	村庄道路用地	0.81	0.45	7.57
		V42	村庄交通设施用地	0.37	0.21	3.46
		V43	村庄公用设施用地	0.01	0.01	0.09
N	N1		对外交通设施用地	0.87	0.49	8.13
E	E1	E11	自然水域	10.52	5.88	98.32
		E12	水库	0.19	0.10	1.78
		E13	坑塘沟渠	0.43	0.24	4.02
	E2	E21	设施农用地	6.78	3.79	63.36
		E22	农用道路	3.25	1.82	30.37
		E23	其他农林用地	96.66	54.00	903.36
	E9		其他非建设用地	45.28	25.30	423.18
			城乡建设用地	178.99	100	1672.80

黄山村村域总面积178.99hm²，村庄规划建设总面积15.01hm²，人均建设用地140.28m²。基本农田主要分布于居民点北边，一般农田于南边。

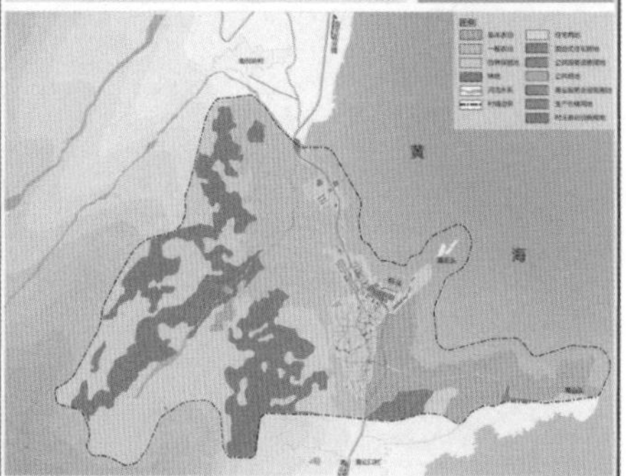

市政设施

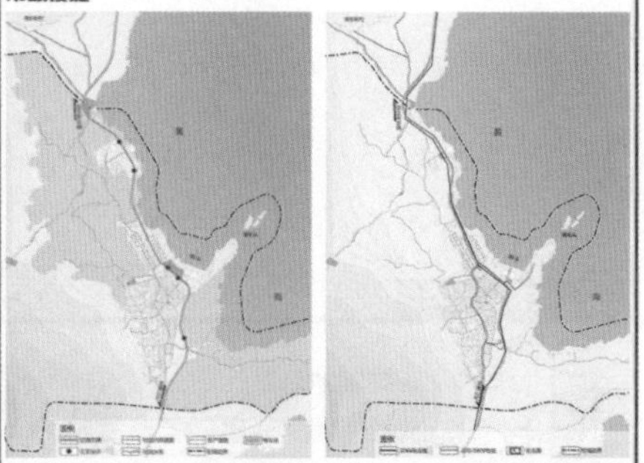

黄山村主要依靠S212进行对外交通；内部道路以主街为主干进行组织，此外，停车位不足的问题较为突出。

村子内电线布置混乱，破坏村庄整体风貌，安全隐患较大。但随"电线下地"工程进行将得以解决。

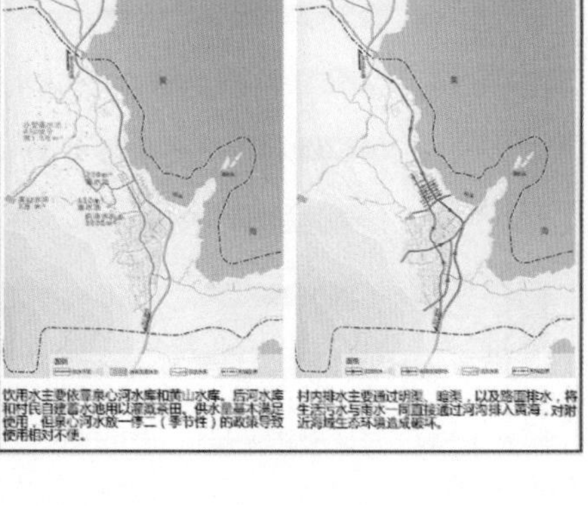

饮用水主要依靠泉心河水库和黄山水库。后河水库和村民自建蓄水池用以灌溉茶田。供水量基本满足使用，但泉心河水放一停二（季节性）的政策导致使用相对不便。

村内排水主要通过明渠、暗渠，以及路面排水，将生活污水与雨水一同直接通过河沟排入黄海，对附近海域生态环境造成破坏。

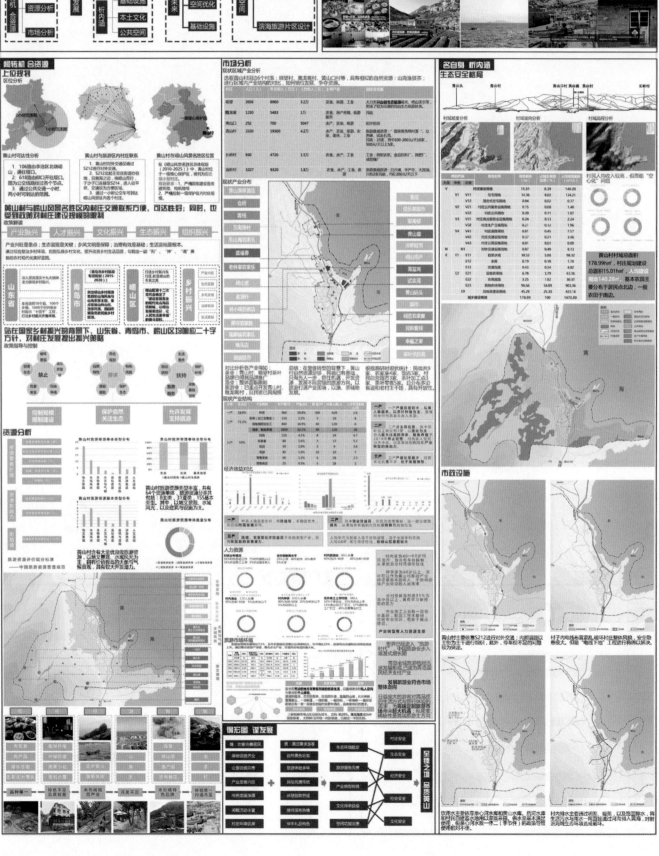

明自身 析内涵
本土文化
村落整体格局
正面开阔
扼守要道
背山面水、左右围护
黄山村所处的山水格局属——"弹柳"的"背山面水、左右围护"格局：基址处于这个山水环抱的中央，内有良田，河水清明；黄山村的建筑建设依循地势，形成的良好的营建秩序。
黄山村
村落演变历程
传统街巷及民居
十字形
Y字形
L字形
组合型
2.2m
1.6m
3m
通过对民居建筑分析，提炼出传统建筑营建智慧与传统建筑特色生活方式，以指导我们未来传统建筑风貌营建和特色生活营造。
文化分级
问题梳理
传统风貌保护的内容
公共空间
生产祭祀空间
公共建筑
街巷空间
公共节点空间
公共建筑总体质量较好，但不够举办大型活动。
1.村庄公共空间功能单一，使用频率不高。
2.公共空间数量较多，但每处面积太小，造成村民活动单一。
3.公共空间现状较差，不能体现乡土风貌。
村民与游客活动分析
1.村民日常活动大多在自家或者邻居家等室内空间发生，但对室外空间仍有需求。
2.由于村庄用地紧张，因此室外活动空间局促。
3.村民对大型活动场所、儿童玩耍场所和娱乐场所都有需求。
1.村民对于游客来访大多持积极态度，愿与游客分享村落传统的公共空间。
2.对于部分属于村民的室内空间，村民不愿意对外开放。
3.村民愿意对村庄的公共空间进行再建。

村庄安全
——青岛滨海典型乡村规划设计

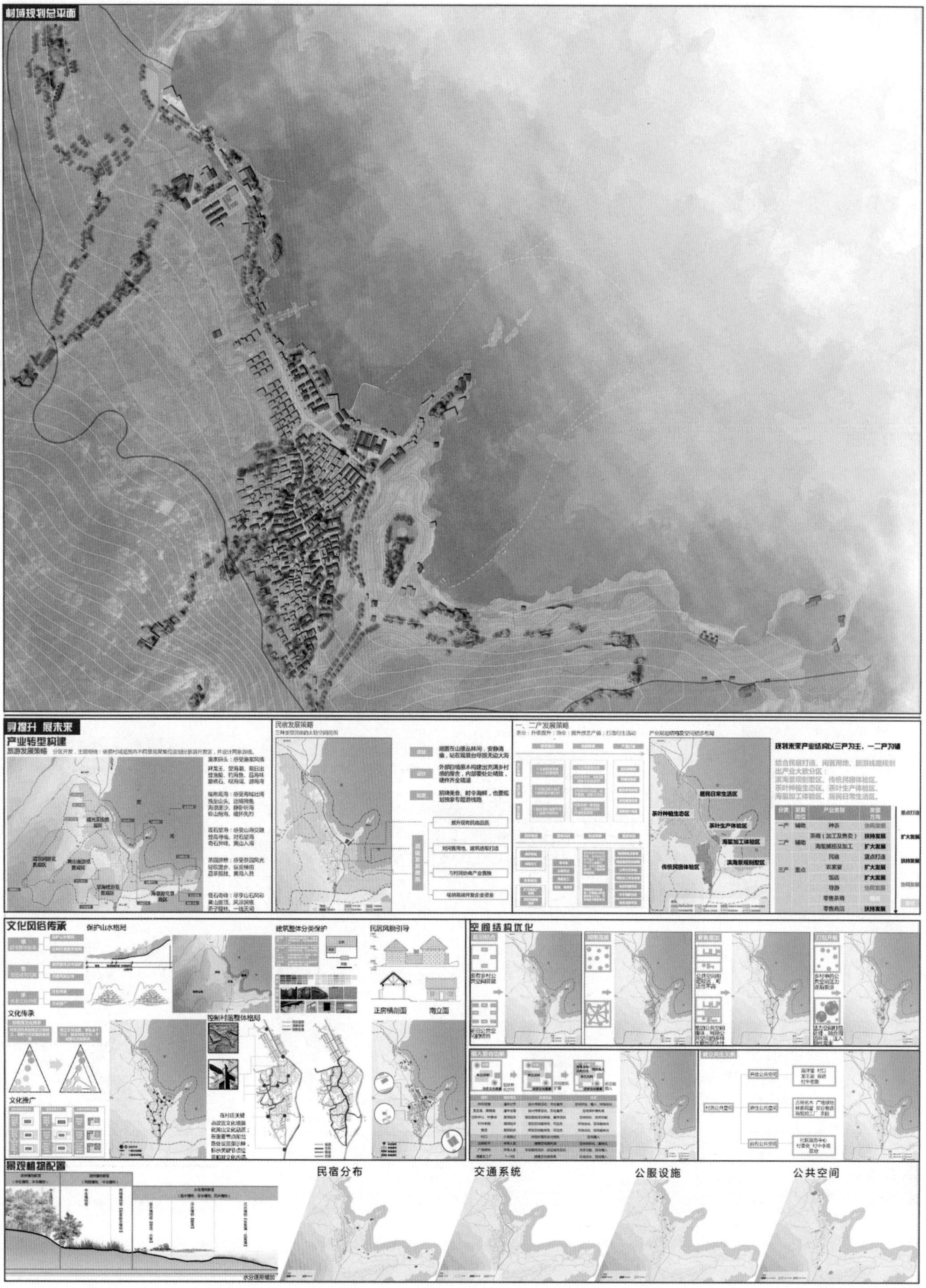

现状分析

规划理念

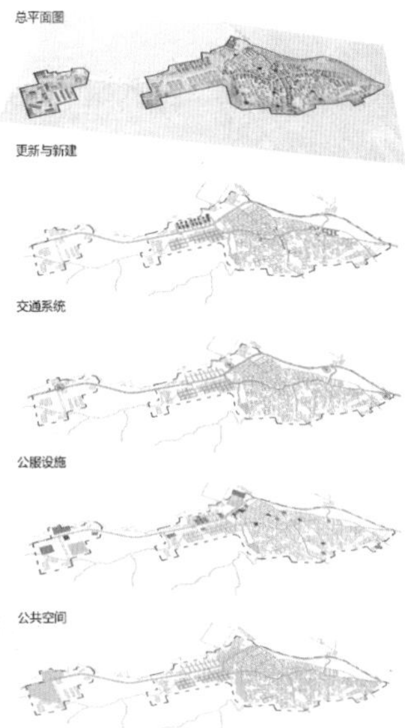

设计说明

黄山村有着优美的自然环境和独具特色的山地建筑，村内有部分闲置民居建筑。

黄山村的规划首先是空间整合，满足村子内部居民居住的基本要求，功能上要满足游客进入村子的集散和承担部分服务功能。规划有民宿、农家乐、茶叶体验等功能，在老街上打造相对外向的游览轴线，并对沿街院落进行改造，满足游客需求。

规划策略

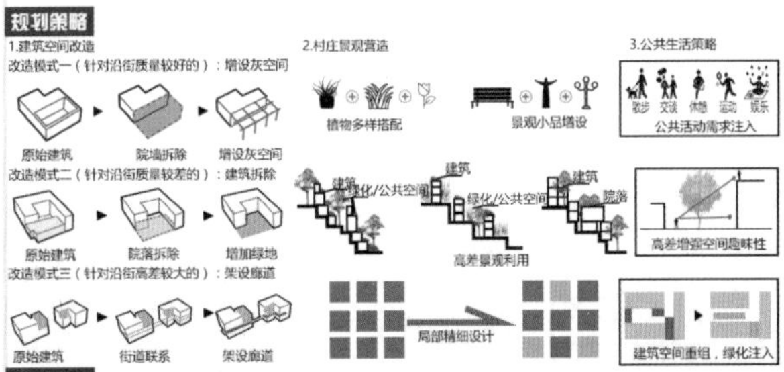

节点透视

总平面图

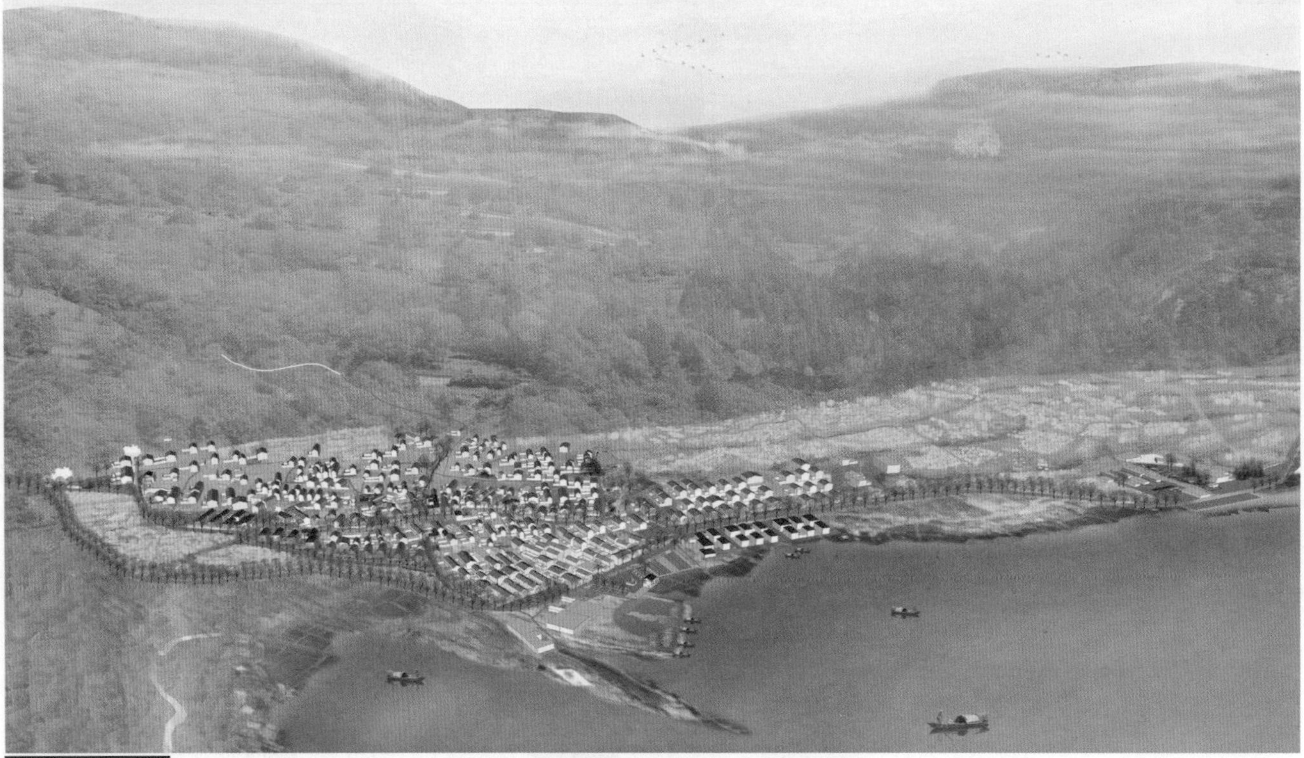

重点院落节点鸟瞰

节点透视

改造策略

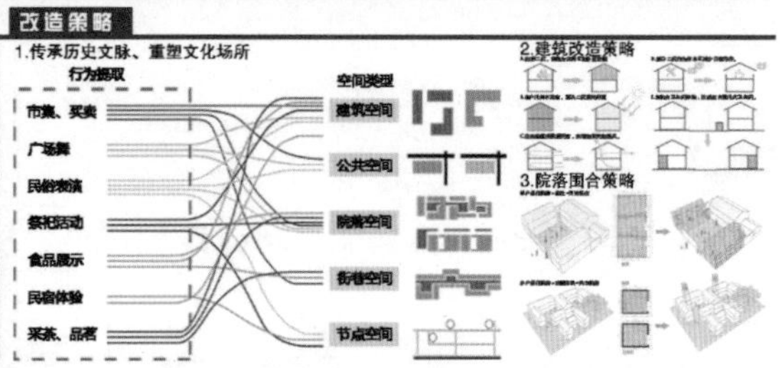

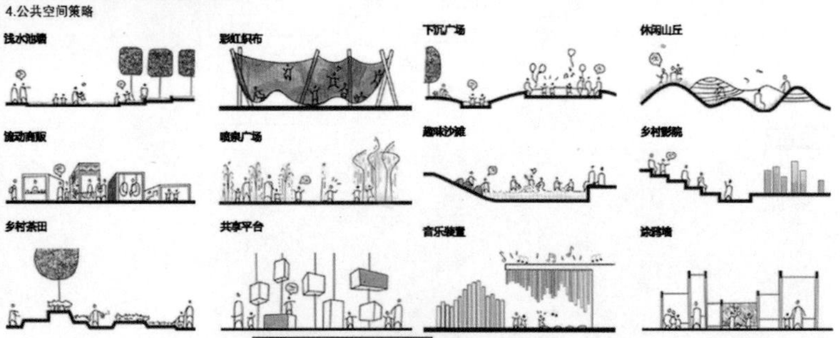

老街西立面

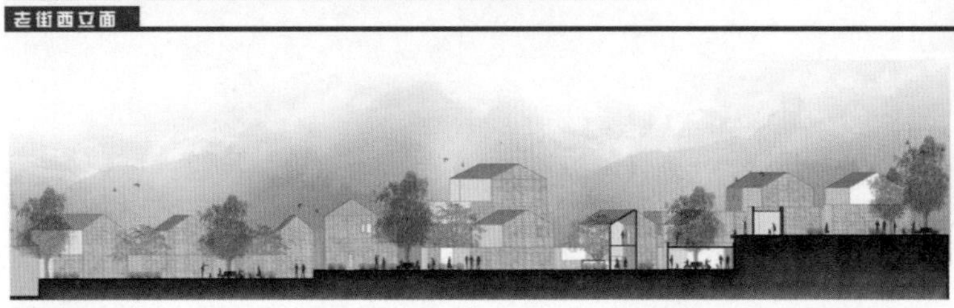

老街东立面

重点街道节点鸟瞰

个人片区设计-村庄规划篇

滨海设计平面 1：1000

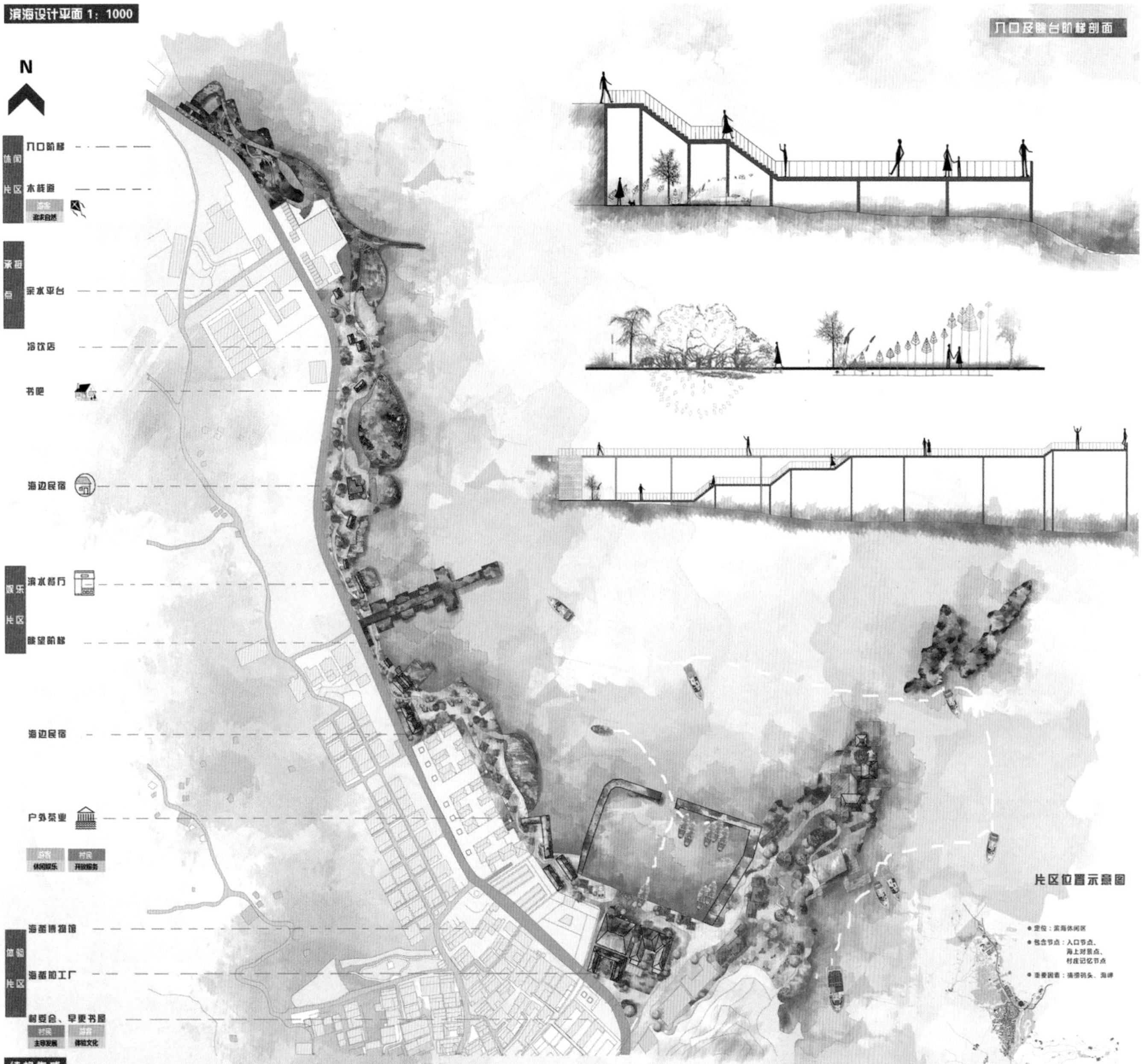

结构生成

整体秩序

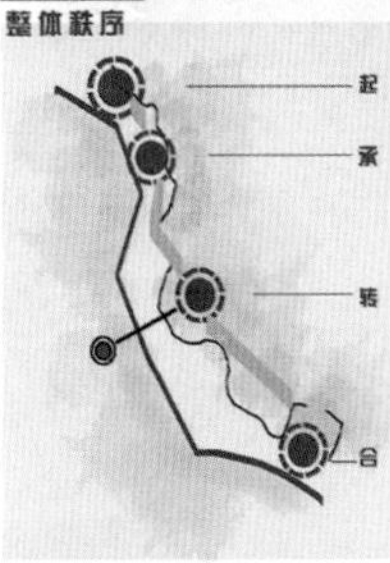

结合现状，根据规划后片区在村域结构中的作用，此节点是游客进入黄山村滨海带的入口空间

由现状地形可知，此处是垂直地段，与省道等高，且后面没有路可走，需要建栈道从海上绕行，所以它是前后两部分的承接点

根据村域结构中的节点设置，西侧是村民与游客交汇的公共空间；且此处视野开阔、观景良好，既是对景，也是活动项目，且开辟此至海入口，更多的是为了村民方便到达滨海地带

现状中，是村民的生产空间，规划中，是游客游览的节点，依托于具有历史价值的海蜇加工技术，这里是村民与游客的结合点

片区分布

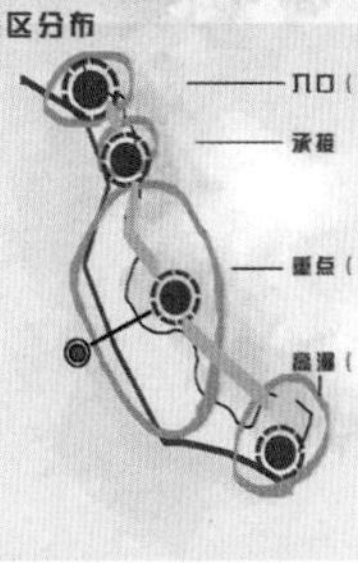

该地段皆为礁石，但现状没有得到保护，所以该片区主要进行生态恢复，作为入口的休憩景观片区，设置木板休息平台

结合现有的滨海建筑，因引入游客，与村民协商，进行业态引入，不仅为游客休闲辅助，更重要的是提高村民收入、设置栈道、亲水平台等，增加观赏的趣味性

此处有海蜇加工厂、村委会、黄山别院和最重要的海湾，是游客体验打渔、垂钓、海蜇加工传统技艺的最具有吸引力的地方

分片秩序

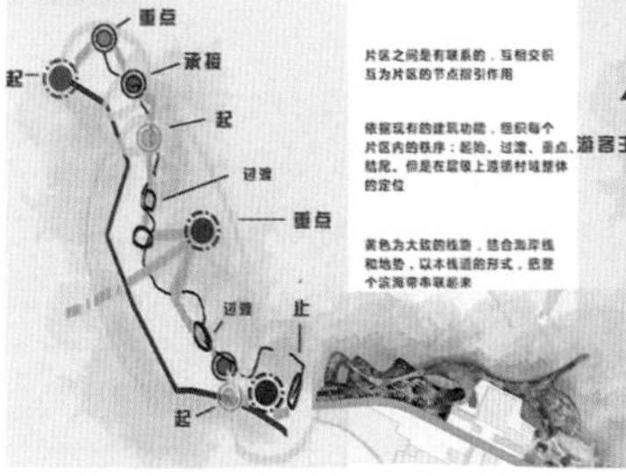

片区之间是有联系的，互相交织互为片区的节点指引作用

依据现有的建筑功能，组织每个片区内的秩序：起始、过渡、重点、结尾，但是在层级上遵循村域整体的定位

黄色为大致的线路，结合海岸线和地势，以木栈道的形式，把整个滨海带串联起来

游线组织

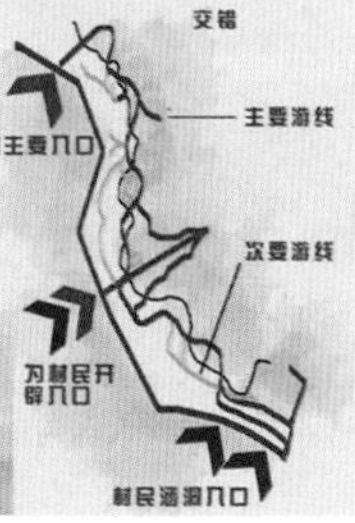

对景处要抽出一定的距离，作为最佳观海视角

老村村民通过涵洞到达滨海片区，而入口阶梯距离西侧新村村民较远，开辟此至海入口，为了村民更便捷

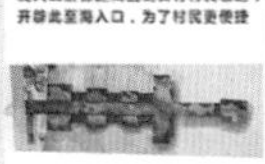

游线顺应海岸线的空间形态与地势，串联各个节点

在交错中进行亲水平台的设计、进入选地的坡道设计等，最大程度内，既达到良好游览作用，也保护环境

功能分区

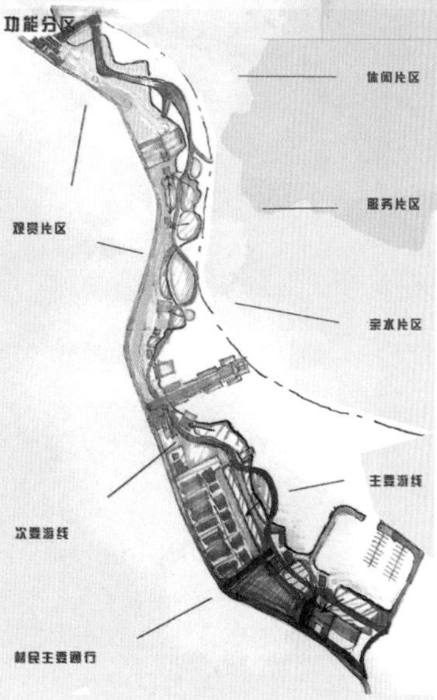

建筑功能置换机制

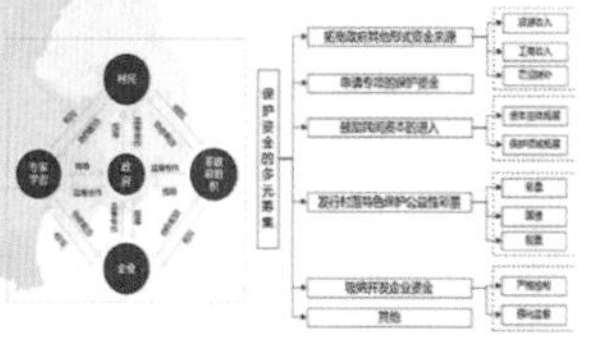

以游线的栈道，与海岸线之间的交错，分割成小的地块，又结合现有建筑进行的功能置换，得出每个小地块的功能。

依旧按照前四张图所定的片区功能，进行了四类型片区的规划设计：观赏片区、服务片区等，作为细部设计的依据。

灰色表示在同一水平面的建筑地势。
海上是从起点的平台——观景平台——海岬的空间走势，与海岸线走向基本平行同时也保持了最佳的景观视线。

资源利用分析

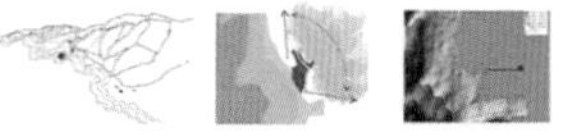

背山面海、造景广泛，尤其海岬处，三面环海，处于滨海片区至高点，位置独立，视野开阔。

黄山村是中国海蜇第一村，2010年，海蜇崽子加工技艺已列入区级非物质文化遗产名录，是渔民世代传承的技艺。

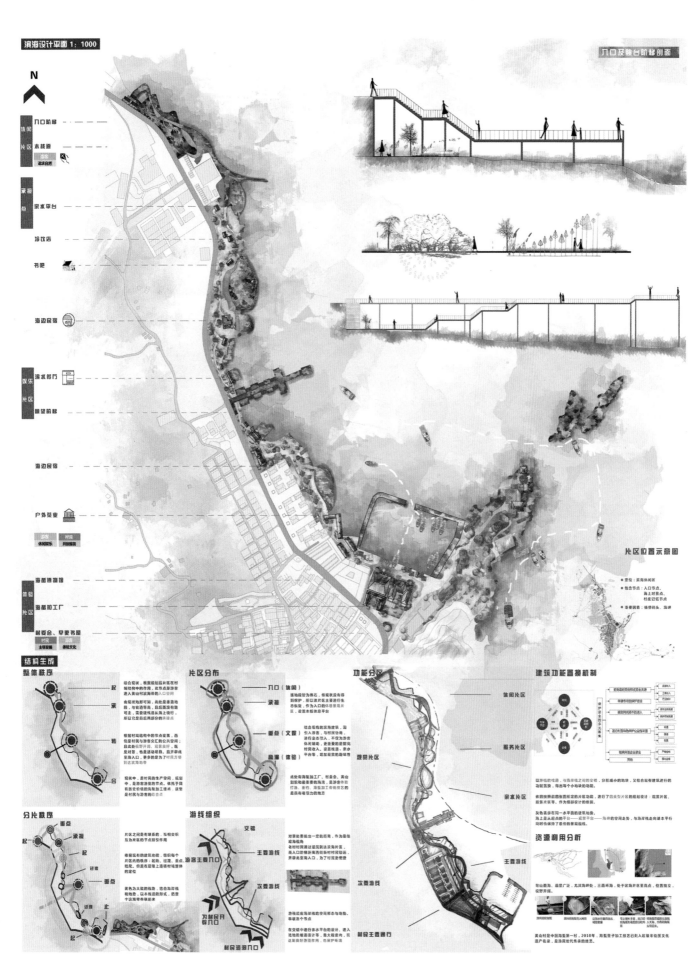

滨海节点设计 1：500

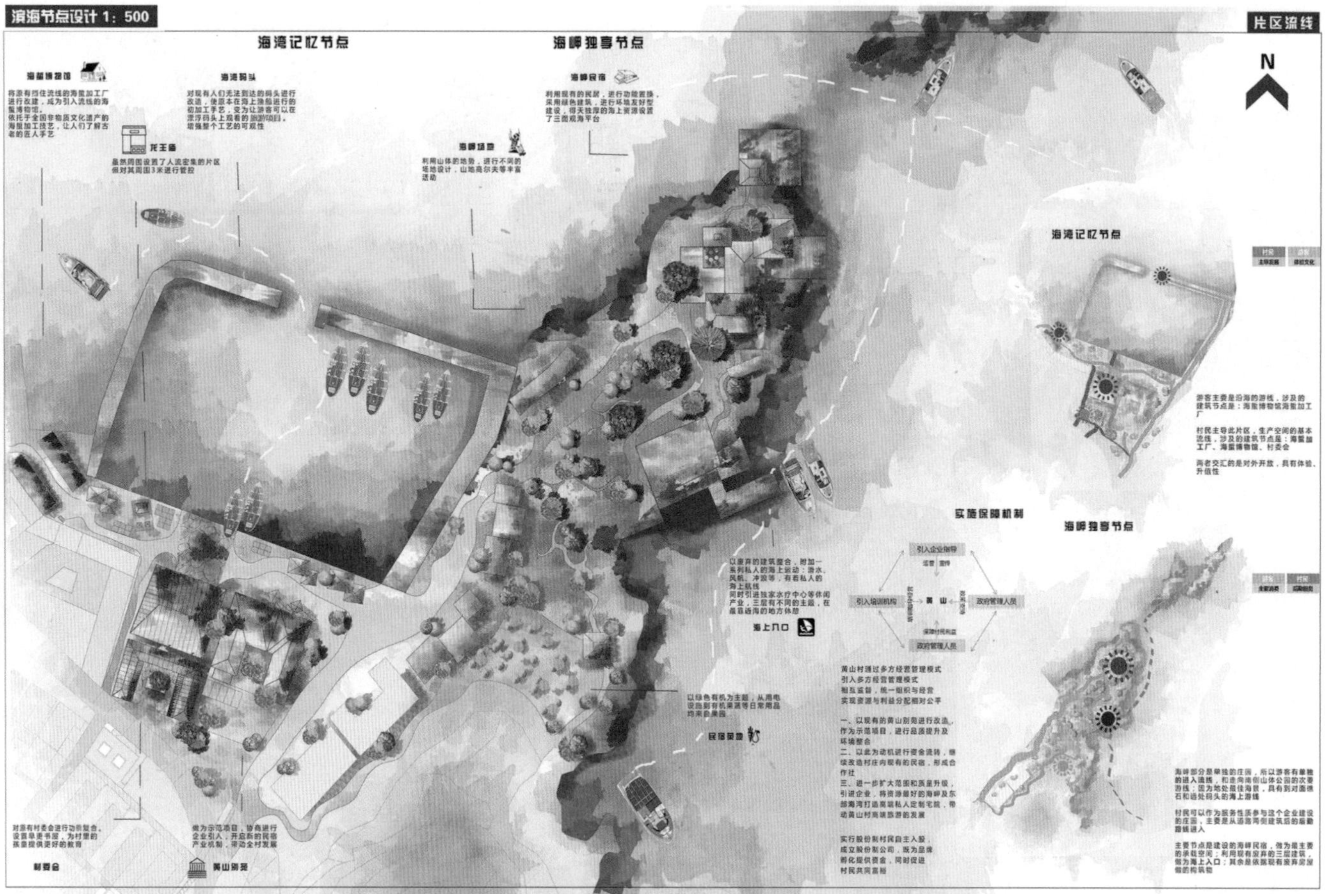

滨海片区2片区概况

茶田观海区

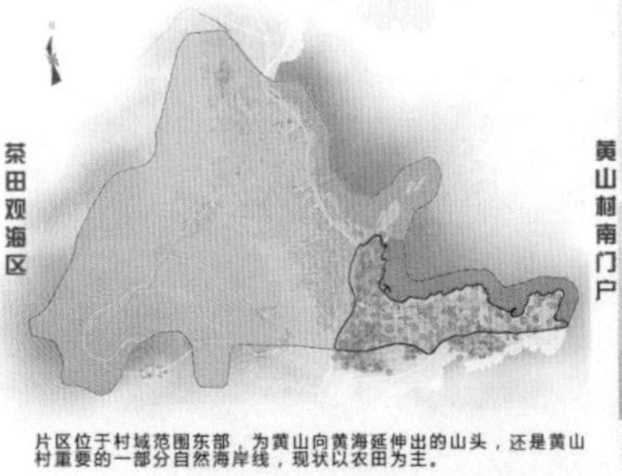

黄山村南门户

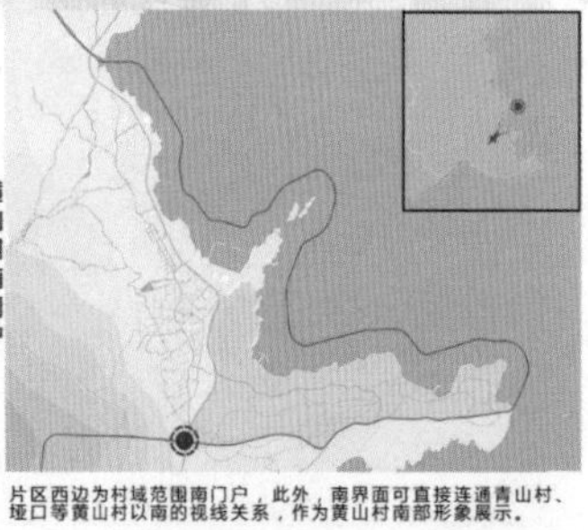

片区位于村域范围东部，为黄山向黄海延伸出的山头，还是黄山村重要的一部分自然海岸线，现状以农田为主。

片区西边为村域范围南门户，此外，南界面可直接连通青山村、垭口等黄山村以南的视线关系，作为黄山村南部形象展示。

黄山头

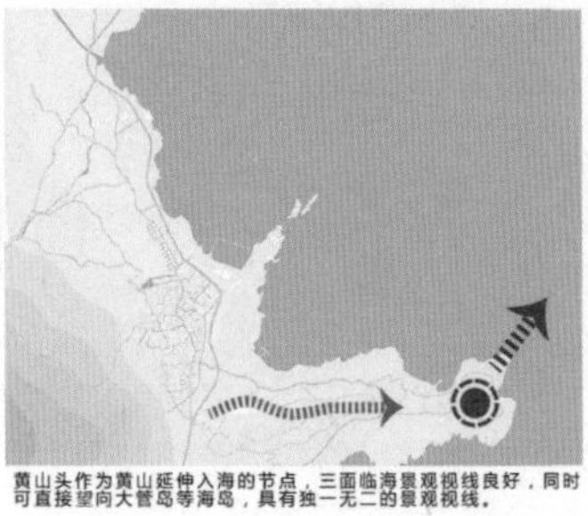

抗日遗址点

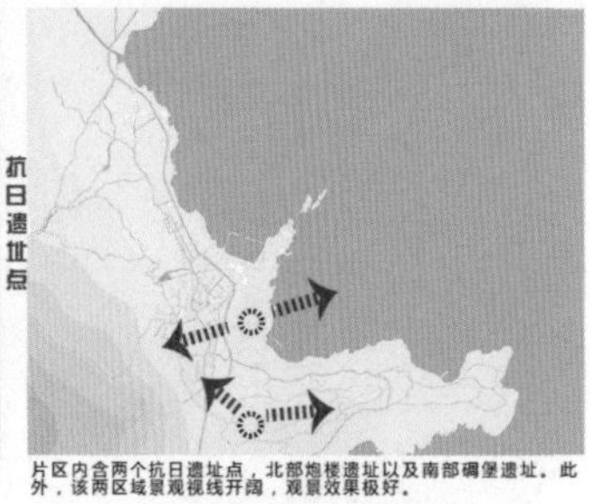

黄山头作为黄山延伸入海的节点，三面临海景观视线良好，同时可直接望向大管岛等海岛，具有独一无二的景观视线。

片区内含两个抗日遗址点，北部炮楼遗址以及南部碉堡遗址。此外，该两区域景观视线开阔，观景效果极好。

滨海沙滩

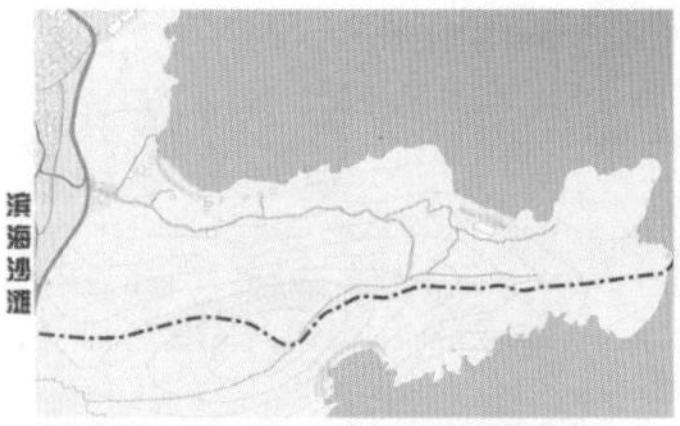

大量农田

片区内含两个沙滩，此外，在黄山口村村域范围内另存在一个沙滩。现状围绕沙滩存在些许建筑，规划策略为围绕现状沙滩，进行现状建筑改造，新建部分建筑，打造沙滩活动空间。

林地 村庄现状建设用地 一般农田 自然保留地

片区内部用地主要为一般农田，在规划建设中仍保留大量茶田，保留生产作用，同时利用景观功能。

滨海片区2设计策略

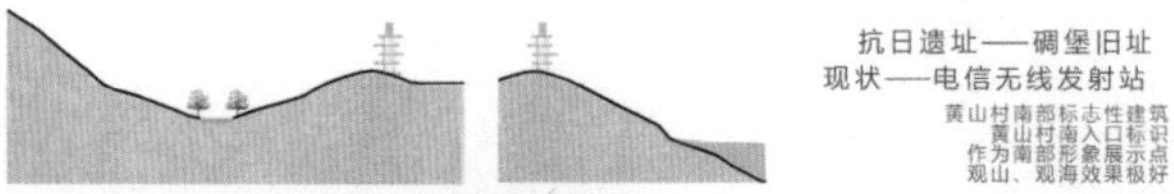

门户瞭望塔

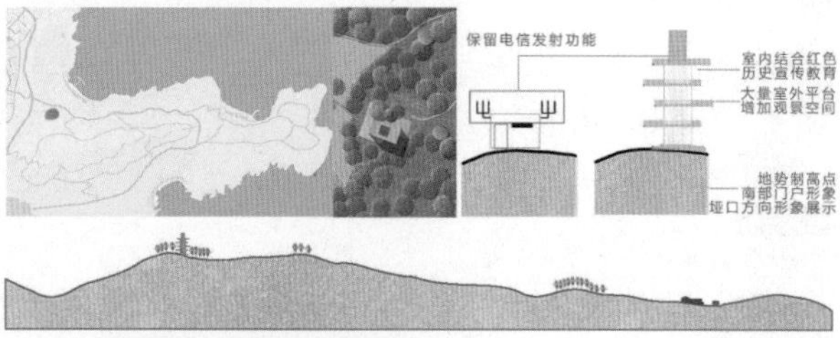

码头民俗区

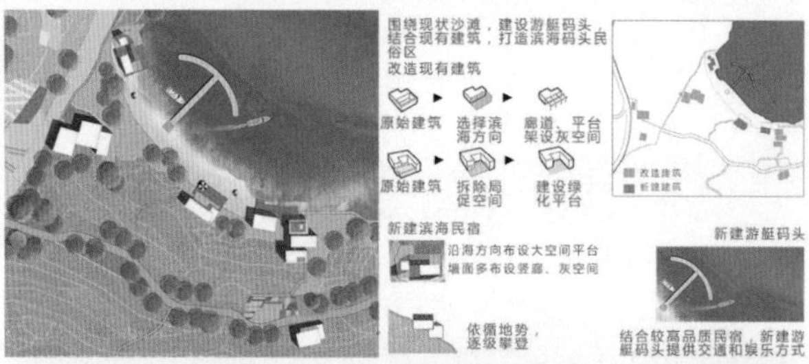

礁石栈道

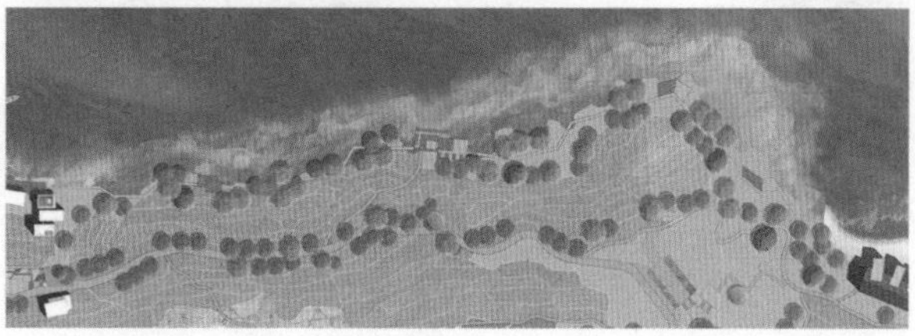

滨海片区2结构系统图

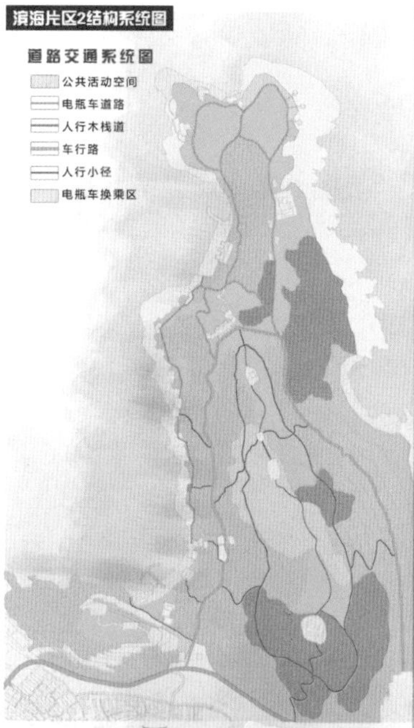

道路交通系统图
公共活动空间
电瓶车道路
人行木栈道
车行路
人行小径
电瓶车换乘区

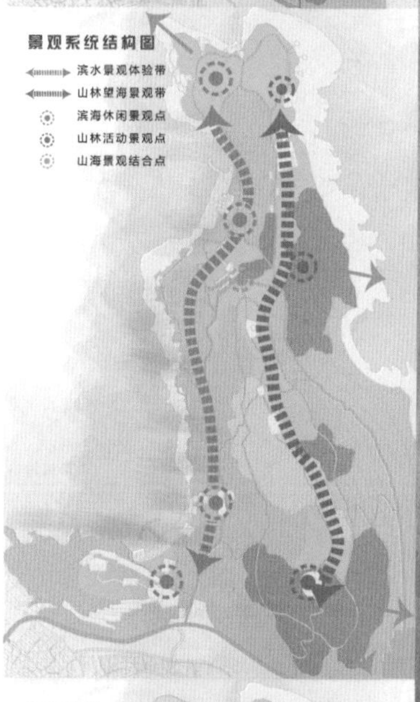

景观系统结构图
滨水景观体验带
山林望海景观带
滨海休闲景观点
山林活动景观点
山海景观结合点

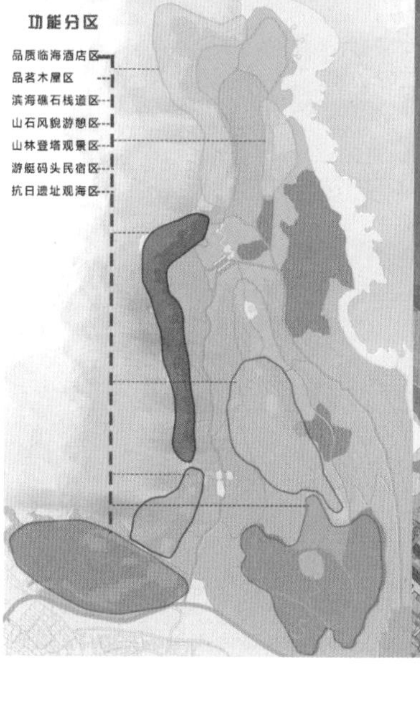

功能分区
品质临海酒店区
品茗木屋区
滨海礁石栈道区
山石风貌游憩区
山林登塔观景区
游艇码头民宿区
抗日遗址观海区

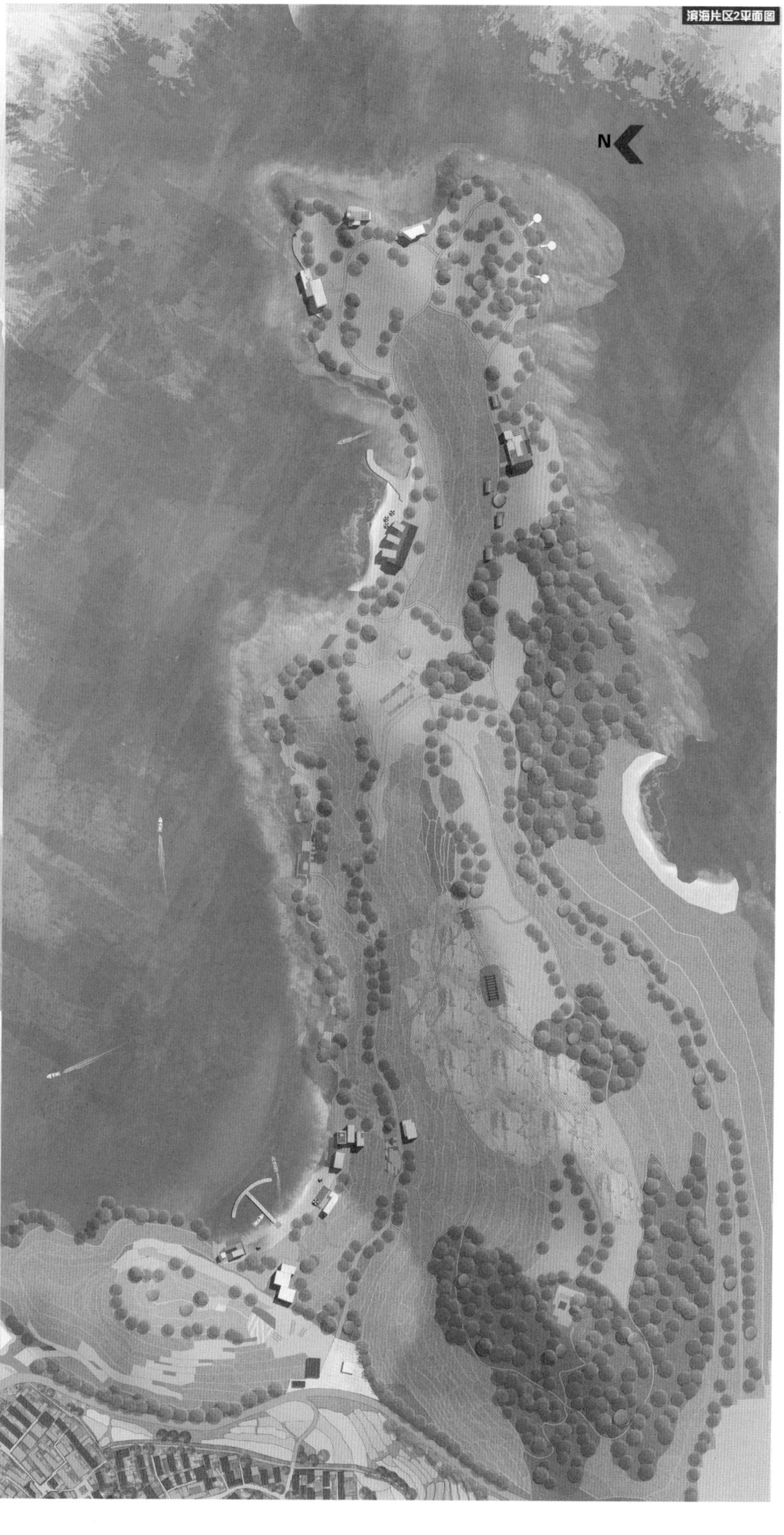

滨海片区2平面图
N

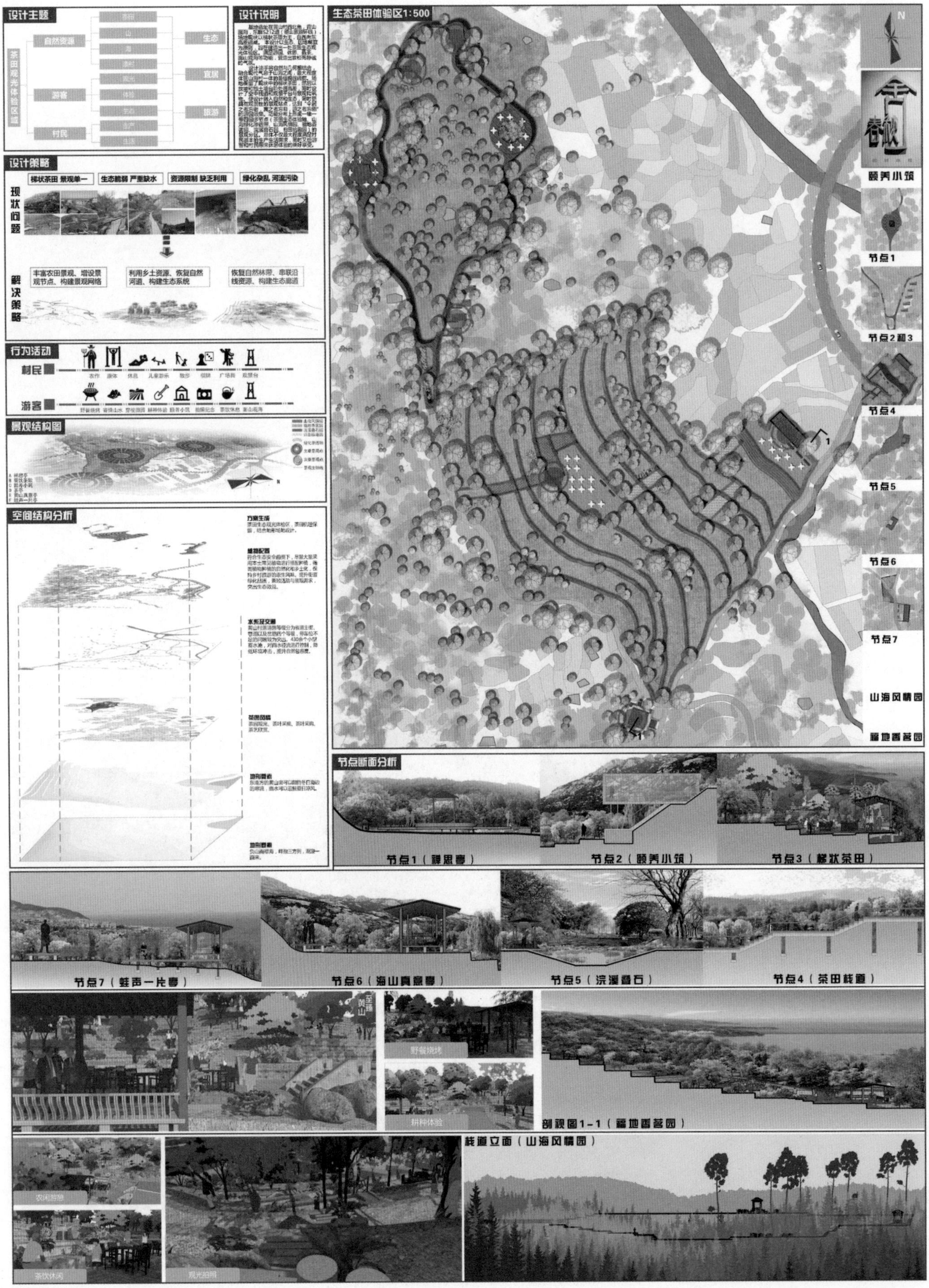
设计主题
自然资源
游客
村民
生态
宜居
旅游
设计说明
生态茶田体验区1:500
设计策略
现状问题
梯状茶田 景观单一
生态脆弱 严重缺水
资源限制 缺乏利用
绿化杂乱 河流污染
丰富农田景观、增设景观节点、构建景观网络
利用乡土资源、恢复自然河道、构建生态系统
恢复自然林带、串联沿线资源、构建生态廊道
解决策略
行为活动
村民
游客
景观结构图
空间结构分析
颐养小筑
节点1
节点2和3
节点4
节点5
节点6
节点7
山海风情园
福地香茗园
节点断面分析
节点1（禅思亭）
节点2（颐养小筑）
节点3（梯状茶田）
节点7（蛙声一片亭）
节点6（海山真意亭）
节点5（流溪香石）
节点4（茶田栈道）
野餐烧烤
耕种体验
剖视图1-1（福地香茗园）
农闲游憩
茶饮休闲
观光拍照
栈道立面（山海风情园）

城乡规划学
范旭

从青岛到武汉，从海边到湖边，四个月的时间里，第一次真正意义上去接触一个乡村规划。王瑾老师的细心体贴，段德罡老师的认真犀利，蔡忠原老师的踏实细致，使得我们这一群从未接触乡村规划的孩子们能够一次次更深刻地去理解乡村以及乡村规划，感谢老师们不耐其烦地谆谆教诲。感谢其他三校的老师同学们，在过程中一次次的无私的分享，而最终能够坚持下来，最需要感谢的是队友们对自己的帮助以及忍耐，才能让我们一起走到最后。

在黄山村这样一个背山面海的美丽渔村之中，遇到了一群有意思的朋友，实在是一件幸运的事情。

城乡规划学
马琪茹

时间匆匆，近似四个月的联合毕业设计已然结束，从海洋大学开始，到森林大学截止，收获的不仅是专业的技巧，更多的是同龄伙伴的情谊，交流让我们更清楚地认识自己的不足。小组合作间的磨合和共识，更是毕业前的一份礼物。初到黄山村，只觉其美，依山傍海，村民怡然自得，但对于深入了解后，产业支柱的停止，造成转型的迫切，所以在小组专题上对产业进行了研究；在地块设计上，也选取了北部滨海休闲带进行打造：分为休闲、娱乐、体验、独享几个片区。

乡村中包含着广博的中国文化，此次毕业设计收益良多，相信对于以后的工作与学习工作都会大有裨益!

城乡规划学
刘静怡

在这次课程作业中，黄山村处于山海之间，山环水抱，本是占尽天时地利人和，比起中国大多数传统村落，好像不需要做什么规划提升。但是最后我们还是以山海文化度假示范基地的定位来打造它，这是学到最重要的一点，不能满足于现状，而应立足于现状和机遇给未来更多的发展契机。

转眼间四个月的毕业设计就结束了，作为最后一次课程作业，比起专业课上的知识，收获更多的是像这样的，在日后规划中起引导性作用的知识。感谢老师的谆谆教诲，感谢小组同学毫不懈怠的努力，从青岛到武汉，这份感情会铭记于心。

城乡规划学
张笑笑

时间很快，毕业设计很累。但不论身体多么疲惫，心中的喜悦和浓浓的成就感仿佛冲抵了一切。虽然成果不像想象中那么的完美，但大家一起工作的过程会永远在脑海中留驻。最感谢段老师，几位老师的教导，真的学了很多的东西，期间欢笑也罢，怒骂也罢，都将成为我人生中一段不可忘却的经历。感谢老师和我的同学，也感谢我的毕业设计。

风景园林学
梁鹏飞

心有瑰宝，灿若星辰。回顾毕业设计前后历程，有太多的场景和记忆充满感动，值得回味。感谢身边的每一个关心支持我的师长朋友，愿每一个人都能在这阳光下的土地成就最好的自己。我的毕业设计指导老师段德罡老师，学识渊博、为人谦和，他对待乡村规划的严谨态度和精益求精的工匠精神，让我深深的发自内心的敬仰。另外两位指导老师王瑾老师、蔡忠原老师对我耐心细致地教导让我感动和铭记，在此真诚感谢老师对我的关怀、教导和帮助。

我要深深感谢我们西安建筑科技大学风景园林专业的创始人佟裕哲老先生，是他的博学风范与爱国精神，一生笃行的“宁匠勿华”的治学思想，深深地感染着我一直在坚持这个专业的学习，这种济世觉人的家国情怀和段老师所倡导的乡村规划师的热忱与精神高度契合。我也希望通过这次乡村规划的锻炼和学习，乘着中央乡村振兴的春风，能为日后故乡的建设发展贡献我的有生力量。

山·海·经营

昆明理工大学 Kunming University of Science and Technology

参与学生：任思奇　谢婉婧　温俊伟　戴璐璐　卢攀登
指导教师：赵　蕾　吴　松　杨　毅

教师释题：

随着我国经济的增长、城镇化进程的快速发展，乡村发展受到了严重的冲击，乡村安全问题面临着严峻的挑战，如何确保乡村的生态环境安全、经济安全、社会安全、文化安全，实现十九大报告提出的乡村振兴战略，是我们今后乡村规划的重点。

黄山村，地处青岛崂山风景区内，黄海之滨，占据着良好的地理区位，拥有优美的环境资源和丰富的旅游资源，如何充分挖掘利用旅游资源发展乡村旅游，生态资源发展生态农业，渔业资源发展渔业生产，本次设计师生们驻扎到农村，和村民进行深入的交流，听取村民的诉求，让村民参与到村庄规划建设中，通过详实的调研、深刻的梳理，采用引进技术、资金、民宿经营管理经验的产业发展策略，通过科学、严谨的规划设计，经营好山，经营好海，带动村民走上产业振兴之路，让村民们能在此安居乐业，是我们木次设计的宗旨。

现状产业发展脉络

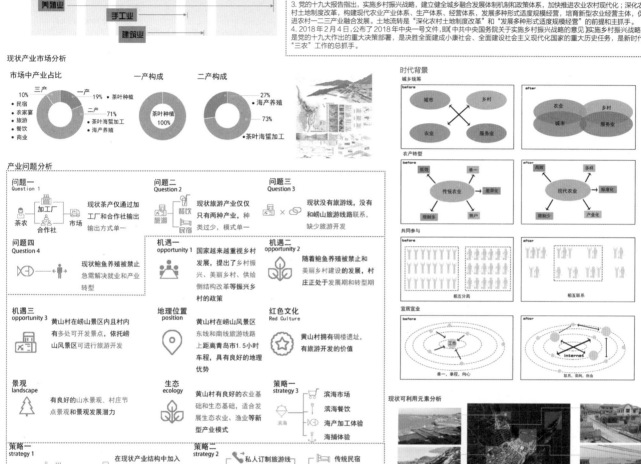

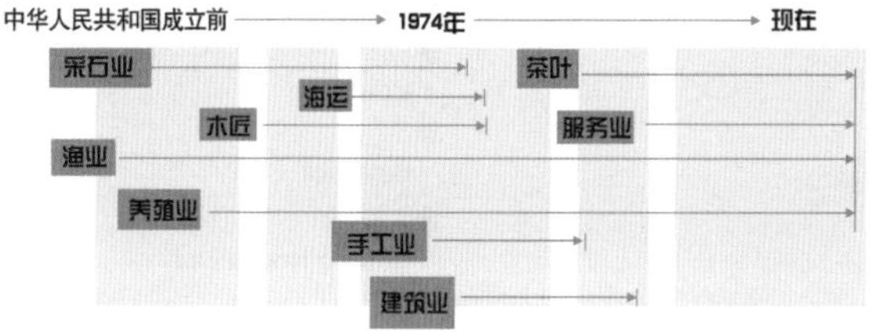

政策背景

1. 2012 年，十八大提出，要大力推进生态文明建设，努力建设美丽中国，实现中华民族永续发展；要推动城乡发展一体化，形成以工促农、以城带乡、工农互惠、城乡一体的新型工农、城乡关系。标志美丽乡村正式推开到全国范围。
2. 2017 年中央一号文件首次提出了“田园综合体”这一新概念，“支持有条件的乡村建设以农民合作社为主要载体、让农民充分参与和受益，集循环农业、创意农业、农事体验于一体的田园综合体，通过农业综合开发、农村综合改革转移支付等渠道开展试点示范”。这是加快推进农业供给侧结构性改革，实现乡村现代化和新型城镇化联动发展的一种新模式，是培育和转换农业农村发展新动能，推动现有农庄、农场、合作社、农业特色小镇、农业产业园以及农旅产业、乡村地产等转型升级的新路径，具有广阔的发展前景。
3. 党的十九大报告指出，实施乡村振兴战略，建立健全城乡融合发展体制机制和政策体系，加快推进农业农村现代化；深化农村土地制度改革，构建现代农业产业体系、生产体系、经营体系，发展多种形式适度规模经营，培育新型农业经营主体，促进农村一二三产业融合发展。土地流转是“深化农村土地制度改革”和“发展多种形式适度规模经营”的前提和主抓手。
4. 2018 年 2 月 4 日，公布了 2018 年中央一号文件，即《中共中央国务院关于实施乡村振兴战略的意见》实施乡村振兴战略，是党的十九大作出的重大决策部署，是决胜全面建成小康社会、全面建设社会主义现代化国家的重大历史任务，是新时代“三农”工作的总抓手。

现状产业市场分析

时代背景

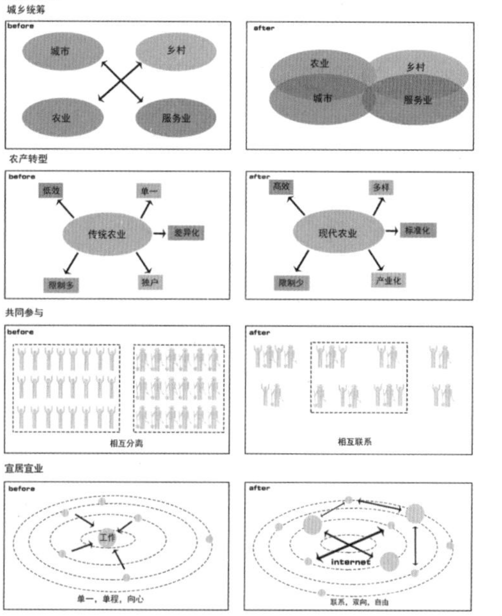

产业问题分析

问题一 Question 1

茶农 加工厂 合作社 市场

现状茶产业仅通过加工厂和合作社输出，输出方式单一

问题二 Question 2

旅游 餐饮 民宿

现状旅游产业仅仅只有两种产业，种类过少，模式单一

问题三 Question 3

现状没有旅游线，没有和崂山旅游线路联系，缺少旅游开发

问题四 Question 4

现状鲍鱼养殖被禁止，急需解决就业和产业转型

机遇一 opportunity 1

国家越来越重视乡村发展，提出了乡村振兴、美丽乡村、供给侧结构改革等振兴乡村的政策

机遇二 opportunity 2

随着鲍鱼养殖被禁止和美丽乡村建设的发展，村庄正处于发展期和转型期

机遇三 opportunity 3

黄山村在崂山景区内且村内有多处可开发景点，依托崂山风景区可进行旅游开发

地理位置 position

黄山村在崂山风景区东线和南线旅游线路上距离青岛市1.5小时车程，具有良好的地理优势

红色文化 Red Culture

黄山村拥有碉楼遗址，有旅游开发的价值

景观 landscape

有良好的山水景观、村庄节点景观和景观发展潜力

生态 ecology

黄山村有良好的农业基础和生态基础，适合发展生态农业、渔业等新型产业模式

策略一 strategy 3

滨海

- 滨海市场
- 滨海餐饮
- 海产加工体验
- 海捕体验

策略一 strategy 1

农户 合作社 加工厂 旅游 网络平台 市场

在现状产业结构中加入旅游和网络平台，使市场与互联网接轨，扩大市场形成良性竞争，农户通过委托加工可以自己进行销售

策略二 strategy 2

旅游

- 私人订制旅游线
- 与旅游平台合作
- 建立网上平台
- 体验式旅游

- 传统民宿
- 美食街
- 民俗表演
- 旅游商品

现状可利用元素分析

改造节点A：海蜇加工厂

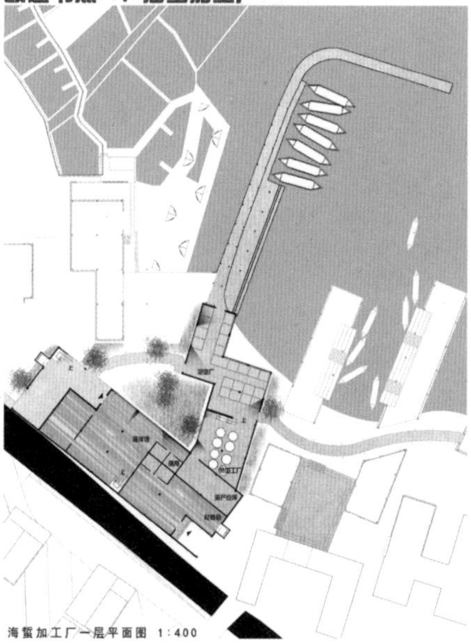

海蜇加工厂一层平面图 1:400

生成图解

交通流线

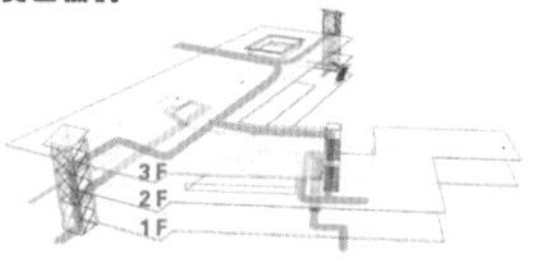

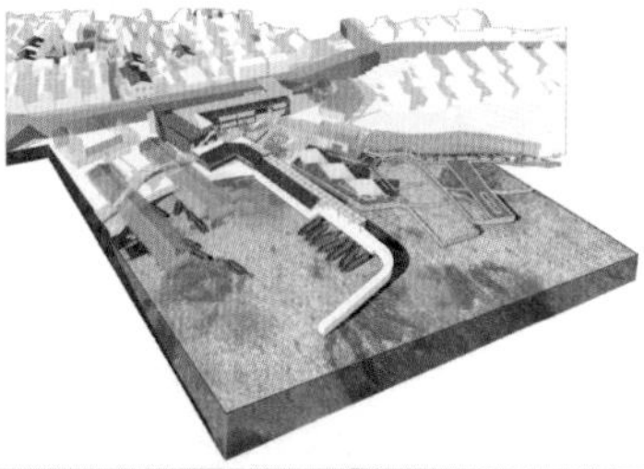

海蜇加工厂二层平面图 1:400

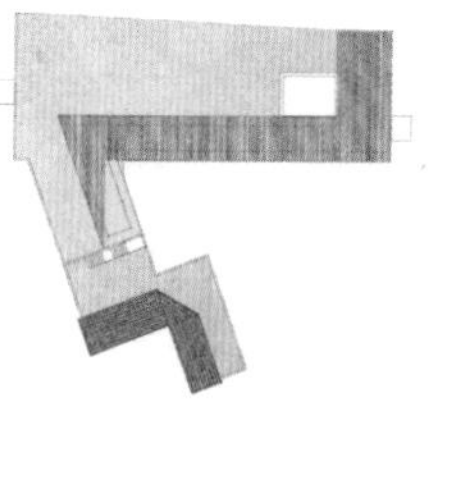

海蜇加工厂屋顶平面图 1:400

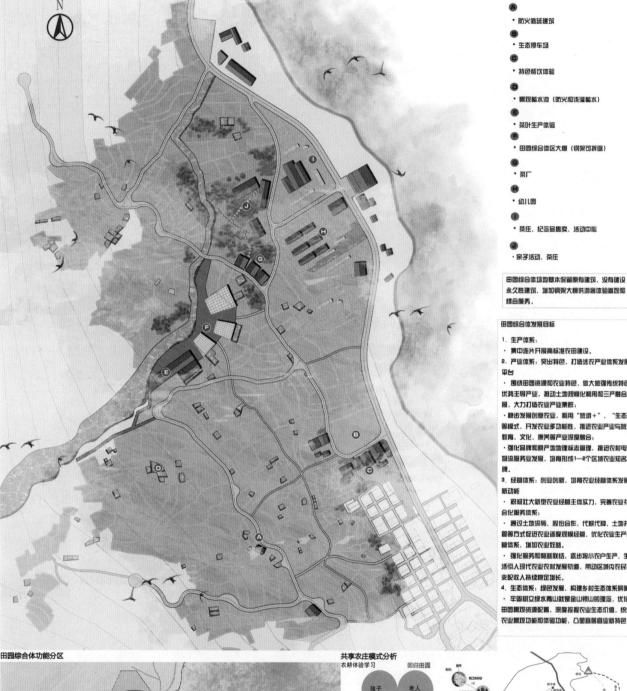

A
· 防火值班建筑
B
· 生态停车场
C
· 特色餐饮体验
D
· 景观蓄水池（防火和浇灌蓄水）
E
· 茶叶生产体验
F
· 田园综合体区大棚（钢架可拆除）
G
· 茶厂
H
· 幼儿园
I
· 茶庄、纪念品售卖、活动中心
J
· 亲子活动、茶庄

田园综合体场地基本保留原有建筑，没有建设永久性建筑，增加钢架大棚供游客体验参观和综合服务。

田园综合体发展目标

1. 生产体系：
· 集中连片开展高标准农田建设。
2. 产业体系：突出特色，打造涉农产业体系发展平台
· 围绕田园资源和农业特色，做大做强传统特色优势主导产业，推动土地规模化利用和三产融合发展，大力打造农业产业集群；
· 稳步发展创意农业，利用“旅游+”、“生态+”等模式，开发农业多功能性，推进农业产业与旅游、教育、文化、康养等产业深度融合；
· 强化品牌和原产地地理标志管理，推进农村电商、物流服务业发展，培育形成1—2个区域农业知名品牌。
3. 经营体系：创业创新，培育农业经营体系发展新动能
· 积极壮大新型农业经营主体实力，完善农业社会化服务体系；
· 通过土地流转、股份合作、代耕代种、土地托管等方式促进农业适度规模经营，优化农业生产经营体系，增加农业效益。
· 强化服务和利益联结，逐步将小农户生产、生活引入现代农业农村发展轨道，带动区域内农民可支配收入持续稳定增长。
4. 生态体系：绿色发展，构建乡村生态体系屏障
· 牢固树立绿水青山就是金山银山的理念，优化田园景观资源配置，深度挖掘农业生态价值，统筹农业景观功能和体验功能，凸显宜居宜业新特色。

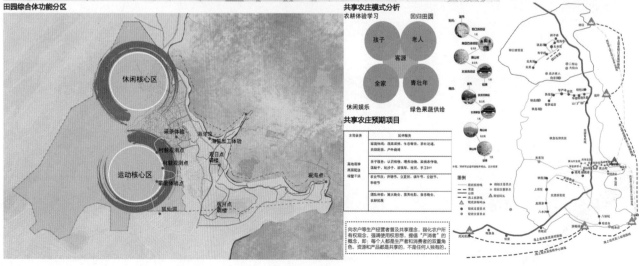

田园综合体功能分区

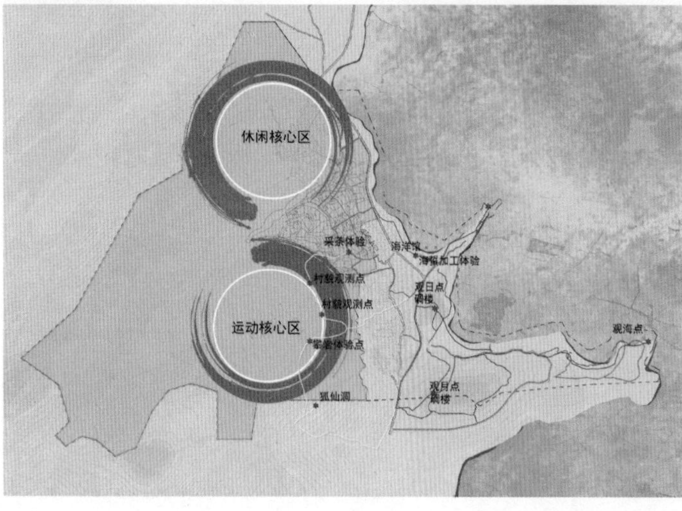

共享农庄模式分析

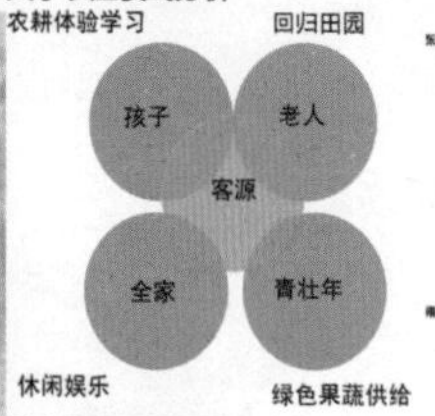

共享农庄预期项目

主营业务	延伸服务
菜地租种 蔬菜配送 绿盟干活	家庭休闲：蔬菜采摘、生态餐饮、茶社论道、自助厨房、户外烧烤
	亲子服务：认识植物、喂养动物、采摘农作物、荡秋千、玩沙子、滚铁环、捉河、手工DIY
	农业节庆：开锄节、立夏粥、端午节、立秋节、丰收节
	团队体验：篝火晚会、露天电影、音乐晚会、农耕拓展

向农户等生产经营者普及共享理念，弱化农户所有权观念，强调使用权思想，提倡“产消者”的概念，即：每个人都是生产者和消费者的双重角色，资源和产品都是共享的，不是任何人独有的。

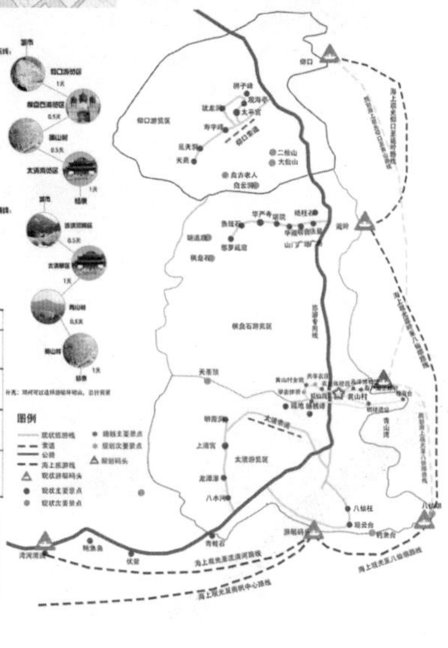

【区位分析】

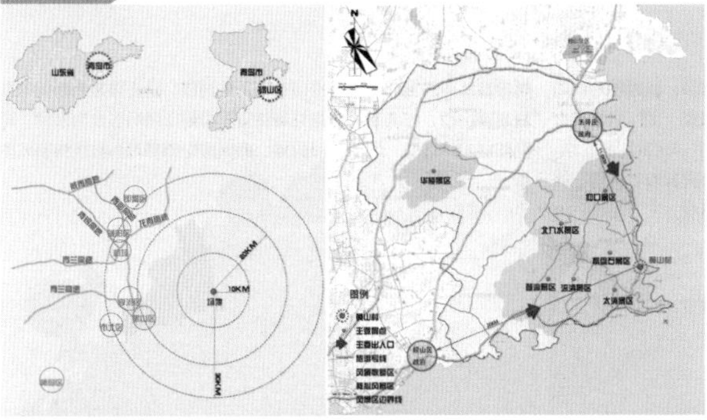

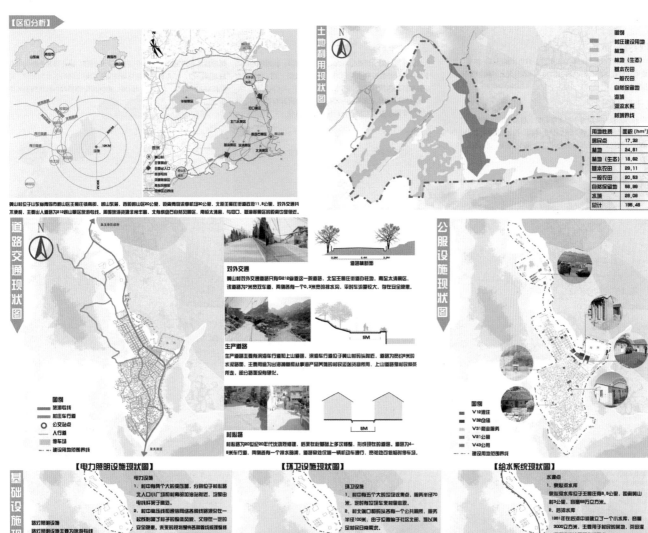

黄山村位于山东省青岛市崂山区王哥庄镇南部，崂山东麓，西距崂山区20公里，距离青岛流亭机场30公里，北距王哥庄街道政府11.8公里，对外交通并不便利，主要出入道路为212崂山景区旅游专线，周围旅游资源非常丰富，北有棋盘石自然风景区，南临太清宫，与仰口、垭湾等景区的距离也是很近。

土地利用现状图

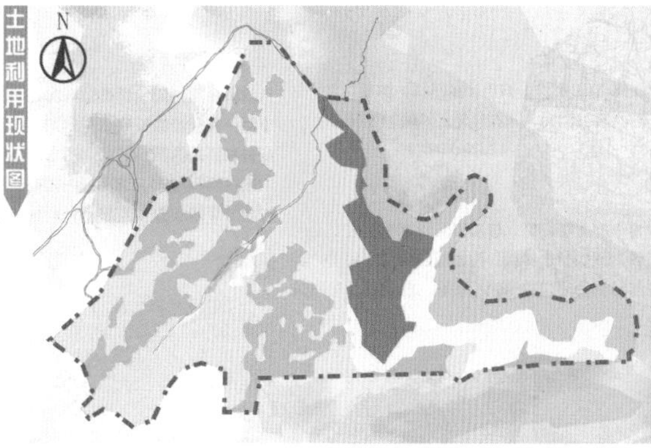

用地性质	面积（hm^2）
居民点	17.32
林地	24.81
林地（生态）	18.62
基本农田	29.11
一般农田	20.53
自然保留地	56.99
水域	28.08
总计	195.48

道路交通现状图

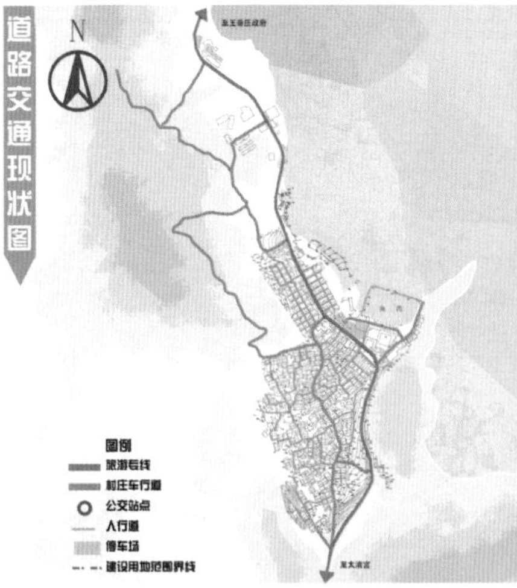

对外交通

黄山村对外交通道路只有S212省道这一条道路，北至王哥庄街道办驻地，南至太清景区，该道路为7米宽双车道，两侧各有一个0.3米宽的排水沟，平时车流量较大，存在安全隐患。

生产道路

生产道路主要有滨海车行道和上山道路，滨海车行道位于黄山村码头附近，道路为宽约8米的水泥路面，主要用途为出海捕鱼和从事海产品养殖的村民运送货物所用，上山道路是村民种茶所走，部分路面没有硬化。

村心路

村心路为20世纪20年代坎涧烈修建，后来在此基础上多次修整，形成现在的道路，道路为4−6米车行道，两侧各有一个排水暗渠，道路窄处仅能一辆机动车通行，宽裕处可做临时停车场。

公服设施现状图

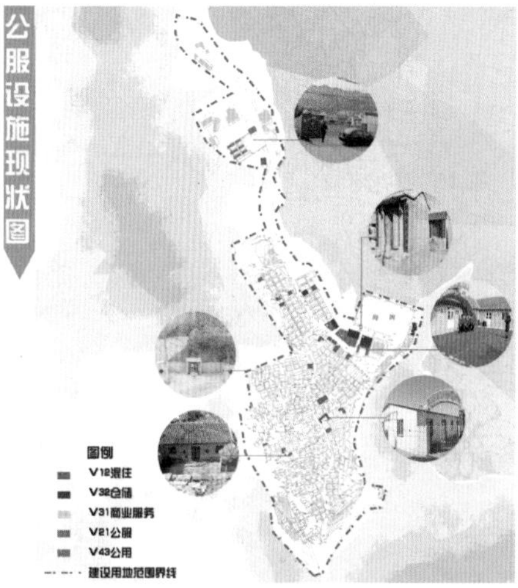

基础设施现状图

【电力照明设施现状图】

【环卫设施现状图】

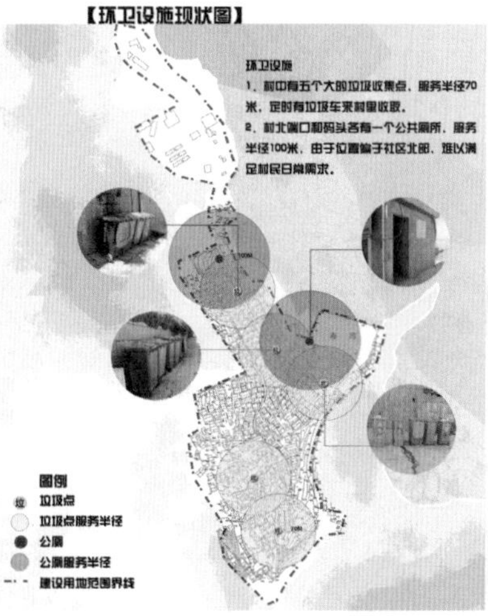

【给水系统现状图】

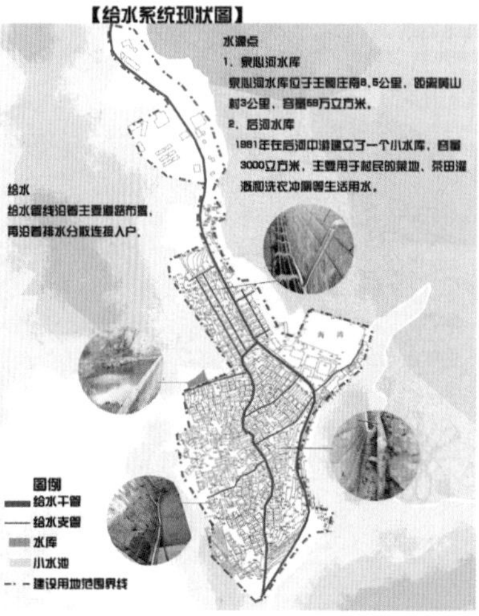

水源点
1．泉心河水库
泉心河水库位于王哥庄南8.5公里，距离黄山村3公里，容量59万立方米。
2．后河水库
1981年在后河中游建立了一个小水库，容量3000立方米，主要用于村民的菜地、茶田灌溉和洗衣冲厕等生活用水。
给水
给水管线沿着主要道路布置，再沿着排水分散连接入户。
图例
给水干管
给水支管
水库
小水池
建设用地范围界线

【排水系统现状图】

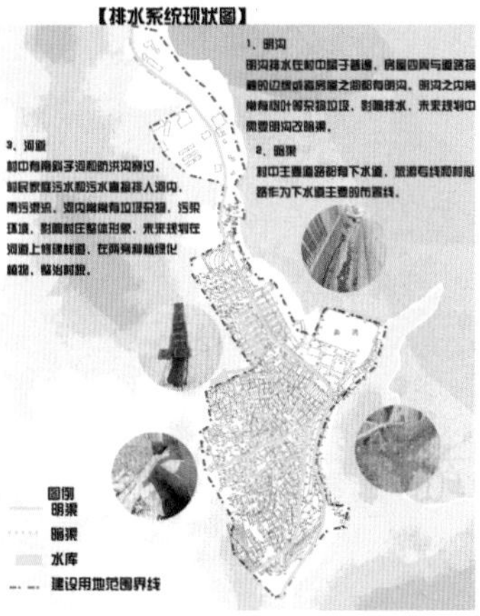

基础设施策略

【电力照明系统】

电线和电信线等均由原来架空改为埋地，整治村庄风貌，村庄内重要节点保障路灯照明，消除安全隐患。

【给水工程】

水源点

水源点仍然为黄山水库，将后河水库扩大一倍，在河道设置一些小坝拦截储水，解决生产用水问题。

给水工程

用水量预测

规划给水按照人均150L/人·日，总人口为1070人，总供水量为160.5立方米/日。

【排水工程】

本次规划排水体制为雨污分流制。

污水量按照生活用水量的70%考虑，污水总量为1123.5立方米/日。

【环卫设施】

垃圾收集站

保留原来的三个垃圾点，在村心路的北入口和中间段新增两个垃圾点，垃圾车每天准时将收集好的垃圾运出村外。

公厕

规划建设三个公厕，一个建在海洋馆附近，一个建在北段村入口停车场，另一个建在南端停车场，面积均为40平方米。

【防灾工程】

消防

村心路和上山道路均改造为宽度4米以上的车行道路，可供消防车通行，另外在高处修建小蓄水池，可收集雨水做消防供水。

防洪

沿着村子接近山体的部分修建一圈防洪沟，南斜子后河仍然承担泄洪灌溉的作用。

道路交通策略

【对外交通】

S212旅游专线仍然作为黄山村主要的对外交通路线，将道路上空的杂乱电线整理埋地，修补破损路面，清理道路上的杂物，在道路两旁增加绿化。

【生产道路】

生产道路主要为滨海道路和上山道路，在原来的道路基础上整治修建，滨海道路整治环境，增加路边植物，营造良好的村庄景观。上山道路主要在原来道路基础上修建四米水泥道路，保障村庄生产车辆和消防车通行。

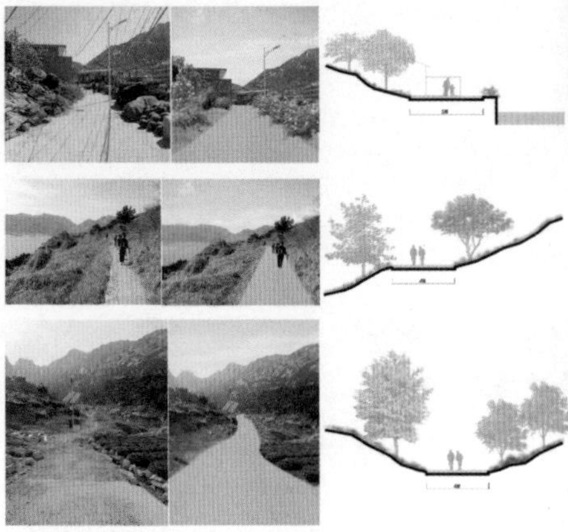

【人行道】

人行道分为村内街巷和沿着河道的滨水栈道，疏通部分村内街巷，至交通体系通达，整治街巷路面环境，加以植物绿化，提升村庄整体景观效果。滨水栈道设计为1.5米木栈道，两边加以植物绿化，连接村内街巷，可供村民和游客使用，既解决了交通问题，又能提升村庄的整体形象。

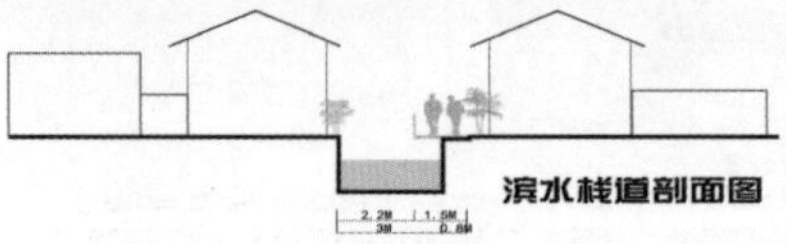

滨水栈道剖面图

【村心路】

村心路整治保障最窄处四米可供消防车通行，路面铺砖青采用当地材料崂山石，在道路与建筑交接宽裕的位置设置小型公共空间，道路两侧管线埋地，明沟改设暗渠，加以绿化植物提升村庄的整体形象。

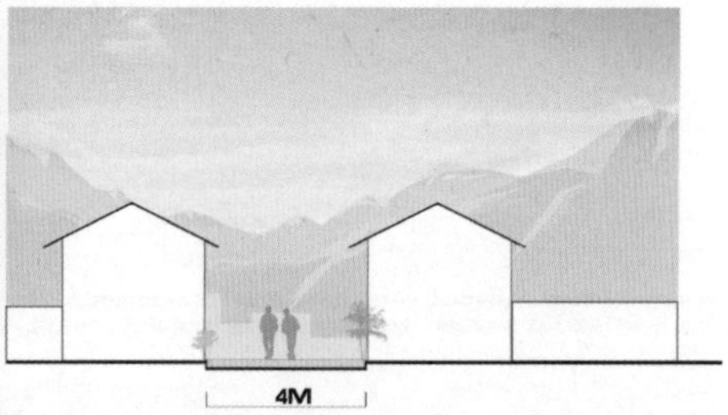

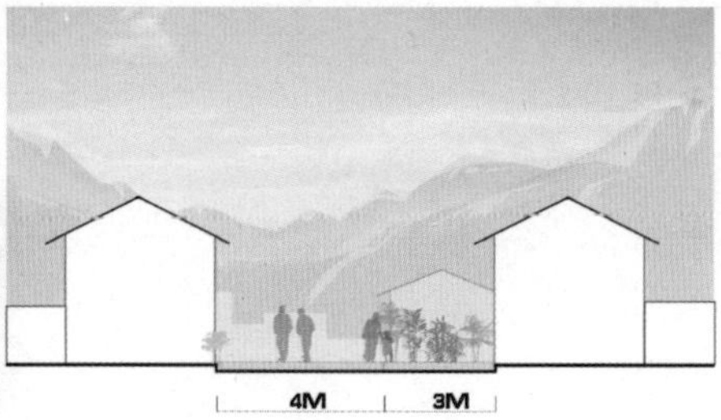

【停车场】

北部停车

利用地形高差，做成三级台阶式坡地停车场，共有84个车位，加以绿化植物，形成良好的生态景观。

南部停车场

利用地形高差，做成两层停车平面，共有141个车位，停车场分上下两个入口，加以种植绿化植物，形成良好的景观视野。

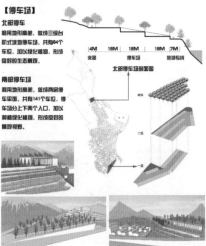

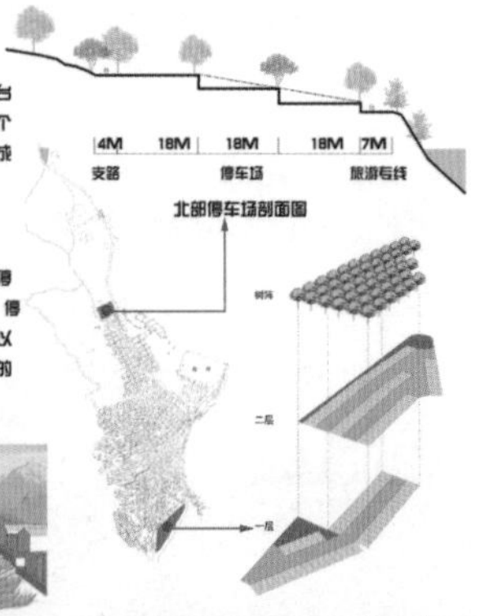

北部停车场剖面图

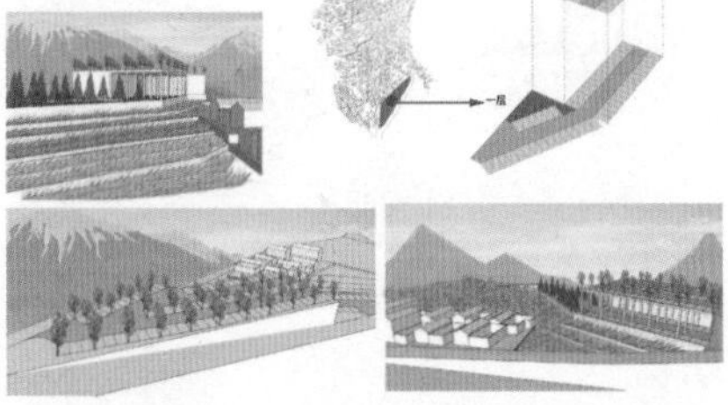

道路交通规划图

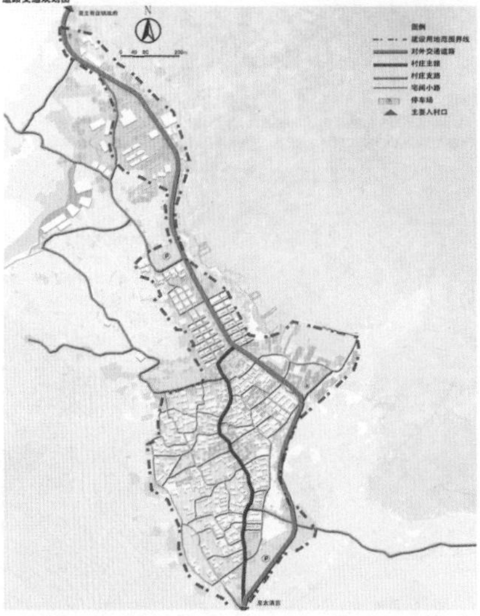

电力照明系统规划图

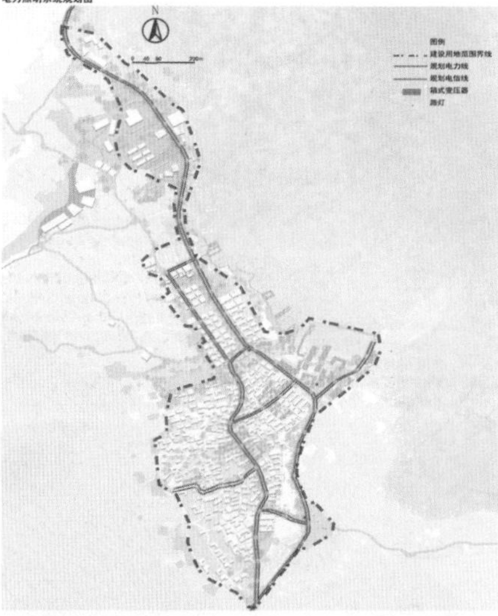

环卫设施规划图

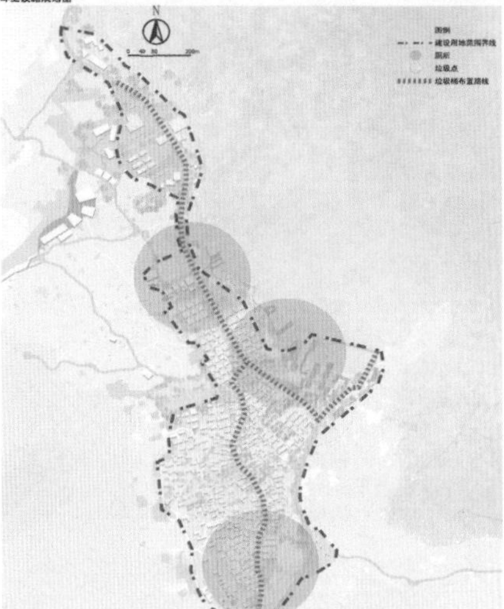

道路交通规划图

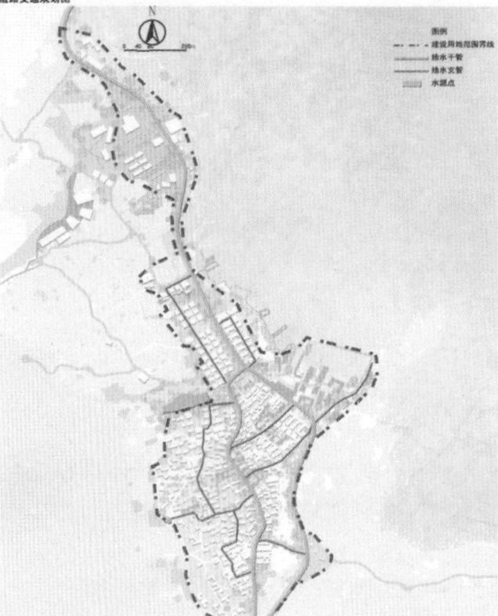

环卫设施规划图

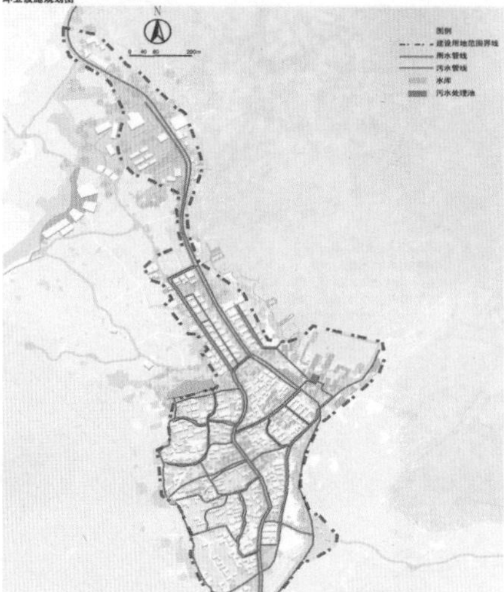

设计思路

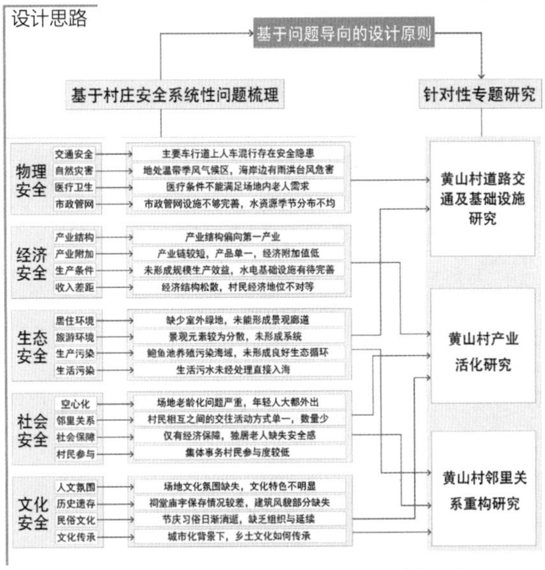

如何重构邻里关系

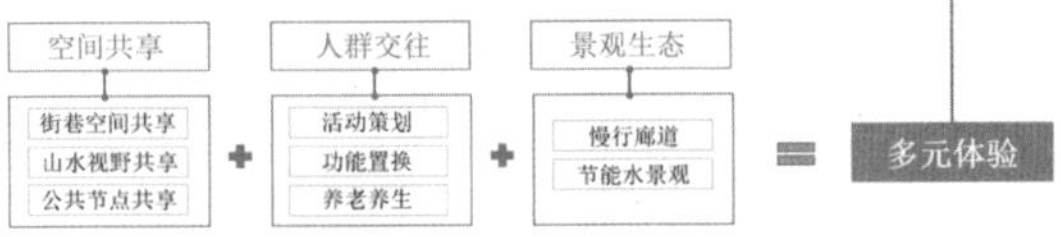

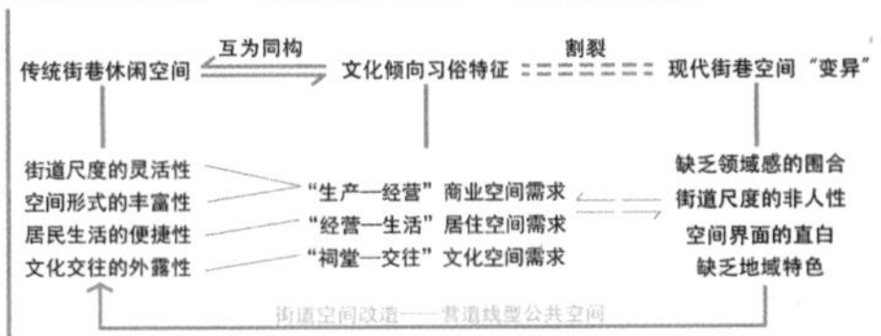

什么是线型公共空间?

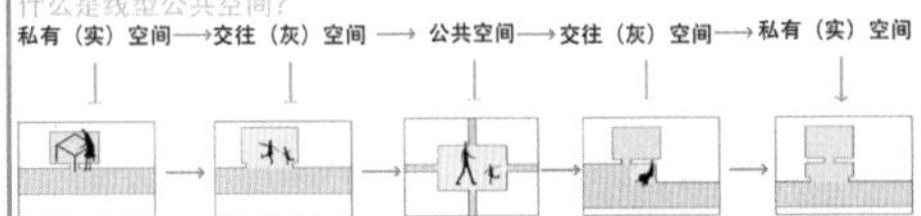

改造策略一

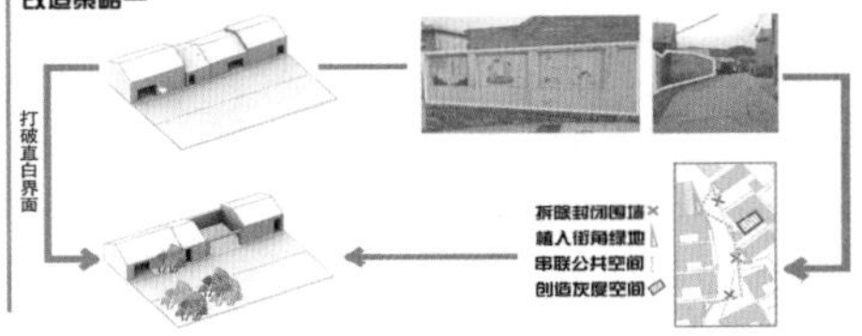

人群交往

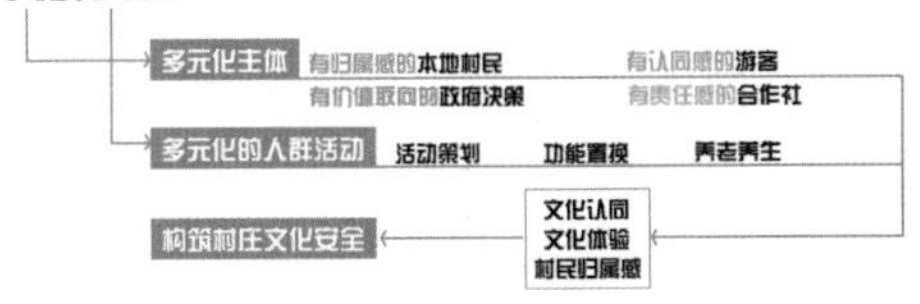

文化活动历史

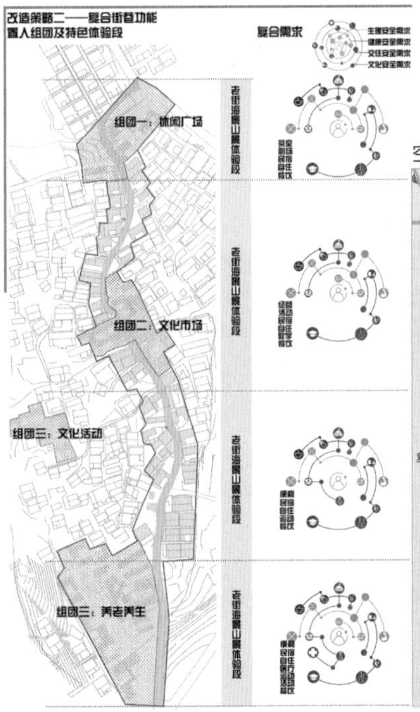

空间共享—节点串联

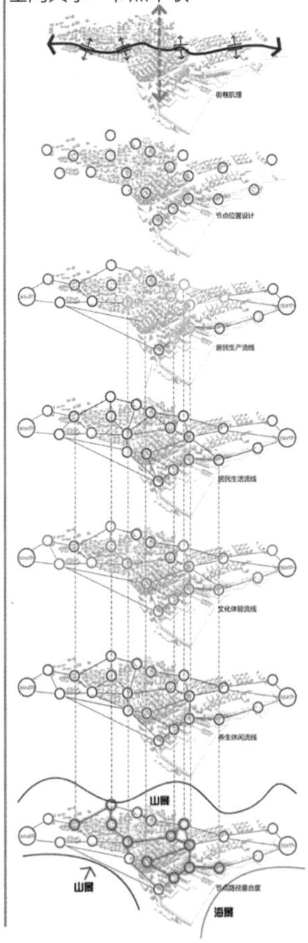

空间共享—居住区规划结构

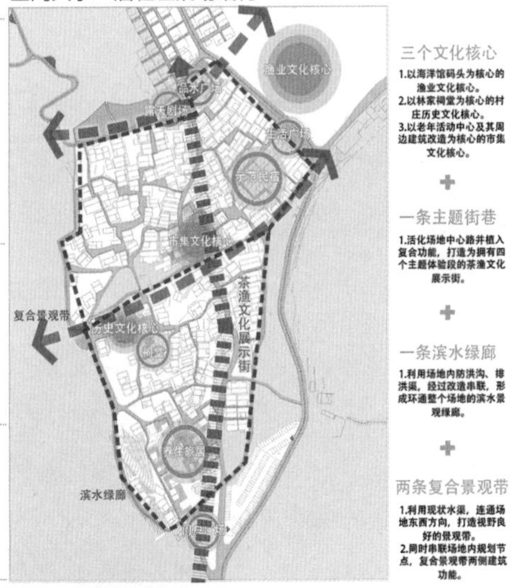

人群交往—活动策划

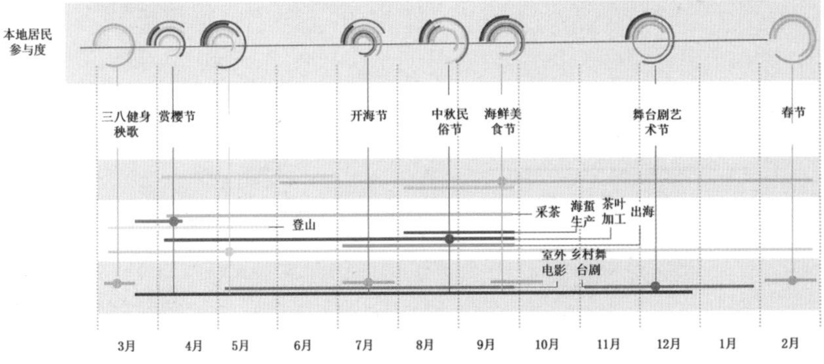

人群交往—功能置换

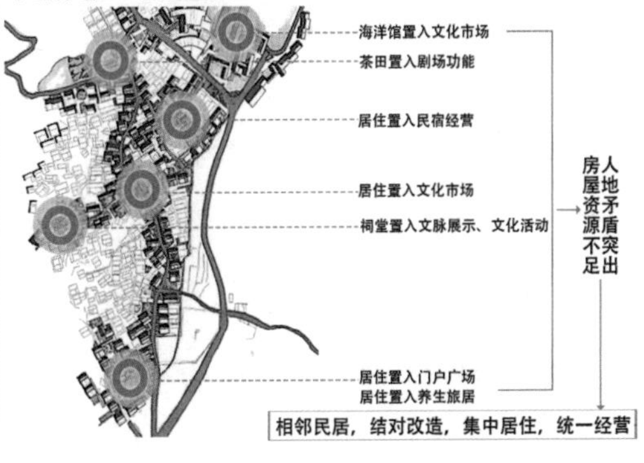

村庄安全
——青岛滨海典型乡村规划设计

人群交往—养老养生

场地养老策略

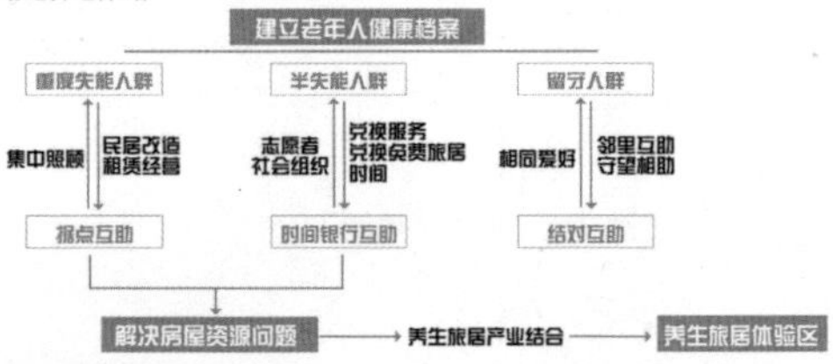

土地经营方式

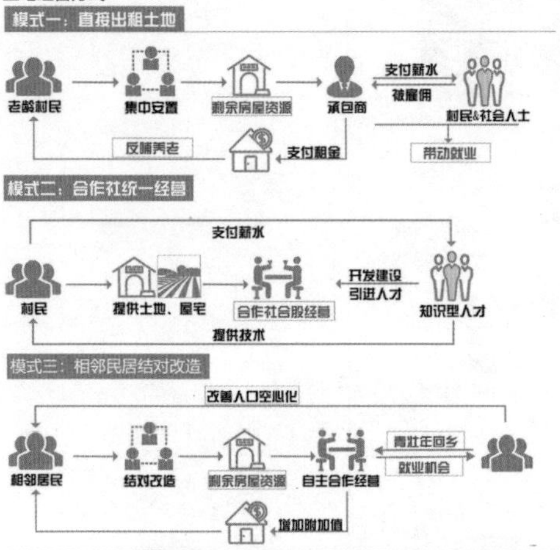

空间改造策略

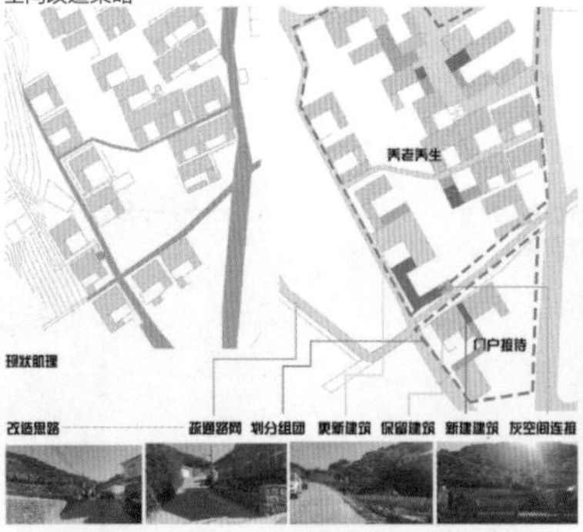

多元体验

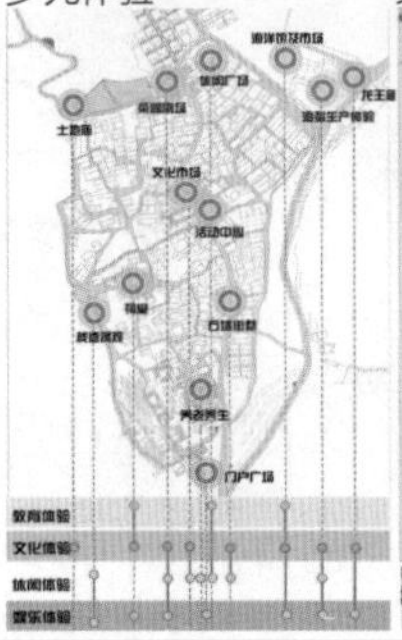

景观生态—慢行廊道

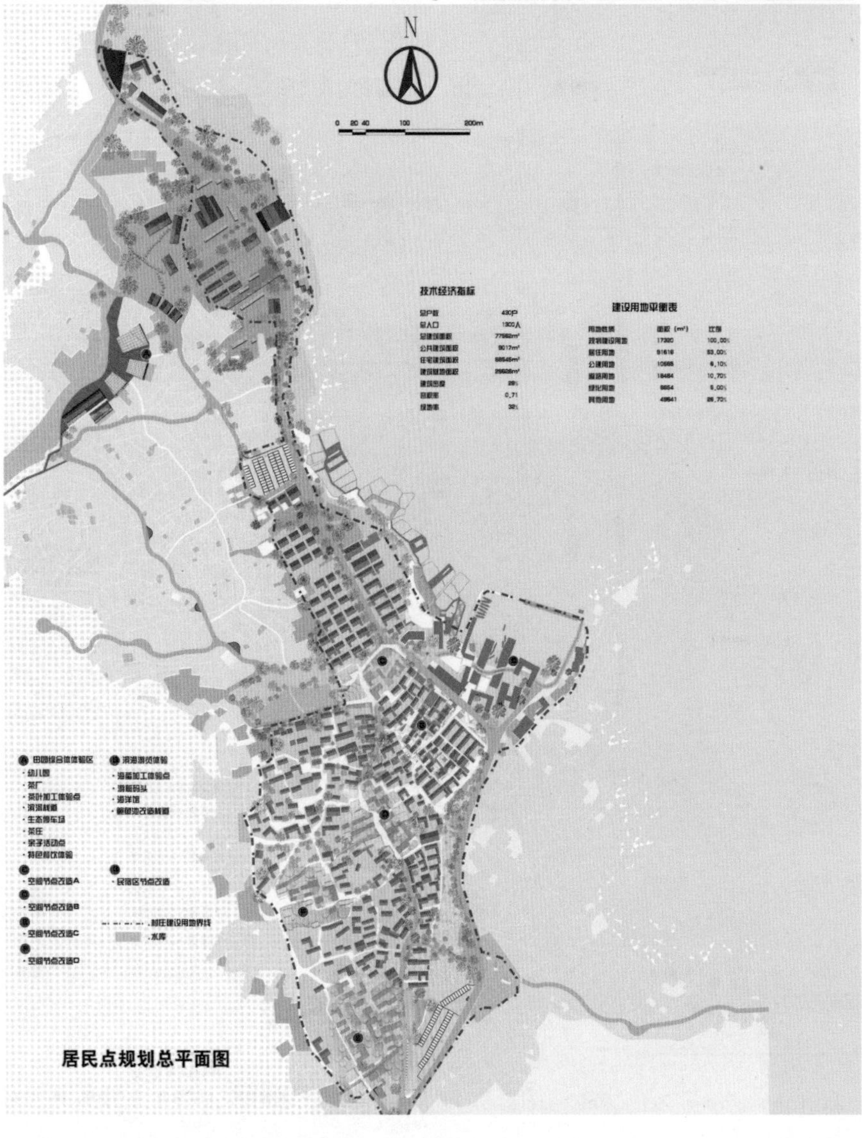

技术经济指标

总户数	430户
总人口	1300人
总建筑面积	77562m²
公共建筑面积	9017m²
住宅建筑面积	68545m²
建筑基地面积	29626m²
建筑密度	28%
容积率	0.71
绿地率	32%

建设用地平衡表

用地性质	面积（m²）	比例
规划建设用地	17320	100.00%
居住用地	91616	53.00%
公建用地	10566	6.10%
道路用地	18484	10.70%
绿化用地	8654	5.00%
其他用地	49641	28.70%

居民点规划总平面图

组团一：休闲广场

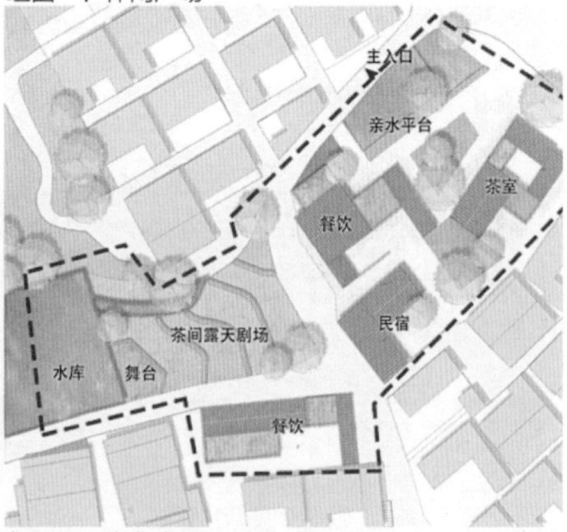

组团二：文化市场

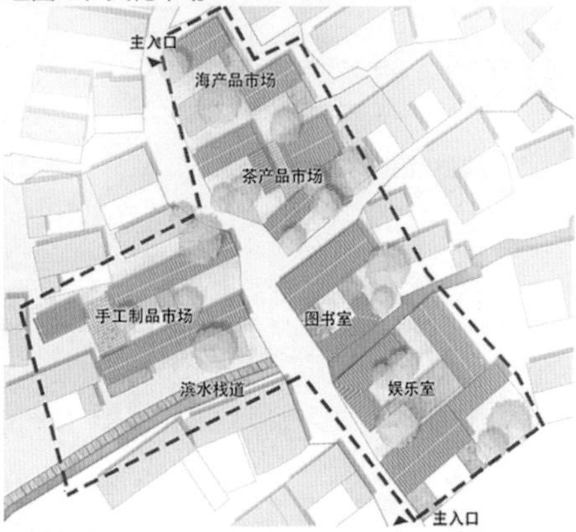

组团三：文化活动

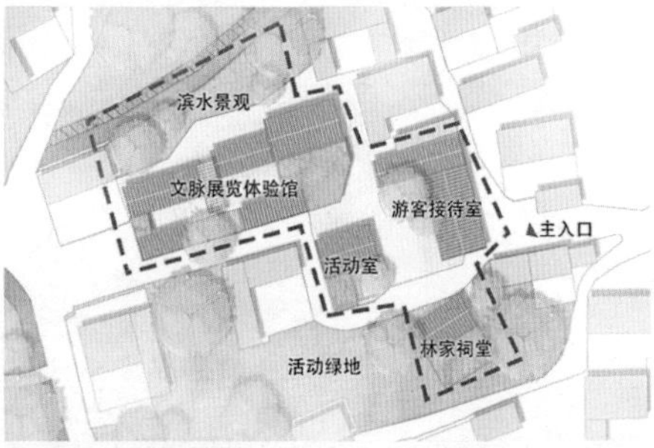

组团四：养老养生

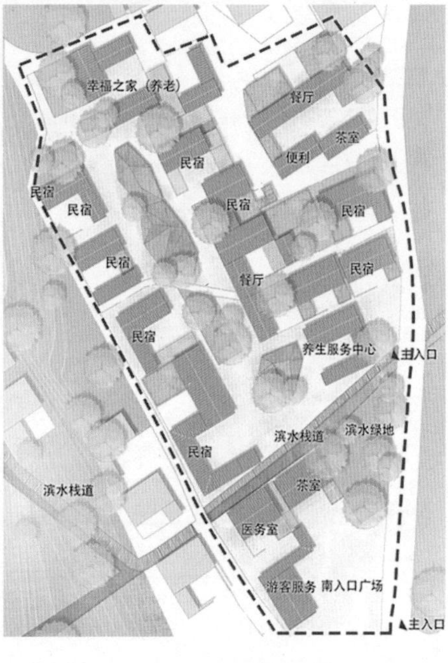

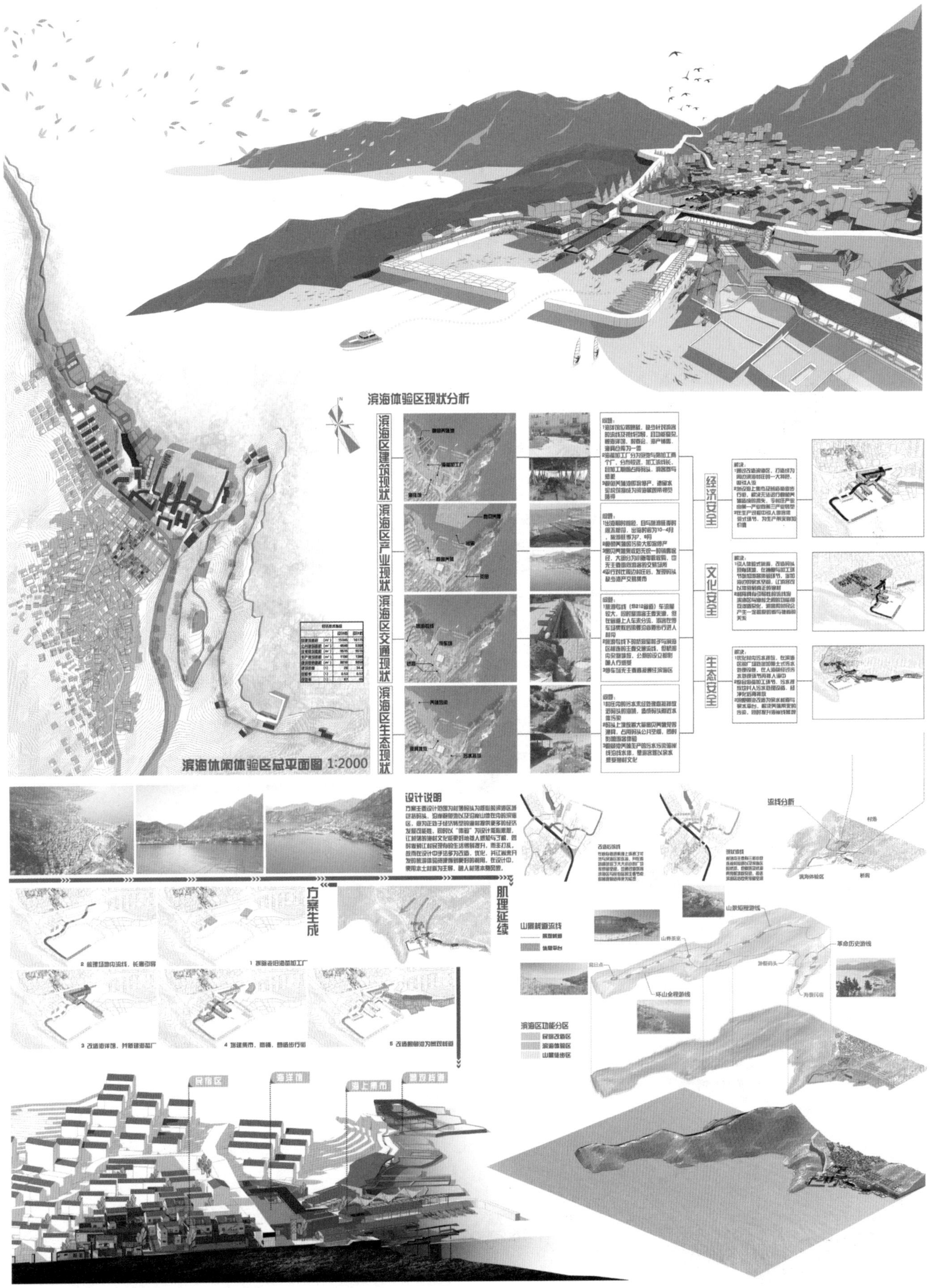

滨海体验区现状分析
滨海区建筑现状
滨海区产业现状
滨海区交通现状
滨海区生态现状
问题：
1海洋馆位置隐蔽，缺少针对游客的流线及视线引导，且功能复杂，将海洋馆、村委会、海产销售、渔具仓库为一体
2海带加工厂分为泡池与晾加工两个厂，分布较远，加工流线长，且加工期间占用码头，游客参与感差
3鲍鱼养殖池即将停产，遗留水泥构筑物成为滨海景观带视觉障碍
问题：
1出海期时间短，且与旅游旺季时间不相符，出海时间为10-4月，旅游旺季为7、8月
2鲍鱼养殖因污染大即将停产
3扇贝养殖集收后无统一的销售途径，大部分为小商零散收购，也无主要面向游客的交易场所
4经行对比周边村庄后，发现码头缺少海产交易集市
问题：
1旅游专线（S212省道）车流量较大，同时是游客主要来源，但在省道上人车未分流，游客在停车场停靠后需要沿省道步行进入村内
2旅游专线下的桥洞是村子与滨海区相连的主要交通流线，但桥洞内杂物堆放，公厕的设立都影响人行感受
3停车场无主要道路通往滨海区
问题：
1村庄内的污水未经处理直接排放进码头的海域，造成码头附近水体污染
2码头上堆放着大量扇贝养殖笼等渔具，占用码头公共空间，同时影响游客体验
3鲍鱼池养殖生产的污水污染海岸线沿线水体，使游客难以亲水感受渔村文化
经济安全
文化安全
生态安全
解决：
1通过改造滨海区，打造成为周边滨海村庄的一大特色，吸引人流
2增设海上集市及景观步道步行街，解决无法进行鲍鱼养殖造成的损失，亦村庄产业由第一产业向第三产业转型
3在生产过程中引入游客体验式环节，为生产带来附加价值
解决：
1引入体验式旅游，改造码头现有环境，在海带与加工环节增加游客体验环节，增加海边的亲水空间，让游客可以体验到真正的渔村
2利用具有引导性的流线将滨海区与渔村之间的功能相互渗透融化，游客和村民会产生一定程度的参与体验的关系
解决：
1优化村内污水排放，在滨海区的广场处增加地埋式污水处理设施，在人海前经过污水处理环节再排入海中
2整合海带加工环节，污水排放均引入污水处理设备，经净化后再排放
3将鲍鱼池改造为亲水栈道与亲水平台，解决养殖带来的污染，同时提升海岸线景观
滨海休闲体验区总平面图 1:2000
设计说明
方案主要设计范围为村落码头为核心的滨海区域，包括码头、沿海养殖池以及沿岸山体在内的滨海区。意为正处于经济转型的渔村提供更多的经济发展可能性，同时以“体验”为设计核心思想，让村落的渔村文化能更好地被人感知与了解，同时做到让村民现有的生活得到提升，而非打乱。故而在设计中手法多为改造、优化，并让尚未开发的旅游体验资源得到更好的利用。在设计中，使用本土材料为主导，融入村落本身风貌。
改造后流线
现状流线
流线分析
村落
滨海体验区
桥洞
方案生成
肌理延续
1 拆除老旧海带加工厂
2 梳理场地内流线、长廊引导
3 改造海洋馆，并新建海鲜厂
4 加建集市、商铺、景观步行街
5 改造鲍鱼池为景观栈道
山景栈道流线
景观栈道
休憩平台
山景栈道游线
山顶茶家
观日点
革命历史游线
游艇码头
环山全程游线
海景民宿
滨海区功能分区
民宿改造区
滨海体验区
山景链接区
民宿区
海洋馆
海上集市
景观栈道

村庄安全
——青岛滨海典型乡村规划设计

改造节点A：海蜇加工厂

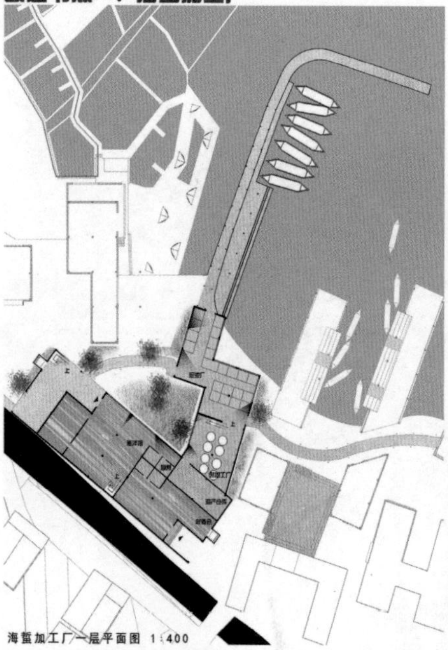

海蜇加工厂一层平面图 1:400

生成图解

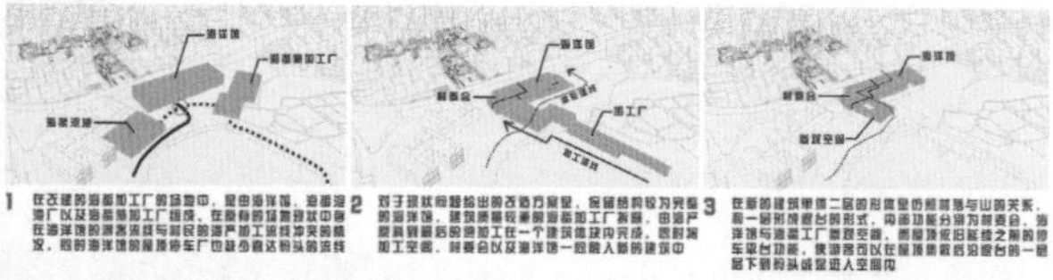

交通流线

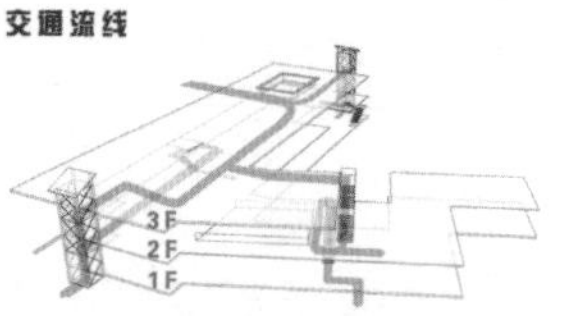

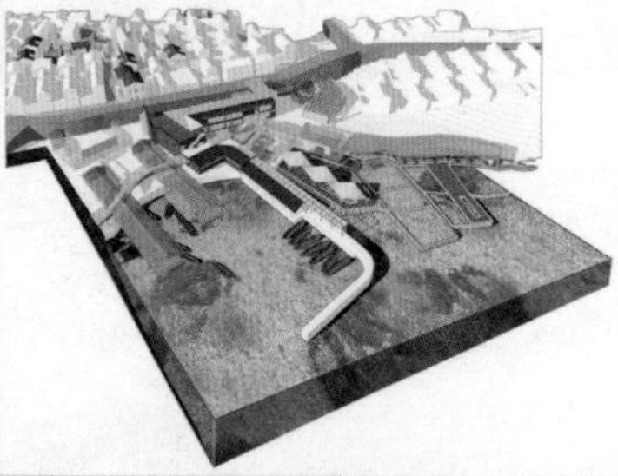

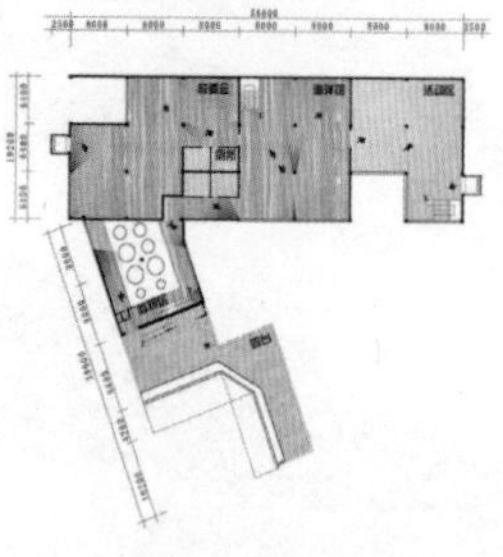

海蜇加工厂二层平面图 1:400

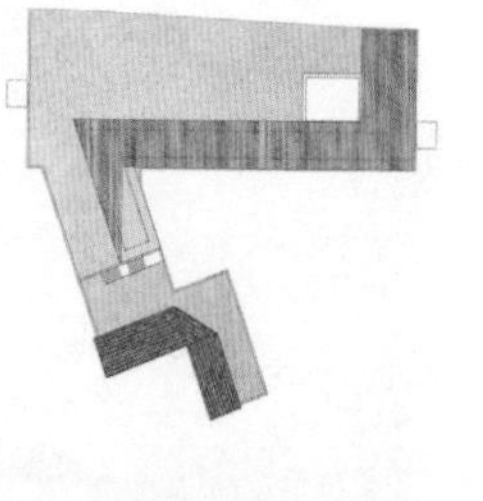

海蜇加工厂屋顶平面图 1:400

1F室内功能轴侧

2F室内功能轴侧

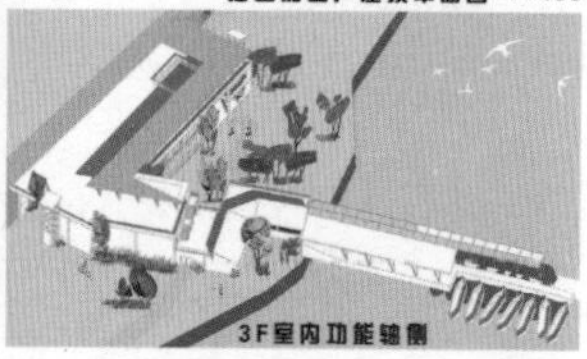

3F室内功能轴侧

海蜇加工厂1-1剖透视图

海蜇加工厂立面图 1:400

改造节点B：海湾集市

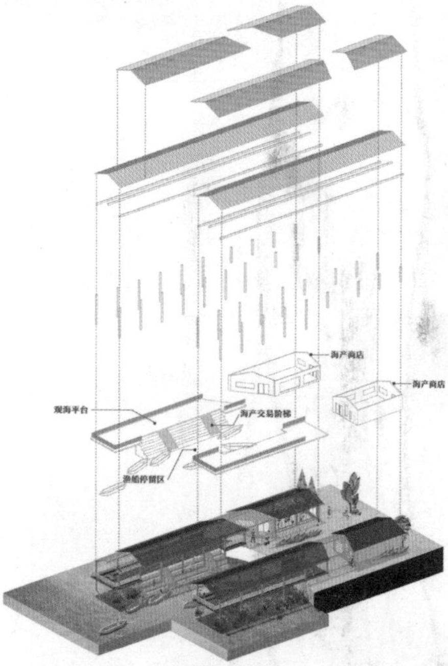

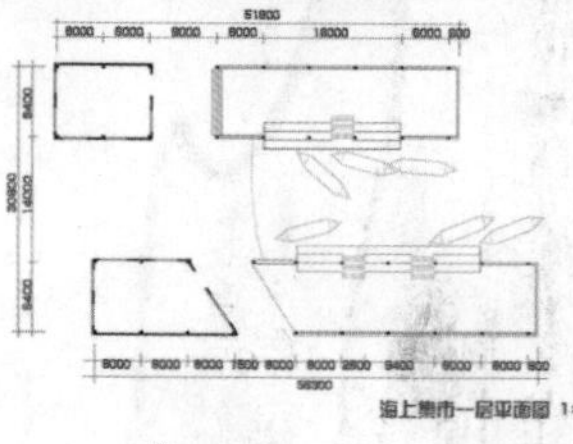

海上集市一层平面图 1:400

改造节点C：滨海栈道区

停产的鲍鱼池保留其水泥构筑物，改造为亲水景观栈道，做到保护海岸线生态环境的同时，提升海岸线风貌
在原有鲍鱼水泥池的基础上，加高铺设设木栈道，在栈道间穿插大小不一的亲水平台，同时圈出两个独立的鲍鱼池，作为游客了解体验的鲍鱼养殖池以及扇贝养殖池，并完善养殖污水处理。

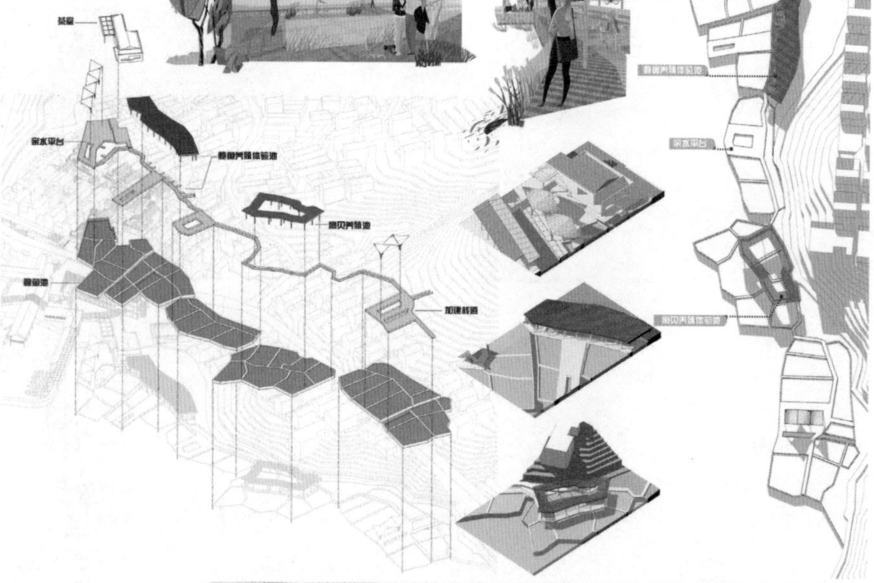

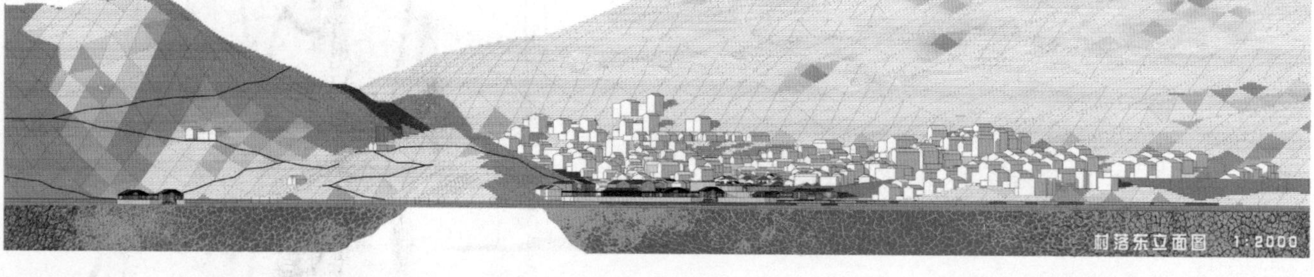

村落东立面图 1:2000

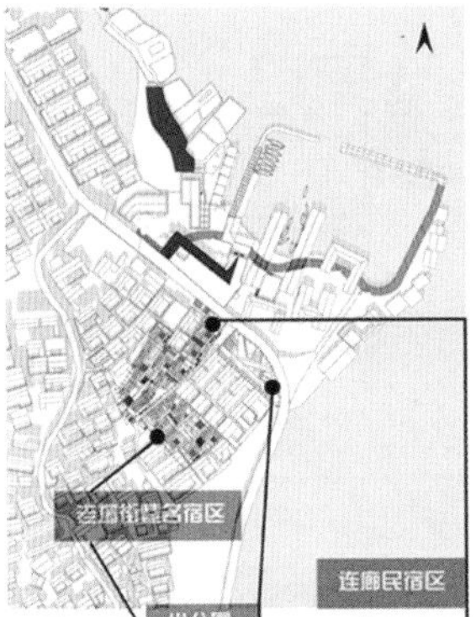

单体改造结构分析

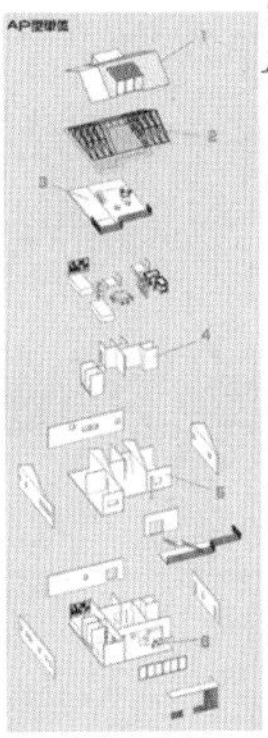

设计说明

就地取材：选择对环境最小干预的方式，避免大兴土木，利用当地的材料以及回收场地的旧材料。

尊重场地和自然的态度：利用坡地地形，各个公共空间被布置于不同的高程上，几乎消解于自然场地之中，以维持场地独特的自然氛围。有的建筑地势高，可以回望村落的全景，如黄山和滨海景观；有的建筑地势低，可穿越桥洞直接到达滨海景观区，给客人带来了丰富的景观体验。

场地层级生成分析

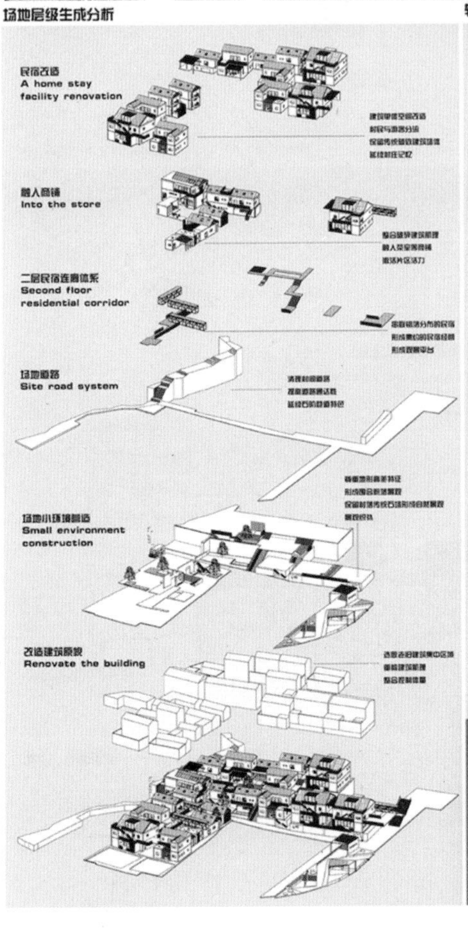

轴测分析

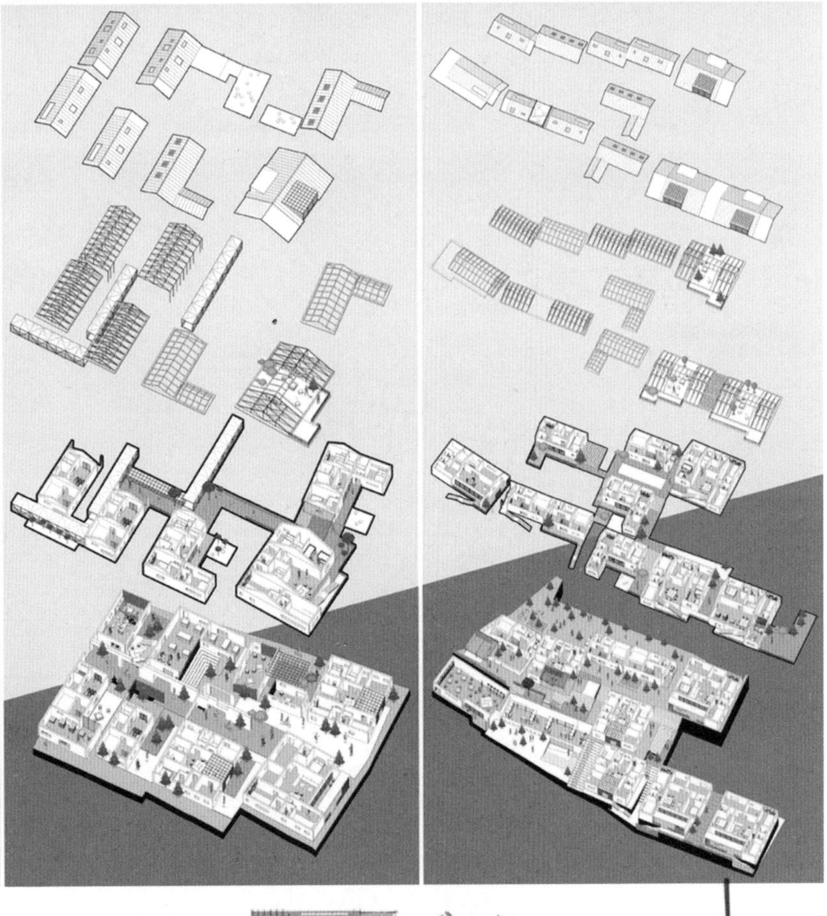

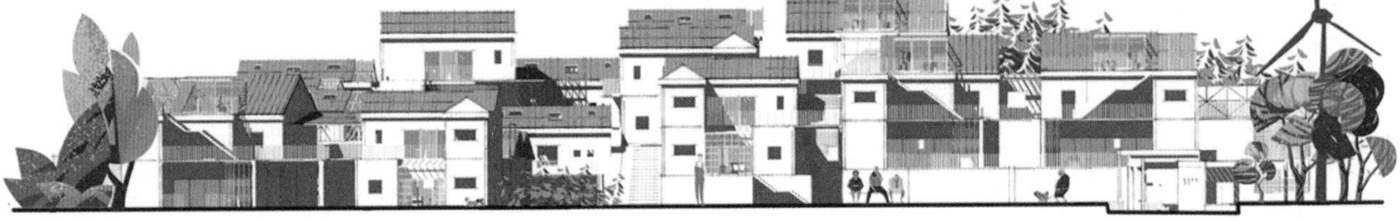

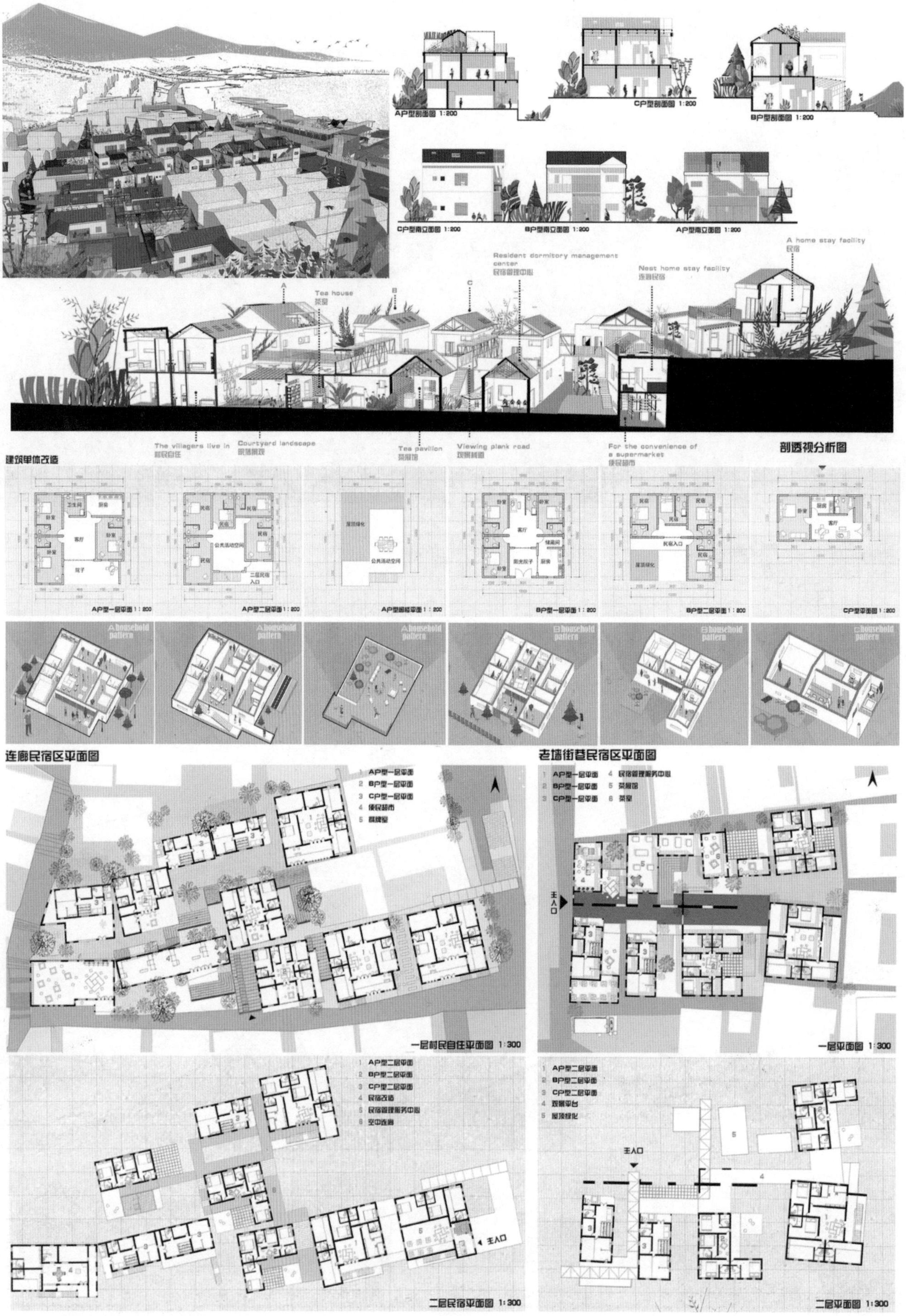
AP型剖面图 1:200
CP型剖面图 1:200
BP型剖面图 1:200
CP型南立面图 1:200
BP型南立面图 1:200
AP型南立面图 1:200
Resident dormitory management center
民宿管理中心
A home stay facility
民宿
Nest home stay facility
连廊民宿
Tea house
茶室
The villagers live in
村民自住
Courtyard landscape
庭院景观
Tea pavilion
茶展馆
Viewing plank road
观景栈道
For the convenience of a supermarket
便民超市
剖透视分析图
建筑单体改造
AP型一层平面 1:200
AP型二层平面 1:200
AP型阁楼平面 1:200
BP型一层平面 1:200
BP型二层平面 1:200
CP型平面图 1:200
A household pattern
B household pattern
C household pattern
连廊民宿区平面图
1 AP型一层平面
2 BP型一层平面
3 CP型一层平面
4 便民超市
5 棋牌室
一层村民自住平面图 1:300
老墙街巷民宿区平面图
1 AP型一层平面
2 BP型一层平面
3 CP型一层平面
4 民宿管理服务中心
5 茶展馆
6 茶室
主入口
一层平面图 1:300
1 AP型二层平面
2 BP型二层平面
3 CP型二层平面
4 民宿改造
5 民宿管理服务中心
6 空中连廊
主入口
二层民宿平面图 1:300
1 AP型二层平面
2 BP型二层平面
3 CP型二层平面
4 观景平台
5 屋顶绿化
主入口
二层平面图 1:300

城乡规划学
任思奇

首先非常感谢毕业设计期间三位老师的悉心指导，也很庆幸参加了乡村规划，在村庄中有很多制约村庄发展的问题，相对于城市设计，乡村规划更有挑战性。在设计过程中我们需要知道村民需要什么、村庄发展应该做什么、要合理切实地为村庄解决现状问题让其发展。

在村庄建设的过程中需要我们努力，也需要我们研究怎么让村庄变得更好，探索未来村庄的发展道路更是我们应该去研究的。

城乡规划学
卢攀登

来到青岛，人生第一次见到大海，给我在昆明全然不同的感受。黄山村依山傍水，位于崂山风景区内，是个旅游的圣地。在调研的日子里，充分领略到黄山的景色之美、村民的淳朴热情。也很高兴结识了这么多的老师同学，大家志同道合，于此相会，彼此学习，共同进步。

城乡规划学
谢婉婧

通过同其他学校的同学一起调研、交流、答辩，学到了不同学校做设计的不同思路和方法，认识到了自身的不足，也对不同专业协作设计有了更深刻的认识，唯有合理地发挥团队每个人的特长，把团队而非个人的成果放在首位，才能提高效率，做出完整优秀的设计。同时，老师的引导让我意识到乡村规划应该是沐浴村子的地域特色，基于村子的发展现状从村子中生长出来的，乡村规划不是大拆大建，而是“向乡村学习，用母语建造”。

最后，在此次设计中认识了来自天南地北的好朋友，虽然联合毕业设计落下了帷幕，但是大家的友谊是此次毕业设计最珍贵的礼物。

建筑学
温俊伟

随着顺利通过的毕业设计答辩，这次四校联合设计也随之落幕。在这次设计中通过和四所学校的小伙伴们一起协作调研、设计以及答辩，所得颇多也有很大的感触，从其他学校的同学身上学到了许多，在合作与竞争中也找到了自身的不足，而在与本校同学的小组协同设计中也更深刻地了解了团队的凝聚力与效率呈正相关关系。同时也感谢老师在设计中不仅拓宽了我们的视野和思维，同时也像家人般对我们十分关心与照顾。

总而言之，在这次匆匆忙忙的毕业设计中，去了很多地方，也经历了许多事，但最值得回忆的便是在黄山村结识了一群很棒的伙伴。感谢四校联合毕业设计让我有缘结识许多投机的伙伴，也使自己得到了很好地提升。

建筑学
戴璐璐

随着毕业的日子临近，毕业设计也接近了尾声，经过三个月的奋战，我们组的毕业设计终于完成了。在这次的四校联合毕业设计中，我们对村落进行充分调研，发现村落中存在的问题，并不断地探寻解决问题的方法，通过对位于黄山村内的民宿区进行建筑改造设计，从而达到满足当地居民和游客的双向需求，提高村镇经济，发展生态旅游。在设计过程中，我深刻地认识到：作为建筑学者，应该具备严谨的科学态度，本着建筑以人为本的思想，力求做到安全、经济、实用、耐久、美观；设计过程中，应该严格按照建筑规范的要求，同时也要考虑各个工种的协调和合作。而脚踏实地、认真严谨、实事求是的学习态度，不怕困难、坚持不懈、吃苦耐劳的精神是我在这次设计中最大的收益。我想这是一次意志的磨练，是对我实际能力的一次提升，也会对我未来的学习和工作有很大的帮助。

2018.3.5

开题启动

合影

中科技大学全体师生合影

西安建筑科技大学全体师生合影

昆明理工大学全体师生合影

青岛理工大学全体师生合影

开题启动仪式

专题学术讲座

工大学王润生做选题介绍

西安建筑科技大学做学术报告

华中科技大学洪亮平做学术报告

昆明理工大学杨毅做学术报告

青岛理工大学徐敏做学术报告

入村调研，汇报交流、讨论

2018.4.24

中期答辩

2018.4.25

补充调研

2018.6.7

最终答辩

成员合影

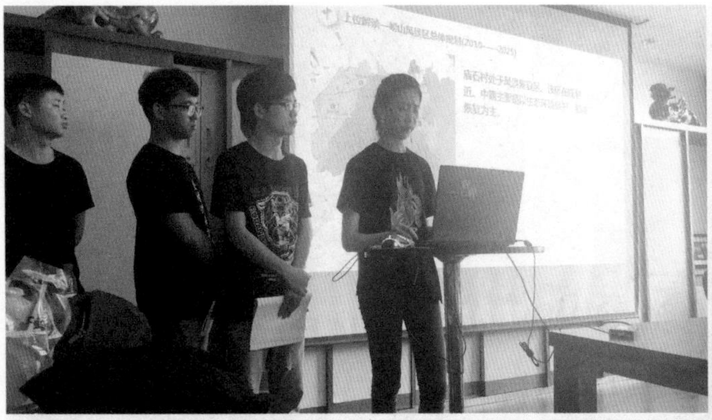

2018.6.8

专题讲座

城乡规划理性与居民归属感分析
——一个城边村的思考

全国四校乡村联合毕业设计展

2018 全国四校乡村联合毕业设计
答辩开幕式

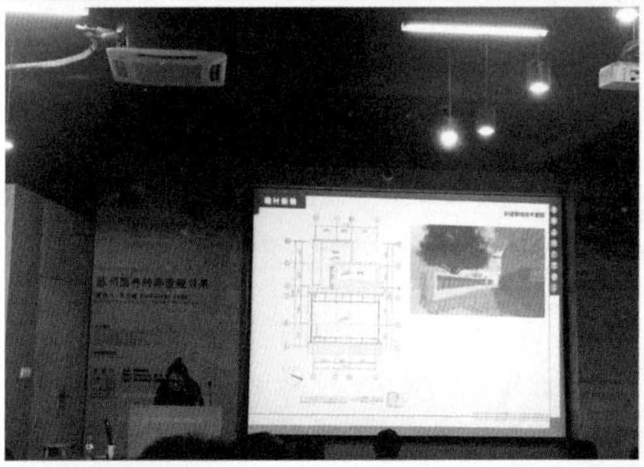

2018 全国四校乡村联合毕业设计
答辩开幕式

2018 全国四校乡村联合毕业设计
答辩开幕式

热烈欢迎城乡规划四校联合毕业设计师生！
建筑与城
SCHOOL OF ARCHITECTURE & U

总结
Summary

广袤的乡村地区，在历史长河中孕育了传承至今的伟大中华文明，并为中国快速的城镇化、工业化进程提供了稳固的基础。然而，在现代化转型中，乡村地区经历着城乡社会变迁带来的阵痛。改革开放以后农村的活力获得了巨大释放，但是工业化和城市化导致资金、土地、劳动力三大要素从农村净流出，农村公共产品长期供给不足，社会文化发展滞后，更谈不上有效管理原本由负外部性转嫁而来的公共议题。乡村正在成为大量制造安全风险并将风险不断外溢、从而成为对国家综合安全产生严重负外部性的区域，并面临着生态环境修复、历史文化传承、乡村社会发展、消除人口贫困等任务。促进城乡共同繁荣，实现城乡统筹发展，成为中国走向现代化的时代使命。

2018年全国乡村四校联合毕业设计主题为“村庄安全”，涵盖物质安全和精神安全两个层面。在我们主要侧重于乡土社会的空间与防卫安全、建筑质量安全、景观生态安全以及考虑乡村自身的环境与历史特色的同时，力图将现代乡村发展模式与传统乡村空间结合发展，为乡村的发展注入新的活力，提升村民的生活水平与生活质量，使传统封闭内向型村落逐步向开放外向型发展，做到物质空间转变和精神转变的同步性，从理念和行动上采取多种措施，维护村庄安全，保持乡村原有的文化肌理，以及景观风貌和原真性，使乡村更具特色和生命力。对于学生来说，这是走进社会之前的一次“实战演练”，比一张规划蓝图的呈现更深远的意义是让学生能在规划设计过程中，树立团队意识，树立大爱情怀，为走进社会、服务社会打下坚实基础。

本次联合毕业设计，由多个专业相互协作，联合开展设计，打破了原先的“单一专业毕业设计”模式，实现了“跨专业联合毕业设计”，目的在于培养具有综合研究与创新实践能力、独立工作与团队协作能力的复合型人才。通过剖析毕业设计与人才培养和市场需求的关系，基于

“学生为主体，教师为指导”的教育理念，这次四校多学科联合毕业设计实践教学模式，整合了多专业教学资源，优化了培养对象的知识、能力和素质结构。通过立足当地进行深入调查，获悉其自然和社会经济以及历史等多方面的信息，引导学生真正树立“乡村”理念，准确把握乡村规划的本质特征，在规划中以问题为导向，精准规划，回归“乡村”文化特质。自选题定好后，师生与村民间通过不断沟通交流，对毕业设计的目标进行了修改和完善，得到了村委和村民的肯定。采用的“通识教育”与“专业知识”讲座相结合，“集中式”设计内容授课与“定期性”教师团队例会相结合，专业“独立指导”与多阶段“协同指导”相结合等几种多元化教学模式，加强了师生间交流和协作，保证了毕业设计质量。

此次优秀毕业设计结集出版，寄托着无数规划、建筑师生的浓浓乡愁，也带给我们继续丈量乡村山山水水的不竭动力。乡建的道路上，牢记教书育人的责任与担当，牢记规划师与建筑师的情怀与使命，牢记村民的期盼与信任，我们与无数热血学子，一齐在路上。

王润生 教授

青岛理工大学建筑与城乡规划学院

2018 年 7 月 2 日

总结

Summary

从2015年到2018年，四校乡村设计联盟已成立四年。期间，以华中科技大学为起点，历经了昆明理工大学和西安建筑科技大学，到今年的青岛理工大学，规划足迹遍布武陵山区、洱海周边、关中地区和滨海岸线，完成了一个循环。时间的连续性和空间的多样性不仅使我们精进了乡村规划研究和教学实践，更为重要的是从中我们有机会反思和探讨乡村规划的价值取向，规划主题也由认知村庄、活化村庄、村民参与，逐步过渡到今年关注的村庄安全。

村庄安全相对于普遍提及的村庄发展而言，最大的区别在于它的底线思维。特别是中国正处于快速城镇化发展时期，大量人口短时间内流入城市，更多村庄却是面临人口流失、人口老龄化等问题，由此带来的内生动力不足、社会关系重构以及传统文化受到的冲击已经威胁到乡村的续存，如何保障村庄的社会安全在一定程度上已经超越自身发展的诉求。除此之外，乡村的产业结构单一、乡村度假、乡村旅游产业的快速盲目发展，也给乡村产业安全、生态安全、空间安全、景观安全带来挑战。因此，村庄安全规划的理解不仅包含土地安全、生态安全、村民生命安全，在当前的城乡一体化发展的大背景下，更需要进一步拓展到乡村产业的可持续、乡村社会的结构、重构和社会关系的稳固等。

相对于村庄安全的认识，对安全规划的内容的识别显得格外重要，在实际教学过程中，我们充分吸收了往年四校乡村联合毕业设计的经验，强调过程，重视实践，提出以乡村为教案，以乡民为师来凝练安全问题的教学基本思路。

从现状调研阶段开始，鼓励学生们自己发现问题，通过现状资料的分析解读，以及自己实地的切身观察，总结归纳村庄中存在的安全性问题，并进行集中讨论和分享，逐步引导他们由感性认知逐步进入理性思考阶段。

与村民的交流互动可以让学生明白为什么和做什么。通过深入的访谈调查，可以了解问题形成背后的社会经济成因，抽丝剥茧地发现更为深层次的问题，提出有针对性的规划策略或设计；而从村民视角分析亟待解决的问题，会增加规划设计更为理性的判断。例如在黄山村水安全的规划专题中，学生发现缺水并不是降水原因而是蓄水原因，从而提出基于水安全的景观规划专项，同时加强与村民的互动，学习本地自然作用、本土营造技艺、乡民习惯，最终提出的规划方案受到村民称赞。

具体对于乡村的规划设计而言，学生会习惯按照平日课程作业的逻辑来思考，希望做很多改动或者体现自己的设计技巧。然而对具体的场地及乡村的需求来说，很多设计是多余的。因此，在乡村的设计教学中，教师需要帮助学生更好地理解自己与乡村的关系，从乡村环境以及乡村生活出发，更多地从尊重、保护、延续的角度进行设计。教学活动中，组织学生参观村庄实际建造和改造活动，帮助他们理解造价、村民的看法与使用逻辑。

今年的四校乡村联合毕业设计虽然以村庄安全为主题，但从规划内容和方法来看，却是充分吸收了四年来的每一次规划的实践经验，认知村庄、活化村庄、村民参与以及乡村安全的意识和理念已经内化为规划基因，调研踏勘、倾听访谈、交流共享的规划方法也已经内化为规划行动，不断传承下去。2019年，期待我们重装上阵，继续践行中国的乡村规划研究与教学实践，与各位同仁共同培养更多合格的乡村规划专业人才。

罗　吉　副教授

华中科技大学建筑与城市规划学院

2018年7月2日

总结
Summary

乡村的振兴是我国发展的重要基石，也是建设现代化强国更稳定的内在动力。其次，未来中国还会有大量人口生活在乡村。从 2013 年城市规划专业更名为城乡规划专业，学科与专业的内涵得到了拓展，乡村规划也成为学科重要的组成部分。面对乡村规划这一重要的规划类型，以及未来有 4 亿人生活的乡村，如何借助“在地”的规划保持村庄的良好的自然生态背景、提高生产空间效益、提升生活空间品质、实现乡村发展与生态、社会、文化、经济相契合，让乡村留住“乡愁”，这将在未来很长一段时间内，是城乡规划教育急需解决的问题。在这样的背景下，华中科技大学、西安建筑科技大学、昆明理工大学、青岛理工大学四所不同地域特点，同时在乡村研究方面具有特点的院校，以乡村为研究课题展开本科毕业设计联合教学。

到今年，乡村四校联合毕业设计联盟已经经过了四个春秋，每所学校都进行了一次命题组织工作，联盟完成首轮收官。题目从第一届的“走进乡村、向乡村学习”，到“乡村活化的空间手段”，再到“村民参与下的乡村规划设计”，以及今年的“村庄安全”，每一年主题都紧扣时代特征，每一年教学都在不断地摸索新的教学模式、交流形式及成果形式。

今年乡村四校联合毕业设计由青岛理工大学召集，题目是村庄安全——青岛滨海典型乡村规划设计，从安全视角出发，探讨乡村当前面临的挑战和问题，为老师和同学提供全新的角度和研究对象。教学过程，同学通过提前学习乡村问题著作，对乡村有了概念性的认识；在调研过程中，老师和同学吃住在村庄，认真地踏遍了村落的每条村道、探寻了周边的山脉及海岸，建立了对乡村空间全面的认知；同学们也走访了每户村宅，与村民深入访谈，对乡村社会也有了更深入的认识，也与村民建立了深厚友谊。尽管大部分同学来自于城市，对乡村的社会、生产、生活缺乏感性认识，但是通过全面、系统的调研，让同学对乡村面临的问题和挑战有了清晰、具体的认识。通过前期调研汇报、中期成果汇报，课程内的教学辅导以及课程内的交流，很多同学提出了具有针对性的策略，以及具有一定可操作性的方案。

我们希望通过每一年不同的研究课题、不断更新的教学模式，让老师和同学共同走进农村，以向乡村学习的态度，走进村庄，走近村民，走到农民心里，发现村庄的优势和资源，同时思考乡村面临的问题与挑战，提出适合于农村的规划设计、建筑设计及景观设计，推动乡村教学思路、方法以及研究方面的发展，实现乡村规划教育在教、学、研三方面的协同发展；同时总结每年的教学经验，推出联合毕业设计出版物，让更多的人了解我们的教学、研究，在更大的范围内推动乡村规划教育的发展。

期待明年由华中科技大学组织的毕业设计更精彩。

段德罡 副院长、教授

西安建筑科技大学建筑学院

2018 年 7 月 2 日

总结
Summary

十九大报告提出的实施乡村振兴战略，开启了全面推进乡村升级的征程；2017年12月底，中央农村经济工作会议首次提出走中国特色社会主义乡村振兴道路；2018年中央1号文件，聚焦于乡村振兴战略，明确了乡村振兴战略的总要求、原则、目标、主要任务和规划保障，为各地编制和实施乡村振兴提供了良好的政策依据和实践路径。乡村发展成为了我国当前及今后一段时期都被十分关注的问题。

乡村发展现状目前面临着土地抛荒、村民高龄、农业孱弱的倾向，同时乡村人文困境及乡村管理困境也正在更加普遍地成为乡村发展的障碍。在探讨了“走进乡村、向乡村学习”、“乡村活化的空间手段”及“村民参与的乡村规划设计”等三个主题后，此次乡村规划是从村庄安全的角度，研究乡村规划中所涉及的社会关系、乡土文化、乡村环境、乡村经济可持续发展等多要素的协调关系，其目的依旧是为营造美好的乡村人居可持续发展环境。因此，规划内容综合地表现为基于村民需求下的乡村物质空间与乡土文化心理空间的有机结合，如乡村生态产业链（网）的延展、村民交流交往空间的整治、乡村休闲体验空间的高效整合、城乡文化的有机交融等方面。

从三月初春的滨海城市青岛开始，师生们在村书记的安排下与村民朝夕相处，展开深度调研，到中期答辩激情探讨村庄的未来蓝图，最后的终期答辩结束于六月森林般美丽的华中科技大学，大家在教学研究活动中收获颇多，真切感知了村庄安全的营造落实不仅是乡村振兴的坚实基础，也是乡村“三生”空间的重要保障。

四年前乡村毕业设计联合教学团队确定了“致力于乡村建设教学、研究、实践”的宗旨，经过这几年的实践，四校师生们从祖国中部的武汉出发，走过西南的昆明、西北的西安、东北沿海的青岛，一路留下了足迹，师生们从走进乡村、向乡村学习，和村民同吃同住，共同参与乡村规划设计，到共同出谋划策探讨乡村活化的空间手段、村庄安全策略等。在联合毕业设计的教学中，来自不同学校的同学们相互协作、共同调研、相互交流，同学们收获了友谊，增进了了解，增长了知识，培养了技能，提高了能力。团队对不同地域的乡村规划进行了研究，取得了丰硕的成果。乡村四校联合毕业设计连续四年的首轮教学今年在美丽的青岛理工大学胜利收官，希望我们的四校乡村毕业设计在下一轮教学中取得更大的辉煌，为我国的乡村振兴培养更多的建设人才。

期待明年华中科技大学的再次起航！

杨　毅 副院长、教授

昆明理工大学建筑与城市规划学院

2018 年 7 月 2 日

后记
Afterword

开始于 2014 年的四校乡村毕业设计至今已经走遍了中国的大江南北，从长江两岸、苍山洱海、秦川大地到黄海之滨，从红土地走向黄土地，从河边走向海边。认识了不同地域和不同文化积淀下的村庄特色，历时四届完成了 12 个村庄规划设计。每届围绕主题进行乡村规划设计、围绕特色进行田野调查，为乡村振兴贡献我们的专业力量。我们从“走进乡村，向乡村学习”、“乡村活化的空间手段”、“村民参与下的乡村规划设计”到“村庄安全——青岛滨海典型乡村规划设计”，对村庄的认识越来越清晰，对村庄建设指导作用越来越具可操作性。四年来共举办专题学术讲座十余场，邀请从事乡村建设规划的各界同仁二十余人。学术报告涵盖国家对乡村振兴的宏观战略指引、省市对乡村振兴的具体实施意见、各界热爱乡村人士的乡建案例和各地乡村振兴的经验和做法。

四年来我们收获了很多。培养了热爱乡村规划设计和乡村振兴事业的大学生多达三百余名。在全国开办城乡规划专业的高等院校间产生了巨大的影响力。近年来，参加乡村规划竞赛的院校逐年增多，带动了各校乡村规划设计水平的提高。

本次联合毕业设计仍然延续了前三届的惯例，2017 年 6 月在王润生教授的带领下，四校老师沿崂山东麓进行了选题考察，从南部的黄山村沿崂山旅游观光大道驱车到北部的港东村，沿途经过了返岭村、雕龙嘴村、晓望村等。考察老师对众多滨海村庄的独特景色印象深刻。9 月初侯方高副书记一行与王哥庄街道进行了对接，得到王哥庄街道党委政府的大力支持，经与调研老师的商讨，最终选定了海边的黄山村、城边（崂山生态健康城）的港东村和地铁站边的庙石村。为了更好地了解村庄具体情况，收集相关资料，去年秋季学期的四年级《城乡规划设计 II》我们开展了以王哥庄街道总体规划和三个村庄规划为选题的课程设计。经过近一个学期的实地调研、资料收集和总体规划和村庄规划两个层次的规划设计，基本上收集了有关村庄的历史、文化、经济、地理等方面的具体资料，同时还进行了包括地形图的矢量化等工作，为本次乡村规划的顺利开展做好了准备。

今年年初和二月底，在王哥庄街道村镇科李泽洲主任的帮助下，我们两赴庙石村、港东村和黄山村，并与各村领导进行了对接，进一步落实入村调研计划。

三月初联合毕业设计全体师生在青岛理工大学顺利开题，并于2018年3月5日分别入住村庄。由于三月的崂山春寒料峭，村内住宿条件较简陋，入村的师生特别是来自云南和湖北的学生冒着寒冷进行入户调查和访谈也着实感动了村民；在3月9日的调研汇报会上，与村民进行了现场互动，村民积极献言献策的气氛相当热烈，对我们的调研给予了很大支持，同时也体现了村民是村庄规划的主人这一不同于城市规划的明显特征。

4月26日，三个村庄再次迎来了四校联合毕业设计的师生，这次中期汇报学生们为村民带来了自己的规划草案，或抒情，或吟诗，或旁白，用不同的方式描述了村庄的未来蓝图，得到村民的热情称赞。

6月7日，四校师生齐聚武汉华中科技大学进行了毕业答辩，答辩邀请了市地规划行业的院长、总工程师等同行，得到了他们对联合毕业设计成果的高度评价。历时三个多月的联合毕业设计在四校全体师生的共同努力下，在各行各界领导和同志们的帮助下，在取得预期成果的前提下，终于落下帷幕。

青岛作为国家海防城市，因其重要的地理位置，基础测量数据具有保密要求，虽然在崂山市政工程勘察测绘有限公司的帮助下，对部分测绘数据做了技术处理，仍有部分资料不能公开使用。此可谓本次毕业设计的一点遗憾吧。

在此需要衷心感谢为本次联合毕业设计提供帮助的青岛市规划局崂山分局、青岛市崂山区乡村振兴暨农村工作领导小组办公室和崂山区城乡建设局的有关领导，感谢王哥庄街道党委和政府的领导同志，感谢青岛理工大学领导、建筑与城乡规划学院领导们的支持，感谢建筑与城乡规划学院及城乡规划系的全体老师，同时还要感谢四校乡村联合设计的师生为青岛滨海村庄所作的规划设计探索，祝愿四校乡村毕业设计联合越来越强大，由此与村庄结缘的学子们必将像种子一样散播在中华大地，为中国的乡村振兴事业作出更大贡献。祝愿我们的友谊长存！

田　华　副教授

青岛理工大学建筑与城乡规划学院

2018年7月2日